国家出版基金项目
NATIONAL PUBLICATION FOUNDATION

"十三五"国家重点出版物出版规划项目

中国土系志

Soil Series of China

（中西部卷）

总主编　张甘霖

云　南　卷
Yunnan

黄　标　卢升高　等　著

科学出版社
龍門書局
北　京

内 容 简 介

《中国土系志・云南卷》是在云南省区域概况和主要土壤类型全面调查研究的基础上，以《中国土壤系统分类检索（第三版）》和《中国土壤系统分类土族和土系划分标准（试行稿）》作为高级和基层分类依据，对云南省土壤高级分类单元（土纲、亚纲、土类、亚类）和基层分类单元（土族、土系）进行鉴定和划分。全书分上、下两篇，上篇论述云南省的区域概况、成土因素、成土过程、诊断层和诊断特性，并回顾云南省土壤分类的发展以及本次土系调查的概况；下篇系统介绍建立的云南省典型土系，涵盖全省 11 个土纲，62 个亚类，144 个土系，内容包括每个土系所属的高级和基层分类名称、分布与环境条件、土系特征与变幅、对比土系、利用性能综述、参比土种、代表性单个土体等，同时，列出相应的理化性质。书后附云南省土系与土种参比表。

本书可供从事与土壤学相关的学科，包括农业、环境、生态和自然地理等学科的科学研究和教学工作者参考，也可供从事农业生产、土壤与环境调查、生态环境保护、自然资源管理等的生产和管理人员参考。

审图号：GS（2020）3822 号

图书在版编目（CIP）数据

中国土系志. 中西部卷. 云南卷/张甘霖主编；黄标等著. —北京：龙门书局，2020.12

“十三五”国家重点出版物出版规划项目，国家出版基金项目

ISBN 978-7-5088-5704-6

Ⅰ.①中… Ⅱ.①张… ②黄… Ⅲ.①土壤地理-中国②土壤地理-云南 Ⅳ. ①S159.2

中国版本图书馆 CIP 数据核字（2019）第 291497 号

责任编辑：胡 凯 周 丹 沈 旭/责任校对：杨聪敏
责任印制：师艳茹/封面设计：许 瑞

科学出版社
龍門書局 出版

北京东黄城根北街 16 号
邮政编码：100717
http://www.sciencep.com

中国科学院印刷厂 印刷

科学出版社发行 各地新华书店经销

*

2020 年 12 月第 一 版 开本：787 × 1092 1/16
2020 年 12 月第一次印刷 印张：28
字数：652 000

定价：368.00 元

（如有印装质量问题，我社负责调换）

《中国土系志》编委会顾问

孙鸿烈　赵其国　龚子同　黄鼎成　王人潮
张玉龙　黄鸿翔　李天杰　田均良　潘根兴
黄铁青　杨林章　张维理　郧文聚

土系审定小组

组　长　张甘霖

成　员（以姓氏笔画为序）

王天巍　王秋兵　龙怀玉　卢　瑛　卢升高
刘梦云　杨金玲　李德成　吴克宁　辛　刚
张凤荣　张杨珠　赵玉国　袁大刚　黄　标
常庆瑞　麻万诸　章明奎　隋跃宇　慈　恩
蔡崇法　漆智平　翟瑞常　潘剑君

《中国土系志》编委会

主　编　张甘霖

副主编　王秋兵　李德成　张凤荣　吴克宁　章明奎

编　委（以姓氏笔画为序）

王天巍　王秋兵　王登峰　孔祥斌　龙怀玉
卢　瑛　卢升高　白军平　刘梦云　刘黎明
李　玲　李德成　杨金玲　吴克宁　辛　刚
宋付朋　宋效东　张凤荣　张甘霖　张杨珠
张海涛　陈　杰　陈印军　武红旗　周　清
赵　霞　赵玉国　胡雪峰　袁大刚　黄　标
常庆瑞　麻万诸　章明奎　隋跃宇　董云中
韩春兰　慈　恩　蔡崇法　漆智平　翟瑞常
潘剑君

《中国土系志·云南卷》作者名单

主要作者 黄 标 卢升高

参编人员 （以姓氏笔画为序）

万梦雪 王 宁 王 豹 王信凯 王培燕

王慧峰 韦杨嫣 卢 鑫 田 康 刘本乐

李 想 李锦芬 李德成 肖 晴 吴呈锋

吴秋梅 张海东 陆申一 陈 剑 於修龄

宗玉统 赵玉国 胡文友 胡敏鹏 贾萌萌

龚翰林 符明明 樊亚男 戴普胜 瞿明凯

丛 书 序 一

土壤分类作为认识和管理土壤资源不可或缺的工具，是土壤学最为经典的学科分支。现代土壤学诞生后，近150年来不断发展，日渐加深人们对土壤的系统认识。土壤分类的发展一方面促进了土壤学整体进步，同时也为相邻学科提供了理解土壤和认知土壤过程的重要载体。土壤分类水平的提高也极大地提高了土壤资源管理的水平，为土地利用和生态环境建设提供了重要的科学支撑。在土壤分类体系中，高级单元主要体现土壤的发生过程和地理分布规律，为宏观布局提供科学依据；基层单元主要反映区域特征、层次组合以及物理、化学性状，是区域规划和农业技术推广的基础。

我国幅员辽阔，自然地理条件迥异，人类活动历史悠久，造就了我国丰富多样的土壤资源。自现代土壤学在中国发端以来，土壤学工作者对我国土壤的形成过程、类型、分布规律开展了卓有成效的研究。就土壤基层分类而言，自20世纪30年代开始，早期的土壤分类引进美国Marbut体系，区分了我国亚热带低山丘陵区的土壤类型及其续分单元，同时定名了一批土系，如孝陵卫系、萝岗系、徐闻系等，对后来的土壤分类研究产生了深远的影响。

与此同时，美国土壤系统分类（soil taxonomy）也在建立过程中，当时Marbut分类体系中的土系（soil series）没有严格的边界，一个土系的属性空间往往跨越不同的土纲。典型的例子是迈阿密（Miami）系，在系统分类建立后按照属性边界被拆分成为不同土纲的多个土系。我国早期建立的土系也同样具有属性空间变异较大的情形。

20世纪50年代，随着全面学习苏联土壤分类理论，以地带性为基础的发生学土壤分类迅速成为我国土壤分类的主体。1978年，中国土壤学会召开土壤分类会议，制定了依据土壤地理发生的《中国土壤分类暂行草案》。该分类方案成为随后开展的全国第二次土壤普查中使用的主要依据。通过这次普查，于20世纪90年代出版了《中国土种志》，其中包含近3000个典型土种。这些土种成为各行业使用的重要土壤数据来源。限于当时的认识和技术水平，《中国土种志》所记录的典型土种依然存在“同名异土”和“同土异名”的问题，代表性的土壤剖面没有具体的经纬度位置，也未提供剖面照片，无法了解土种的直观形态特征。

随着“中国土壤系统分类”的建立和发展，在建立了从土纲到亚类的高级单元之后，建立以土系为核心的土壤基层分类体系是“中国土壤系统分类”发展的必然方向。建立我国的典型土系，不但可以从真正意义上使系统完整，全面体现土壤类型的多样性和丰富性，而且可以为土壤利用和管理提供最直接和完整的数据支持。

在科技部国家科技基础性工作专项项目“我国土系调查与《中国土系志》编制”的支持下，以中国科学院南京土壤研究所张甘霖研究员为首，联合全国二十多所大学和相关科研机构的一批中青年土壤科学工作者，经过数年的努力，首次提出了中国土壤系统分类框架内较为完整的土族和土系划分原则与标准，并应用于土族和土系的建立。通过艰苦的野外工作，先后完成了我国东部地区和中西部地区的主要土系调查和鉴别工作。在比土、评土的基础上，总结和建立了具有区域代表性的土系，并编纂了以各省市为分册的《中国土系志》，这是继“中国土壤系统分类”之后我国土壤分类领域的又一重要成果。

作为一个长期从事土壤地理学研究的科技工作者，我见证了该项工作取得的进展和一批中青年土壤科学工作者的成长，深感完善这项成果对中国土壤系统分类具有重要的意义。同时，这支中青年土壤分类工作者队伍的成长也将为未来该领域的可持续发展奠定基础。

对这一基础性工作的进展和前景我深感欣慰。是为序。

中国科学院院士

2017 年 2 月于北京

丛书序二

土壤分类和分布研究既是土壤学也是自然地理学中的基础工作。认识和区分土壤类型是理解土壤多样性和开展土壤制图的基础，土壤分类的建立也是评估土壤功能，促进土壤技术转移和实现土壤资源可持续管理的工具。对土壤类型及其分布的勾画是土地资源评价、自然资源区划的重要依据，同时也是诸多地表过程研究所不可或缺的数据来源，因此，土壤分类研究具有显著的基础性，是地球表层系统研究的重要组成部分。

我国土壤资源调查和土壤分类工作经历了几个重要的发展阶段。20 世纪 30 年代至 70 年代，老一辈土壤学家在路线调查和区域综合考察的基础上，基本明确了我国土壤的类型特征和宏观分布格局；80 年代开始的全国土壤普查进一步摸清了我国的土壤资源状况，获得了大量的基础数据。当时由于历史条件的限制，我国土壤分类基本沿用了苏联的地理发生分类体系，强调生物气候带的影响，而对母质和时间因素重视不够。此后虽有局部的调查考察，但都没有形成系统的全国性数据集。

以诊断层和诊断特性为依据的定量分类是当今国际土壤分类的主流和趋势。自 20 世纪 80 年代开始的“中国土壤系统分类”研究历经 20 多年的努力构建了具有国际先进水平的分类体系，成果获得了国家自然科学奖二等奖。“中国土壤系统分类”完成了亚类以上的高级单元，但对基层分类级别——土族和土系——仅仅开展了一些样区尺度的探索性研究。因此，无论是从土壤系统分类的完整性，还是土壤类型代表性单个土体的数据积累来看，仅有高级单元与实际的需求还有很大距离，这也说明进行土系调查的必要性和紧迫性。

在科技部国家科技基础性工作专项的支持下，自 2008 年开始，中国科学院南京土壤研究所联合国内 20 多所大学和科研机构，在张甘霖研究员的带领下，先后承担了“我国土系调查与《中国土系志》编制”（项目编号 2008FY110600）和“我国土系调查与《中国土系志（中西部卷）》编制”（项目编号 2014FY110200）两期研究项目。自项目开展以来，近百名项目参加人员，包括数以百计的研究生，以省区为单位，依据统一的布点原则和野外调查规范，开展了全面的典型土系调查和鉴定。经过 10 多年的努力，参加人员足迹遍布全国各地，克服了种种困难，不畏艰辛，调查了近 7000 个典型土壤单个土体，结合历史土壤数据，建立了近 5000 个我国典型土系；并以省区为单位，完成了我国第一部包含 30 分册、基于定量标准和统一分类原则的土系志，朝着系统建立我国基于定量标准的基层分类体系迈进了重要的一步。这些基础性的数据，无疑是我国自第二次土壤普查以来重要的土壤信息来源，相关成果可望为各行业、部门和相关研究者，特别是土壤质量提升、土地资源评价、水文水资源模拟、生态系统服务评估等工作提供最新的、系统的数据支撑。

我欣喜于并祝贺《中国土系志》的出版，相信其对我国土壤分类研究的深入开展，对促进土壤分类在地球表层系统科学研究中的应用有重要的意义。欣然为序。

中国科学院院士

2017 年 3 月于北京

丛 书 前 言

土壤分类的实质和理论基础，是区分地球表面三维土壤覆被这一连续体发生重要变化的边界，并试图将这种变化与土壤的功能相联系。区分土壤属性空间或地理空间变化的理论和实践过程在不断进步，这种演变构成土壤分类学的历史沿革。无论是古代朴素分类体系所使用的土壤颜色或土壤质地，还是现代分类采用的多种物理、化学属性乃至光谱（颜色）和数字特征，都携带或者代表了土壤的某种潜在功能信息。土壤分类正是基于这种属性与功能的相互关系，构建特定的分类体系，为使用者提供土壤功能指标，这些功能可以是农林生产能力，也可以是固存土壤有机碳或者无机碳的潜力或者抵御侵蚀的能力，乃至是否适合作为建筑材料。分类体系也构筑了关于土壤的系统知识，在一定程度上厘清了土壤之间在属性和空间上的距离关系，成为传播土壤科学知识的重要工具。

毫无疑问，对土壤变化区分的精细程度决定了对土壤功能理解和合理利用的水平，所采用的属性指标也决定了其与功能的关联程度。在大陆或国家尺度上，土纲或亚纲级别的分布已经可以比较准确地表达大尺度的土壤空间变化规律。在农场或景观水平上，土壤的变化通常从诊断层（发生层）的差异变为颗粒组成或层次厚度等属性的差异，表达这种差异正是土族或土系确立的前提。因此，建立一套与土壤综合功能密切相关的土壤基层单元分类标准，并据此构建亚类以下的土壤分类体系（土族和土系），是对土壤变异精细认识的体现。

基于现代分类体系的土系鉴定工作在我国基本处于空白状态。我国早期（1949 年以前）所建立的土系沿用了美国土壤系统分类建立之前的 Marbut 分类原则，基本上都是区域的典型土壤类型，大致可以相当于现代系统分类中的亚类水平，涵盖范围较大。“中国土壤系统分类”研究在完成高级单元之后尝试开展了土系研究，进行了一些局部的探索，建立了一些典型土系，并以海南等地区为例建立了省级尺度的土系概要，但全国范围内的土系鉴定一直未能实现。缺乏土族和土系的分类体系是不完整的，也在一定程度上制约了分类在生产实际中特别是区域土壤资源评价和利用中的应用，因此，建立“中国土壤系统分类”体系下的土族和土系十分必要和紧迫。

所幸，这项工作得到了国家科技基础性工作专项的支持。自 2008 年开始，我们联合国内 20 多所大学和科研机构，先后开展了“我国土系调查与《中国土系志》编制”（项目编号 2008FY110600）和“我国土系调查与《中国土系志（中西部卷）》编制”（项目编号 2014FY110200）两个项目的连续研究，朝着系统建立我国基于定量标准的基层分类体系迈进了重要的一步。经过 10 多年的努力，项目调查了近 7000 个典型土壤单个土体，结合历史土壤数据，建立了近 5000 个我国典型土系，并以省区为单位，完成了我国第一部基于定量标准和统一分类原则的全国土系志。这些基础性的数据，将成为自第二次全国土壤普查以来重要的土壤信息来源，可望为农业、自然资源管理、生态环境建设等部门和相关研究者提供最新的、系统的数据支撑。

项目在执行过程中，得到了两届项目专家小组和项目主管部门、依托单位的长期指导和支持。孙鸿烈院士、赵其国院士、龚子同研究员和其他专家为项目的顺利开展提供了诸多重要的指导。中国科学院前沿科学与教育局、重大科技任务局、科技促进发展局、中国科学院南京土壤研究所以及土壤与农业可持续发展国家重点实验室都持续给予关心和帮助。

值得指出的是，作为研究项目，在有限的资助下只能着眼主要的和典型的土系，难以开展全覆盖式的调查，不可能穷尽亚类单元以下所有的土族和土系，也无法绘制土系分布图。但是，我们有理由相信，随着研究和调查工作的开展，更多的土系会被鉴定，而基于土系的应用将展现巨大的潜力。

由于有关土系的系统工作在国内尚属首次，在国际上可资借鉴的理论和方法也十分有限，因此我们在对于土系划分相关理论的理解和土系划分标准的建立上难免会存在诸多不足；而且，由于本次土系调查工作在人员和经费方面的局限性以及项目执行期限的限制，书中疏误恐在所难免，希望得到各方的批评与指正！

张甘霖

2017 年 4 月于南京

前　言

云南省位于我国西南边陲，北回归线横贯云南省南部，属低纬度内陆地区。地形地貌上，属高原山地地形，1000～3500 m 中海拔区域面积占全省国土面积的 87.21%，山地地貌面积占国土面积的 88.64%。地势自北向南呈阶梯状逐级下降，北部是青藏高原南延部分，海拔一般在 3000～4000 m，南部、西南部边境山势较矮，宽谷盆地较多，海拔在 800～1000 m。气候上，基本属于亚热带高原季风气候，立体气候特点显著，同时具有寒、温、热三带气候，全省降水地域分布差异大，大部分地区在 1000 mm 以上，最多可达 2200～2700 mm，最少仅 584 mm。新生代以来，地壳抬升和构造变形剧烈，导致各种母质大量出露，同时导致气候变化强烈。这些特点使云南省土壤具有分布复杂性和类型多样性的资源特色。土壤是农业生产和生态安全的基础，如何做到既充分发挥云南省土壤资源丰富的生产潜力，又能有效保证其可持续利用，还能充分发挥其生态功能，是土壤科学工作者所面临的挑战。而要做到这些，科学地掌握土壤资源的类型、数量和质量是不可或缺的，本书即是基于这样的目的撰写而成。

近代云南省土壤的分类工作开始于 20 世纪 30 年代。1938 年我国老一辈土壤科学家曾对元江、思茅、西双版纳等地的水稻土、紫色土、红壤等土类，滇西宾川、大理、潞西(现芒市)、陇川、腾冲等地的红壤、棕壤、灰棕壤、山地草甸土等进行研究。当时所用的土壤分类方法主要受美国分类的影响，采用以土系为基础的分类，共建立了 44 个土系。中华人民共和国成立后，历经全国第一和第二次土壤普查，确定了基于发生分类的“云南省土壤分类系统”，出版了《云南土壤》和《云南土种志》等，列出了 7 个土纲、14 个亚纲、19 个土类、34 个亚类、145 个土属、288 个土种，基本确定了它们的分布面积，总结了云南省各种土壤发生分布特点、基本性状和肥力特性、利用和开发状况等。这些工作为云南省农业生产发展、生态环境保护、土地资源合理利用等起到了重要的支撑作用。20 世纪 90 年代以来，随着信息技术的发展和中国土壤系统分类系统的推行，在高级单元建立和完善的基础上，开展土壤基层分类研究势在必行。同时，科技部国家科技基础性工作专项“我国土系调查与《中国土系志》编制”（项目编号 2008FY110600）进行的东部省（市、区）的土系调查更是促进了云南省土系调查和土系志的编撰工作，也使云南省土壤分类研究进入新的历史阶段。

本书是在科技部国家科技基础性工作专项“我国土系调查与《中国土系志（中西部卷）》编制”（项目编号 2014FY110200）的资助下进行的，同时也得到中国科学院土壤环境与污染修复重点实验室的资助。本工作经历了基础资料与图件收集整理、代表性单个土体布点、野外调查与采样、土壤物理化学和肥力性状分析、高级分类单元（土纲、亚纲、土类、亚类）确定、基层分类单元（土族、土系）划分与建立等步骤。典型土壤剖面点的布点依据已有土壤发生类型土种的分布，考虑地形-母质-利用的特点，结合空间均匀性而确定，基本反映了该省土壤基层单元的类型。本书严格按照中国科学院南京土壤研究所编撰的《野外土壤描述与采样规范》和《土壤调查实验室分析方法》的要求，进行了描述、采样和分析，共调查和描述了 146 个土壤剖面，采集和分析了 594 个分层土壤样品，获得了较丰富的第一手数据资料。最终，建立了 144 个土系。土壤系统分类高级单元依据《中国土壤系统分类检索（第三版）》，土族和土系依据《中国土壤系统分类土族和土系划分标准（试行稿）》，经过充分讨论、反复推敲而建立。该土系志的基础性工作可为类似地区开展土系划分研究提供借鉴，也可为云南省合理利用土壤资源、发展生态农业、改善生态环境提供重要基础支撑。

云南省土系调查工作的完成和定稿是团队协作的成果，包含了同事和研究生的辛勤劳动。特别感谢龚子同先生在本书成稿过程中给予的指导，他还提供了云南省土系研究的历史资料；感谢云南农业大学李元教授在野外调查过程中给予的帮助；感谢华中农业大学王天巍教授对稿件的悉心审阅。最后，需要指出的是，受时间和经费的限制，本次调查尽管覆盖云南省全域，但如前所述，云南省的自然条件非常复杂，建立的代表性土系还是有限的，只能作为云南省土系研究的开端，有待今后不断充实新的土系。另外，限于作者的经验和水平，尽管付出了很大的努力，也力图使土系的划分和建立准确合理，但书中定会有不少缺点和不完善之处，敬请读者批评指正。

黄　标　卢升高

2019 年 9 月 3 日于南京

目　　录

上篇　总　　论

下篇　区域典型土系

上篇 总 论

第1章　区域概况

1.1　地理概况

云南省，简称“云”或“滇”，位于东经 97°31′～106°11′、北纬 21°8′～29°15′，北回归线横贯本省南部，属低纬度内陆地区。全省东西最大横距 864.9 km，南北最大纵距 990 km。全省总面积 39.41 万 km^2，占全国国土总面积的 4.1%，居全国第 8 位。

云南地处中国西南边陲，东部与贵州省、广西壮族自治区为邻，北部与四川省相连，西北部紧依西藏自治区，西部与缅甸接壤，南部和老挝、越南毗邻。云南有 25 个边境县分别与缅甸、老挝和越南交界，国境线长 4060 km，其中，中缅边界 1997 km，中老边界 710 km，中越边界 1353 km。全省地势呈现西北高、东南低，自北向南呈阶梯状逐级下降，从北到南每千米水平直线距离海拔平均降低 6 m。北部是青藏高原南延部分，海拔一般在 3000～4000 m，有高黎贡山、怒山、云岭等巨大山系和怒江、澜沧江、金沙江等大河自北向南相间排列，三江并流，高山峡谷相间，地势险峻；南部为横断山脉，山地海拔不到 3000 m，主要有哀牢山、无量山、邦马山等，地势向南和西南缓降，河谷逐渐宽广；在南部、西南部边境，地势渐趋和缓，山势较矮，宽谷盆地较多，海拔在 800～1000 m，个别地区下降至 500 m 以下，主要是热带、亚热带地区。

全省河川纵横，湖泊众多。全省境内径流面积在 100 km^2 以上的河流有 889 条，分属长江（金沙江）、珠江（南盘江）、元江（红河）、澜沧江（湄公河）、怒江（萨尔温江）、大盈江（伊洛瓦底江）6 大水系。红河和南盘江发源于云南省境内，其余为过境河流。除金沙江、南盘江外，均为跨国河流，这些河流分别流入中国南海和印度洋。多数河流具有落差大、水流湍急、水流量变化大的特点。全省有高原湖泊 40 多个，多数为断陷型湖泊，大体分布在元江谷地和东云岭山地以南，多数在高原区内。湖泊水域面积约 1100 km^2，占全省总面积的 0.28%，总蓄水量约 300 亿 m^3。湖泊中数滇池面积最大，为 306.3 km^2；洱海次之，面积约 250 km^2；抚仙湖深度为全省第一，最深处为 151.5 m；泸沽湖次之，最深处为 73.2 m。

云南气候基本属于亚热带高原季风型，立体气候特点显著，类型众多、年温差小、日温差大、干湿季节分明、气温随地势高低垂直变化异常明显。滇西北属寒带型气候，长冬无夏，春秋较短；滇东、滇中属温带型气候，四季如春，遇雨成冬；滇南、滇西南属低热河谷区，有一部分在北回归线以南，进入热带范围，长夏无冬，一雨成秋。在一个省区内，同时具有寒、温、热（包括亚热带）三带气候，一般海拔每上升 100 m，温度平均递降 0.6～0.7℃，有“一山分四季，十里不同天”之说，景象别具特色。

1.2 行 政 区 划

截至 2016 年云南省辖 8 个地级市、8 个民族自治州，15 个市辖区、15 个县级市、70 个县、29 个民族自治县，省会为昆明，行政区划见表 1-1 及图 1-1。

表 1-1　云南省行政区划

地级市	人口/万人	少数民族	面积/万 km^2	区号	代码	行政区划
昆明市	657.9	彝族、布依族等	2.1	0871	650000	五华区、盘龙区、官渡区、西山区、东川区、呈贡区、晋宁区、安宁市、富民县、宜良县、石林彝族自治县、嵩明县、禄劝彝族苗族自治县、寻甸回族彝族自治县
昭通市	586.54	回族、苗族等	2.3	0870	657000	昭阳区、鲁甸县、巧家县、镇雄县、彝良县、威信县、盐津县、大关县、永善县、绥江县、水富县
曲靖市	641.89	彝族、回族等	2.89	0874	655000	麒麟区、宣威市、沾益区、马龙县、陆良县、师宗县、罗平县、富源县、会泽县
玉溪市	234	彝族、哈尼族等	1.53	0877	653100	红塔区、江川区、澄江县、通海县、华宁县、易门县、峨山彝族自治县、新平彝族傣族自治县、元江哈尼族彝族傣族自治县
保山市	255.4	彝族、傣族等	1.96	0875	678000	隆阳区、腾冲市、施甸县、龙陵县、昌宁县
楚雄彝族自治州	272.40	彝族、傈僳族等	2.93	0878	675000	楚雄市、双柏县、牟定县、南华县、姚安县、大姚县、永仁县、元谋县、武定县、禄丰县
红河哈尼族彝族自治州	458.96	哈尼族、彝族等	3.29	0873	661000	个旧市、开远市、蒙自市、建水县、石屏县、弥勒市、泸西县、红河县、元阳县、绿春县、屏边苗族自治县、金平苗族瑶族傣族自治县、河口瑶族自治县
文山壮族苗族自治州	357.8	壮族、苗族等	3.15	0876	663000	文山市、砚山县、西畴县、麻栗坡县、马关县、丘北县、广南县、富宁县
普洱市	258.4	哈尼族、彝族等	4.54	0879	665000	思茅区、宁洱哈尼族彝族自治县、景东彝族自治县、景谷彝族傣族自治县、镇沅彝族哈尼族拉祜族自治县、墨江哈尼族自治县、江城哈尼族彝族自治县、澜沧拉祜族自治县、孟连傣族拉祜族佤族自治县、西盟佤族自治县
西双版纳傣族自治州	115.2	傣族、哈尼族等	1.91	0691	666100	景洪市、勐海县、勐腊县
大理白族自治州	56.92	白族、彝族等	2.95	0872	671000	大理市、漾濞彝族自治县、祥云县、宾川县、弥渡县、南涧彝族自治县、巍山彝族回族自治县、永平县、云龙县、洱源县、剑川县、鹤庆县
德宏傣族景颇族自治州	124.5	傣族、景颇族等	1.52	0692	678400	芒市、梁河县、盈江县、陇川县、瑞丽市
丽江市	126.9	纳西族、彝族等	2.06	0888	674100	古城区、玉龙纳西族自治县、永胜县、华坪县、宁蒗彝族自治县
怒江傈僳族自治州	53.9	傈僳族、怒族等	1.47	0886	673100	泸水市、福贡县、贡山独龙族怒族自治县、兰坪白族普米族自治县

续表

地级市	人口/万人	少数民族	面积/万 km^2	区号	代码	行政区划
迪庆藏族自治州	36.28	彝族、藏族等	2.39	0887	674400	香格里拉市、德钦县、维西傈僳族自治县
临沧市	247.9	彝族、佤族等	2.4	0883	677000	临翔区、云县、凤庆县、永德县、镇康县、耿马傣族佤族自治县、沧源佤族自治县、双江拉祜族佤族布朗族傣族自治县

注：数据来源于《2017 年云南统计年鉴》。

图 1-1　云南省行政区图（2017 年）

1.3　人 口 状 况

2016 年末，云南省常住人口为 4770.5 万人，比上年末增加 28.7 万人。全年出生人口 62.6 万人，出生率为 13.16‰；死亡人口 31.2 万人，死亡率为 6.55‰；自然增长率为 6.61‰，比上年提高 0.21 个千分点。人口密度 121 人/km^2。年末全省城镇人口 2148.2 万人，乡村人口 2622.3 万人，全省城镇化率达 45.03%，比上年提高 1.7 个百分点。云南是我国民族种类最多的省份，除汉族外，人口在 6000 人以上的世居少数民族有彝族、哈尼族、白族、傣族、壮族、苗族、回族、傈僳族等 25 个。其中（按人口数多少为序），哈尼族、白族、傣族、傈僳族、拉祜族、佤族、纳西族、景颇族、布朗族、普米族、阿昌族、怒族、基诺族、德昂族、独龙族共 15 个民族为云南特有，人口数均占全国该民族总人口的 80%以上。2015 年末，全省少数民族人口数达 1583.3 万人，占全省人口总数的 33.4%，是全国少数民族人口数超过千万的 3 个省区（广西、云南、贵州）之一。民族自治地方的土地面积为 27.67 万 km^2，占全省总面积的 70.2%。全省少数民族人口数超过 100 万的有彝族、哈尼族、白族、傣族、壮族、苗族 6 个；超过 10 万不到 100 万的有回族、傈僳族、拉祜族、佤族、纳西族、瑶族、景颇族、藏族、布朗族 9 个；超过 1 万不到 10 万的有布依族、普米族、阿昌族、怒族、基诺族、蒙古族、德昂族、满族 8 个；超过 6000 不到 1 万的有水族、独龙族 2 个。云南少数民族交错分布，表现为大杂居与小聚居，彝族、回族在全省大多数县均有分布。

1.4 土 地 资 源

1.4.1 土地利用构成与特点

1. 土地利用构成

根据《2017 年云南统计年鉴》，云南省土地总面积约为 3831.89 万 hm^2，其中农用地 3293.24 万 hm^2，占 85.9%；建设用地 108.72 hm^2，占 2.8%；未利用地 429.92 万 hm^2，占 11.3%。

农用地中，耕地面积 620.78 万 hm^2，占土地总面积的 16.2%；园地 163.07 万 hm^2，占土地总面积的 4.3%；林地 2301.34 万 hm^2，占土地总面积的 60.1%；牧草地 14.71 万 hm^2，占土地总面积的 0.4%；其他农用地 193.34 万 hm^2，占土地总面积的 5.1%。

建设用地中，居民点工矿用地 85.43 万 hm^2，占土地总面积的 2.2%；交通运输用地面积 11.55 万 hm^2，占土地总面积的 0.3%；水利设施用地 11.75 万 hm^2，占土地总面积的 0.3%。

全省未利用地 429.92 万 hm^2。荒草地占较大比率，这是云南省今后发展的后备土地资源，滩涂、苇地、沼泽、砂地、裸岩石砾等所占比例较小，但砂地、裸岩石砾等扩展速度很快，仍然影响着云南省未来的发展。

2. 土地利用特点

土地利用类型丰富多样。云南省土地利用类型，既有热带、亚热带用地类型，又有温带和高原寒带用地类型；既有集约经营的坝区高产稳产农田，也有利用不合理、产量很低的山区轮歇地，还有较为特殊的石山灌丛、石山草坡。在土地总面积中，林地占一半以上，成为土地利用的主体，反映出山区省份土地利用的基本特点。

土地利用分布具有十分明显的山原特点。云南省垂直地带性明显，从低海拔地区到高海拔地区大致可分为低热、中暖、高寒三层，各层土地利用方式独特，各类用地分布范围广，海拔跨度大，各类用地分布十分零散；由于山坝结合的独特地貌结构，每个县（市）都是以耕地为主的盆坝区或宽缓河谷为中心、以林地为主的半山区和山区为边缘，组成近似于同心圈层状的分布形式，因而表现出大致相似的土地利用结构。

人地比例、土地开发利用程度、后备资源的分布具有明显的地域差异。云南省山区和半山区占土地总面积的94%，坝地占6%。平坝区耕地较少，土壤和水热条件较为优越，但人地矛盾尖锐，后备资源很少，非农业建设占用高产田地的问题突出。全省未利用土地中适宜开发利用的已经很少。

土地利用制约因素多。受地貌、气候和水热条件的综合影响，云南省土地利用制约因素较多，水土流失、滑坡、泥石流等灾害经常发生；干旱、洪涝等因素对土地利用的影响和制约也很大。

1.4.2 土地资源存在的问题

1. 人增地减，人均耕地逐年下降，耕地后备资源不足

云南省人口总数由20世纪90年代的2600万左右增长到2016年的4770万，人口增加明显，人多地少的情况十分严重，人均耕地约为0.13 hm^2，而且呈下降趋势。本来就不多的后备耕地资源也被大量开发，未利用土地大幅减少，人地矛盾日益加剧。由于全省山地占绝大比重，有条件开垦的宜农荒地大部分已开发，部分宜农荒地因为水热条件、耕作半径等限制难以开发。

2. 土地利用结构与布局不尽合理

云南省土地利用以农业为主，由于开发过程中规划不合理，没有充分发挥云南省光、热、水的良好条件，农业用地中，旱地占较大比例，水田比例小。在广大的坝子地区和河谷地区仍然有较多的旱地。有效灌溉面积仅占1/3，而2/3的耕地为雨养耕地。现有耕地中，中低产田比重大，不少耕地受坡度、土层簿、缺水等因素限制，需要改良调整。

3. 土地开发利用广度有余，深度不足，土地利用集约化程度和产出率较低

全省虽然土地利用率达80.78%，但已利用的土地集约化程度和产出率较低，普遍缺乏规模经营，粮食、林果等农作物的单产水平不高。林业用地产值低，水面利用率低；城镇、农村居民点和工矿用地使用不够充分和合理。

4. 水土流失严重，水土污染面积扩大

云南省气候以热带和亚热带季风气候为主，雨季时降雨量大，降雨时间长；地形以高原和山地为主，喀斯特地貌广泛分布，土质比较松散；而原本森林植被覆盖的地方被开垦成为耕地等，植被破坏十分严重，所以水土流失现象严重。随着有色金属工业不断兴起，有色金属的开采和冶炼严重污染河流湖泊，重大土地污染、水污染事件不断发生。城镇农村居民生活产生大量垃圾，因处理不得当，垃圾堆积成山，占用了大量土地，经雨水冲刷和浸泡后会污染土地、河流和湖泊。

5. 建设用地破坏严重

云南省素有“有色金属王国”的美誉，蕴藏着大量的锡、磷等矿产。改革开放以来，

云南省经济得到长足发展，但有色金属开采大量破坏了土地。由于城镇化迅速提高，各地都大力发展新城，而城区一般都处在土地平旷地区，这些地区原本是良好的农用地，新城区的建设占用了高产农田，土地遭到破坏，耕地减少。云南省的交通建设，尤其是高速公路和铁路的建设发展迅速，道路建设占用大量土地，耕地等也遭到破坏。

6. 旅游开发造成土地破坏

云南省拥有得天独厚的旅游资源，旅游产业一直保持快速发展，几乎每个市县都拥有自己的旅游景区。为了提高景区档次，各地都在进行景区的人工改造，景区的改造对土地的破坏也是不容忽视的。

1.5 交通状况

云南省境内高原起伏，断层盆地星罗棋布，高山低谷相间，多数河流落差大，水流急，水量变化大。这些给交通带来极大困难。历史上靠人背马驮，“马帮”成为陆地上运输的主要方式。以昆明为中心，迤东、迤西、迤南三大驿道干线和通往省外、国外的支线，总长曾达 9000 km。1913 年，个旧矿商集资，开工修建个旧—碧色寨—石屏间 177 km 的寸轨铁路。1928 年延伸修建了昆明至安宁长 34 km 的汽车路，这是云南省最早的一条公路。抗日战争期间，云南公路、民用航空建设一度发展较快，建成长达 954 km 的滇缅公路。到中华人民共和国成立前，云南省共修建寸轨铁路 656 km，公路 5214 km，实际通车里程 3838 km。

中华人民共和国成立后，云南省的交通建设一直受党和政府的重视。1950～1987 年，全省用于交通运输和邮电事业的基本建设投资共达 49.07 亿元，占同时期全省基本建设投资总额的 15.9%。1987 年，全省有铁路 1642 km，比中华人民共和国成立初期增加了 1.5 倍，建成贵昆、成昆铁路；等级公路 4.99 万 km，增加了 16.9 倍。全省建成由公路、铁路、民用航空、水运和民间运输组成的初具规模的综合运输网，交通闭塞和“出门就是山，背箩磨破肩”的行路难、运输难的局面，在全省许多地方有了明显改观。

“十二五”时期，全省公路总里程达 23.6 万 km。骨架路网高速化，建成武昆、大丽等 24 条高速公路，里程 1375 km，全省高速公路通车里程达 4005 km。全省 13 个州市通高速公路，129 个县有 72 个通高速公路。国省干线高等化，全省高等级公路（二级及以上公路）里程达 1.62 万 km，占总里程 6.86%，全省 129 个区县中有 123 个通高等级公路。农村交通通畅化，新改建农村公路 9 万 km，农村公路总里程达 19.7 万 km，乡镇通畅率达 100%。新增航道通航里程 1090 km，总里程达 4200 km。

云南省是中国通往东南亚、南亚的窗口和门户，地处东亚与东南亚、南亚三大区域的接合部，拥有国家一类口岸 16 个、二类口岸 7 个。公路、铁路、航空和水运网络日趋完善，初步形成通往东南亚、南亚国家的三条便捷的国际大通道。全面建成 11 条出入境公路、10 条出入境铁路和 3 条出入境水运航道，成为第三亚欧大陆桥东段最重要的枢纽。云南省在我国对东南亚、南亚大开放中的交通枢纽地位得到进一步提升。截至 2017 年，云南省全省公路通车里程达 23.81 万 km，其中高速公路 4134 km，一级公路 1196 km，二级公路 11752 km，铁路里程达 4532 km，机场共 12 个，内河航道里程 4300 km。

1.6　水 资 源

1.6.1　地表水

云南省 2016 年水资源总量 2089 亿 m^3，仅次于西藏和四川，居全国第三，占全国水资源总量的 1/7。人均水资源量超过 10000 m^3，是全国平均水平的 4 倍。

2016 年全省年平均降水量 1295.9 mm，折合降水总量 4966 亿 m^3。行政分区中，怒江傈僳族自治州（怒江州）年降水量最大，为 2603.9 mm；昆明市最小，为 974.1 mm。全省境内径流面积在 100 km^2 的河流有 889 条，分属长江（金沙江）、珠江（南盘江）、元江（红河）、澜沧江（湄公河）、怒江（萨尔温江）、独龙江（伊洛瓦底江）6 大水系。滇池、洱海等 30 余个高原湖泊，总面积约 1066 km^2，总蓄水量约 300 亿 m^3。云南省流到国外的多年平均水量为 2204 亿 m^3，主要流入越南、缅甸和老挝，在 4 条国际河流中以澜沧江出国境水量最多，达 738.1 亿 m^3，其次是怒江 710 亿 m^3，元江 440.3 亿 m^3，大盈江 316 亿 m^3。从国外流入云南省的水量来自缅甸和老挝，多年平均入境水量为 24.63 亿 m^3，其中流入澜沧江的水量 12.26 亿 m^3，怒江 1.57 亿 m^3，独龙江 10.8 亿 m^3。从外省流入云南的多年平均入境水量 1625 亿 m^3，主要来自西藏、四川、贵州、广西；由云南流到外省的多年平均水量为 1630 亿 m^3。

云南省水资源总量丰富，但水资源在时间分布上极不均匀。云南省降水干湿分明，5～10 月雨季径流量约占全年水量的 73%～85%，而 11～4 月旱季径流量仅占全年总量的 15%～28%，在农业生产用水量最大的 4 月和 5 月，径流量仅占全年水量的 2%～3%。更为严重的是径流量越少的地区，年际变化越大，丰枯变化更为严重、剧烈。

云南省水资源地区分布也极不均匀，总的趋势是南多北少，西多东少，深谷多，平坝少。云南有众多的岩溶分布，岩溶地区的降雨径流大部分或全部下渗至地下数百米或上千米的深度，形成大小不一的地下暗河，远流它处，不能被当地截获使用，因此地表水十分缺乏。云南作为一个山区省份，全省绝大多数城镇、工业区、主要的农业区都聚集在盆地（坝区）上，而 70%以上的水资源却分布在边远山区。

云南省水质仍有一定污染，在 100 条主要河流（河段）的 186 个国控省控监测断面中，符合Ⅰ～Ⅱ类标准的占 60.2%；符合Ⅲ类标准的占 21.5%；符合Ⅳ类标准的占 10.2%；符合Ⅴ类标准的占 2.7%；劣于Ⅴ类标准占 5.4%。城市及主要城镇附近的河流大部分处于重污染或严重污染状况。全省湖泊、水库水质总体良好。开展水质监测的 62 个主要湖库中，符合Ⅰ～Ⅱ类标准的占 66.1%；符合Ⅲ类标准的占 17.7%；符合Ⅳ类标准的占 3.2%；符合Ⅴ类标准的占 6.5%；但仍有 6.5%属于劣Ⅴ类，水质重度污染。

云南省水土流失严重，自然灾害频繁。云南省境内地形变化大，地质构造复杂，断裂规模大，新构造运动强烈，山势陡峻，谷深流急，地震频发、震级高，降雨时空分布不均等不利自然因素，加之人为破坏，致使水土流失非常严重。全省水土流失面积 14.6×10^4 km^2，占全省国土面积的 38.2%。据统计，全省流失土壤 5×10^8 t/a，平均受旱面积

8 万 hm^2/a。

1.6.2　地下水

2016 年全省地下水资源量 699.7 亿 m^3，地下水资源量约为全国地下水资源总量的 9.54%，地下水径流模数 18.3 万 m^3/km^2。地下水资源的地区分布极不均匀，变化趋势与地表水资源量的地区分布基本一致，呈西多东少、南多北少的分布态势。行政分区中，怒江州地下水径流模数最大，为 49.5 万 m^3/km^2；楚雄彝族自治州（楚雄州）最小，为 5.5 万 m^3/km^2。地下水资源的垂直分布与地表水的一致，即对于气候和下垫面条件基本一致的地区，一般海拔较高地区的地下水产水量多于低海拔地区。

云南省水能资源丰富，水能资源理论蕴藏量为 10437 万 kW，占全国总蕴藏量的 15.3%，仅次于西藏、四川，居全国第 3 位。云南省水能资源的 82.5%蕴藏在金沙江、澜沧江、怒江 3 大水系，尤以金沙江蕴藏的水能资源最大，占全省水能资源总量的 38.9%。

1.7　生 物 资 源

云南省处于低纬度、高海拔地区，气候类型多样，河川、湖泊纵横，地质现象复杂多样。此种特殊的地理位置和立体气候特征，孕育了种类繁多的生物资源，形成了一个巨大的野生生物种质资源库。云南省以全国 4%的国土面积，拥有全国 63%的高等植物、70%的中药材和 59%的物种资源，森林覆盖率达到 53%，享有“植物王国”、“动物王国”、“香料王国”、“花卉之乡”、“药物宝库”和“生物资源基因库”等美称。

云南是我国植物种类最多的省份，热带、亚热带、温带、寒温带等植物类型都有分布，古老的、衍生的、外来的植物种类和类群很多。在全国约 3 万种高等植物中，云南有 274 科、2076 属、1.7 万种。热带、亚热带的高等植物约 1 万种，中草药 2000 多种，香料植物 69 科，约 400 种，有 2100 多种观赏植物，其中花卉植物 1500 种以上，不少是珍奇种类和特产植物。许多种类为云南所特有，如云南樟、四数木、云南肉豆蔻、望天树、龙血树、铁力木等，可供利用的资源植物在千种以上，而经济价值较高并能直接开发利用的有 900 种以上。此外，云南还拥有许多在遗传育种上具有很高价值的农林园艺植物的野生物种资源，以及蕨类植物（占全国一半）、裸子植物等古老植物。2011 年，云南森林面积为 1560 万 hm^2，活立木总蓄积量 15.48 亿 m^3。有自然保护区 162 个，其中，国家级自然保护区 16 个，省级自然保护区 44 个。自然保护区面积 295.56 万 hm^2。生物资源开发是云南的支柱产业之一，烟草、药材、花卉、热带水果等已有相当的规模。

云南省独特的气候和地理环境，供养了种类繁多的野生动物，形成了寒温热带动物交汇的奇特现象。云南省拥有脊椎动物 1737 种，昆虫 1 万多种。脊椎动物中兽类有 300 种，鸟类 793 种，爬行类 143 种，两栖类 102 种，淡水鱼类 366 种。鱼类中有 5 科 40 属 249 种为云南特有。鸟兽类中有 46 种为国家一级保护动物，154 种为二级保护动物。云南省珍稀保护动物较多，许多动物在国内仅分布在云南省。如国家一类保护动物蜂猴、滇金丝猴、野象、野牛、长臂猿、印支虎、犀鸟、白尾梢虹雉等 46 种；国家二类保护动物熊猴、猕猴、灰叶猴、穿山甲、麝、小熊猫、绿孔雀、蟒蛇等 154 种。

1.8　矿 产 资 源

云南位于欧亚、印度、太平洋 3 大板块的汇聚接合地带，也是扬子、华南成矿区与三江（怒江、澜沧江、金沙江）成矿带的交接地区。特殊的区域构造成矿环境，多期复杂的构造运动，频繁广布的火山、岩浆活动，类型齐全的沉积建造，为云南多种成矿系列矿床的形成创造了良好的条件。云南省矿产资源丰富，种类多，分布广，相对资源丰度值较高。现已发现的矿产有 143 种，已探明储量的有 86 种；金属矿遍及 108 个县（市），煤矿在 116 个县（市）发现，其他非金属矿产各县都有；共生、伴生矿多，利用价值高，全省共生、伴生矿床约占矿床总量的 31%。云南有 61 个矿种的保有储量居全国前 10 位，其中，铅、锌、锡、磷、铜、银等 25 种矿产储量分别居全国前 3 位。

1.9　旅 游 资 源

云南省以独特的高原风光，热带、亚热带的边疆风物和多彩多姿的民族风情而闻名于海内外。旅游资源十分丰富，已经建成一批以高山峡谷、现代冰川、高原湖泊、石林、喀斯特洞穴、火山地热、原始森林、花卉、文物古迹、传统园林及少数民族风情等为特色的旅游景区。

1.9.1　生态景区旅游资源

云南省生态景区旅游资源丰富，有景区、景点 200 多个，2018 年有国家 A 级以上景区 231 个，其中列为国家级风景名胜区的有石林、大理、西双版纳、三江并流、昆明滇池、丽江玉龙雪山、腾冲地热火山、瑞丽江-大盈江、宜良九乡、建水等 12 处，列为省级风景名胜区的有陆良彩色沙林、禄劝轿子雪山等 53 处。

石林风景区又称为云南石林，位于云南省昆明市石林彝族自治县（石林县）境内，面积 350 km^2，系世界自然遗产中国南方喀斯特的重要组成部分。石林为距今 2.7 亿年前海底石灰岩沉积区，经沧海桑田的变迁，约在 200 万年前形成。石林以岩溶景观为主，以“雄、奇、险、秀、幽、奥、旷”著称，具有世界上最奇特的岩溶地貌景观。全区范围广袤，山光水色各具特色，石牙、峰丛、溶丘、溶洞、溶蚀湖、瀑布、地下河等景观错落有致，是最佳旅游目的地，是旅游者的天堂。

大理古城风景区内居住有彝、回、傈僳、苗、汉等民族。各个民族都有自己独特的风俗民情，有绚丽多姿的民族婚礼和风趣的掐新娘活动。养花种树已成为传统的习俗，每家每户都有一个大小不等的花园，清冽的泉水从苍山上流进城里，穿街绕巷，经过一家家门前，大街小巷，叮咚的水声不绝于耳，如弹奏的三弦。“家家流水，户户养花”名不虚传。

西双版纳风景区位于云南省南部西双版纳傣族自治州（西双版纳州）境内，距昆明 740 km。西双版纳景区包括景洪市、勐海县、勐腊县风景片区三大块，景观独特，知名度高，拥有种类繁多的动植物资源，被称为“动植物王国”。其中许多珍稀、古老、奇特、濒危的动植物又是西双版纳独有的，引起了国内外游客和科研工作者的极大兴趣。西双版纳景观以丰富迷人的热带、亚热带雨林、季雨林、沟谷雨林风光，珍稀动物和绚丽多彩的民族文化、民族风情为主体。

滇池风景区位于昆明城及滇池周围地区。景区包括昆明城、滇池及附近众多的公园、名胜古迹，总面积 770 km^2。昆明滇池风景区在苍崖万丈、云横绝顶的群山之间，素有“高原明珠”之称，碧绿如玉、烟波浩渺，既有湖泊的秀逸和韵味，又有大海般的气势和情调。滇池是昆明风景名胜的中心。

丽江玉龙雪山风景区位于玉龙纳西族自治县（玉龙县）境内，是北半球最南的大雪山。南北长 35 km，东西宽 13 km，面积 960 km^2，主峰扇子陡海拔 5596 m，高山雪域风景位于海拔 4000 m 以上，拥有险、奇、美、秀的景色。玉龙雪山在纳西语中被称为“欧鲁”，意为银色的山岩。其银装素裹，十三座雪峰连绵不绝，宛若一条“巨龙”腾越飞舞，故被称为“玉龙”。

“三江并流”风景区地处滇西北，金沙江、澜沧江、怒江在青藏高原和横断山脉纵谷区相间并流，穿越担当力卡山、高黎贡山、怒山和云岭等崇山峻岭，形成世界上罕见的“江水并流而不交汇”的奇特自然地理景观。三条巨川相间，其中澜沧江与怒江直线距离最近处不足 19 km，是世界上内容最丰富的地质地貌博物馆。景区内高山雪峰横亘，景观变化呈垂直分布，从海拔 760 m 的怒江干热河谷到 6740 m 的卡瓦格博峰，汇集了高山峡谷、雪峰冰川、高原湿地、森林草甸、淡水湖泊、稀有动物、珍贵植物等奇观异景。景区有 118 座海拔 5000 m 以上、造型迥异的雪山。

1.9.2　生态文化旅游资源

云南省多样的民族文化形成了丰富的生态文化旅游资源，其中，有昆明、大理、丽江、建水、巍山和会泽 6 座国家级历史文化名城，有腾冲、威信、保山、会泽、石屏、广南、漾濞、孟连、香格里拉、剑川、通海 11 座省级历史文化名城，有禄丰县黑井镇、会泽县娜姑镇、剑川县沙溪镇、腾冲县和顺镇、云龙县诺邓镇诺邓村、石屏县宝秀镇郑营村、巍山县永建镇东莲花村、孟连县娜允镇 8 座国家历史文化名镇、名村，还有 14 个省级历史文化名镇、14 个省级历史文化名村和 1 个省级历史文化街区。丽江古城（1997 年 7 月）、红河哈尼梯田（2013 年 6 月）被列入世界文化遗产名录，三江并流（2003 年 7 月）、石林（2007 年 6 月）、澄江古生物化石地（2012 年 7 月）被列入世界自然遗产名录，丽江纳西东巴古籍文献被列入世界记忆遗产名录。

云南是人类的发源地之一，先后发现了距今 1500 万年前的开远森林古猿、距今 800 万年前的禄丰腊玛古猿、距今 170 万～250 万年前的元谋猿人和智人的化石，元谋猿人化石是迄今我国发现的最早的人类化石，说明云南是人类起源的重要地区之一。澄江县帽天山和昆明岷山一带发掘出土的“澄江动物化石群”，以门类丰富、个体完整、保存完好的动物软体组织印痕，为人类打开了探索距今 5.3 亿年前地球生命演化进程的“窗口”，为人类提供了研究地球“生命大爆发”和动物早期演化史更为完整的谱系。

1.9.3 其他旅游资源

云南省由于独特的地理风貌、特殊的气候状况、多彩的民族风情、奇特的风俗习惯，产生了许多不同于其他地方的文化旅游资源，如纳西古乐、白沙壁画、云南十八怪、洞经音乐、贝叶经、滇剧、花灯戏、摩梭走婚、东巴文、普洱茶等，具有丰富的历史文化内涵，蕴藏着开发不尽的文化遗产。

云南省有许多颇具当地特色的工艺品，包括傣家竹编、傣锦、建水紫陶、剑川木雕、昆明牙雕、蜡染、路南挑花、木雕工艺品等。

1.10 社 会 经 济

根据《云南省 2017 年国民经济和社会发展统计公报》，2016 年全省国内生产总值（GDP）达 16531.34 亿元，比上年增长 9.5%，高于全国 2.6 个百分点。其中，第一产业完成增加值 2310.73 亿元，增长 6.0%；第二产业完成增加值 6387.53 亿元，增长 10.7%；第三产业完成增加值 7833.08 亿元，增长 9.5%。三种产业结构由上年的 14.8∶38.5∶46.7 调整为 14.0∶38.6∶47.4。全省人均 GDP 达 34545 元，比上年增长 8.8%。非公经济增加值实现 7798.15 亿元，占全省 GDP 的比重达 47.2%，比上年提高 0.4 个百分点。

传统产业发展有较大提升。2016 年，全部工业增加值达到 3206 亿元，烟草产业实现税利 1096 亿元，能源和冶金工业销售收入都突破 1000 亿元。烟叶、橡胶、核桃、鲜切花、野生菌产量居全国第一，蔗糖、茶叶、蚕桑、水果、畜牧产品等在全国占有重要位置。文化产业快速发展，增加值占全省 GDP 比重达 6.3%。云南省旅游产业综合带动作用发挥明显，2016 年全省旅游业直接增加值占全省 GDP 比重的 7.1%；综合增加值总量约占全省 GDP 的 20%；旅游业带动的第一、二、三产业增加值约占第一、二、三产业增加值的 11%、9%、22%；乡村旅游投资达 180.8 亿元，接待游客 1.34 亿人次。新增 3 个 5A 级景区，全年接待海内外游客 1.67 亿人次，旅游总收入超过 1300 亿元。

2016 年，全省农业总产值达 3808.8 亿元，比上年增长 6.0%。其中，农业产值 2034.04 亿元，增长 6.0%；林业产值 381.53 亿元，增长 10.7%；牧业产值 1153.36 亿元，增长 4.5%；渔业产值 108.19 亿元，增长 9.4%；农林牧渔服务业产值 131.72 亿元，增长 6.1%。

2016 年末，全省共有国家批准组建的工程技术研究中心 4 个、省级工程技术研究中心 118 个，新认定省级重点实验室 1 个、创新型（试点）企业 80 家。全年共登记科技成果 1209 项，其中基础理论成果 41 项，应用技术成果 1131 项，软科学成果 37 项，有 4 个项目获得 2016 年度国家科学技术进步奖。已建立国家级高新技术产业开发区 2 个，省级高新技术产业开发区 20 个。全年专利申请 23709 件，获专利授权 12032 件；认定登记技术合同 2610 项，成交金额达 58.37 亿元。

随着云南省经济的发展，社会民生也逐渐改善。2016 年末，全省共有医疗卫生机构 24241 个，医疗卫生机构拥有床位数 25.36 万张，疾病预防控制中心 152 个。全年云南省运动员在国际比赛中获金、银、铜牌 17 枚；在全国比赛中获金、银、铜牌 173 枚。全省各类提供住宿的社会服务机构和设施 1925 个，其中养老服务机构和设施 1792 个。社会服务床位 14.36 万张，其中养老床位 13.25 万张。各类社区服务设施 3071 个。

1.11 农业生产发展

云南是农业大省，农业作为支柱性产业之一，在国民经济中起到重要作用。中华人民共和国成立前，云南农村除城市附近有一定的商品经济外，大多数地方处于封闭、半封闭的自然经济状态。农业耕作技术基本上处于传统农业阶段，特别是在边疆一些少数民族聚居地，还保留着原始的刀耕火种和游牧（耕）式的生产方式。农村经济基本上依靠单一粮食种植，资源开发程度低。1949 年，农业产值占工农业总产值的 83.3%；农作物总播种面积 269 万 hm^2，经济作物播种面积只有 7.27 万 hm^2。中华人民共和国成立后，大力调整农业生产结构，发展多种经营，发展乡镇企业，使农业经济逐步由自然经济向商品经济转化，由单一的粮食生产向农、林、牧、渔、工、商全面发展转化。

改革开放 40 年来，云南获得了长足发展，农业总产值由 1978 年的 40.0 亿元增加到 2016 年的 3808.8 亿元，增长了 94.2 倍，年均增速达到 12.4%；农村居民年收入从 130.6 元增加到 9862.2 元，增长 74.5 倍，年均增速 11.7%。2016 年，云南全年生产粮食 1991.92 万 t，总播种面积 714.82 万 hm^2，其中粮食播种面积 446.36 万 hm^2，包括稻谷 68.36 万 hm^2，小麦 37.54 万 hm^2，玉米 171.77 万 hm^2，豆类 59.90 万 hm^2，薯类 68.56 万 hm^2，油料播种面积 35.58 万 hm^2，蔬菜播种面积 104.01 万 hm^2，其他作物 38.72 万 hm^2，水果播种面积 54.25 万 hm^2。主要农业机械拥有量 3440 万 kW，全省灌溉面积 180.94 hm^2。化肥施用量 235.58 万 t，其中氮肥 115.50 万 t，磷肥 34.97 万 t，钾肥 26.16 万 t，复合肥 58.95 万 t。农药使用量 5.86 万 t，农膜使用量 11.55 万 t。

云南省经济作物种类也很丰富，主要有烟叶、茶叶、甘蔗、橡胶、咖啡、漆树、金鸡纳、樟属植物、黑节草等。烟草产业是云南省最大的支柱产业。烤烟种植面积和产量居全国第一，约占全国总量的 30%。2016 年，烤烟种植面积达 42.47 万 hm^2。糖产业和茶产业是云南省除烟草以外的传统骨干产业。云南省甘蔗品质好，糖分含量高，甘蔗种植面积、产量均居全国第二位。云南省是世界茶树的原产地，种植和利用茶叶的历史有 1700 多年，是我国的古老茶区，茶树品种资源极其丰富。2016 年，云南省茶叶种植面积 43.49 万 hm^2，茶叶产量 38.45 万 t。云南省橡胶产业已有相当规模，已建成仅次于海南的天然橡胶基地。目前，云南省橡胶种植面积 59.17 万 hm^2，产量 44.86 万 t。云南省油料植物除油菜、花生、核桃、向日葵、油桐、油茶、油棕、油瓜等外，还有 87 种有用的野生油料植物。全国有香料植物 500 多种，云南就有 365 种，占 73%，主要有桂花、玫瑰、素馨花、茉莉、龙脑香、香荚兰等；调味品有花椒、八角、草果、胡椒等，还有依兰、枝叶油、香叶油、松节油、树苔和橡苔等有很高经济价值的香料。由于地理位置特殊，云南省水果种类多样。2016 年，水果种植面积达 54.25 万 hm^2，产量 759.11 万 t，面积比 1990 年增加了 3.6 倍，产量增加了 9.9 倍。蔬菜播种面积 104.01 万 hm^2，比 1990 年增加了 2.9 倍。此外，云南省食用菌植物十分丰富，如竹荪、鸡枞、木耳、松茸、干巴菌、香菇、牛肝菌等。

花卉产业是云南省新兴产业。云南省花卉品种资源丰富，有野生花卉约 2500 多种，在长期的栽培选育中，已推出一批有色有香的奇花异草，其中山茶、杜鹃、报春花、兰花、百合、玉兰、龙胆、绿绒蒿“八大名花”最为盛名。从 20 世纪 90 年代开始，云南省花卉生产特别是鲜切花生产发展迅猛。2009 年鲜切花产量已达 56 亿枝，居全国第一，出口量占全国的 50%，云南省已成为亚洲最大的鲜切花出口基地。

改革开放 40 年来，云南粮食播种面积基本保持稳定，但粮食总产量增加迅速。1978 年粮食总产量 864.05 万 t，2016 年达到 1991.92 万 t。其中玉米产量增幅最明显，1978 年玉米总产量 233.10 万 t，2016 年达到 919.64 万 t。经济作物的播种面积和总产量增幅明显。2005 年橡胶播种面积 29.90 万 hm^2，总产量 13.96 万 t，2016 年达到 59.17 万 hm^2 和 32.19 万 t。2005 年咖啡播种面积 1.72 万 hm^2，2016 年达到 11.70 万 hm^2；2005 年茶叶播种面积 21.85 万 hm^2，产量 11.59 万 t，2016 年分别达到 43.49 万 hm^2 和 38.45 万 t。改革开放 40 年来，尽管云南省农业总体发展水平较全国平均水平为好，但土地产出率和劳动生产率还比较低。农村居民收入不仅绝对水平与全国的差距越拉越大，而且年均增速慢于全国平均水平。云南省农业土地生产率水平低下的主要原因，除了农业基础设施薄弱和劳动力素质较低等客观因素外，关键是低效农作物所占比重较高。2017 年，尽管云南省粮食作物播种面积占农作物播种面积的比重下降到 61.4%，但云南省的耕地多数是旱地，谷物主要以单产水平较低的玉米和小麦为主。云南省的小麦和玉米种植面积占粮食作物播种面积的 50.5%，不仅影响了粮食本身的生产效率，而且影响了整个农业的发展效率。

近年来云南省科技支撑高原特色农业加快发展，以产业发展需求为导向，加大了农业科技创新，大力推行产学研结合，已初步形成农业科技创新体系，农业科技进步贡献率达到 50%以上。

第2章 成土因素

2.1 气候概况

云南省地处中国西南边陲，北依广袤的亚洲大陆，南临辽阔的孟加拉湾（距离不到700 km）和南海（距离不到400 km），处在东亚季风和南亚季风交汇区域，西北又受青藏高原大地形影响，形成了复杂多样的气候条件。云南省气候基本属于亚热带高原季风型，立体气候特点显著，类型众多、年温差小、日温差大、干湿季节分明、气温随地势高低垂直变化异常明显。

根据日平均气温≥10℃积温、最冷月平均气温和极端最低气温，云南省大致可分为六个气候带（图2-1），以亚热带为主，其次是温带和高原气候带，在一个省区内同时具有寒、温、热（包括亚热带）三带气候。云南省的这种气候特点适宜多种农作物和经济作物生长。

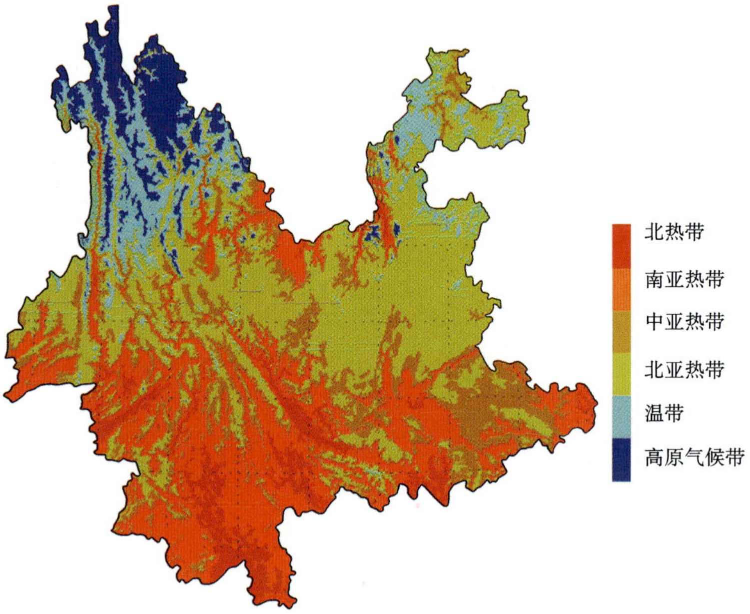

图2-1 云南省气候区划图（许美玲等，2011）

北热带仅分布在省内南部及海拔较低的几大江河河谷地带，呈树枝状向北伸展，包括河口、元江、景洪、勐定、潞江坝等地，总面积4700 km^2。云南北热带地区是发展热带作物的宝地。南亚热带包括哀牢山以西梁河、芒市、云县、南涧、景东一线以南海拔700～1400 m的地区，哀牢山以东石屏、建水、开远、蒙自、富宁一线以南海拔400～

1100 m 的地区，以及金沙江河谷地带的华坪、东川、巧家等地，总面积 7.4 万 km^2。本带热量条件优越，可种植双季稻，有条件的地方一年可三熟。中亚热带包括施甸、凤庆、弥渡、禄丰、玉溪、宜良、弥勒、邱北、广南一线以南至南亚热带之间的地区，以及宾川、福贡、永善、盐津、彝良、绥江等地。省内东部地区海拔 1100～1500 m，西部地区海拔 1400～1700 m，总面积 6.4 万 km^2。本带适宜水稻、玉米、小麦、蚕豆等粮食作物及油菜、烤烟、茶叶、甘蔗、柑橘等经济作物和亚热带水果的生长。北亚热带包括保山地区大部，大理白族自治州（大理州）中部和东部、楚雄州大部、昆明市大部、曲靖地区中部和南部及大关、西畴、砚山、个旧等地，省内东部地区海拔 1500～1900 m，西部地区海拔 1700～2000 m，总面积 8 万 km^2。本带为大小春一年两熟区，是云南省粮食作物和烤烟等经济作物的主产区。南温带包括大理州北部、丽江地区大部、曲靖地区北部及师宗、昭通、鲁甸、镇雄、威信等地。东部地区海拔 1900～2100 m，西部地区海拔 2000～2400 m，总面积 6.3 万 km^2。一年两熟是本带主要耕作制度。中温带包括西部地区海拔 2400～2800 m 及东部地区海拔 2100～2800 m 的地区，面积约 6.3 万 km^2。本带气候温凉，无霜期短，冬季气温低，农业生产以一年一熟为主。山区分布着大面积的云杉林、冷杉林，森林里有众多的野生动物和珍贵的药材。高原气候带包括省内西部海拔 3000 m 以上地区，如德钦、香格里拉等地，以及省内东部海拔 2800 m 以上的地区，总面积 3.3 万 km^2。本带气候冷凉，长冬无夏，霜期长达 6～8 个月，热量条件差，只能种植冷性耐寒作物。

受地理环境多样性影响，云南省的灾害性天气具有明显的地域性、突发性和群发性特点。如暴雨主要出现在雨季，寒潮发生在干季，而冰雹多形成在春季。综合来看，云南省一年四季都存在不同程度的气象灾害，春季有大风、冰雹、倒春寒，夏季多暴雨、洪涝、滑坡、泥石流和雷电灾害，秋季有连阴雨，冬季滇南地区可能出现寒害天气。

2.1.1　日照

全省的年均日照时数为 834～2638 h，最高值出现在滇西北高原地区的宾川和弥渡，为 2600 h 以上，最小值出现在滇东北地区的绥江、延津，约 800 h。全省大部分地区年均日照时数在 2000～2200 h。日照长短随纬度和季节而变化，并和云量、云的厚度及地形有关。云南省高原西北高而东南低，大部分地区海拔 1500～2000 m，一些山地可高于 3000 m，其西北部为云贵高原地势最高带，海拔一般在 3000～4000 m，有许多终年积雪的高山，如玉龙雪山、梅里雪山、哈巴雪山等，从图 2-2 可知，日照时数分布与地形走势较为符合（高海拔光照条件相对好）。此外，日照时数分布与降水分布一致性也较好，大致上降水低值区与日照高值区对应（阴雨少则光照条件相对好）。云南省日照时数具有局地变化的差异性及不同步性，其变化大致为北部减少、南部增加的趋势，并以哀牢山为界，以东以北为减少，以西以南则呈增加趋势；昆明及其以北地区日照时数减少最多，增加最大的区域位于腾冲、普洱。总体上看，云南省日照时数的变化与云南省降水和温度的气候变化同步。

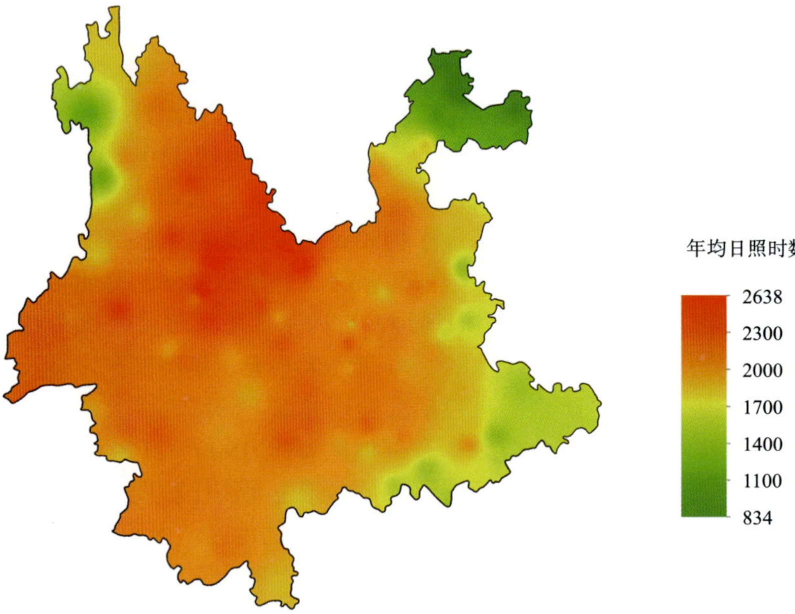

图 2-2　云南省 1971～2000 年年均日照时数分布（据云南省气象台地面观测资料绘制）

2.1.2　气温

云南省大部分地区年平均气温在 10～20℃，滇西北高海拔地区低于 5℃，滇南低纬度地区和低海拔地区则超过 20℃。从图 2-3 上看，年平均气温分布与气候区划结果形态大致相同，西北角与青藏高原相连处温度明显较低。从云南 30 年（图 2-4）各月平均气温中可看出 6 月和 7 月最高，均为 21.6℃；1 月和 12 月最低，分别为 9.1℃和 9.5℃。与全国其他地区相比，年温差较小，夏天气温较低，冬天气温较高。气温年温差一般为 10～15℃，日温差大，一般在 15℃左右，最大可达 20℃。多数地区年极端最高气温在 30～35℃，少数河谷地区（如元江、元谋、河口等地）年极端最高气温超过 40℃。云南省由于地形地貌复杂，海拔高低悬殊，除了南北方向上水平气候带的差异外，从低到高又有垂直方向上不同垂直气候带的差异。除金沙江河谷和元江河谷外，年平均温度大致由北向南递增，南北气温相差达 19℃左右。随着海拔变化，气温变化也很大。一般海拔每上升 100 m，温度平均递降 0.6～0.7℃。

全省积温有效性高。西双版纳、元江和金沙江、怒江河谷区等积温高值区，终年气温在 10℃以上，年积温达 7500℃以上，其中元江达 8700℃；滇西北迪庆高原和滇东北山区积温较少，一般在 2000℃以下，其中德钦最少，仅为 1000℃；其余多数地区积温在 4000～7000℃。

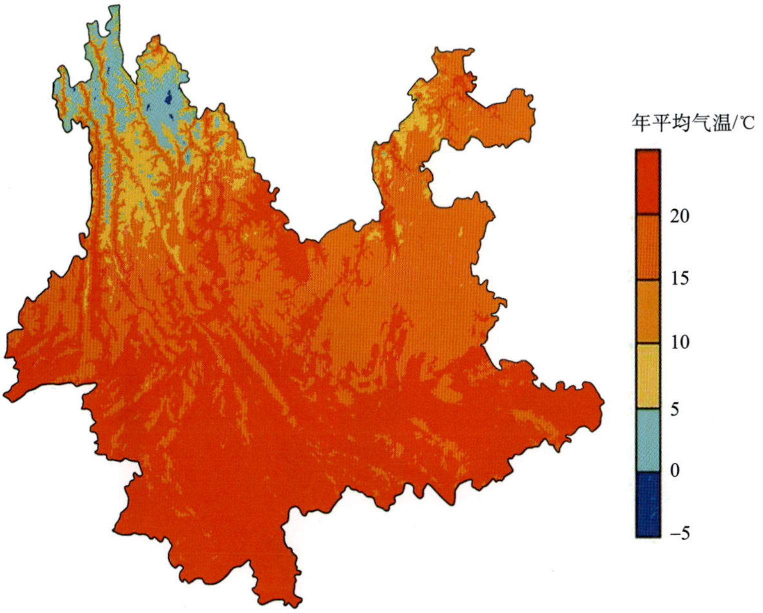

图 2-3 云南省 1971～2000 年年均气温分布图（许美玲等，2011）

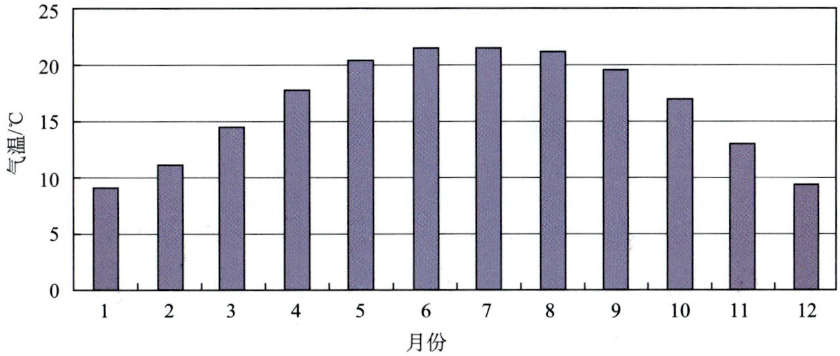

图 2-4 云南省 1971～2000 年各月平均气温（许美玲等，2011）

2.1.3 无霜期

云南全省无霜期长，南部边境全年无霜，偏南的文山、红河、普洱及临沧、德宏等地区无霜期为 300～330 d，中部昆明、玉溪、楚雄等地区约为 250 d，比较寒冷的滇西北迪庆和滇东北昭通地区也长达 210～220 d。

2.1.4 降水量、蒸发量

云南省临近热带海洋，又位于青藏高原的东南部，处于西南暖湿气流和东南暖湿气流的共同影响之下，由于地形和气候的影响，水汽充足、降水丰富。年平均降水量约为 1100 mm。从云南省 1971～2000 年年平均降水量空间分布图（图 2-5）来看，年平均降水量的空间分布差异较大，滇中及其以北地区降水量一般在 1000 mm 左右，滇南地区一般为 1500 mm 左右；滇西南和滇南边缘地区及曲靖东部和怒江中北部年平均降水量在 1500 mm 以上，其中西盟、孟连、澜沧、江城、绿春、金平等地在 2000 mm 以上，西盟和金平甚至高达 2500 mm 以上；滇西北高海拔地区和金沙江河谷地区降水量较少，一般为 1000 mm 以下，其中德钦、香格里拉、洱源、宾川、元谋、东川、永善等地年平均降水量在 750 mm 以下。

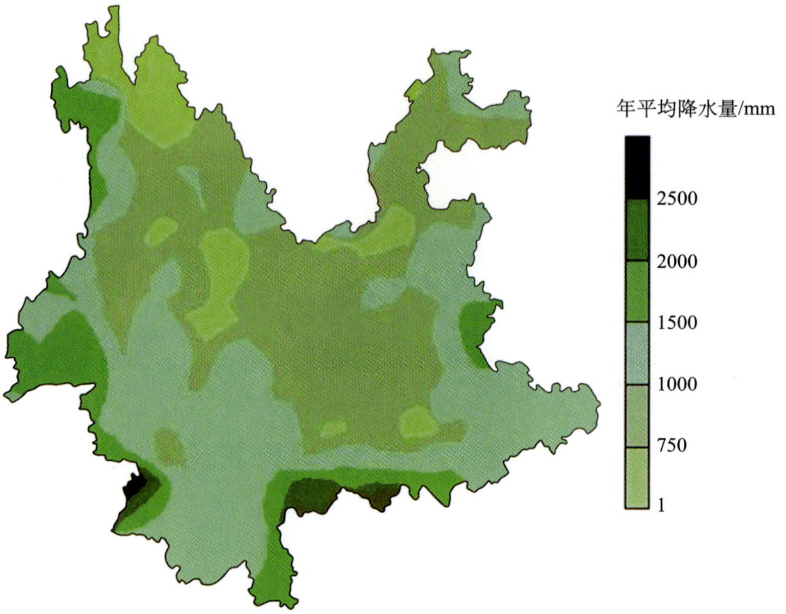

图 2-5　云南省 1971～2000 年年均降水量空间分布图（许美玲等，2011）

由于冬夏两季受不同大气环流的控制和影响，云南省降水量在季节上和地域上的分配极不均匀。干湿季节分明，85%的降雨集中在 5～10 月的雨季，以 6、7、8 三个月降水量最多，约占全年降水量的 60%。11 月至次年 4 月为旱季，降水量只占全年的 15%，常有春旱出现。各地降水量的集中程度不一，集中度最小的是滇西、滇南等丰水地区，集中度最大的是宾川坝区等干旱地区。全省降水的地域差异明显，最多的地方年平均降水量可达 2200～2700 mm（江城、金平、西盟等地），最少的仅有 641 mm（宾川）。

云南省年均蒸发量约为 992～2978 mm，大部分地区集中在 1500～2000 mm（图 2-6）。蒸发量空间分布与日照分布有相近的趋势。滇中、滇北地区蒸发量明显高于其他地区，其中元谋、南涧年均蒸发量都超过 2600 mm。低值区出现在滇东北的盐津和镇雄，年均蒸发量分别为 992 mm 和 1088 mm。滇中北部属云贵高原地势最高带，海拔一般在 3000～4000 m，光照条件好、湿度小、风速大、气压低，因此为蒸发高值区。

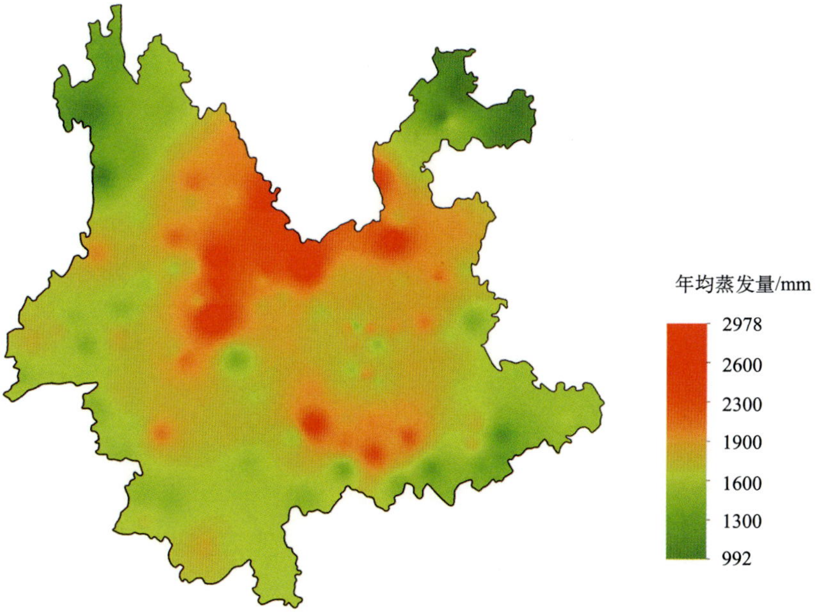

图 2-6 云南省 1971～2000 年年均蒸发量（据云南省气象台地面观测资料绘制）

2.1.5 农业气象灾害

云南省地处低纬高原，受印度季风和东亚季风影响，加之地形地貌复杂，其气象灾害种类较多，影响范围较广，一年四季都有气象灾害发生。而众多气象因素又引发气象次生灾害，云南省的主要气象次生灾害有滑坡、泥石流和森林火灾。

冰冻：云南省是我国冰冻灾害较为严重的省份之一，尤其是滇东北和滇西北地区每年都会受到程度不同的冰冻灾害影响。图 2-7 给出了云南省年平均冰冻日数的空间分布图。云南省冰冻天气分布以高黎贡山、无量山、哀牢山等山脉为界，大致呈西北东南走向。冰冻日数最多的是滇东北的镇雄和威信，年均可达 50～80 d，其次是滇东北的昭通和鲁甸、滇西北的德钦和贡山，年均为 30～50 d，滇东的曲靖市各县区、滇西北的维西、兰坪、剑川年均为 10～30 d，滇中地区、滇西北东南部地区、滇东南地区年均为 10 d 以下。

暴雨：与全国大多数地区相比，云南省暴雨（日降水量≥50 mm）范围、日雨量偏小，但局地突发性特征却非常明显，使云南省成为暴雨泥石流、滑坡等地质灾害的多发区。从图 2-8 可看出云南省暴雨频数由南向北减少，大值区中心集中在滇南地区的红河哈尼族彝族自治州（红河州）南部、普洱市东南部和西部，普洱的西盟为全省之冠，39 年中出现了 316 个暴雨日，年均暴雨日为 8 个。云南省大暴雨分布与暴雨基本类似，滇南的河口、金平、江城是出现大暴雨概率最高的气象站，滇东南河口站最多，39 年中出现了 46 个大暴雨日。总的来说，云南省大部分地区出现大暴雨的概率是比较小的。

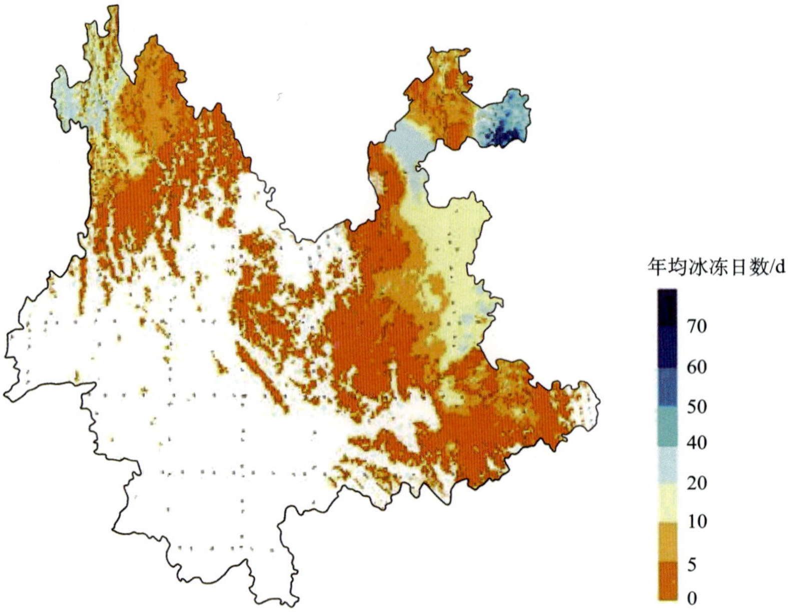

图 2-7　云南省 1971～2000 年年均冰冻日数（许美玲等，2011）

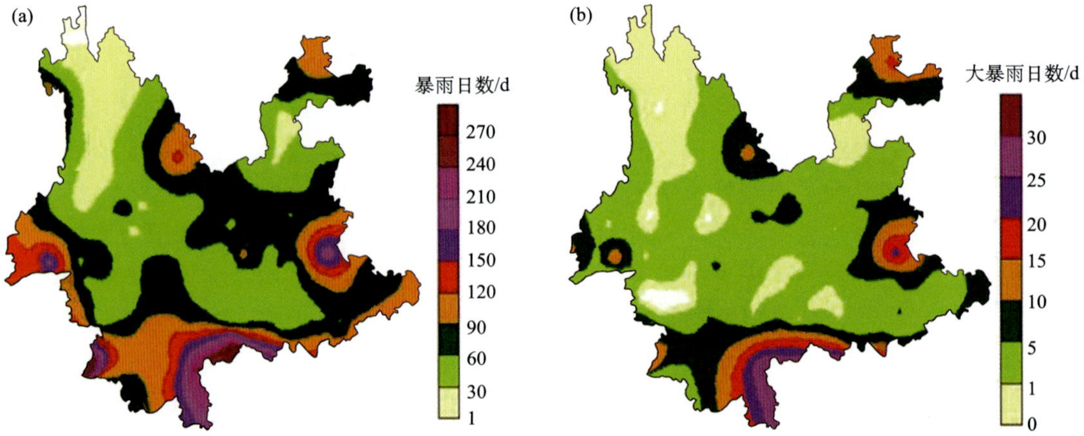

图 2-8　云南省 1970～2008 年暴雨（a）、大暴雨（b）总日数分布（单位：d）（许美玲等，2011）

2.2　地质、地层、岩性

2.2.1　地质

云南省地处特提斯-喜马拉雅构造域与滨太平洋构造交接部位。岩浆活动强烈；变质作用广泛，类型多样；地层发育齐全，沉积岩相变化极大；成矿作用广泛；地质构造复杂。云南省的西北部与青藏高原连接，地壳后期演化受喜马拉雅和青藏高原的强烈影响，因此，自新近纪至今，云南省一直保持着很强的活动性，并且是我国现今强烈的地震活动区之一。

根据沉积建造组合、岩浆活动、变质作用、地壳运动及成矿作用等的差别，运用历史分析法，可将云南省地壳划分为 5 个一级构造单元、11 个二级构造单元和 31 个三级构造单元。云南省构造单元见表 2-1。

表 2-1　云南省构造单元划分简表

一级	二级	三级	四级
Ⅰ扬子准地台	I_1丽江台缘褶皱带	I_1^1鹤庆—洱海台褶束	
		I_1^2永宁—永胜台褶束	
		I_1^3点苍山—哀牢山断褶束	$\mathrm{I}_1^{3\text{-}1}$点苍山断块　$\mathrm{I}_1^{3\text{-}2}$哀牢山断块 $\mathrm{I}_1^{3\text{-}3}$金平断凹
	I_2川滇台背斜	I_2^1滇中台陷	$\mathrm{I}_2^{1\text{-}1}$华坪台穹　$\mathrm{I}_2^{1\text{-}2}$楚雄凹陷 $\mathrm{I}_2^{1\text{-}3}$元谋凸起
		I_2^2武定—石屏隆断束	$\mathrm{I}_2^{2\text{-}1}$落雪台穹　$\mathrm{I}_2^{2\text{-}2}$禄丰拱褶　$\mathrm{I}_2^{2\text{-}3}$禄劝断凹　$\mathrm{I}_2^{2\text{-}4}$峨山台穹
	I_3滇东台褶带	I_3^1昆明台褶束	$\mathrm{I}_3^{1\text{-}1}$崇明台凹　$\mathrm{I}_3^{1\text{-}2}$建水台隆
		I_3^2滇东北台褶束	
		I_3^3会泽台褶束	
		I_3^4曲靖台褶束	$\mathrm{I}_3^{4\text{-}1}$牛头山隆起　$\mathrm{I}_3^{4\text{-}2}$宣威凹褶　$\mathrm{I}_3^{4\text{-}3}$富源凹褶
Ⅱ华南褶皱系	II_1滇东南褶皱带	II_1^1罗平—师宗褶断束	
		II_1^2个旧断褶束	
		II_1^3文山—富宁断褶束	$\mathrm{II}_1^{3\text{-}1}$薄竹山拱褶　$\mathrm{II}_1^{3\text{-}2}$西畴拱凹
		II_1^4丘北—广南断褶束	
Ⅲ松潘—甘孜褶皱系	III_1中甸褶皱带	III_1^1东旺—巨甸褶皱束	$\mathrm{III}_1^{1\text{-}1}$格咱复向斜　$\mathrm{III}_1^{1\text{-}2}$中甸断凹　$\mathrm{III}_1^{1\text{-}3}$石鼓隆起
		III_1^2三坝褶皱束	
Ⅳ唐古拉—昌都—兰坪—思茅褶皱系	IV_1兰坪—思茅褶皱带	IV_1^1中排褶皱束	
		IV_1^2云龙—江城褶皱束	
		IV_1^3景谷—勐腊褶皱束	$\mathrm{IV}_1^{3\text{-}1}$半坡复背斜　$\mathrm{IV}_1^{3\text{-}2}$德化复向斜　$\mathrm{IV}_1^{3\text{-}3}$无量山复背斜
	IV_2云岭褶皱带	IV_2^1德钦—雪龙山断褶束	$\mathrm{IV}_2^{1\text{-}1}$德钦断块　$\mathrm{IV}_2^{1\text{-}2}$雪龙山断块
		IV_2^2白茫雪山褶皱束	
		IV_2^3金沙江褶皱束	
	IV_3墨江—绿春褶皱带	IV_3^1安定—平和褶皱束	
Ⅴ冈底斯—念青唐古拉褶皱系	V_1伯舒拉岭—高黎贡山褶皱带	V_1^1铜壁关褶皱束	
		V_1^2古永—盏西褶皱束	
		V_1^3泸水—陇川褶皱束	
	V_2福贡—镇康褶皱带	V_2^1丙中洛褶皱束	
		V_2^2芒市褶皱束	
		V_2^3保山—永德褶皱束	
	V_3昌宁—孟连褶皱带	V_3^1勐统—南腊—西盟褶皱束	
		V_3^2勐省—东回褶皱束	
		V_3^3临沧—勐海褶皱束	

1. 扬子准地台

扬子准地台（仅指云南部分，下同），西缘以小金河—三江口断裂带及格咱河断裂带南段为界，与松潘—甘孜褶皱系所属的中甸褶皱带为邻；西南缘以金沙江—哀牢山断裂为界，与唐古拉—昌都—兰坪—思茅褶皱系邻接；东南部大致以弥勒—师宗断裂带为界，与华南褶皱系的滇东南褶皱带为邻。扬子准地台包括滇中、滇东等广大地区。

1）丽江台缘褶皱带

丽江台缘褶皱带位于宁蒗、丽江、鹤庆一带，属于扬子准地台的西部边缘地带。东缘以箐河断裂和程海—宾川断裂为界，与川滇台背斜为邻。该台缘褶皱带主要是晚震旦世—三叠纪的台缘凹陷带。其中西侧沿点苍山、哀牢山有下元古界结晶基地露出，其余地区主要为古生界与三叠系覆盖。根据古生界发育程度、变质岩分布和基性火山喷发活动的差异，丽江台缘褶皱带可进一步划分为 3 个三级构造单元，即鹤庆—洱海台褶束、永宁—永胜台褶束和点苍山—哀牢山断褶束。

2）川滇台背斜

川滇台背斜西界为箐河断裂和程海—宾川断裂，东界大致为普渡河断裂，西南界为红河断裂，过去习称“康滇地轴”。它总体为一宽广的背斜构造，是扬子准地台基底大面积出露的地区。该台背斜经晋宁运动褶皱回返后，长期处于隆起状态。该台背斜沿元谋—绿汁江断裂可以进一步划分为滇中中台陷和武定—石屏隆断束 2 个三级构造单元。

3）滇东台褶带

其范围为普渡河断裂带以东、弥勒—师宗断裂北西的广大滇东、滇东北地区。东面和北面分别延入贵州省、四川省境内。该台褶带内，扬子准地台基底岩系——中元古界昆阳群只出露于东川和牛头山等地。根据地层发育程度和地质构造特征的差异，该区可进一步划分为昆明台褶束、滇东北台褶束、会泽台褶束及曲靖台褶束 4 个三级构造单元。

2. 华南褶皱系

滇东南褶皱带：该褶皱带西北面以弥勒—师宗断裂与扬子准地台分界；西南面以红河断裂带为界与哀牢山断块毗邻，其南面和东面分别延入越南和中国广西。该区是华南加里东褶皱系的西延部分，地处华南褶皱系与扬子准地台之间的过渡带。根据各区地质构造特征的显著差异，可进一步划分为 4 个三级构造单元，即罗平—师宗褶断束、个旧断褶束、文山—富宁断褶束及丘北—广南断褶束。

3. 松潘—甘孜褶皱系

松潘—甘孜褶皱系展布于藏北、青海、川西接壤区。云南省香格里拉地区仅是褶皱系由川西南延的一小部分。该褶皱系的古老结晶基底为元古界恰寺群（仅见于四川乡城、贡岭一带），在发育古生代地台盖层的基础上，于二叠纪中、晚期发生强烈裂陷，进而演化成再生地槽，于印支末期全面褶皱回返，从而结束地槽发展历史。一般将其称为松潘—甘孜印支地槽褶皱系，中甸褶皱带仅占据该褶皱系的西南一角。

中甸褶皱带：该褶皱带指金沙江断裂以东、小金河—三江口断裂以西的地区。这一范围与扬子准地台有十分相似的基底。古生代保持比较稳定的地台型沉积环境，晚二叠世—三叠纪表现为强烈拗陷，并伴随发生强烈的基性火山喷发活动。从构造演化特征看，古生代时它可能属于扬子准地台西部边缘的一部分，晚二叠世发展成印支再生地槽，晚三叠世全面褶皱回返，褶皱主幕发生在晚三叠世晚期。

根据上二叠统和三叠系地层发育情况及岩浆活动特征，以格咱河断裂为界，可进一步划分为东旺—巨甸褶皱束和三坝褶皱束2个三级构造单元。

4. 唐古拉—昌都—兰坪—思茅褶皱系

云南省兰坪、思茅地区属于该褶皱系的南东段。东面以金沙江—哀牢山断裂与扬子准地台和中甸褶皱带分界；西面以澜沧江断裂与冈底斯—念青唐古拉褶皱系相毗邻；向北联结藏东昌都；向南延入越南、老挝、缅甸及泰国，总体呈北西向展布。根据不同的沉积建造、岩浆活动、形变及构造层组成情况等，该褶皱系（滇西部分）可以进一步划分为3个二级构造单元，即兰坪—思茅褶皱带、云岭褶皱带和墨江—绿春褶皱带。

1）兰坪—思茅褶皱带

该褶皱带东界可分为南北两段，北段为德钦—雪龙山断裂和维西—乔后断裂，南段为阿墨江断裂；西界为澜沧江断裂。该褶皱带也可称为兰坪—思茅拗陷。根据地层发育情况及变质作用、岩浆活动和构造形变等方面的差异，该褶皱带可进一步划分为3个三级构造单元，即中排褶皱束、云龙—江城褶皱束、景谷—勐腊褶皱束。

2）云岭褶皱带

云岭褶皱带指金沙江断裂与德钦—雪龙山断裂和维西—乔后断裂所夹持的云岭山脉地区。北宽南窄，总体呈北西向展布。该褶皱带与褶皱系内其他褶皱带相比，表现出明显的不同。仅出露有石炭系、二叠系和三叠系，没有侏罗系、白垩系红色建造及古新统含盐红色建造出露。出露的地层沉积厚度一般较大。海西期—印支期火山活动和中酸性岩浆侵入活动均表现得比较强烈。其沉积建造的发育与变化显示了断裂的明显控制作用。根据以上各方面表现出的差异，该褶皱带可进一步划分为3个三级构造单元，即德钦—雪龙山断褶束、白茫雪山褶皱束和金沙江褶皱束。

3）墨江—绿春褶皱带

该褶皱带范围指哀牢山断裂与阿墨江断裂之间的地区。所处构造部位与云岭褶皱带极其相似。以发育一套厚大的由类复理石建造和笔石页岩建造组成的志留系及下泥盆统为特色，总厚大于6000 m，具冒地槽型沉积特点。该区上三叠统以下地层一般均具轻微变质现象，属区域低温动力变质作用类型。该区构造形变主要发生在印支期和喜马拉雅期，加里东期表现尚不清楚。以走向北西—北西西向的一系列断裂与褶皱为主。

5. 冈底斯—念青唐古拉褶皱系

该褶皱系范围为澜沧江断裂以西的广大地区，北部延入西藏，西面和南面进入缅甸。该褶皱系被怒江断裂、柯街断裂穿插分割成三部分，各部分的地质构造特征虽然各具特色，但具有相同的结晶基底和大致相同的构造演化历程。根据沉积建造、生物组合、岩浆活动、变质作用、构造运动和形变特征等的不同，可将该褶皱系划分为伯舒拉岭—高黎贡山褶皱带、福贡—镇康褶皱带、昌宁—孟连褶皱带 3 个二级构造单元。

1）伯舒拉岭—高黎贡山褶皱带

该褶皱带指怒江断裂带（其南段即龙陵—瑞丽断裂）以西的地区。沿高黎贡山主峰分布的中元古界高黎贡山群为该区最老地层，是一套深变质岩系，由黑云斜长变粒岩、片麻岩、角闪斜长片岩、石英片岩、大理岩、云母石英片岩等组成，总厚度大于 6000 m。其原岩主要为砂泥质-火山沉积构造，变质强度达到高绿片岩相-角闪石相，属低压区域动力热流变质作用类型，混合岩化十分强烈。根据地层发育情况、岩浆活动和构造形变的差异，本区可进一步划分为铜壁关褶皱束、古永—盏西褶皱束、泸水—陇川褶皱束 3 个三级构造单元。

2）福贡—镇康褶皱带

本区西以怒江断裂与龙陵—瑞丽断裂带为界；东侧边界北段（梅里雪山—太子雪山）为澜沧江断裂，中段为马吉断裂，南段为瓦窑河—云县断裂和柯街断裂；南侧边界为南定河断裂。全区呈北窄南宽的楔状体插入伯舒拉岭—高黎贡山褶皱带和昌宁—孟连褶皱带之间。本区岩浆活动比较微弱，主要为芒市、龙陵一带的早加里东期平河花岗岩体和燕山晚期华桃林—狮子坡、蚌渺、大坡花岗岩体及保山—永德地区印支期的碱性花岗岩体（木厂岩体）。根据上述特征，可将该褶皱带划分为 3 个三级构造单元，即丙中洛褶皱束、芒市褶皱束、保山—永德褶皱束。

3）昌宁—孟连褶皱带

该褶皱带范围，西以马吉断裂、怒江断裂的福贡—碧江段、碧江—漕涧断裂和柯街断裂为界，东止于澜沧江断裂，总体呈南北向展布的多边形条块。该区出露的最老地层为澜沧群、大勐龙群、崇山群和西盟群下部。由于断裂破坏和后期花岗岩侵入体分隔，以上各群的古老岩系各自孤立分布。该褶皱带可进一步划分为 3 个三级构造单元，即勐统—南腊—西盟褶皱束、勐省—东回褶皱束、临沧—勐海褶皱束。

2.2.2 地层

云南全省划分为三个大的地层区，即滇东区、滇东南区和滇西区。滇东区包括宁蒗、祥云、元阳一线以东，个旧、师宗一线以北的广大地区。此区地层发育较全，各时代地层层序清楚，接触关系明显，化石丰富。宁蒗、祥云、元阳、金平一线以西为滇西区，本区自古生代以来各时期地层发育齐全，化石丰富，并可进一步划分为四个小区。个旧、师宗一线以东为滇东南区，本区主要分布有古生界地层，但发育不够完整，缺失志留系、侏罗系、白垩系。

1. 滇东区

元古界昆阳群出露于滇东区的中部和南部，构成基底岩系，厚达 10000 m，由板岩、千枚岩、白云岩和少量砂岩、大理岩组成。本区震旦系以明显的不整合覆盖于昆阳群之上，作为第一个盖层出露于滇东地区，最厚 3500 m。下部为澄江组碎屑岩，以砂岩为主，底部为厚 344 m 的砾岩。滇东区下古生界分布较广，以碎屑岩为主，夹碳酸盐岩类，厚度 5000 m 以上，假整合覆于震旦系之上。该地区中生界发育齐全，很有代表性。东部和南部，下三叠统下部为紫红色砂、页岩组合，上部为灰岩夹页岩；中三叠统为灰岩—白云岩。全区均有煤系地层，但含煤性各地有差异。侏罗—白垩系主要为红层，滇中地区尤为发育，厚度达 7000 m 以上，通称“滇中红层”。

2. 滇东南区

该区下古生界分布广泛，但出露零散。寒武系发育较完整，厚度较大，达 6000 m 以上，其上连续沉积了奥陶系下、中统，两者呈整合接触，缺失上奥陶统和志留系。上古生界和滇东区大体相同，但是否存在下泥盆统仍有争议。同时滇东南区上二叠统没有玄武岩层，代之以煤系地层，含煤性较差。三叠系出露广泛，缺失侏罗—白垩系。中、上三叠统平而关群分布于南盘江一带，由黄灰—灰绿色泥岩、粉砂岩、细砂岩夹少量灰岩、泥灰岩组成，在西畴局部地段尚见有煤线。

3. 滇西区

滇西区古生界地层在澜沧江以东常有缺层现象；澜沧江以西，特别是保山、镇康、芒市地区，层序相当完整。下古生界为海相地层，以碎屑岩占优势，化石丰富，分层标志明显。寒武系为复理石、类复理石沉积，下—中寒武统公养河群主要为轻微变质的长石石英砂岩及石英砂岩，上寒武统保山组为页岩。奥陶—志留系为泥岩、笔石页岩、粉砂岩。上古生界变化比较大，全区缺失下泥盆统，上、下古生界呈显著的假整合接触。滇西区中生界出露广泛，但变化颇大。下三叠统除丽江有可靠化石外，其余地区缺失或时代尚未确定。德钦—维西地区的三叠系称维西群，为一套浅变质的砂岩、板岩系，厚 5000 m 以上，其上为上三叠统石钟山组不整合。侏罗—白垩系，即通称的“滇西红层”，集中分布于北起兰坪、中经永平、南至普洱和江城的广大地区，总厚度达 6000 m 以上，为一套夹有多层海相沉积的砂、页岩，已划分成侏罗系和白垩系，并可进一步划分出统。

2.2.3 岩性

1. 变质岩

云南省的变质岩分布比较广，面积达 11 万 km^2，主要分布于构造带所涉及的范围，变质类型复杂，变质岩石多样，变质作用强烈。主要变质时期有吕梁期、晋宁期、加里东期、海西期、印支期与燕山期。有大小变质岩带 15 条，主要的 6 条变质岩带是：高黎贡山变质带，主要为混合岩化片麻岩、变粒岩、混合花岗岩及黑云母片岩、板岩互层，变质作用强烈，变质程度较深。晋宁期初次变质后，燕山期产生强烈变质和混合岩化，喜山期发生强烈蚀变和退变质作用。澜沧江变质带，上部为绿泥绢云母片岩、云英微晶片岩，变质程度较低，变质时期为海西—印支期。哀牢山深变质带，上部为各类混合岩、片岩、片麻岩，浅变质带上部为板岩，晋宁期有轻微变质，印支期产生强烈变质和混合岩化，燕山期、喜山期有退变质作用。金沙江变质带，由云母片岩、石英片岩、角闪片岩、结晶灰岩、板岩组成，变质程度浅。苍山变质带，上部为云母片岩、角闪片岩、黑云母片麻岩、眼球状长英片麻岩、混合花岗岩片麻岩、混合岩、大理岩，变质时期与哀牢山深变质带雷同。元谋—元江变质带，上部为泥质板岩、变质砂岩，晋宁期受到轻微变质。

2. *岩浆活动*

云南省岩浆岩十分发育，总出露面积达 9.18 万 km^2，其中火山岩为 6.5 万 km^2，镁铁岩—超镁铁岩为 0.18 万 km^2，花岗岩类深成岩和浅成斑（玢）岩类为 2.5 万 km^2。云南省岩浆岩具有岩类齐全、岩浆活动次数多、形成环境多样、分布范围广泛等特点。超基性岩有镁质超基性岩和铁质超基性岩两种，镁质超基性岩岩体大部分为燕山期形成，富含镍、金、铬、石棉等矿产；铁质超基性岩大部形成于海西期，含铜、镍等矿产。基性岩浆岩活动有多期性，晋宁期以浅成的辉绿岩、辉长岩为主；海西期以深成辉长岩为主，喜山期主要以基性玄武岩、中性安山岩为主；印支—燕山期为辉长岩—辉绿岩、苏长岩—辉长岩、安山玄武岩。中性岩分布零星，岩种单一，晋宁期为闪长岩和石英闪长岩；加里东期为闪长岩、石英闪长岩、黑云母闪长岩；印支期为闪长岩、闪长玢岩。酸性岩以花岗岩为主。碱性岩类主要有钠长玢岩、正长斑岩、辉石正长岩、霞石正长岩等。

2.3　地貌种类及其分区

云南是一个高原山区省份，属青藏高原南延部分。地形一般以元江谷地和云岭山脉南段的宽谷为界，分为东、西两大地形区。东部为滇东、滇中高原，称云南高原，系云贵高原的组成部分，地形波状起伏，平均海拔 2000 m 左右，表现为起伏和缓的低山和浑圆丘陵，发育着各种类型的岩溶地形。西部为横断山脉纵谷区，高山深谷相间，相对高差较大，地势险峻。南部海拔一般在 1500～2000 m，北部在 3000～4000 m。西南部边境地区，地势渐趋和缓，河谷开阔，海拔一般在 800～1000 m，个别地区下降至 500 m 以下，是云南省主要的热带、亚热带地区。全省整个地势从西北向东南倾斜，江河顺着地势呈扇形分别向东、东南、南流去。全省海拔相差很大，最高点为滇藏交界的德饮县怒山山脉梅里雪山的主峰卡瓦格博峰，海拔 6740 m；最低点在与越南交界的河口县境内南溪河与元江汇合处，海拔仅 76.4 m。

云南省地貌的主要特征：一是高原呈波涛状。全省相对平缓的地区只占总面积的 10%左右，大面积的土地高低参差，纵横起伏，但在一定范围内又有起伏和缓的高原面。二是高山峡谷相间。这在滇西北尤为突出。滇西北是云南主要山脉的发源地，形成著名的滇西纵谷区。高黎贡山为缅甸伊洛瓦底江的上游恩梅开江与缅甸萨尔温江的上游怒江的分水岭，怒山为怒江与湄公河的上游澜沧江的分水岭，云岭自德钦至大理为澜沧江与长江上游金沙江的分水岭，各江强烈下切，形成了极其雄伟壮观的山川并列、高山峡谷相间的地貌形态。其中怒江峡谷、澜沧江峡谷和金沙江峡谷，气势磅礴，山岭和峡谷的相对高差超过 1000 m。怒江峡谷是世界上最负盛名的大峡谷之一。金沙江虎跳峡谷在玉龙雪山与哈巴雪山之间，两侧山岭矗立于江面之上，相对高差超过 3000 m，也是世界著名峡谷之一。在三大峡谷中，谷底是亚热带干燥气候，酷热如暑，山腰则清爽宜人，山顶却终年冰雪覆盖，在海拔 5000 m 以上的高山顶部，形成奇异、雄伟的山岳冰川地貌。

三是全省地势自西北向东南分三大阶梯递降。滇西北德钦、香格里拉一带是地势最高的第一级梯层，滇中高原为第二梯层，南部、东南和西南部为第三梯层，平均每千米递降 6 m。在这三个大的转折地势中，每一梯层内的地形地貌都十分复杂，高原面上不仅有丘状高原面、分割高原面及大小不等的山间盆地，而且有巍然耸立的巨大山体和深切河谷，这种分割层次同从北到南的三级梯层相结合，纵横交织，把地带性分布规律变得更加错综复杂。四是断陷盆地星罗棋布。盆地及高原台地，在云南习称“坝子”。在云南，山坝交错的情况随处可见。坝子地势平坦，且常有河流蜿蜒其中，是城镇所在地及农业生产发达地区。五是山川湖泊纵横。云南不仅山多，河流湖泊也多，构成了山岭纵横、水系交织、河谷渊深、湖泊棋布的特点。天然湖泊分布在滇中高原盆区较多，属高海拔的淡水湖泊。

2.3.1　区域地貌成因

云南省复杂的地貌现状是漫长地貌发育历史的结果。古老的地质变迁构成云南地貌发育的地质基础，然而，决定云南现今地貌特点的地貌发育过程，则主要是古夷平面形成、抬高和高原面解体的过程。在地质历史时期，云南大地及其邻近地区，曾经历长期发展，形成一个辽阔广袤、起伏和缓、地势低下的准平原。这个准平原后来经大幅度的构造抬升，成为云南高原面。在这个抬升过程中，又伴随着复杂的高原面解体作用，发育成了云南现今复杂的地貌。

1. 强烈的构造运动推动复杂地貌形成

云南新构造运动强烈，对地貌影响十分瞩目。主要表现为：①大面积的上升运动，把古夷平面抬升为高原面，奠定了云南高耸的高原地势及总的地形轮廓的基础。②大面积抬升的同时，断裂活动十分活跃，对云南地貌现状的形成也有极为重要的影响。云南的断裂运动明显地承袭着中生代以至古生代即已存在的发达的深大断裂系统。在新近纪和第四纪，沿断裂带发生显著的差别升降，这是导致云南高原内部地面起伏较大的很重要的原因；由第四纪强烈喷发所形成的滇西腾冲火山群，也是沿着断裂带分布的。③在云南高原总体抬升过程中，内部地面还有局部的拗陷和隆起，抬升幅度也常有明显的局部差异。这也使云南各地构造地貌特别发育。

2. 深大断裂影响地形走向

云南省境内深断裂规模巨大，长可达千公里以上，其深可至地幔，有澜沧江断裂、哀牢山断裂和小江断裂等著名深断裂带。大断裂有十多条，长达百余千米，深可超过 10 千米。其中，怒江大断裂等呈南北走向；红河大断裂、文山麻栗坡大断裂呈北西—南东走向；东部弥勒—师宗大断裂为北东—南西走向。总的来说，云南大断裂以北西向和南北向最为发达，北东向次之。这些深大断裂带对云南的山脉、河流、盆地和湖泊等的走向和排列起到明显的控制作用。如元江、澜沧江、怒江等大河谷的发育，各自均受到深大断裂控制和引导，其河谷走向与断裂带走向基本保持一致；金沙江南侧的一系列支流的部分河段也都受到南北向大致平行的断裂系统控制，组成南北向的平行水系；滇东南的北西—南东向水系格局，则受到北西向断裂系统控制。

此外，云南省有许多山间盆地，这些盆地虽成因颇为复杂，但以断裂成因最为显著。省内许多著名盆地，如昆明、大理、元谋、宾川、元江、弥渡等，均为断裂盆地。盆地一侧或两侧常有明显断层崖，多保存清晰的断层三角面；还有一些盆地，则沿着断裂破裂带发育而成，如保山、耿马、澜沧等；此外，云南东部有一些较大的盆地，为溶蚀作用沿断裂带发育而成，如邱北盆地、曲靖盆地等。所有这些盆地的长轴都与断裂构造的走向大体一致。云南有许多大小不一的高原湖泊，其中一些大的湖泊的湖盆均为构造成因，如滇池、洱海、程海、抚仙湖、阳宗海等。

3. *岩石性质对地貌发育影响深刻*

复杂的区域地质活动过程决定了区域岩石的分布。沉积建造、深大断裂的分布、岩浆活动、变质作用等的空间差异，使云南各地的岩层分布颇为复杂。

云南省内地质构造格局有隆起区和拗陷区交错分布的特点。在较大的隆起区，由于沉积岩盖层比较薄，多有古老的变质岩系露出地表；而在拗陷区，地表分布的主要为各种沉积岩层。这其中又有两种不同情况：从古生代到三叠纪长期沉降的拗陷区，分布的沉积岩以浅海相和海相岩层为主，地表广泛分布有灰岩、泥灰岩及砂、页岩；在属于中生代强烈拗陷区的范围内，沉积岩则以陆相岩层为主，地面分布的主要是红色岩系，包括红色、紫红色及杂色的砂岩、页岩、泥岩等。岩浆岩的分布与深大断裂的关系密切，如在云南西部的澜沧江和怒江等深大断裂的西侧，都有大规模的花岗岩等岩浆侵入体分布；在云南中部和东北部，上二叠统玄武岩分布较多，这又与小江深大断裂有密切关系。

2.3.2　地貌总体特征

云南省的地貌以类型繁多、结构复杂著称。在组成云南自然地理环境的诸多因素中，地貌对于农业自然条件和自然资源的分布、地域组合和地域分异等空间配置状况的影响都十分突出（图 2-9）。云南全省地貌形态结构的基本特点如下。

1. *地势呈北高南低倾斜、兼作梯层式下降*

云南省地势高耸，全省平均海拔在 2000 m，地形起伏很大，海拔差别很大。西北部迪庆藏族自治州（迪庆州）与西藏自治区分界处的梅里雪山，其最高峰卡瓦格博峰峰顶海拔达 6740 m，为云南省的海拔最高点；而东南部的河口瑶族自治县境内，元江下游与其支流南溪河交汇处，河面海拔仅为 76.4 m，为省内最低点。梅里雪山东侧为澜沧江峡谷，这里江面海拔约为 2200 m（溜筒江附近为 2120 m）；而在滇东南的河口附近，相距不到 50 km 的地方，就有高耸山地分布，其山顶海拔达 2400～3000 m。其间都有很大的高差。

为了便于说明全省地势的总体轮廓和倾斜趋势，这里以高原面的大致高程，即云南分割高原和丘陵状高原面的大致位置，也就是以大多数山地及山间盆地所体现的高原地面，作为云南地势总体轮廓的基本“地形面”，而把高山和深谷都看作是相对于这个地形面而言的起伏。

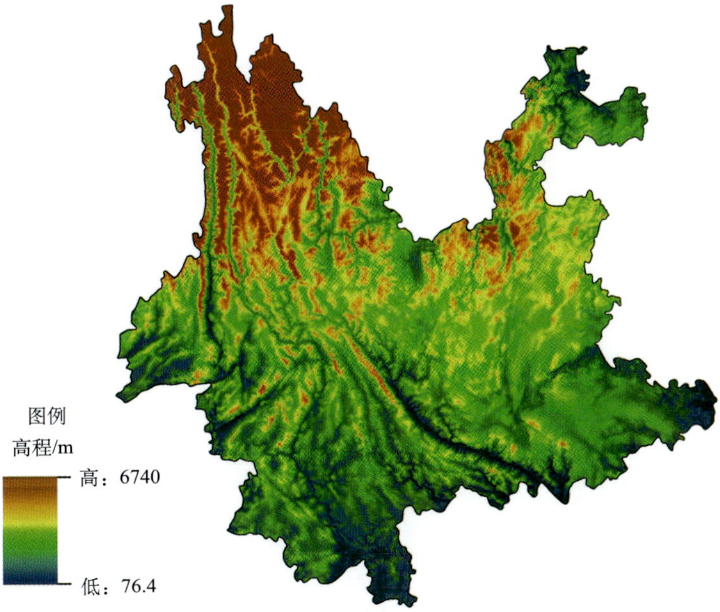

图 2-9　云南省高程图

云南省最西北部，与青藏高原相连，是省内地势最高的地区，雪山高耸，峡谷深嵌，其中以北纬 28° 附近的大小中甸一带的古夷平面形态保存较为完整，浅盆地的海拔在 3300 m 左右，周围的山地海拔约 3800 m，相对高差不过 500 m 左右。在这以南，近北纬 27° 的丽江附近的铁架山一带，残存的三叠系灰岩上发育的岩溶古夷平面海拔约 3000 m。在其附近白汉场和石鼓以西一带，这一古夷平面发育在泥盆系的灰岩及前寒武系的变质岩上，这个古夷平面在丽江以东的永胜、宁蒗、华坪等地都可见到。其间的断陷盆地高低不一。丽江盆地海拔在 2400 m 左右。在昆明以北，约位于北纬 26° 的禄劝彝族苗族自治县（禄劝县）北部的撒永山顶部，也残存有岩溶古夷平面，其海拔也在 3000 m 左右；撒营盘以北的马鹿塘附近，古夷平面海拔在 2900 m 左右，其附近的山间盆地海拔在 2300 m 左右。

云南省中部的残存古夷平面，如南华与云南驿之间的天子庙坡一带，由三叠系紫红色砂、页岩构成；武定狮子山顶部则由上二叠统玄武岩构成；在绿汁江东侧易门县的底泥和铜厂一带，残存的古夷平面发育在昆阳群地层上；底泥一带有岩溶古夷平面保存，它们的海拔均在 2400～2600 m，这一带的盆地海拔多在 1700～2100 m。约在北纬 25° 一线附近，是丘陵状高原地貌形态保存比较完整的部分，从这里往东和往南，丘陵状高原的地势有逐渐平缓倾斜下降之势。在滇东的富源附近，古夷平面海拔在 2000～2100 m；陆良、路南一带，广大的岩溶高原海拔在 1700～2100 m。在北回归线附近，滇东南的通海—建水一带和弥勒—邱北一带、滇南的景东—普洱一带海拔为 1800～2000 m，而山间盆地的海拔多在 1300～1500 m，滇西的保山—昌宁一带分割山顶面和局部保存的谷间丘陵状高原面海拔在 2000 m 左右；龙陵、班洪一带海拔为 1800 m 左右。

云南省的最南部分地势最低，大致在普洱以南及文山壮族苗族自治州（文山州）的南部等云南南部边陲地区，海拔 1200～1400 m 的低级夷平面构成高原面的主要部分，在西双版纳的大渡岗和易武一带，夷平面以丘陵状高原面的形态局部残存，其间河谷盆地发达，海拔多在 500～800 m。云南东部边缘，由于受河流的切割更为强烈，谷底海拔更低，地形也更为破碎。各地由于新构造上升的不等量性，在不大的范围内夷平面高低往往有明显差别。

云南省总的地势呈梯层式下降，云南高原的西北方耸立着青藏高原，海拔一般在 4000 m 以上（包括其东侧的川西高原和山地），云南西北端的中甸、德钦一带，从地势和自然景观来说，都属于青藏高原的东南边缘部分；而云南的南部和东南部边缘地区，则与中国的桂西山原、缅甸的掸邦高原、老挝的老挝高原、泰国的清迈高原等相连，它们不但在高度上相等，在地貌发育历史上也有密切的联系，与云南高原东面的黔中高原一起，组成更低的一个地势梯层；云南高原的主体则属于居中的一个梯层，平均海拔约为 2000 m，包括云南的大部分地区。

2. *层状地貌发达的多层性高原*

垂直方向的层状地貌发达，也是云南地貌的显著特点，主要有古夷平面解体形成分割高原面和丘陵状高原面两种基本形态。在这两类基本形态内，垂直向的层状地貌都十分发育，而且对自然景观、土地资源的构成和分布有着十分重要的影响。可以大致将这种层状地貌分为四个层次：高原面以上的高耸山地；高原面，即由丘陵状高原面和分割高原面（分割山顶面）所构成，分布广泛；剥蚀面，分布在高原面以下的地貌层次，组成较低的分割山顶面和河谷两侧的谷肩，在盆地周围的山坡构成剥蚀台地；河谷和盆地，包括高原性河谷和高盆地及深切河谷和低盆地两类。

层状地貌有两类组合：①高原面以上的高耸山地—高原面—剥蚀面—深切河谷和低盆地；②高原面以上的高耸山地—高原面—剥蚀面—高原性河谷及高盆地。大体而言，前者是分割高原发育地区的主要地貌组合，后者是丘陵状高原发育地区的主要地貌组合。不过这两者又常常是交错分布的。

已如前述，云南高原就其整体而言呈北高南低的倾斜，因此，每一个地貌层次并不处在同一个高度上，所以其气温水平也是不一致的。但是层状地貌结构明显控制着土地资源的分布：山间盆地是耕地集中、水流汇集、人口集中的处所，为高原上的“坝区”；而各级剥蚀面和阶地是“山区”内局部地面较平缓的部分，是人口和耕地相对集中的地点，也是发展山地林、果、畜、药等多种经营基地的所在。这种土地资源层状分布的特征，与气温条件垂直分布结合起来，共同构成了云南省“立体农业”复杂内涵的基础。

2.3.3　地貌类型

云南属山地高原地形，山地面积 33.11 万 km^2，占全省总面积的 84%；高原面积 3.9 万 km^2，占全省总面积的 10%；盆地面积 2.4 万 km^2，占全省总面积的 6.0%（图 2-10）。地形以元江谷地和云岭山脉南段宽谷为界，分为东、西两大地形区。东部为滇东、滇中高原，是云贵高原的组成部分，平均海拔 2000 m 左右，表现为起伏和缓的低山和浑圆丘陵，发育着各种类型的岩溶地貌；西部高山峡谷相间，地势险峻，山岭和峡谷相对高差超过 1000 m。5000 m 以上的高山顶部常年积雪，形成奇异、雄伟的山岳冰川地貌。根据以形态为主的地貌类型划分方法，可将云南地貌类型分为高原、山地（包括丘陵）、盆地、河谷及特殊地貌五大类。

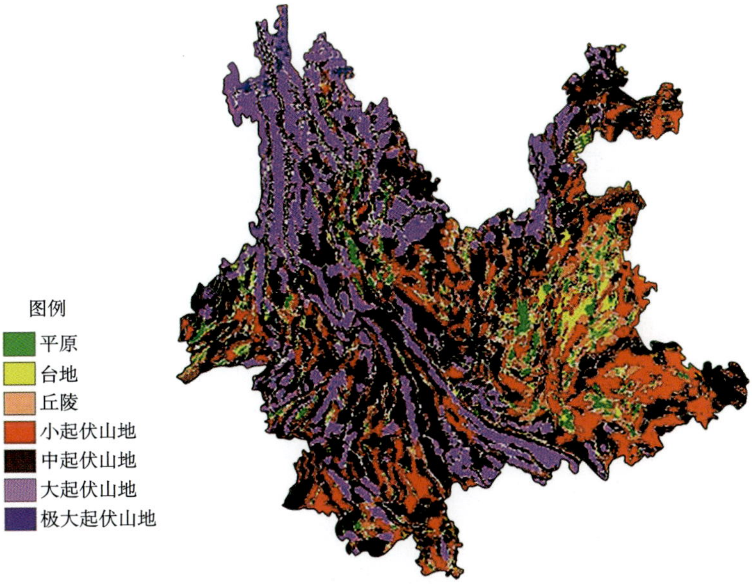

图 2-10　云南省地貌类型空间分布

1. 高原

云贵高原组成部分。东缘止于云南省境，南缘为广南、弥勒、绿春、普洱、勐遮、澜沧、耿马、镇康、龙陵、腾冲一线以北地区，北缘以北纬 28° 为界。高原面从滇南 1200～1300 m 开始，逐渐向滇西北上升至香格里拉、德钦、贡山一带，呈波状起伏，并广布宽谷、盆地、丘陵和低山；高原削平了不同时代的岩层；高原上广布着古近纪沉积物，可视为夷平时期的相关沉积物；高原面上的风化壳分布在不同纬度上；高原面上，至今还存在着古近纪和新近纪古植物，表明地壳开始抬升前，云南已处于低海拔的湿热气候环境，随着新构造运动抬升，热带的植物和砖红壤便保留下来。高原的夷平时代始于燕山运动褶皱成陆之后，终于中新世末期。根据新构造运动和岩性差异，将云南高原分为滇东岩溶高原、滇中红色高原、滇西横断山三级三大块状地貌类型。

2. 山地

云南山地是在造貌运动和外营力的剥蚀作用下形成的。全省除昆明市的五华、盘龙两个城区外，山区比重都在 70%以上，没有一个纯坝区县。其中，山区面积占全县总面积 70%～79.9%的有 4 个县（市），山区面积占 80%～89.9%的有 13 个县（市），山区面积占 90%～95%的有 9 个县（市），其余的县（市）均在 95%以上，有 18 个县 99%以上的土地全是山地。由于各地岩性和内营力的强度不同，山地具有不同海拔和相对高度（即起伏度）。当一个地区的地面上升超过外营力下切作用时，地面绝对高度就会增加。反之，地面相对下降或稳定时，地面下切微弱或停止，海拔或相对高度（起伏度）就会减小。因此，按海拔将云南山地划分为丘陵、低山、中山、高山、极高山 5 个三级类型。

3. 盆地

云南称“坝子”，四周被山地、丘陵所包围，中部有较平坦的地面，上有较厚的土层，多数有河流通过，主支流相汇于内，河网密、水利条件好，是省内各种地貌形态中利用充分、开发较好的一种地貌类型。全省坝子面积为 2.4 万 km^2，占全省总面积的 6%。其中，滇中和滇东坝子占 2/3，滇西占 1/3。面积 1 km^2 以上的坝子全省有 1440 个。坝子面积在 100 km^2 以上的有 49 个，总面积为 11705 km^2，占全省总面积的 3%；坝子面积在 50～99 km^2 的有 40 个，总面积为 2744 km^2，占全省总面积的 0.7%；坝子面积在 20～49 km^2 的有 107 个，总面积为 3291 km^2，约占全省总面积的 0.84%。最大的坝子在陆良县，面积为 771.99 km^2。云南的盆地，若按海拔可分为高、中、低三个层次；若按成因可分为断陷盆地、凹陷盆地、向斜盆地、侵蚀盆地、岩溶盆地和堰塞盆地。

4. 河谷

河谷指河流流经的长条形凹地，它由古坡形态和物质组成。云南省河谷地貌主要有金沙江河谷地貌、澜沧江河谷地貌、怒江河谷地貌、元江河谷地貌和南盘江河谷地貌。根据河谷地貌形态分为宽谷、峡谷、嶂谷 3 个三级类型。

5. 特殊地貌

腾冲火山，按其物质形态特征分为锥状火山、钟状火山、塔状火山、臼状火山四大类。腾冲火山，自新生代以来，与大地构造和地质发展史有密切关系。影响火山活动最显著的是南北向断裂和北北东断裂，龙川江、大盈江、梁河、屈家营及槟榔江等断裂成为后期火山活动的通道。腾冲最早的火山活动是在晚中生代以后，一部分沿龙川江断裂喷发，以绿帘石化辉石玄武岩为主；另一部分沿梁河、腾冲两个断裂带分布，以粗玄武岩及绿帘石化玄武岩为主，其喷发时代据同位素测年为 7.2 Ma。岩性为各种安山岩和英安岩，属中酸性熔岩。晚更新世火山喷发，集中分布在腾冲断裂和梁河断裂之间，顺着先期喷发的中酸性熔岩的边缘裂隙喷发，或在新断裂带上喷发。前者如来凤山、交椅洼地，后者如覆锅山等。以玄武岩和安山岩为主。最晚期的火山喷发如马鞍山、马站以南的黑空山、团山、打鹰山、空山、船山、城子楼等。

石林是典型的岩溶景观，位于石林彝族自治县。石林主要发育在阳新灰岩之中，由巨形石芽（即石林）、水平溶洞、天生桥、地下暗河等组成。整个石林分布呈波状起伏的夷平面，溶丘顶部岩柱低矮，溶蚀洼地中岩柱高大雄伟，一般为 10～20 m，最高可达 30 m，还有如剑峰状、塔林状、少量蘑菇状等。岩柱四周有溶沟，最深有 10 cm 左右；柱顶有雨痕溶盆、通洞等现象。

土林，主要分布在元谋，江川、牟定、陆良、通海、南涧、永康等地也有分布。土林主要发育在上新世—早更新世巨厚的、半胶结的河湖相地层中，沉积地层以河流相和三角洲相为主，由砾石、砂夹薄层黏土和亚黏土组成，砂层常为粗砂层，其中部分被铁质胶结，厚2 m以上。黏土层和亚黏层较薄，单层厚0.3～2 m，其中夹有薄层砂砾石透镜体，局部被铁质和钙质胶结，砾石直径为0.2～2 cm，以石英砂岩、石英岩、砂岩为主，砾石分选差，为次圆状。

白水台，位于香格里拉东南105 km，属泉华丘，分布在上二叠统龙潭组石灰岩与坡洪积物的接触带上，海拔为2400～2500 m。

2.3.4 地貌分区

根据岩石、大地构造、新构造运动及大地地貌形态特征的相似性和差异性，将云南分为3个二级区；以侵蚀度、次级构造、岩性和地貌类型不同，在二级地貌区的基础上再划分16个小区。现将云南地貌区划系统分列如下：

Ⅰ滇东区

Ⅰ1 文山、西畴喀斯特峰林峰丛小区

Ⅰ2 师宗、罗平喀斯特丘状高原峡谷小区

Ⅰ3 宣威、会泽喀斯特中山丘陵、峡谷小区

Ⅰ4 昭通、彝良喀斯特中山峡谷小区

Ⅱ滇中区

Ⅱ1 昆明、通海高原湖盆小区

Ⅱ2 禄劝、富民高原峡谷小区

Ⅱ3 永仁丘状高原小区

Ⅱ4 宾川、永仁中山宽谷湖盆小区

Ⅲ滇西区

Ⅲ1 墨江、绿春中山峡谷小区

Ⅲ2 镇源、普洱中山峡谷小区

Ⅲ3 景洪、勐遮低山丘陵宽谷盆地小区

Ⅲ4 澜沧、凤庆中山峡谷小区

Ⅲ5 瑞丽、陇川中山宽谷盆地小区

Ⅲ6 兰坪、福贡高中山峡谷小区

Ⅲ7 中甸、盈江喀斯特极高山峡谷小区

Ⅲ8 德钦、贡山极高山峡谷小区

2.4 成 土 母 质

作为土壤形成与发育的自然因素之一，成土母质往往决定着土壤的基本性质。云南省地处中国西南边陲，成土母质包括近代洪积物、河流冲积物、湖相沉积物、古红土、各类型母岩近代风化形成的残积坡积物、冰碛和冰水沉积物等多种母质类型。高原山地成土母质以各类母岩近代风化的残积坡积物为主，盆缘浅丘成土母质以古红土为主，河谷和盆地成土母质以冲洪积物和湖积物为主。

2.4.1　近代洪积物

在流水侵蚀作用过程中，泥砂在有利的沉积环境条件下逐渐堆积形成洪积物。洪积物主要分布在山洪或溪涧出口附近的坡麓、河谷、盆地边缘及溪涧与常年河流的汇合口，形成倾斜的锥状、扇状或裙状。洪积物往往由黏土、粉砂、粗砂、角砾及岩石碎块混杂组成，分选性和磨圆度较差，但自高向低具有由粗到细的特征，从而在不同的小地形部位大致组成石渣土—粗砂土—浮泥土质地系列。会泽盆地南缘分布有洪积母质发育的扇相冲积土。

2.4.2　河流冲积物

河流冲积物由常年性河流搬运并沉积而成，主要分布于河流两侧的河漫滩、超河漫滩和多级阶地。云南地区的河流多为发源段，河床比降大，下切深，两岸常为高大山体夹峙，形成深峡甚至嶂谷。在六大水系中，仅南盘江上游串珠状地分布着曲靖、陆良、宜良等盆地，冲积物较发育；其他五大水系或为高大山体夹峙，或深陷高原面之下，通常只有狭窄的阶地和超河漫滩，农业开发利用较少。然而，各水系的支流河谷分布着面积不等的冲积母质发育的土壤，是云南省农耕地的重要分布带。这些支流通常具有源头水系的共同特点：流量小，流程短，沉积量不大，分选性差，无明显的二元结构，冲积物中细砂和粉砂含量较高，质地偏砂，通透性较好，但保水保肥性稍弱。

2.4.3　湖相沉积物

湖相沉积物母质，即湖泊静水沉积物。其通常以细粒、黏土为主，质地比较黏重，且常呈潜育-沼泽特征。湖相沉积母质性状因湖盆类型而存有差异。多数湖盆沉积物下有草煤层或腐泥层。湖盆沉积物厚度由边缘向湖心逐渐减小，而草煤层与此相反，由边缘向湖心逐渐增大。滇东地区的一些大型盆地湖相沉积物沉积厚度大，且主要为细粒沉积，并受周边山地细粒母质的影响，形成了我国著名的胶泥田集中分布区。此外，因地壳抬升及侵蚀剥蚀作用，部分古湖盆沉积物出露，一般表现为灰黑色腐泥黏土、粉砂质黏土、砂砾层等。

对于云南省的大多数湖盆来说，湖沼发育阶段早已结束，主要表现为与河流冲积母质混合的冲积头湖积底的二元格局，因而也造成了对河流冲积母质和湖相沉积母质划分的困难。

2.4.4　古红土

关于古红土形成时期的说法不一，存在以下几种：①大部分古红土是上新世的产物；②部分古红土是第四纪某冰川间冰期的产物；③红化作用发生在最后一次冰期之前；④砖红物质产生于中新世与上新世；⑤多期论，分别在早更新世、中更新世、晚更新世和全新世时期形成具有颜色、特性和分布不同的古红土。

按照成因，古红土可分为残积型古红土和堆积型古红土。残积型古红土主要分布于残存高原山地，主要包括玄武岩、碳酸盐岩等基性母岩古风化壳和花岗岩、砂页岩等酸性母岩古风化壳，以基性母岩古风化壳为主。

堆积型古红土，一般认为该类型古红土是古近纪、第四纪断陷盆地、阶地、剥蚀面及冰川之上的堆积物在后来的地壳抬升过程中逐步脱水，在古湿热气候条件下，红化而显现强烈的富铝风化特征后形成的。其残存于盆地边缘的浅丘地带、滇东和滇中的残存高原面及剥蚀高原面的平缓、低洼地段等。随着地壳抬升作用，滇西北的香格里拉和滇东北的会泽大海梁子分布的古红土出现在海拔 3000 m 以上。

古红土厚度一般仅有 3～5 m，最厚者可达十余米。在保存相对完整剖面的地段上，由上至下分别为表土层、红色黏土层、黄化层、网纹层、漂洗层和砂砾层。表土层为重壤—轻黏土，呈红棕—暗红色，有机质稍丰，孔隙较多，现今多被剥蚀，仅以斑状存在；红色黏土层为轻黏—中黏土，质地相对均一，呈鲜红—淡红色，土体中夹有铁锰结核；黄化层为中黏—重黏土，呈黄棕—淡黄色；网纹层为重壤—轻黏土，呈黄、红、灰、白等杂色斑纹状。

虽受现代生物气候环境的影响，古红土仍然保留了过去的残留特征：富铝化作用强烈，黏粒中次生黏土矿物以高岭石和三水铝矿为主，含少量蛭石。表现为硅铝率较低（1.0～1.1）。土体中铁和铝高度富集，呈现酸性反应。同时受到干湿交替的季节变化影响，盐基饱和度为 70%～75%，明显高于我国江南丘陵区红壤。

2.4.5 残积坡积物

残积坡积物是云南省最重要的成土母质类型，其分布约占全省土壤面积的 90%以上，主要包括结晶岩类残积坡积物、泥质岩类残积坡积物、紫色岩类残积坡积物、碳酸盐岩类残积坡积物和石英质岩类残积坡积物。

1. 结晶岩类残积坡积物

结晶岩类残积坡积物分为酸性结晶岩类残积坡积物、中性结晶岩类残积坡积物和基性结晶岩类残积坡积物。

酸性花岗岩主要为中-粗粒黑云母花岗岩、斑状黑云母花岗岩、花岗闪长岩、白云母花岗岩、二长花岗岩等。滇西地区深成酸性花岗岩及其变质的片麻岩分布很广，遍及迪庆、丽江、大理、楚雄、玉溪、红河、普洱、西双版纳、临沧、保山、德宏等地州，以及滇东的东川、文山等地市，分布面积约 432.5 万 hm^2，约占全省土壤面积的 12.28%。该类岩石的风化作用强烈，受不同气候影响，风化壳厚度达数十米至上百米。在其发育形成的完整剖面上，通常可以见到基岩层、半风化残积层、斑纹层、红色土层和富有机质的暗色土层。由于质地粗松，结持力极差，若无植物保护，较易遭受侵蚀。由于母岩中 SiO_2 含量偏高，其上发育的土壤中矿质养分往往相对贫乏。在七大岩类中，除石英质岩类外，与其他五类岩石发育的土壤相比，不仅铁、铝、钙、镁等大量元素偏低，锌、硼、锰、铜等微量元素也较为贫乏。

中性结晶岩主要包括安山岩、闪长岩、正长岩和粗面岩等细粒结晶岩类。小范围地分布于楚雄、大理、临沧、保山、丽江、德宏、普洱等地州。由于母岩颗粒较细较均匀，风化成土后质地较均一，大多数土壤物理性黏粒含量在 35%～55%，质地为重壤或中壤，疏松，富孔隙，耕性较好。化学性状介于酸性结晶岩类土壤与基性结晶岩类土壤之间。

基性结晶岩类分布面积约 213.8 万 hm^2，约占全省土壤面积的 6.07%，主要包括基性超基性的玄武岩、辉长岩、辉绿岩、橄榄岩等，其中以玄武岩最为普遍。玄武岩广泛分布于滇东滇中的昭通、曲靖、东川、昆明、玉溪、楚雄、大理等地区，同时也散布于其他州市；辉长岩、辉绿岩、橄榄岩则以小块状或岩脉状零星见于怒江、迪庆、保山、德宏、临沧等地州。滇中滇东地区的二叠系玄武岩，其风化物大致有基性结晶岩类古红土和近代气候风化物两种形态。基性结晶岩类古红土通常有数米至数十米厚，呈古富铝风化特征，有完整的剖面发育，具体可分为基岩层、球状风化层、杂色网纹层、红色风化层和暗色土壤层。土壤层厚 1 m 左右，质地黏重，含有较多的铁结核。近代气候风化物剖面发育不完整，可见基岩层、球状风化层和土壤层。土体色调呈淡黄—棕黄，夹灰棕、红棕等杂色斑点。基性结晶岩类发育的土壤具有物理性能好、自然肥力高、植物长势好、盐基不饱和富铝风化强烈等特点。

2. 泥质岩类残积坡积物

泥质岩类分布面积约 877 万 hm^2，约占全省土壤面积的 24.89%，主要包括沉积岩类的页岩、泥岩、细砂岩和砂页岩互层，变质泥质岩类的板岩、千枚岩、片岩等。由于地层岩性和所含矿物成分差异较大，本岩组发育的土壤性状存在较大的差异性，通常发育为所处地区相应的地带性土壤。一般而言，页岩、泥岩风化物的土层较厚（通常大于 1 m），质地偏黏，或为壤质土，矿质养分含量较丰富。在侵蚀强烈的山坡地，残留其半风化的母岩碎屑物，耕垦后常被群众称为“油砂土”，具有较高的自然肥力。砂页岩互层地区，风化物的滞水性较好，而页岩风化物比较致密，常形成隔水层，土体呈现灰黄—浅灰棕色，多为壤质土，常被群众称为“夜潮土”。板岩、千枚岩、片岩等经受过强烈的变质作用，矿物重新结晶，抗风化能力稍强，加之其所处地形较陡，冲刷严重，土层较薄，质地粗松，土体中常含较多的岩石碎屑，多发育为各类粗骨性土壤。

泥质岩类发育的土壤，其 SiO_2 在 40%～60%，与中性结晶岩类和碳酸盐岩类接近，钙、镁、钾、锌、锰和铜元素含量中等或偏丰。矿质元素富集系数较小，母岩、风化物和土体含量十分接近。但淋溶作用较为强烈，钙、镁、钾、钠等盐基流失较多，土壤呈酸性反应，盐基饱和度较低。由于母岩颗粒较细，其上发育土壤的机械组成以黏壤土或壤质黏土为主。

3. 紫色岩类残积坡积物

紫色岩类分布面积约 778 万 hm^2，约占全省土壤面积的 22.08%，主要包括紫色页岩、泥岩、砂岩和砾岩，并且时常夹杂色砂页岩及少量的泥灰岩、灰岩、白云岩等。该类母质集中分布于以楚雄州为中心的中红层区，维西—景洪的滇西红层区和邻近四川盆地的滇东北地区，其他地州也有零星出露。

此类母质的地球化学特性具有弱氧化相、氧化相，或弱还原相。母岩中富含高价铁锰氧化物且轻度还原而呈紫、灰紫、红紫、红棕、棕紫和黄紫等色调，同时含有一定量的有机质及矿质营养元素，因此自然肥力较高，易风化成土。

在云南复杂的地貌地质背景和立体气候条件下，紫色岩类残积坡积母质成土过程具有两重性：既能发育为地带性土壤，又可以发育为紫色土。在地形坡度较平缓和植被稍好的区域，如果生物气候条件在成土过程中起主导作用，其可以发育为地带性土壤。此类母质分布地区包括西双版纳、普洱地区、滇中北部地区的亚高山，分别发育为砖红壤、赤红壤、红壤和草甸土，其风化程度与相应的地带性土壤一致。目前，这类地带性土壤分布区一般受人为干扰较少，自然植被保存完好。与此分布区相对的滇中、滇南和滇东北的亚热带高原山地，水热条件稍好，人口较为密集，土地耕垦利用率较高，因此造成了严重的植被破坏，进而发生侵蚀和剥蚀现象。紫色母岩风化物在此区域以物理风化为主，化学风化微弱。整体上来看，土体疏松，剖面层次分异不明显，形成紫色土。

4. *碳酸盐岩类残积坡积物*

碳酸盐岩类分布面积约 665 万 hm^2，约占全省土壤面积的 18.89%，主要包括钙质页岩、泥灰岩、灰岩、白云岩及由灰岩变质的大理岩等，广泛分布于全省各区，以滇东岩溶高原和滇东南岩溶丘原最为集中。本岩类风化壳大致可分为碳酸盐岩类残积古红土和近代蚀余风化残积物。

碳酸盐岩类残积古红土主要分布在滇东、滇中和滇东南地区，有的以大片状的连续土出现，有的充填于洼地、石芽或岩隙间。此类古红土厚度不一，有的厚达 5～8 m，有的却不足 1 m。它与灰岩古风化物密切相关，但确切来源尚无法证实。从剖面的层段划分来看，古红土与基岩之间的化学特征截然不同。古红土层呈鲜红色，质地黏重，比较均一，基本上不存在石灰反应，盐基不饱和。此外，石灰岩风化过程淋失量很大，风化壳累积相当缓慢，很难找到盖土与基岩间的过渡关系。因此，关于碳酸盐岩层上古红土的来源还存在一定不确定性。

近代蚀余风化残积物属可溶性岩类风化物，以溶蚀作用为主，近期风化残留量较少，通常均残存于溶沟岩隙之中，且往往掺入外源物质，土层浅薄，质地偏黏，所含钙质较丰富，易与腐殖质凝聚，多发育为石灰岩土。本类岩层在云南省广泛出露，但风化成土的面积较少，主要分布在滇东南岩溶丘原区。

5. *石英质岩类残积坡积物*

石英质岩类残积坡积物分布面积约 253 万 hm^2，约占全省土壤面积的 7.18%，主要包括石英岩、石英砂岩、石英质砾岩等石英含量较多的岩类。本类岩石出露范围较窄，分布零星，多以小片状或条带状散布于全省各地，具体包括马龙区东南部的牛头山地区、永胜县的东风—坝地庄一线、宁蒗彝族自治县战河附近等区域。

本岩组的共同特点是 SiO_2 含量极高，因而质地粗松，矿质养分贫乏，发育的土壤自然肥力较低。但是，如果植被保存完好，其有机质累积仍然较为可观，具有较高的自然肥力。

2.4.6　冰碛和冰水沉积物

冰碛和冰水沉积物广泛分布于云南省中北部的山地及滇西北的极高山区域，具体包括迪庆、丽江、怒江、大理点苍山、会泽、东川及马龙、陆良和宜良之间的牛头山等区域。这些区域冰碛和冰水沉积物土层极薄，土体不连续，农林牧业利用价值不大；或被近代坡积物、洪积物或冲积物覆盖，对土壤的发生发育影响有限。

冰碛物发育的耕地以丽江盆地的面积稍大，该盆地以北地段分布有冰水沉积物。冰水沉积物稍具分选性和成层性，沉积物以粉砂、粗砂和细砾石为主，冰碛石具有擦痕和一定的磨圆度。其上发育的耕地，质地粗松，速效养分含量低。冰碛物和冰水沉积物是高山土壤的重要成土母质来源，其性状与所处部位的同类型土壤相近。

2.5 植被概况

云南省地处低纬度高原地带。全省范围内气候类型丰富多样，有北热带、南亚热带、中亚热带、北亚热带、暖温带、中温带和高原气候的特点。省内山岳高耸，河谷深嵌，地形、地貌结构十分复杂。复杂独特的地形地貌和变化多样的气候，形成了云南省植被物种组成独特且多样性丰富的特点。云南素有“植物王国”“药材宝库”等美称，几乎集中了从热带、亚热带至温带甚至寒带的植物品种。

2.5.1 云南省植被分布特点

高原地貌和热带季风是决定云南省植被不同类型及其分布的主要因素。植被的分布主要受水、热分布的影响，云南省各区域的气候环境特征决定了云南省植被的整体分布状况。

1. 植被组成水平地带性特征明显

其植被分布的一般规律为从南到北随纬度的增加和海拔的升高，依次分布着热带雨林季雨林、热带稀树草原旱生植被，亚热带常绿阔叶林、混交林和针叶林，温带、寒温带针叶林。热带雨林季雨林地带：主要分布范围为北纬 23° 30′以南，海拔 900 m 以下，至滇西南上升至北纬 25°，海拔 960 m；季风常绿阔叶林地带：主要分布范围为北纬 23° 30′至 25° 以北的亚热带南部，海拔 1200～1400 m；半湿润常绿阔叶林地带：主要分布范围为亚热带北部，以滇中高原为主体，海拔在 1600～1900 m。

2. 垂直地带性植被呈带谱层叠

热带雨林为基带的植被垂直分布顺序为：热带湿润雨林（海拔 300～500 m 以下）→热带季节雨林（300～700 m）→山地雨林（700～1300 m）→季风常绿阔叶林（1300～1750 m）→苔藓常绿阔叶林（1750～2900 m）→山顶苔藓矮林（2700～2900 m）。

热带季雨林为基带的植被垂直分布顺序为：热带季节雨林（800～900 m）→山地雨林（800～1000 m）→山地季风常绿阔叶林（1000～1100 m 以上）。

季风常绿阔叶林为基带的植被分布顺序为：季风常绿阔叶林和思茅松林带（1300～1800 m）→中山湿性常绿阔叶林（1800～2500 m）→常绿针、阔叶混交林和云南铁杉林（2400～2800 m）→苔藓常绿矮林（2800～3000 m）→冷杉林（3000 m 以上）。

半湿润常绿阔叶林为基带的植被分布顺序为：半湿润常绿阔叶林带（1900～2500 m）→中山湿性常绿阔叶林带（2500～2900 m）→云南铁杉林及常绿针、阔叶混交林带（2900～3200 m）→云、冷杉林带（3100～4100 m）→高山灌丛和高山草甸（4000～4700 m）。

另外，云南省植被也表现出其他特点：非地带性植被别具特色，山地原生性森林植被分布广泛，地带性植被与非地带性植被交错分布，植被的植物区系成分丰富而特殊。

2.5.2　云南省主要植被类型及分布特征

云南省境内，热带季风的影响，北高南低的高原地势，加之大小河流纵横切割，地形错综变化，生境极为多样。因而，植被类型众多，特征各异，如图 2-11 和图 2-12 所示。

图 2-11　云南植被区划图

1. 热带雨林

云南省热带雨林主要分布在滇南和滇西南，北纬 23°30′以南、东经 97°30′～105°40′，包括南溪河、元江、藤条江、李仙江下游，澜沧江及其支流罗梭江一带，以及怒江水系的南丁河下游地区。气候上主要分布范围为：≥10℃的年积温≥7500℃、最冷月平均温度≥15℃、年绝对最低气温多年平均值≥5℃、年降雨量 1200～1600 mm 的湿润热带地区。在水分、热量和分布海拔上均达到了极限条件，属于水平地带性植被。根据植被分类的一般原则及其特征，分为热带季节性雨林及其热带山地雨林两个植被亚型。

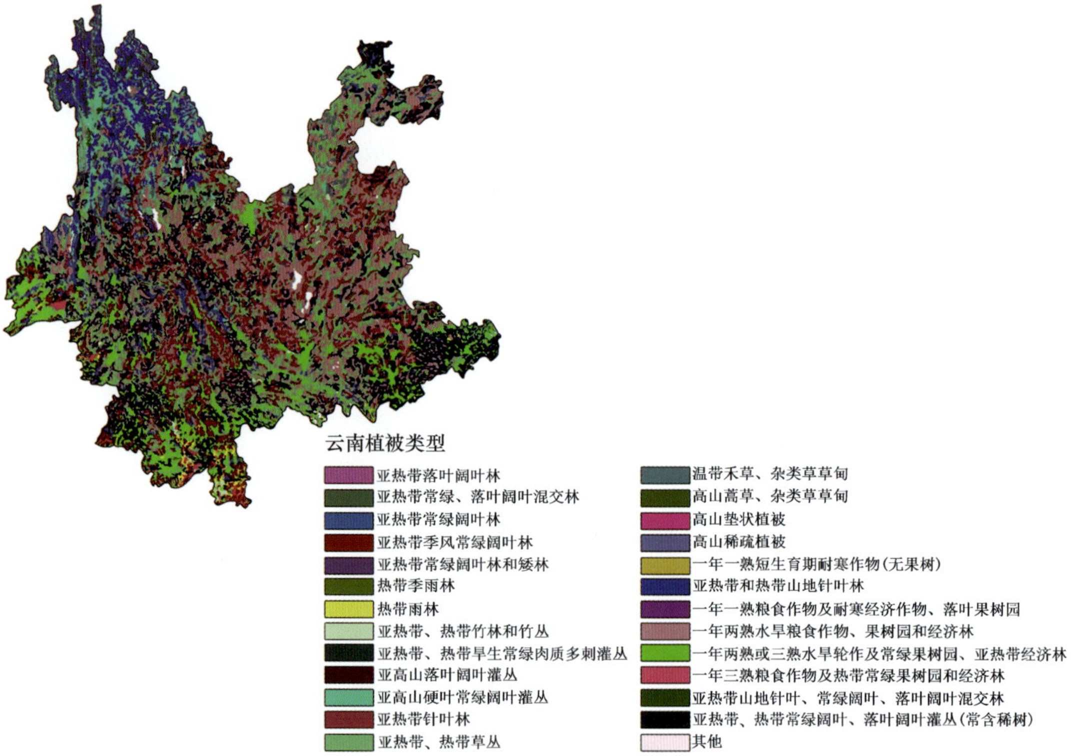

图 2-12　云南植被类型图

热带季节性雨林主要分布于海拔 800～900 m 的阴湿沟箐中及低坡上。群落结构复杂，其乔木层可达 3～4 个树层。上层乔木树种高大，可达 30～60 m，分枝较高。主要的优势科有龙脑香科（Dipterocarpaceae）、大戟科（Euphorbiaceae）、樟科（Lauraceae）、桑科（Moraceae）、无患子科（Sapindaceae）、榆科（Ulmaceae）、番荔枝科（Annonaceae）、楝科（Meliaceae）、漆树科（Anacardiaceae）。林内附生植物丰富，主要为兰科（Orchidaceae）、天南星科（Araceae）、苦苣苔科（Gesneriaceae）、萝藦科（Asclepiadaceae）及蕨类植物。

热带山地雨林主要分布在海拔 800～900 m 的山地和沟谷地区。该类森林外貌和结构多具雨林特点，但缺乏散生巨树，板根和茎花现象少见，蕨类植物丰富。以西双版纳的热带山地雨林为例，主要的优势科有樟科（Lauraceae）、大戟科（Euphorbiaceae）、壳斗科（Fagaceae）、木兰科（Magnoliaceae）、单室茱萸科（Mastixiaceae）等。

2. 热带季雨林

热带季雨林是在具有明显干、湿季变化的热带季风气候下发育的一种相对稳定的植被类型，主要分布在云南南部和西南部海拔 1300 m 以下的几大河流开阔河段两岸和一些开阔河谷盆地受季风影响最强烈的地段，以德宏傣族景颇族自治州（德宏州）及南丁河下游河谷分布的面积最大。分布地区的气候条件是年均温 19～20℃，≥10℃的年积温≥7500～8000℃以下，最冷月平均温度 10～18℃，年绝对最低气温多年平均值 2～5℃的湿润热带地区，年降雨量在 1200 mm 上下。

热带季雨林的特点是群落结构简单，乔木层为 2～3 层，高度较矮，一般为 20～30 m。上层树种在干季落叶或上层及下层树种在干季都落叶，有一个明显的无叶期。主要的优势科有豆科（Leguminosae）、菊科（Asteraceae）、大戟科（Euphorbiaceae）、禾本科（Poaceae）、茜草科（Rubiaceae）、桑科（Moraceae）、荨麻科（Urticaceae）、椴树科（Tiliaceae）等。代表树种有木棉（*Bombax malabaricum*）、麻楝（*Chukrasia tabularis*）、劲直刺桐（*Erythrina strica*）、厚皮树（*Lannea coromandelica*）、家麻树（*Sterculia pexa*）、香合欢（*Albizia odoratissima*）、越南枫杨（*Pterocarya tonkinensis*）、楹树（*Albizia chinensis*）、桂火绳（*Eriolaena kwangsiensis*）、钝叶黄檀（*Dalbergia obtusifolia*）、云南紫薇（*Lagerstroemia intermedia*）、余甘子（*Phyllanthus emblica*）、洋紫荆（*Bauhinia variegata*）、黑黄檀（*Dalbergia cultrata*）、榆绿木（*Anogeissus acuminata*）、毛果扁担杆（*Grewia eriocarpa*）、一担柴（*Colona floribunda*）、槟榔青（*Spondias pinnata*）、火烧花（*Mayodendron igneum*）、帽蕊木（*Mitragyna rotundifolia*）等。

3. 常绿阔叶林

季风常绿阔叶林是反映云南省亚热带南部气候条件的植被类型，主要分布于滇中南、滇西南和滇东南一带的低海拔地区，包括文山、红河、普洱、临沧、龙陵一带的宽谷丘陵低山，海拔分布范围为 1000～1500 m。气候特点是夏热冬凉、干湿明显、干季多雾、夏季多雨。年均温 17～19℃，最冷月均温 10～12℃，极端最低温在 0℃左右，年降雨量 1100～1700 mm。乔木树种以壳斗科（Fagaceae）、樟科（Lauraceae）、山茶科（Theaceae）为主。

半湿润常绿阔叶林是滇中高原地区的基本植被类型，主要分布于高原宽谷盆地四周的低山丘陵上，海拔范围为 1700～2500 m。气候特点是四季如春、干湿季分明；年均温 15～17℃，≥10℃的年积温 5000～5500℃；降雨量 900～1200 mm，主要分布在 7～9 月，基本上属于亚种热带气候。

植物种类组成和群落结构较为简单。乔木层的优势科以壳斗科（Fagaceae）为主。壳斗科中以青冈属（*Cyclobalanopsis*）、锥属（*Castanopsis*）、柯属（*Lithocarpus*）为主体。乔木层常常伴有耐寒耐旱的硬叶高山栎类树种，如灰背栎（*Quercus senescens*）、川西栎（*Q. gilliana*）等。灌木层和草本层不发达。

中山湿性常绿阔叶林主要分布于滇中高原南、北两侧的几条大山脉的中山地带，如哀牢山、无量山、镇康大雪山等，云南省西部的高黎贡山、中部和东北部的乌蒙山也有分布。它遍布亚热带中山山地，并且是山地垂直带上具有特征性的植被类型。海拔一般不超过 2900 m，由南向北分布的海拔范围逐渐升高。

该森林群落类型以柯属（*Lithocarpus*）为乔木层上层优势种。由于长期处于山地云雾带之中，林内普遍出现苔藓地衣等附生植物。灌木层一般都有一个比较明显的竹子层片。

4. 硬叶常绿阔叶林

硬叶常绿阔叶林是我国西南部亚高山山地垂直带上一个重要的特殊植被类型。它主要分布于滇西北、滇北金沙江流域的高山峡谷地区，东界至巧家、东川、禄劝，西至维西、德钦与川西连成一个颇大的分布区。但集中分布的地区是丽江、香格里拉、宁蒗一线。

该植被类型群落结构简单，由硬叶常绿的栎类组成主要层，多为单优势种林，个别也有两种硬叶栎类共优或者混杂少量其他针叶和阔叶树的。常见树种有川滇高山栎（*Quercus aquifolioides*）、帽斗栎（*Q. guyavifolia*）、川西栎（*Q. gilliana*）、毛脉高山栎（*Q. rehderiana*）、刺叶高山栎（*Q. spinosa*）、灰背栎（*Q. senescens*）、匙叶栎（*Q. dolicholepis*）、铁橡栎（*Q. cocciferoides*）、锥连栎（*Q. franchetii*）等。其中，大面积而偏北分布的是川滇高山栎，其他种类所组成的群落则分布偏南。根据其水热条件，可以分为寒温性山地硬叶常绿栎类林和干热河谷硬叶常绿栎类林。前者主要分布于海拔 2600～3300 m 的寒温性气候区，年均温在 10℃以下，最热月均温不超过 20℃；后者主要分布于金沙江河谷两侧海拔约 2600 m 的山地中，气候以干热为特征，年平均温度 15～19℃，最热月均温 20℃以上，年降水量 700 mm 左右。

5. 落叶阔叶林

落叶阔叶林主要分布在滇中高原、滇西、滇西北、滇东南、滇东北各地的低山丘陵、中山及亚高山的中下部，海拔分布范围为 1000～3500 m，分布范围较广，但面积不大而零星。就其大多数来说，都是常绿阔叶林经砍伐后形成的次生植被，次生性明显，没有固定的带（水平或垂直带），冬季落叶，季相明显。树种以壳斗科栎属（*Quercus*）的落叶种类，桦木科的桦木属（*Betula*）、桤木属（*Alnus*），无患子科的槭属（*Acer*），杨柳科的杨属（*Populus*）及金缕梅科的枫香树属（*Liquidambar*）等落叶树种，并在不同地区形成不同群落。

6. 暖性针叶林

暖热性针叶林主要分布在滇中南、滇东南或滇东北海拔 850～1500 m 的地区，个别有低至 600 m 或高至 1850 m 者，如澜沧江的河谷或无量山的山地下部，属于亚热带气候，年均温为 17～20℃，年降雨量 1200～1600 mm，地带性植被为季风常绿阔叶林。

两个主要的单优势种组成的暖热性针叶林为思茅松（*Pinus kesiya*）林和翠柏（*Calocedrus macrolepis*）林。乔木层的伴生种有以红锥（*Castanopsis hystrix*）、小果锥（*C. fleuryi*）、截果柯（*Lithocarpus truncatus*）为代表的常绿栎类，以及西南木荷（*Schima wallichii*）、粗叶水锦树（*Wendlandia scabra*）、云南黄杞（*Engelhardia spicata*）等。林下灌木多见余甘子（*Phyllanthus emblica*）、野牡丹（*Melastoma malabathricum*）、算盘子（*Glochidion puberum*）、长柄山蚂蟥（*Hylodesmum podocarpum*）。草本层多见中草和高草，种类较少，以禾本科的丈野古草（*Arundinella decempadalis*）、菅（*Themeda villosa*）、金发草（*Pogonatherum paniceum*）为代表。

暖温性针叶林主要分布在云南省亚热带北部地区，以滇中高原山地为主体，海拔分布范围为1500～2800 m，但在一些个别的干热河谷附近，如红河河谷、南盘江河谷和金沙江河谷的边缘山地，常见分布至海拔1500 m以下，甚至1000 m左右。与半湿润常绿阔叶林的分布区基本一致，是云南省分布面积最大的森林植被类型。气候类型为亚热带偏干气候，年均温为10～17℃，年降雨量为700～1200 mm。

暖温性针叶林中由单优势种组成的群系为云南松（*Pinus yunnanensis*）林、云南油杉（*Keteleeria evelyniana*）林、干香柏（*Cupressus duclouxiana*）林。乔木层主要伴生种有常绿栎类[高山锥（*Castanopsis delavayi*）和白柯（*Lithocarpus dealbatus*）等]、落叶栎类[栓皮栎（*Quercus variabilis*）、麻栎（*Q. acutissima*）、槲栎（*Q. aliena*）、大叶栎（*Q. griffithii*）等]和硬叶栎类、旱冬瓜（*Alnus nepalensis*）等。林下灌木多见珍珠花（*Lyonia ovalifolia*）、杜鹃（*Rhododendron simsii*）、南烛（*Vaccinium bracteatum*）等。草本层多见中草或低草，种类多，以禾本科的白健秆（*Eulalia pallens*）、刺芒野谷草（*Arundinella setosa*）为代表。

7. 温性针叶林

温性针叶林主要分布于亚热带中山上部和亚高山中上部，是亚热带山地植被垂直带中的重要类型。

温凉性针叶林是指分布于云南省亚热带中山上部的针叶林，海拔分布范围为1800～3300 m。年均温14.8～15.5℃，≥10℃的年积温为4000～5000℃，年均降水量在1000 mm左右。根据群落的生态外貌和建群种的不同，分为云南铁杉（*Tsuga dumosa*）林、高山松（*Pinus densata*）林、垂枝柏（*Juniperus recurva*）林和滇藏方枝柏（*Juniperus indica*）林。

寒温性针叶林均分布于云南省亚热带亚高山中上部，主要是大理、剑川、丽江、云龙、泸水、维西、香格里拉、福贡、贡山、德钦等地的山地及滇东北之乌蒙山西，海拔2700～4000 m。其分布的垂直上限即为亚高山的森林界限。分布地大体上属于亚高山低温潮湿气候：年均温4.6～5.3℃，≥10℃的年积温在1500℃以下，最冷月平均气温–2.9～–3.8℃，最热月平均气温11.9～13.3℃，年降水量小于1000 mm。冬季积雪，夏季则为云雾所笼罩。

寒温性针叶林乔木树种主要由云杉属（*Picea*）、冷杉属（*Abies*）和落叶松属（*Larix*）构成。少数地方有落叶阔叶林的少量混生，如槭属（*Acer*）、桦木属（*Betula*）及花楸属（*Sorbus*）等和常绿阔叶林的杜鹃花属（*Rhododendron*）等组成。还可见蔷薇（*Rosa*）、箭竹（*Fargesia*）、荚蒾（*Viburnum*）、栒子（*Cotoneaster*）、蟹甲草（*Parasenecio*）、马先蒿（*Pedicularis*）等属。

8. 竹林

由竹类组成的植被类型是我国植被中的一大特色。根据其生长情况分为三大类群：藤竹丛、竹丛、竹林。

藤竹丛是指竹竿细长，呈攀缘状生长的竹类植物。比如毛藤竹（*Dinochloa puberula*），竿粗仅1 cm左右，但长度达10 m以上。多分布于亚热带常绿阔叶林的沿箐沟部分，有时也可以形成纯林。

竹丛是指那些高度仅 2～3 m，多呈灌丛状生长的竹类。如箭竹（*Fargesia spathacea*）和箭竹属的许多种，呈散生或丛生状存在于常绿阔叶林或亚高山针叶林之下，也常常成为次生林出现在毁林之后的荒坡上。

竹林是指那些生长高大如树、植株密集成林的部分。这类森林主要分布在热带和亚热带地区。最显著的为牡竹（*Dendrocalamus strictus*）林，其次有小片的车筒竹（*Bambusa sinospinosa*）林和大薄竹（*Bambusa pallida*）林。

9. 稀树灌木草丛

稀树灌木草丛主要分布在亚热带常绿阔叶林和热带季雨林分布的地区，而且已具有向亚高山草甸过渡的特征。群落以草丛为主，其间散生灌木和乔木。灌木一般低矮，有时高度不及草丛。散生的乔木一般生长不良，不规则地在成片草丛上散布着，外观似“稀树草原”状。次生性质明显。根据群落地生态外貌和生境条件，可划分为 4 个植被亚型。

干热性稀树灌木草丛：均分布于干热河谷底部，两侧中山上部相对高差一般都在 1500 m 以上，有的在 2000 m 以上。干热谷风的盛行，造成了谷底特殊的“干旱气候”。植物种类组成中，绝大部分为热带成分，例如稀树种的木棉（*Bombax malabaricum*）、千张纸（*Oroxulon indicum*）、偏叶榕（*Ficus semicordata*）等，也有少量亚热带植物，如锥连栎（*Quercus franchetii*）、白枪杆（*Fraxinus malacophylla*）等。

热性稀树灌木草丛：主要分布于滇南、滇西南、滇东南热带雨林或季雨林的分布地，海拔均在 1100 m 以下。分布地地貌为山间盆地附近的丘陵低山或河岸两侧的老河漫滩、残丘台地等。气候暖热而干季明显。本植被类型是季节雨林、半常绿季雨林、落叶季雨林经过反复破坏后的产物，一旦停止人为干扰，较易于恢复成林。群落内普遍以高草草丛为主体，灌木分散在草丛之下。高草主要是禾本科植物，如大菅（*Themeda gigantea*）、粽叶芦（*Thysanolaena latifolia*）、斑茅（*Saccharum arundinaceum*）、河八王（*Saccharum narenga*）、五节芒（*Miscanthus floridulus*）等。

暖热性稀树灌木草丛：主要分布在滇中南、滇西南海拔 900～1500 m 的低山丘陵地带。属于南亚热带气候：年均温在 17～19℃，年降雨量 1000 mm 以上。常见的稀树类型为红锥（*Castanopsis hystrix*）、印度锥（*C. indica*）、西南木荷（*Schima wallichii*）、西桦（*Betula alnoides*）、思茅松（*Pinus kesiya*）、毛叶黄杞（*Engelhardia spicata*）、木紫珠（*Callicarpa arborea*）等，灌木类型有余甘子（*Phyllanthus emblica*）等。蕨菜在草丛中较为常见。

暖温性稀树灌木草丛：广泛分布在云南省中部、北部、西北部、东北部及东南部的广大山地上，海拔在 1500～2500 m。原生植被主要为半湿润常绿阔叶林，其次为中山湿性常绿阔叶林。属于暖温性山地气候：年均温为 12～17℃，年降水量在 1000 mm 左右。草丛以中草为主，组成成分仍以禾本科中耐寒耐旱的植物为主，其中以黄金茅属（*Eulalia*）、画眉草属（*Eragrostis*）等常见。

10. 灌丛

与稀树灌木草丛相比，灌丛是垂直带上比较稳定或者说比较持久的植被类型。它们多是山地原生植被，而且常常是地区景观的重要组成成分之一。

寒温灌丛：主要分布在几座高山上部，如玉龙雪山、哈巴雪山、苍山、乌蒙山等森林线以上，海拔范围在 3800 m 以上。最常见的灌木有杜鹃属（*Rhododendron*）、柳属（*Salix*）、金露梅属（*Dasiphora*）、圆柏属（*Sabina*）、山莓草属（*Sibbaldia*）、锦鸡儿属（*Caragana*）、绣线菊属（*Spiraea*）的植物。

暖性石灰岩灌丛：主要分布于亚热带气候下的各山地丘陵，海拔在 1400～2500 m，如滇中、滇东各地及滇东南邱北、砚山、文山一带的石灰岩山地。本类灌丛具有一定的次生性，由半湿润常绿阔叶林受人为活动干扰后演替而来。代表性植物有铁仔（*Myrsine africana*）、裂果女贞（*Ligustrum sempervirens*）、金花小檗（*Berberis wilsonae*）、刺花椒（*Zanthoxylum acanthopodium*）、竹叶花椒（*Z. armatum*）、香水月季（*Rosa odorata*）、毛叶蔷薇（*R. mairei*）等。

干热河谷灌丛：主要分布于亚热带各地干热河谷的特殊生境下。群落较低矮、结构较一致，具有一定的代表性。由于生境干热，灌木（或小乔木）的枝干多弯曲，丛生；茎叶多绒毛，叶厚；根系粗壮发达，植株萌生力强。代表性种有矮黄栌（*Cotinus nana*）、单刺仙人掌（*Opuntia monacantha*）、云南山蚂蟥（*Desmodium yunnanense*）、白刺花（*Sophora davidii*）等。

热性河滩灌丛：主要分布于热带的河滩上，如红河、澜沧江、怒江下游等地，向北沿河楔入亚热带地区的河谷底部。因受河水冲击和基质的影响，植物组成种类都带有适应流水冲刷和耐水旱交替变化的特征。此类灌丛以大戟科的水柳（*Homonoia riparia*）为标志，还有舶梨榕（*Ficus pyriformis*）、剑叶木姜子（*Litsea lancifolia*）、河边千斤拔（*Flemingia fluminalis*）等。

2.5.3 栽培植被

云南省的栽培农作物主要有粮食作物玉米（*Zea mays*）、番薯（*Ipomoea batatas*）、水稻（*Oryza sativa*）、大豆（*Glycine max*）和小麦（*Triticum aestivum* Linn.）；经济作物蔬菜、烟草（*Nicotiana tabacum* L.）、茶（*Camellia sinensis*）、油菜（*Brassica campestris* L.）、甘蔗（*Saccharum officinarum*）、橡胶树（*Hevea brasiliensis*）、咖啡（*Coffea arabica* L.）等；水果有苹果（*Malus pumila*）、香蕉（*Musa nana* Lour.）、柑橘（*Citrus reticulata* Blanco）、梨（*Pyrus* spp.）、葡萄（*Vitis vinifera*）、菠萝（*Ananas comosus*）、杧果（*Mangifera indica* L.）等。根据栽培地区的气候和地理环境条件，将云南省的栽培植被分为 5 个组合型（吴征镒，1987）。

季风热带的栽培植被组合型：农田植被以水稻在雨季时期内的一年一熟为主体，玉米栽培较为普遍。双季稻连作或双季玉米连作，并在后期加入绿肥、豆类、小麦。经济作物以橡胶树为主，花生（*Arachis hypogaea* Linn.）、甘蔗也较多，山地以茶园为主；热带水果主要有菠萝、柑橘、香蕉、番木瓜（*Carica papaya* L.）、杧果等。

滇南亚热带的栽培植被组合型：一年中依照气温变化，在转冷时期栽培小麦、油菜、蚕豆（*Vicia faba* L.）等，在较热季节栽培水稻、玉米、红薯等。经济作物以甘蔗为主，柑橘、茶、花生等栽培也较多。

滇中北亚热带栽培植被组合型：农田植被以大、小春两熟为特色，即水稻+小麦（或蚕豆、油菜、豌豆（*Pisum sativum* L.）、绿肥）；玉米+小麦（或油菜、豌豆）。木本栽培植物以落叶树为主，梨、苹果、桃（*Amygdalus persica* L.）、李（*Prunus salicina* Lindl.）、花红（*Malus asiatica* Nakai）、柿（*Diospyros kaki* Thunb.）、核桃（*Juglans regia*）、板栗（*Castanea mollissima*）等。茶园多分布在海拔 2000 m 以下各地。

亚热带山地栽培植被组合型：以洋芋（*Solanum tuberosum*）一年一熟为基础的农田植被是本类型的显著特点。其他农田植被有黑麦（*Secale cereale*）、荞麦（*Fagopyrum esculentum*）、燕麦（*Avena sativa* L.）及当归（*Angelica sinensis*）、木香（*Radix aucklandiae*）等药用植物。

干热河谷栽培植被组合型：该地区是云南省双季稻种植集中分布地点。部分地区在双季稻后作越冬栽培番茄（*Lycopersicon esculentum* Mill.）、辣椒（*Capsicum annuum*）等蔬菜，实现了喜热作物的一年三熟。气温不很高的地区也有小春两熟的喜凉作物，如小麦、蚕豆等。棉花（*Gossypium* spp.）也是本组合型的代表性植被。甘蔗的栽培也比较多。水土适宜的条件下，一些热带果类如香蕉、番木瓜、杧果、菠萝都可栽培，还有槟榔（*Areca catechu*）、海枣（*Phoenix dactylifera*）都生长较好。柑橘、西瓜（*Citrullus lanatus*）也常见。

2.6　水文与水文地质

2.6.1　河川径流与水系

云南省河流众多、径流丰富。据估算，全省多年平均河川径流年总量达 2009.16 亿 m^3，占全国径流总量的 13.24%；每年从省境以外流入云南省的入境水量计为 1597.4 亿 m^3，出境水量计为 3406.12 亿 m^3，在出境水量中，有 1631.7 亿 m^3 流入其他省区，有 1774.4 亿 m^3 直接流出国境。

云南在全国三级地势中处于第二级台阶内，水系分布上承接了发源于第一级台阶青藏高原的一些大河，为这些大河的部分上游河段。源于青藏高原的长江、湄公河、萨尔温江、伊洛瓦底江等的上游都流经云南境内，即为金沙江、澜沧江、怒江、独龙江等；同时，云南又是一些河流的发源地，珠江和元江都发源于此。所有的这些大河，循着云南省地势的总体倾斜向南、东、西南三个方向渐次散开，穿过云南大地。在云南省境内分别接纳了众多大小支流的丰富径流，使这些河流的水量倍增。流出云南省境后，在中下游又汇集了更多的水流，最终发育成为亚洲以至世界著名的水量丰富、源远流长的大江，再分别注入太平洋和印度洋。

云南境内的六条河流分属六大水系。这六大水系的干流在云南省境内长度共计约 5000 km，其较大的支流数以百计。从分布看，在大理—楚雄—昆明—沾益一线以北属金沙江水系，以南为南部的五大水系，由西到东依次为伊洛瓦底江水系、怒江水系、澜沧江水系、元江水系和南盘江水系，其中元江、南盘江发源于云南，其他为过境河流。各个水系的简要特征如表 2-2 所示。水系分布见图 2-13。

表 2-2 云南省六大水系水文特征

水系	省内河流名称	省内集水面积/（$10^4 km^2$）	年径流量/（$10^8 m^3$）	入境水量/（$10^8 m^3$）		出境水量/（$10^8 m^3$）				省内干流长度/km
						出省		出国		
				来向	水量	去向	水量	去向	水量	
长江	金沙江	10.56	458	川、藏	947.8	川	1405.8			1560
珠江	南盘江	4.33	226			黔、桂	225.9			677
元江	元江	3.75	406					越南	405.8	680
澜沧江	澜沧江	8.86	477	藏	205.6			老挝 缅甸	483.0	1227
怒江	怒江	3.34	245	藏	411.6			缅甸	656.7	618
伊洛瓦底江	独龙江等	1.75	197	藏	32.0			缅甸	228.9	80
总计		32.59	2009		1597.0		1631.7		1774.4	4842

注：表中省内集水面和省内干流长度数据来自《云南统计年鉴 2019》。

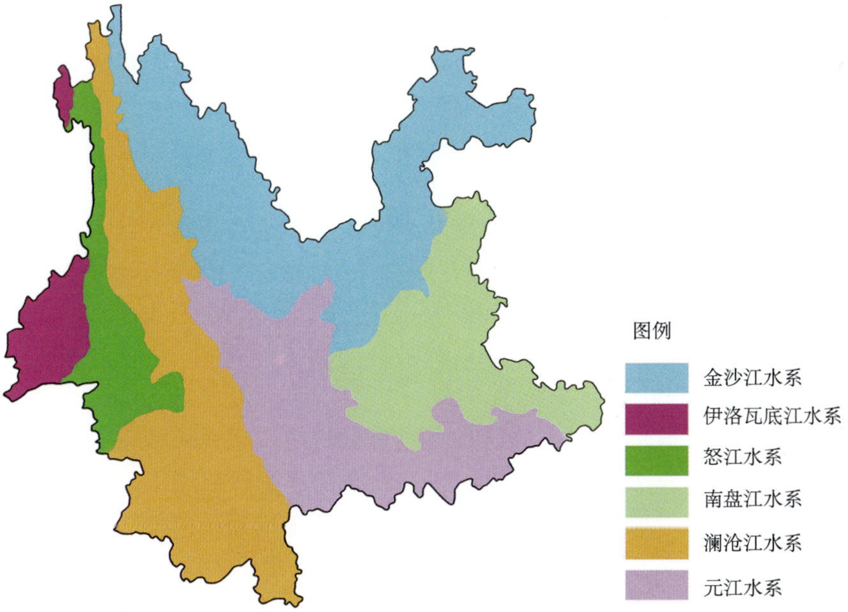

图 2-13 云南省水系分布图（杨一光，1991）

1. *伊洛瓦底江水系*

伊洛瓦底江发源于西藏，自贡山独龙族怒族自治县（贡山县）迪布里进入云南，从马库流往缅甸，境内干流长 80 km。主要支流有独龙江、大盈江、龙江等，径流面积 1.88 万 km^2。

大盈江发源于腾冲市打苴一带，经梁河、盈江于虎跳石出境，河长 186.1 km，径流面积 5723 km^2。流域内有腾冲坝、梁河坝、盈江坝等较大河谷盆地。龙江发源于腾冲市高黎贡山西坡，经梁河、陇川至遮放与芒市大河汇合，穿峡谷进入瑞丽坝，沿中缅边界至弄岛出国境。干流长 332 km，流域内有芒市坝、遮放坝、陇川坝、瑞丽坝等宽谷盆地。上述两支流处于高黎贡山西坡多雨区，水量丰沛，穿行于河谷盆地之间，灌溉潜力较大。流域内多花岗岩和变质岩，风化强烈，水土流失较严重，梁河与盈江边界的浑水沟是省内著名的强泥石流活动带。

2. 怒江水系

怒江发源于青海省唐古拉山脉南麓，上游藏名叫“拉曲卡”，经西藏于贡山县入境，向南经福贡、泸水、保山、龙陵、昌宁、镇康到芒市出境，进入缅甸后称萨尔温江。境内干流长 618 km，流域面积 3.35 万 km^2。

怒江进入云南后，在高黎贡山与怒山夹峙下，向南奔泻。河流比降大，水流急，多险滩，河谷狭窄，形成谷底与山顶高差约 2000 m 的深峡或嶂谷，只在中段的福贡、六库、芒宽、道街等地段形成狭长的沿江谷地。下段仍穿行于中山峡谷，无连片耕地。

怒江上段由于山川紧密排列，多为短促、落差极大的融雪溪流，呈羽状排列。下段作扇形散开，昌宁以下有勐波罗河、南汀河等较大的支流。南汀河发源于临沧市博尚，经临沧、耿马，从孟定流出国境，在缅甸注入怒江。南汀河流经花岗岩地区，水土流失严重，洪涝灾害发生较频繁。

3. 澜沧江水系

澜沧江发源于青海省唐古拉山脉东北部，经西藏于德钦县布衣处入境，南流纵穿迪庆、怒江、大理、保山、临沧、普洱、西双版纳 7 个地州的 17 个县市，于勐腊出境，进入老挝，境外称湄公河。境内干流长 1227 km，径流面积 8.87 万 km^2。

澜沧江上段（云龙县功果桥以上），河流被怒山和云岭夹峙，主峰海拔 5000 m 以上，形成谷底与山顶高差 2000～3000 m 的深峡或嶂谷，水深流急，人烟稀少。中段也穿行于中山峡谷之中，河谷虽然较宽，但仅有面积不大的冲积扇或洪积锥。下段穿行于低山丘陵区，河谷稍阔，并有小橄榄坝、景洪坝、勐海坝等宽谷盆地。

较大支流有黑惠江、黑江、补远江、小黑江、流沙河等。黑惠江发源于罗凤山，经剑川、漾濞至南涧、凤庆之间的岔江附近注入澜沧江，全长 349 km。流域内有剑川、洱源、邓川、大理、乔后、漾濞等坝子，耕地连片集中，与农业灌溉关系密切。流沙河流域内亦多耕地连片的宽谷盆地。

4. 金沙江水系

金沙江水系上游发源于青海省唐古拉山脉主峰格拉丹冬西南侧。从青海省玉树市巴塘河口至四川省宜宾市岷江口段称金沙江。境内河长 1560 km，径流面积 10.91 万 km^2，其中金沙江水系占 98.3%，长江上游水系（威信、盐津的南广河流域）占 1.7%。

金沙江经西藏于德钦县德拉附近入境，沿川滇之间的横断山系南流，至丽江市石鼓折向东北，号称“长江第一峡”，下行 35 km，江水切开哈巴雪山和玉龙雪山，劈出了举世闻名的长 16 km 的虎跳峡，出峡到水落河口再转南流，至金江街转向东流，自此逐渐脱离横断山系，顺序进入滇中高原、滇东北山地、川西南山地，从水富进入四川境内。

金沙江河谷下切强烈，形成谷底与山顶高差 1000～3000 m 的深峡或嶂谷，或束或放，沿岸平缓地段形成奔子栏、巨甸、石鼓、蒙姑等狭长的宽河谷。巧家盆地以下，河谷豁然开朗。

云南省境内较大支流有龙川江、普渡河、牛栏江、横江等十余条，较多的坝子集中在这些支流上，龙川江发源于南华县天子庙衣都拉山脚，经南华、楚雄、元谋等盆地，于龙街汇入金沙江，长 257 km，流经滇中少雨区，对上述地区的农田灌溉有着重要的作用。普渡河发源于嵩明县白邑，经昆明、安宁、富民、禄劝等县市，于禄劝、东川交界处注入金沙江，长 359 km。该河上游为昆明市工农业和生活用水的主要来源，中段是昆明、安宁、富民等县市的灌溉水源。牛栏江源于寻甸回族彝族自治县（寻甸县）新哨，上段流经羊街、嵩明、寻甸等盆地，是当地重要的农田灌溉水源，下段深嵌于滇东北群山之中，在巧家县境注入金沙江，长 461 km。横江发源于鲁甸县境，向北流经昭通、永善、大关、盐津，于水富县汇入金沙江，长 305 km，其支流几乎遍及昭通地区各县。

5. 元江水系

元江水系发源于巍山县茅草哨，大致呈西北至东南流向，经大理、楚雄、玉溪、红河等地州的十余县，到河口出境，越南境内称红河。境内干流长 680 km，径流面积 7.48 万 km^2。元江干流切穿于滇中、滇南高原面之下，大多以高差 500～1000 m 的峡谷形态出现，只在下段形成嘎洒、漠沙、元江等较大的干热河谷平坝。

主要支流有普梅河、盘龙河、藤条江、李仙江等，分别出境，在越南汇入红河。李仙江发源于南涧县宝华一带，迤逦于哀牢山和无量山之间，于江城与绿春边界出境，长 488 km，境外叫黑水河，是普洱市东部的重要河流。藤条江发源于红河县宝洞山，经红河、绿春、元江，于金平县那发出境，长 184.5 km。出境后称南那河。盘龙河发源于砚山县平远街，经平远、文山两个溶蚀盆地，于麻栗坡县天保出境，在越南称泸江。

元江水系穿过滇中、滇南、滇东南大部分地区，由于地形切割较破碎，干、支流途经地带山高坡陡，雨量多而集中，岩性粗松，风化强烈，水土流失严重，侵蚀模数位列六大水系之首。

6. 南盘江水系

南盘江系珠江水系上游，径流面积 5.83 万 km^2，云南省内干流长 677 km。其中南盘江流域面积 4.32 万 km^2，占 74.1%；北盘江流域面积 0.52 万 km^2，占 8.9%；西洋江流域面积 0.99 万 km^2，占 17.0%。

南盘江发源于曲靖市马雄山南麓，向南经曲靖、陆良、宜良、华宁、弥勒等县市，在开元市小龙潭转向东北，穿行于弥勒、丘北、师宗之间，至罗平八大河出境，为贵州、广西的界河。境内干流长 667 km。宜良县高古马以上称南盘江上游，此段河谷开阔，松林坝、曲靖坝、陆良坝、宜良坝呈串珠状分布其间，耕地连片集中，灌溉着数百万亩农田。下游深嵌于滇东岩溶高原之中，山岭重叠，呈峡谷地形。

云南省水系的空间分布格局和水系的形态特征都受到区域地质构造和地貌发育的深刻影响。元江、澜沧江、怒江等各大河流的流向和河网发育都受到深大断裂构造的引导和控制；金沙江南侧位于云南省内的各主要支流，就因受到南北断裂系统的影响，发育成为平行水系；滇东南的河流则多呈北西—南东走向的格局，也是受到断裂系统的引导和控制的结果。在滇西北的三江地区，各大江并列南流达数百千米，各大河谷之间的分水岭十分狭窄，最窄处两条大江之间的水平距离不足 20 km，这个高山峡谷区的水系格局的形成，就是以排列十分紧密的褶皱和深大断裂地质构造为基础的。由于干流下切都十分迅速，河谷很深，而支流多十分短，各大江在滇西北都各自成为狭长的羽状水系；大约向南到北纬 25°30′一线以南，随着构造线成辐散式展开，各大江也逐渐向两侧展开，形成帚状水系的形态；云南中、东部高原是珠江和元江的发源地，又是这两个水系北侧与金沙江南侧诸支流的分水岭所在，这里的河流都不大，河网则多呈格子状和树枝状形态。

由于云南省层状地貌十分发达，大河干流处于下切很深的谷底，居于层状地貌的最低层次部位。这些大河的支流，其上游河段在裂点以上，流经地势较平整的丘陵状高原和山间盆地及谷间高原，这些河段的河谷常较宽浅，比降也较小，而在裂点以下则转而切过山地，形成峡谷河段，并在较短的距离内形成集中的落差，再汇入处于大峡谷底部的干流，一些较长的支流因穿过较多的地貌层次，常形成宽浅河谷与峡谷相交替，河床纵坡面有明显阶状变化的状况。这种落差在局部河段相对集中分布，是水能开发的有利因素。

在滇东和滇东南的岩溶高原区，地表河流不甚发育，河网密度较小，地表河流常突然中断，河水转入地下暗河成为伏流，常在盆地和大河谷的边缘以地下河出口及泉流形式流出地表，成为岩溶高原特有的水系形态。

2.6.2 湖泊

高原湖泊群的分布是云南省水文地理中引人瞩目的特点之一。省内面积大于 1 km^2 的湖泊就有三十余个，湖泊面积共计约 1067 km^2，集水面积约 9000 km^2，总蓄水量约 290 亿 m^3。云南省各主要湖泊的形态具有明显的共同特点：湖盆多由断陷而成，大多湖体狭长，长轴多呈南北向，湖岸一侧或两侧比较平直；各湖汇水面积不大，仅约为湖面的 3.5～10 倍。云南省主要湖泊的水文地理特征见表 2-3。

表 2-3 云南省主要湖泊的水文地理特征

湖名	所属水系	集水面积/km^2	湖长/km	湖宽/km	湖面面积/km^2	水深/m		平均水位/m	库容量/(10^8 m^3)
						最大水深	平均水深		
滇池	金沙江	2855.0	32.0	10.5	300.0	8.0	5.0	1885.0	15.7
洱海	澜沧江	2470.0	39.5	6.3	250.0	23.0	10.5	1974.0	30.0
抚仙湖	南盘江	1057.0	30.0	7.0	212.0	151.5	87.0	1720.0	185.0
阳宗海	南盘江	192.0	12.7	2.5	30.0	30.0	20.0	1770.0	6.02
星云湖	南盘江	325.0	10.5	3.8	30.0	12.0	7.0	1723.0	2.3
杞麓湖	南盘江	363.0	15.5	3.1	12.3	15.0	1.0	1731.5	1.94
异龙湖	元江	326.0	13.8	3.0	42.0	7.0	3.5	1411.0	2.2
大屯海	南盘江	284.5	7.8	2.9	12.0	2.7	1.3	1280.7	0.34

续表

湖名	所属水系	集水面积/km²	湖长/km	湖宽/km	湖面面积/km²	水深/m		平均水位/m	库容量/(10^8 m³)
						最大水深	平均水深		
长桥海	南盘江	167.0	9.5	0.8	10.0	7.0	4.0	1281.0	0.13
清水海	金沙江	34.5	4.9	0.98	7.0	30.0	20.0	2188.0	1.4
程海	金沙江	318.3	20.0	4.0	78.8	36.9	15.0	1503.0	27.0
泸沽湖	金沙江	171.4	9.5	6.0	51.8	73.2	40.0	2685.0	20.72

云南省的主要湖泊都集中分布在滇东高原，以金沙江与元江、南盘江水系的分水岭高原湖泊最为发达。这些湖泊湖盆的形成，大多受断裂构造的控制，分布也与断裂带的位置有紧密的联系；在岩溶高原区内还有许多小型的溶蚀湖分布。云南省的湖泊在空间上有成群性分布特点，可大体分为四个湖群。

1. 滇中湖群

滇中湖群是集中分布在云南省中部的断陷湖群，从北到南有车湖（清水海）、杨林湖、滇池、阳宗海、抚仙湖、星云湖、异龙湖等。

2. 滇西湖群

滇西湖群分布在滇西横断山区东侧的滇东高原西缘，从北到南有泸沽湖、拉市海、剑湖、鹤庆草海、茨碧海、西湖、洱海等。

3. 滇南湖群

滇南湖群分布在云南省东南部，有蒙自大屯海、长桥海、南海、开远三角海、听海等。

4. 滇东湖群

滇东湖群分布在云南省东部岩溶高原内，有会泽者海、宣威鹰窝海湖群、泸西无浪海、长湖等，较大的陆良海、中原泽已经排干。

此外，滇西横断山区还有不少的冰碛湖和冰蚀湖分布，但都较小。

2.6.3 水文地质概况

1. 云南省地下水的形成条件及特点

云南全省地下水总储量据估算为 787.33 亿 m³，约为河川径流总量的 39.2%。因以大气降水为主要的补给来源，各地地下水的多少与降水关系密切。云南省年降水量全省平均为 1100 mm，相当充足。其中消耗于全年陆面蒸发的部分，估计平均约为 600 mm/a，地表径流深度平均略大于 500 mm/a，而不论蒸发消耗的部分还是地表径流，都以地下水作为储库，地下水起着调节作用并形成经常的补给来源。

云南境内地表河网比较发达，地形起伏大，地层复杂，断裂多，水文地质单元的范围大都比较狭小。所以，地下径流的流程短。只有在岩溶地貌面积广的地区水文地质单元较大，地下径流的流程较长。因此，云南各地并没有形成大范围的连续而完整的地下水基准面。各地的地下径流多以附近的河谷和盆地为其出水地，常呈泉水出露，在碳酸盐岩分布地区，往往有流量较大的泉眼（龙潭）。

省内的大多数地区，地下水的分布与地下水的补给范围相一致。降水量的变化对于地下水变化的影响表现得快而明显。由于干湿季分明，在雨季地下水水位迅速上升，水量增加，矿化程度下降；干季则地下水水位下降，水量减少，其矿化程度上升，尤以干季后期为甚。

云南省多山，山地坡度较大，地下水的水力梯度较陡，地下径流流动较快，排泄很通畅。而山间盆地则地势平坦，水力梯度小，地下径流排泄不畅。山间盆地内部松散沉积层深厚，形成良好的含水层，能够存储从周围山地汇入盆地的大量地表和地下径流。盆地内部大都含有丰富的地下水，在潜水层之下，往往还有很多的承压水存在。因地质条件的影响，云南省地下水热泉及矿泉数量较多。

2. 云南省地下水含水岩类型

全省的地下水含水岩主要有以下五个类型（图 2-14）。

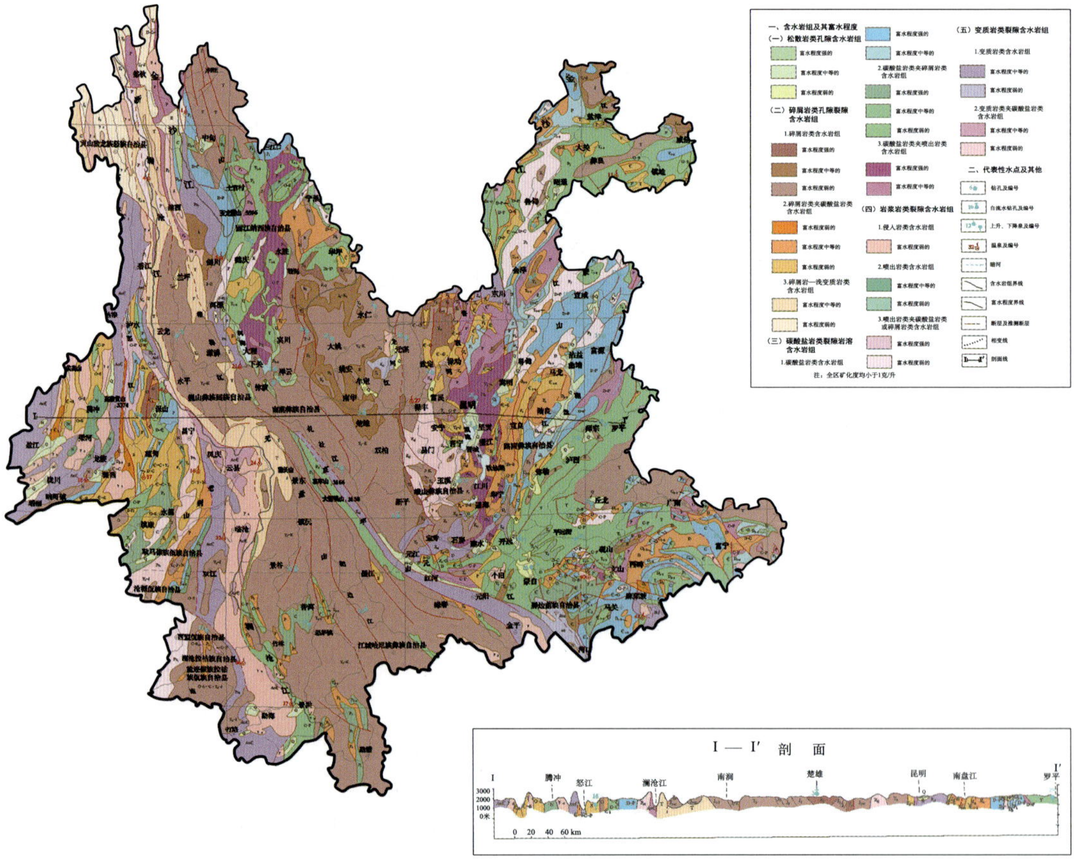

图 2-14　云南水文地质图

松散岩类孔隙含水岩类型，分布在山间盆地内部，由古近系和新近系的松散沉积物组成，其厚度各地不一，从数十米至近千米。这种含水岩类型的富水性差异较大，地下径流模数为 1.42～9.25 L/(s·km^2)，主要取决于含水层的堆积类型和成岩程度，其中以湖相的疏松砂砾岩、冲积洪积扇卵砾层等富水性较强，而湖沼相沉积的粉砂层、黏土层等则常形成隔水层。这一类型的总面积约 1.9 万 km^2，占全省面积的 4.95%。

碳酸盐岩类岩溶含水岩类型，主要分布在滇东，滇西的香格里拉、镇康、孟连、丽江、保山等地也有分布。总面积约 7.24 万 km^2，占全省总面积的 18.88%，在滇东的岩溶高原，碳酸盐岩类分布极广，岩层厚度也很大，降水到达地面后很快从裂隙和落水孔汇入地下，所以，降水的渗漏率很高，地下水的补给条件很好。这类岩层的富水程度很不均一，主要取决于岩溶的发育程度：在裸露型岩溶地区，地下径流以管流为主，分布极不均匀，在暗河较多的部位，地下水较为丰富；在半裸露岩溶地区，地下水的分布一般较为均一；在覆盖型岩溶地区，地下径流多以脉状流为主，均一性较好。总的来说，岩溶地区的富水带多位于河谷和盆地边缘，地下径流模数在不同条件下相互差别很大，为 2.67～23.7 L/(s·km^2)，滇东一带岩溶地下水的埋藏较浅，蕴藏量较丰富；而滇西丽江等地因地表切割很深，岩溶地下水埋藏也较深。

碎屑岩类裂隙含水岩类型，在云南省分布总面积达 16.13 万 km^2，占全省总面积的 42.08%，范围很大。该类型即为“红层”陆相碎屑沉积，是由上三叠统及其后的侏罗、白垩系以至古近系地层组成的，均以泥岩、砂岩为主，含有层间裂隙水，其富水程度受岩石粒度及裂隙大小控制，地下径流模数为 1.21～9.47 L/(s·km^2)。这一类型主要集中分布在滇中楚雄州一带和滇西的北起南坪、南到普洱之间。“滇中红层”厚度总计达万米，地质构造平缓，地表切割不深，地下水埋藏较浅。但这类岩层的入渗系数很小，其所分布的楚雄州一带，降水较少而蒸发较强，所以地下水的蕴藏不丰富。“滇西红层”位于滇西褶皱带内，岩层厚度也很大，但这里的中生界地层褶皱较强烈，地形切割比较深，水文地质单元都比较零碎，加上所分布的地区内降水较多，植被较好，风化土层多较厚，因而地下水资源较滇中要丰富一些。

岩浆岩类裂隙含水岩类型，包括侵入岩和喷出岩两类。总面积 4.97 万 km^2，占全省面积的 12%左右。云南的大型侵入岩体主要分布在西部，以北起云县、南到勐海的花岗岩体出露范围最大，其风化层深厚，加以降水大都比较丰富，所以大多成为地下水富水区。其含水层厚度常达数十米至数百米。喷出岩体以二叠系上部的玄武岩为主，在滇东分布颇广，其风化程度各地不一，裂隙度大小也不一致，但其地下径流模数与侵入岩接近，为 1.11～15.59 L/(s·km^2)。

变质岩类裂隙含水岩类型，全省变质岩类出露面积为 5.4 万 km^2，占全省面积的 13.7%。其水理性质的差别颇大：板岩、千枚岩、石英岩等浅变质岩具有层状构造，其透水性极差，入渗系数小，地下径流模数大都小于 2 L/(s·km^2)；片麻岩、混合岩等深变质岩裂隙发达，富水性强，径流模数为 3.51～8.81 L/(s·km^2)。

从全省范围而言，地下水的空间分布明显受含水岩类分布的影响：省内的各种地下水类型中，年径流量以岩溶水最多，占地下水年径流量的 34.51%，而富含岩溶水的碳酸盐岩类岩溶含水岩的出露面积约占全省面积的 18.88%；碎屑岩类裂隙含水岩的出露面积占全省面积的 42.08%，其中地下水年径流量则仅占全省总量的 28.76%。云南省属珠江流域的范围内，岩溶面积广，富水性强，地下水与河川径流的比值明显高于其他地区。地下水含水岩类富水性以滇西南的怒江流域下端和伊洛瓦底江流域为最强，该地区降水丰富，是省内的多雨区之一，而且多为岩浆岩和变质岩类裂隙含水岩类型分布，故伊洛瓦底江流域地下径流模数达 11.22 L/(s·km^2)。滇东碳酸盐岩类广布，岩溶水发达，故径流模数亦达 8.3～9.44 L/(s·km^2)；富水性最差的是滇西北的怒江、澜沧江上端及滇中地区。滇中红层发达，降水也不多，而滇西北降水少，含水层发育不良是富水性差的原因。因此，地下水年径流量以滇东最多；滇西北的怒江上段和澜沧江上段及金沙江中段属地下水贫乏地区，尤以滇中红层地区地下水年径流量最少。

2.7　人 类 活 动

2.7.1　坡改梯

坡改梯是在丘陵山坡地上沿等高线方向修筑条状阶台式或波浪式断面的工程措施，在阶台上形成梯田（水田）或梯地（旱地）（图 2-15）。坡改梯是治理坡耕地水土流失的有效措施，蓄水、保土、增产作用十分显著。梯田的通风透光条件较好，有利于作物生长和营养物质的积累。按田面坡度不同而有水平梯田、坡式梯田、复式梯田等。梯田的宽度根据地面坡度大小、土层厚薄、耕作方式、劳力多少和经济条件而定，和灌排系统、交通道路统一规划。修筑梯田时宜保留表土，梯田修成后，配合深翻、增施有机肥料、种植适当的先锋作物等农业耕作措施，可以加速土壤熟化，提高土壤肥力。

图 2-15　云南元阳梯田和景东梯地景观

云南省山地面积大，耕地面积小，所以，坡改梯是其山区开发耕地资源的重要手段。全省共有耕地 607.21 万 hm^2，其中 25° 以上梯地、梯田、望天田有 49.93 万 hm^2。云南省是我国水土流失较严重的省份之一，全省水土流失面积 13.4 万 km^2，占全省总面积的 35%；年流失土壤 5 亿 t 左右，占全国年流失土壤总量的 10%。全省广布的坡耕地是水土流失的主要源地。云南省坡耕地整治的历史悠久，积累了丰富梯田修建经验。元阳梯田是其典型代表，位于北回归线以南的哀牢山南段，元江南岸，包括红河、元阳、绿春、金平等县。总面积约 6.67 万 hm^2，全部镶嵌在海拔 600～2000 m 的山坡上，主要在海拔

1400～2000 m 的上半山区。从山脚到山顶断断续续、蜿蜒迂回于千壑万岭之中，级数高达 3000 多级，是哈尼族人世世代代留下的杰作，因此也称哈尼梯田。哈尼梯田核心区元阳县 100%的土地是崇山峻岭，受元江、藤条江水系深度切割，中部凸起两侧低下，山地连绵，地形呈“V”字形发育，不易耕作，必须对当地地形进行改造。元阳哈尼族开垦的梯田随山势地形变化，因地制宜，坡缓地大则开垦大田，坡陡地小则开垦小田，甚至沟边坎下石隙也开田，因而梯田大者有数亩，小者仅有簸箕大，往往一坡就有成千上万亩。哈尼梯田与自然环境结合得特别紧密，形成森林-村寨-梯田-江河水系四度同构的生态系统。元阳梯田规模宏大，气势磅礴，绵延整个元江南岸的红河、元阳、绿春及金平等县，仅元阳县境内就有 11333 hm^2 梯田，是红河哈尼梯田的核心区。如此众多的梯田，在茫茫森林的掩映中，在漫漫云海的覆盖下，构成了神奇壮丽的景观。

经过科学设计、合理修建和有效管理的梯田能够减缓坡度、改变径流路径，从而实现削减径流冲刷力、促进降水就地入渗和减流减沙；梯田具有保持水土、提高地力、从时空上合理调控雨水资源的独特功能，因而可以减轻极端降雨事件导致的侵蚀风险；坡面治理在控制水土流失的同时，还可以改善生产用地的水土条件，促进农林牧业发展，并可为沟道治理和退化生态系统恢复奠定基础。

2.7.2 水退旱

近年来，由于种植结构的调整、农村劳动力形势的变化、气候干旱程度的加剧等原因，加之云南省独特的气候优势，不少地区出现了水退旱的现象，即将原来的水田改为旱地。首先，在不少农村地区，为了提高种植经济效益，农民主动将水田退为旱地，改种经济作物，如蔬菜、花卉、烟草等。其次，随着农村年轻劳动力向城市转移，劳力越来越少，而种植水稻费工、效益低，靠请工种不起水稻，因缺劳力弃“水”改“旱”的越来越多，尤其在山区，其面积有逐步扩大趋势。再次，从云南省有气象记录的 1961 年以来，年降水量出现减少的趋势，半个世纪以来年降水量减少了 39 mm，减少速率为 –8 mm/10 a，其中夏季和秋季减少趋势明显大于春季和冬季。最显著的例子是西双版纳年降水日由 20 世纪 50 年代的每年 270 d 锐减到目前的 150 d，年雾日由 180 d 减少到 30 d，以往湿润的热带雨林气候已经发生明显变化。所以，一些水田灌水无保障，不得不放弃种植水稻，改种旱粮作物。水退旱后，土壤质量会有一定程度的退化，如有机质含量的降低受干旱和洪涝灾害的影响较大，也会影响到生态环境的优劣。因此，无论是“主动调整”，还是“被迫改种”，都要有“度”。特别是过去的库、塘、堰、渠、管道、河岸、堤坝等农田基础设施，淤积、损坏的要设法尽快予以修复，即使种植旱作，如果有灌溉和排水作为保障，也可以高产和稳产。此外，云南省冬季气温较高，适合蔬菜和花卉全年生长，随着人们对蔬菜和花卉需求量的增加，加之物流的发达，在云南种植蔬菜和花卉有较高的经济效益，也促进了一些地方将水田改为旱地。

水退旱对土壤性质的影响还是较为明显的。如当水田改种蔬菜或花卉后，由于肥料及各种农用化学品投入量的剧烈增加，土壤 pH 明显下降，养分积累非常明显，尤其是磷素积累异常高，个别达到原始土壤的 3～4 倍之多，有效磷则增加更明显，可达到种植水稻时的 10 倍以上。在设施蔬菜生产条件下，封闭的环境还可导致土壤中盐分大量积累，产生次生盐渍化。此外，这种条件下，没有了稻田田埂的阻挡，在暴雨和灌溉条件下，可产生地表径流，大量剩余养分极易进入水生环境，对周围水体环境造成负面影响。

2.7.3 植被变化

历史上，云南省森林覆盖率极高，宋以前滇西北为70%，滇南为90%。明清以来，森林覆盖率缓慢下降，但清代中期之前仍然有 70%左右，到 1935 年森林覆盖率下降到50%，20 世纪 50 年代初下降到 47%，之后，“大跃进”毁林“大炼钢铁”运动、“以粮为纲”的毁林开荒运动使 20 世纪 70 年代森林覆盖率仅 24 %。改革开放后，森林覆盖率从 2005 年的 40.8%增加到 2010 年的 47.5%，2012 年 1 月达到 52.93%。然而，详细分析新增林地的种类可发现，新增的林地主要为人造橡胶树林、以桉树为主的速生丰产林，原始森林和天然次生林仍有减少的趋势。在与缅甸、老挝接壤的澜沧江沿岸，中国一侧的原始森林几乎消失殆尽，不管条件优劣都种上了橡胶树或其他一些经济林木。林学界学者们普遍认为，人工纯林称为“绿色沙漠”，一是这样的树林中植物种类极为单一，无法给大多数动物提供食物或适宜的栖息环境，因而林中动物十分稀少；二是这样的树林地表植被差，保持水的能力很差，干燥且易形成火灾；三是这样的树林生物多样性水平低，因而生态脆弱，缺少天敌对虫害进行控制，很易感染虫灾，造成大面积损害。其原因是种植橡胶树和桉树等人工经济林时，将原生树林采伐，并将林地中杂灌木、杂草、蕨类等砍除，整地施肥，采用化学除草剂除去地表植被，破坏了天然山林生态系统，造成严重的水土流失，使土壤表层变薄，甚至缺失。

原始森林是地球上最重要的生态系统之一。原始森林维护着自然环境，通过对降雨和蒸发的控制调节天气，并维持着地球的生态平衡。原始森林不仅仅是高大的树木，而是一个综合的生态系统，包括动植物间的食物链关系等。在原始森林中，某一物种的减少，可以影响其他物种的生存，这种情况在热带雨林中体现得更为突出。云南省热带亚热带原始森林这一类型生态系统的脆弱环节在于必须保持物种高度多样化的水平，即使不将丛林砍伐，如降低其生物多样性水平，也会导致局部地区的生态退变。原始森林被砍伐后，先是腐殖层较容易因风吹和雨水冲刷逐渐消失，使土壤保水能力变弱，如果进一步为了种植农作物和经济林，把剩下的灌木及草本清除干净，使土壤裸露，则会加速水土流失，令土壤层不断变薄，逐渐石漠化，保水能力越来越差最终彻底丧失。

云南省是全国岩溶地区石漠化危害程度最深的省区之一。石漠化的形成往往经历三个阶段：毁林开荒—水土流失—岩石裸露（即石漠化）。

2.7.4 矿业活动

云南是一个产矿大省，锌、锡、铜、铅、铝、磷、锰、锗、铟、银、铂族矿产资源储量在全国位居前列，矿业经济发展较快，磷、锡、锌、铜、铅、锑、锗等矿产品的产量产值均居全国前列。在储量表统计的 83 种矿产中，已开采利用的有 62 种，占 74.7%，已成为我国重要的矿产资源基地。

矿产资源利用对土壤产生了诸多影响。首先，矿产资源利用方式粗放，占用和破坏了大量土地。露天采矿使表层土剥离，地下开采会将产生的废土石由井下搬运到地面。

选矿产生的尾矿石的堆积，占用和破坏了矿区土地。同时，露天采矿过程中挖损大量土地，地下开采则会导致大面积的地面沉降和塌陷，进而引起一系列的地表变形，使土壤的性状发生改变，土壤侵蚀加剧，农田被迫弃耕。其次，矿产资源开发对土壤产生污染，主要是采矿产生的废渣堆积，这些废渣中的有毒有害成分渗入土壤中，造成土壤的重金属、酸碱污染和有毒物污染。矿产资源开发还会导致土壤的退化，一方面是由于表层土壤被清除，采矿后留下大量矿渣；另一方面土壤上放置大型采矿设备的压力使得土壤变坚硬，并发生板结的现象，还会造成土壤中有机质、水分的流失。再次，加剧水土流失和植被破坏。矿产开发过程往往会加剧矿区附近的水土流失。矿山开采过程中不可避免地要砍伐植被，破坏和占用林地、草地等植被覆盖的土地。最后，生物多样性遭到破坏。矿产开采改变动植物的生活环境，威胁着动植物的生存，对生物多样性产生影响。一般来说，因矿山开采受损的土壤自然修复过程非常缓慢，通常需要 100～10000 年。

2.7.5　低产稻田土壤改良

云南省的水稻种植过程中常出现一些低产稻田，按其低产原因，大致有冷浸田、胶泥田、冬水田等。在利用过程中，针对低产原因采取的改良措施可以改变土壤剖面形态和土壤性质。

冷浸田是指山丘谷地受冷水、冷泉浸渍或湖区滩地受地下水浸渍的一类水田。主要分布在云南省山区谷地、丘陵低洼地、坝区湖沼低洼地及山塘和水库堤坝的下部。该类水田终年积水，水冷而泥泞，导致一系列土壤性质的恶化，主要表现为：①水、土温度低。冬季的水、土温度高于正常稻田，但在水稻生长的夏秋两季，则较正常稻田低 4～5℃，因而使水稻根系活力减退，影响养分吸收。②缺乏有效养分。冷浸田的有机质含量虽高，但碳氮比值较大，低温使土壤微生物活性减弱，有机质的分解作用受抑制，养分供应能力弱。此外，有些冷浸田的黏粒淋溶作用强烈，引起土壤的阳离子交换量和盐基饱和度下降，土壤保肥能力减弱，加之大量亚铁离子又从土壤黏粒中代换了一部分养分，转入土壤溶液而随水流失，使有效养分更加贫乏。③还原性物质过多。冷浸田土壤在长期嫌气状态下产生大量还原性物质　亚铁离子和硫化物，使水稻根系发黑并造成僵苗或死亡。④表土泥泞。长期积水破坏了土壤结构，使土粒分散，表层有 30～40 cm 厚的土壤终年处于泥泞状态，不利于耕作，水稻移栽后也难以立苗，常出现前期浮秧多、后期易倒伏的现象。

为从根本上消除冷浸田的低产原因，通常采取如下措施：①建立排水系统，降低地下水位，排水方法因泉水的来源和数量而异。②耕翻晒垡、水旱轮作。在完成排水工程之后进行耕翻晒垡，提高土壤氧化还原电位，降低或消除还原性物质的危害，同时利于疏松土壤，改善物理性质；再与水旱轮作制相结合，则效果更佳。③增施磷、钾、硫、锌肥。冷浸田土壤在长期浸水后一旦脱水干燥，常会导致有效态磷被固定，增施磷肥是改良的重要措施。过磷酸钙和硫酸钾肥料中含有硫酸盐，可补充还原条件下冷浸土壤有效硫含量的不足，增施磷肥、钾肥、锌肥可弥补这些缺陷。

胶泥田是云南省主要的低产田。这类土壤分布面积很广，主要分布在滇中、滇西、滇东及滇中南地区，其中以滇中的保山、楚雄、玉溪及曲靖一带最为集中，占水稻田总面积的30%左右。胶泥田的成土母质多为泥质、石灰质或紫色岩风化体的静水沉积物，颗粒较韧，具有特殊的“胶性”。一般分布于比较开阔的坝区，分布位置或靠近坝区边缘的缓坡山麓，或位于坝中部地势较低的部位。在湖沼地区，胶泥田常出现在近湖边缘地带。在土壤水分过干或过湿的条件下，这类土壤的胶性与板结性最为突出。胶泥田的熟化程度较低，黏重板结，极易胶结与开裂。

胶泥田的共同特性表现为：①土壤层次紧实、通透性差。往往耕作层浅，结构不良，犁底层紧实，不利于深耕和作物根系伸展。质地黏重，冬春干季易形成大型龟裂，伸手可入，严重影响植物根系生长。②供肥性能差。在泡田插秧时，分散慢，土壤养分分解迟缓，影响水稻分蘖，后期土壤分散后，养分供应充足，但时间短促。胶泥田改良可采取下列对策：①增施有机肥，扩种绿肥，合理轮作，增加土壤团粒结构，提高通透性，改善土壤中水、肥、气、热状况。②客土掺砂，改良土壤胶性。③施用磷肥和石灰，提高土壤磷的供应能力，缓解土壤酸化。④合理耕作，如深耕和挖田晒垡等。

冬水田主要分布于丘陵低山地区，稻田零星分布，水利灌溉困难。为了保证来年水稻适时插秧，利用部分稻田冬季灌水而形成冬水田。由于长期灌水，土壤理化性质变劣，影响水稻产量。其特点是：①复种指数低，尤其在南部盆地，由于热量丰富，一些地方可种多熟，但由于冬季灌水，仅能种一熟。②表土层出现中度以上的潜育现象，有效养分含量低。其主要改良利用措施包括：①在有水源保证的地区，可完善水利工程，在排灌保证的基础上，实行水旱轮作，提高复种指数。②在无水源保证的地区，可实行垄稻沟渔的水稻半旱式栽培，利用水面养殖水生绿肥，以便提高经济效益和增加土壤肥力。

2.7.6 低产富铁土和淋溶土改良

云南省分布有大面积富铁土和淋溶土，在形成和发育过程中有一些基本性质影响农作物正常生长，主要表现为：①土壤有机质含量低，养分贫瘠，包括氮、磷、钾、钙、镁等养分的缺乏。土壤的阳离子交换能力弱，导致保水保肥及养分转化供应能力低。②土壤酸性强，不仅活性酸量大，而且潜在酸性也很强。③黏重板结。由于有机质含量及腐殖质分子组成简单，而无机胶体又以铁铝氧化物为主，黏结力强，往往形成块状结构，影响土壤热、水、气、肥的协调，出现保水能力弱，失水速度快，耐旱耐蚀能力低等不良性状。

面对这些限制因素，该类土壤的改良策略包括下列几方面：①植树造地、改造环境条件，如植树造林、修筑梯地、旱地改水田等。②增施有机肥、化肥，提高土壤肥力，如增施有机肥，种植绿肥，合理施用化肥和石灰等。③改进农艺措施，改良与利用结合，如因土种植、合理间套作、深耕深翻、地膜栽培等。在施石灰、农肥、开梯造地、客土改良红壤的基础上，结合施磷肥、氮磷化肥配合、扩种绿肥、间套作、施用微肥等改良措施。大力扩种绿肥是提高土壤有机质含量、提高土壤肥力的重要措施。定位试验结果表明，连续三年种绿肥，土壤有机质含量年递增率在0.80%左右。

第 3 章　成土过程与主要土层

3.1　成 土 过 程

根据上述云南省自然背景和人为作用等土壤形成条件，其土壤成土过程有几个重要因素值得考虑。首先，在中新生代燕山运动和喜马拉雅运动抬升形成康滇高原与云贵高原之前，云南很大一部分是海洋和海侵区域，由于纬度较低，气候炎热潮湿，形成了广泛覆盖在海拔七十余米至近四千米范围内的古红色风化壳，风化程度很深。其次，地壳抬升运动形成了高山深谷和起伏多变的高原面，海拔高差达 6000 m，其地形地貌、水文地质条件异常复杂。再次，复杂的地形地貌和极大的高差变化，在省域内形成了地跨寒-温-热三个气候带的立体气候，并形成相应的生物气候区域，现在的生物气候与古地质时期的生物气候叠加，相互影响，使得云南的成土过程异常复杂。同时，地壳抬升剧烈，受强烈剥蚀，成土母岩、母质出露复杂多样。受这些因素的影响，云南省的成土过程往往呈现相互叠加的复杂情况，总体来讲，云南省的成土过程可归纳出如下八种最主要的成土过程。

3.1.1　枯枝落叶堆积过程

枯枝落叶堆积过程是指枯枝落叶在土壤矿质表层积聚的过程。广义上，枯枝落叶也包括一些动物残骸或者动物活动遗弃物（如粪便和食余等），以及植物地下部分（如根系）残体。枯枝落叶在土壤表层上的堆积，是土壤有机质的重要来源，是生物圈物质加入土壤圈物质循环的开始，也是土壤生物小循环的重要环节。由于水热条件和植被组成的巨大差异，各种自然植被通过枯枝落叶堆积进入土壤的植物残体数量和质量有很大差异。

从数量上看，云南省的热带雨林最高。据研究，西双版纳热带雨林的年凋落物量为 11595 kg/hm^2，昆明亚热带常绿阔叶林年凋落物量为 6600 kg/hm^2，而高山的松林、冷杉、云杉林年凋落物量为 4695～5490 kg/hm^2，北部的草原植被每年为 2325～5250 kg/hm^2。从植物残体的组分及残体分解物在土壤形态及特性形成中的作用来看，不同类型的枯枝落叶也有较大区别。例如，高山寒温带针叶林的枯枝落叶含有大量单宁物质，其分解形成的有机酸与土壤矿物质发生的螯合淋溶作用是形成灰化土的重要原因；温带草原的枯枝落叶积累非常有利于土壤腐殖质的形成和积累，是温带草原土壤深厚肥沃有机质表层形成的重要物质基础。

3.1.2　黏化过程

黏化过程是指土壤中原生矿物分解变质，生成次生黏土矿物并在土体中积聚，形成黏重土层的过程。由于云南省大部分地处湿润地区，土壤风化和成土作用较为强烈，风化形成的黏土矿物随着剖面中稳定的下降水流，自土层上部向下淋溶，并在一定深度内淀积，形成淀积黏化土层。这一过程在云南省可出现在大部分地区，其重要特征表现为：在剖面一定深度内形成黏化层，在土壤侵蚀较严重的地区，黏化层可以出现在地表。在中部山原地区和气候条件较为湿热的南部地区，在黏化过程进行的同时，除碳酸盐岩分布区和干热河谷区外，其他地区还表现为土壤中盐基离子的强烈淋失。

3.1.3 脱硅富铁铝化过程

脱硅富铁铝化过程为热带、亚热带土壤中发生的硅和盐基遭受淋失，黏粒和次生矿物不断形成，铁铝氧化物明显聚积的过程。在高温多雨条件下，风化淋溶作用强烈，硅酸盐类矿物强烈分解，风化产物向下淋溶。淋溶初期，溶液呈中性或碱性，致使硅酸和盐基大量淋失，而含水铁、铝相对聚集，形成富含铁、铝的红色土体。随着盐基的不断淋溶，风化层上部变为酸性，黏粒的阳离子交换量不断降低。这一过程主要出现在中部山原地区和气候条件较为湿热的南部地区，其中中部山原地区是由于早期湿热条件下形成，后地壳抬升，气温降低，降雨量减少，脱硅富铁铝化过程已明显减弱。而碳酸盐岩母质上的土壤和干热河谷地区的土壤会出现复钙作用，导致黏粒阳离子交换量上升。另外，云南省的富铁土与华东、华南地区相比，脱硅富铁铝化的强度相近，而铁的富集程度较高，可能与云南省冬春干旱季节长而明显有关。

3.1.4 腐殖质积累过程

腐殖质积累过程是在木本或草本植被覆盖下，土体上部进行的腐殖质积累过程。它是自然土壤形成中最为普遍的一个成土过程。根据地表植被类型的不同，分为漠土腐殖质积累过程、草原土腐殖质积累过程、草甸土腐殖质积累过程、林下腐殖质积累过程、高寒草甸腐殖质积累过程和湿生植被泥炭积累过程等。云南省地处热带亚热带地区，光、热、水、土资源较丰富，又由于海拔高差相当大，导致光、温、水分差异非常大，所以，土壤的腐殖质过程也呈现多样性的特点，各种腐殖质积累过程均有出现，但主要出现的有北部地区的草原土和草甸土腐殖质积累过程、全省森林植被分布区的林下腐殖质积累过程和坝区湖泊湿地的湿生植被泥炭积累过程。在农田土壤中，土壤利用由旱地转变为水田，秸秆还田力度的加大，腐殖质积累与分解平衡改变，也可导致土壤中腐殖质积累过程的出现。

3.1.5 潜育化过程

潜育化过程是土体中发生的还原过程。在长期渍水的条件下，空气缺乏，有机质在嫌气分解过程中产生还原物质，高价铁、锰转化为亚铁和亚锰，形成一个蓝灰色或青灰色的还原层次，称为潜育层。在云南省，这一过程可在两种情况下出现。一种情况是在水耕人为土中，由于长期渍水产生潜育化作用，如冷浸田、冬水田等；另一种情况则出现在山区洼地、湖沼湿地，因地下水位较高，排水不良导致潜育过程。

3.1.6 氧化还原过程

氧化还原过程指土壤中受潮湿、滞水或人为滞水状况的影响，大多数年份某一时期发生季节性水分饱和，因而发生氧化还原交替作用的过程。受这一过程影响，土壤中往往有锈斑纹，或有硬软质铁锰结核、斑块、凝团等，在潜育土壤脱潜后，有残留的离铁基质。土壤水分状况的变化，可由季节性的地下水位升降，或者人为灌溉的滞水和排干导致。云南省风化作用较强，导致土壤质地偏黏，在降雨量较大的情况下，土壤易于饱和，产生还原作用，因而发生氧化还原交替，形成氧化还原过程。所以，在富铁土、淋溶土等风化作用较强的土壤中，常见铁质斑纹或铁锰结核；在湖泊和河流沉积物分布区，地下水位较高，在土壤剖面底部会产生季节性升降，也可产生氧化还原过程。而由于人为灌溉和排干产生的氧化还原交替在水耕人为土中是一个基本的成土过程。

3.1.7 熟化过程

土壤熟化过程是在耕作条件下，通过耕作、培肥与改良，促进水、肥、气、热诸因素不断协调，使土壤向有利于作物高产方面转化的过程。通常将种植旱作的土壤定向培肥过程称为旱耕熟化过程，而淹水耕作、氧化还原交替条件下的土壤培肥过程称为水耕熟化过程。

旱耕熟化过程可大致分为三个阶段：首先是改造土壤固有不利性状阶段，如黏化、酸化、潜育化、沙化、侵蚀等不利性状的改造等。其次是土壤养分积累和结构改善的培肥熟化阶段，使土壤营养条件和环境因素更有利于作物生长。最后是进一步提高土壤肥力的高肥稳产阶段，这一阶段使土壤养分更趋合理，剖面结构更趋良好。云南省的旱地土壤大多经过深耕、排水、施用石灰、坡改梯等措施改造了土壤的障碍因素，然后通过使用有机肥、种植绿肥、合理施用化肥等生产管理手段不断培肥，进而提高作物产量。

水耕熟化过程也可大致分为三个阶段：首先，通过淹水耕作提高耕作层的腐殖质含量，并形成犁底层。然后，通过渍水、排水或垫高田面改善原先不利的土壤水分状况。最后，形成特有的水耕氧化还原层。云南省大部分水耕人为土的熟化过程都经历了这三个阶段，最终形成保证水稻生长、水肥气热相对协调的土壤，但一些地下水位较高的潜育水耕人为土依然存在生产的障碍因素，需要通过完善排灌设施来加以改造。

3.1.8 草甸化过程

这是云南省土壤较为主要的成土过程，主要有两种情况：一种情况是出现在盆地内低洼处早期的沼泽地，尽管地表不积水，但地下水位接近地表，土壤较为湿润，生长茂密潮湿的草地，土表有腐殖质大量积累，逐渐形成草甸。开发利用后，通过人为调控土壤水分状况，可成为高产的水耕人为土。另一种情况是分布于高山、亚高山地区，这些地区山高、潮湿、低温，土壤矿物风化作用弱，有机质分解很缓慢，有机质积累明显。由于土壤常处于饱和状态，有机质形成大量有机酸，土壤偏酸。

3.2 主要土层

云南省范围内的土系主要分布在人为土、灰土、火山灰土、变性土、潜育土、均腐土、富铁土、淋溶土、雏形土、新成土等 10 个土纲，各个土纲土壤的主要土层如下。

3.2.1 人为土主要土层

云南省的人为土都属于水耕人为土亚纲，水耕人为土亚纲的主要土层如下。

水耕表层：包括耕作层和犁底层，大部分厚度在 20～30 cm，因淹水时处于还原状态，有氧化还原特征，如铁锰斑纹、铁锰结核等。因人为施肥等作用，养分含量均较高，有机质含量变化范围较大，在 12～75 g/kg。

水耕氧化还原层：因水耕淹育及地下水水位变化，土层长期处于氧化与还原的交替状态，而出现强烈的氧化还原现象，如出现大量的铁锰斑纹及结核等。土层厚度在几十厘米不等。

铁聚层：由于水耕淹育，地表水强烈的淋洗作用使得铁锰下渗，并在该层次聚集，表现为多量铁锰斑块、大量铁锰结核。一般出现在耕作层以下，深度 60 cm 之上，其游离氧化铁含量达到耕作层的 1.5 倍，或出现大于 10%的铁锰结核，土层厚度在 20～60 cm，游离铁含量变化较大，在 10～80 g/kg。

潜育层：可出现在水耕表层之中，也可在较深层次出现，因长期处于还原状态而使土层乌青，厚度几十厘米不等。

漂白层：水耕人为土中，由于强烈的漂洗作用导致黏粒下移，粉粒含量增加，而还原淋溶使铁淋失，土壤颜色变浅，一般明度为 5，彩度 1～2，厚度在 20～50 cm。

铁渗淋亚层：紧接犁底层，颜色较上下层为淡，游离铁含量相对较低，厚度一般在 10～20 cm，其下层有时有铁聚现象。

3.2.2 灰土主要土层

腐殖质层：主要出现在高山地区寒冷的森林植被下，由于枯枝落叶分解缓慢，其有机质积累强烈，含量很高，达 127～173 g/kg，厚度达 30 cm。

灰化淀积层：由螯合淋溶作用形成的一种淀积层，是含有游离铁、铝氧化物和有机碳淀积的矿质土层，厚度为 10 cm，pH 为 4.9，润态颜色 7.5YR 3/4。

3.2.3 火山灰土主要土层

腐殖质层：有机质不仅在剖面表层积累，在亚表层也积累，积累强烈，含量很高，达 70～80 g/kg，厚度达 35 cm。

3.2.4 铁铝土主要土层

腐殖质层：在森林植被下，有机质在剖面表层积累。耕作条件下，积累深度可达 100 cm，积累强烈，含量在 15～22 g/kg。

铁铝层：由高度富铁铝化作用形成的土层。阳离子交换量（CEC_7）< 16 cmol(+)/kg 黏粒，细土全 K 含量< 8 g/kg，出现深度在 110~150 cm。

3.2.5 变性土主要土层

腐殖质层：部分变性土的表层残留湖积物母质特点为有机质含量较高，达 40 g/kg

以上，厚度 20 cm，局部被侵蚀，无腐殖质层。

钙积层：出现在土壤剖面的下部，主要以钙质结核的形态出现，含量可达 25%以上。

石膏层：出现在土壤剖面 100 cm 深度之上，石膏晶型完整，含量为 5%～20%。有时在土壤孔隙内呈现放射状晶簇。

3.2.6　潜育土主要土层

腐殖质层：为高寒地区低洼地的草甸植被，有机质含量较高，为 45 g/kg 左右，厚度可达 25 cm。

耕作层：在湖泊边缘低洼地通过客土覆盖垫高，不断熟化形成，厚度可达 30 cm。或草甸化沼泽经人为耕作形成，这种情况下土壤有机质含量更高，最高可达 104 g/kg。

潜育层：出现在腐殖质层或耕作层之下，厚度可达 30 cm 以上。

3.2.7　均腐土主要土层

腐殖质层：为高原盆地边缘低山缓坡区低温条件下的针叶林、灌丛和草地下的土壤表层，有机质含量很高，达 102 g/kg 以上，厚度可达 25 cm。

埋藏层：为早期河流冲积物发育的土壤，后被新冲积物埋藏，出现在土壤剖面 90 cm 以下。埋藏土壤表层有机质含量高，土体内发育铁质斑纹。

3.2.8　富铁土主要土层

腐殖质层：出现在林地、草地和荒坡地的表层土壤，土壤有机质含量相对较高，在 20～40 g/kg，但在土壤侵蚀较强烈的地方，有机质含量降低，可降至 10 g/kg。土层厚度变化较大，一般在 20 cm 左右，但有时仅 10 cm。

耕作层：在自然富铁土的基础上，人为旱耕作用不断熟化形成的土层，一般厚度在 16～30 cm，取决于耕作的强度。土壤容重一般较低，呈团粒结构，因人为施肥等，氮、磷等养分含量较高。如果侵蚀较为强烈，耕作层可被侵蚀掉，使得剖面缺失耕作层。

低活性富铁层：由中度富铁铝化作用形成的具低活性黏粒和富含游离铁的土层。土壤质地较黏，大多为黏质和极黏质，至少为黏壤质。黏土矿物类型可有高岭石混合型、硅质混合型等，其黏粒阳离子交换量小于 24 cmol/kg。土层厚度在 30～60 cm，一般出现在表下层，但由于侵蚀也可出露在地表。

黏化层：在云南省土壤富铁铝化过程中也常伴有黏粒的淋洗作用，使得黏粒在剖面一定深度内聚集，形成黏化层，厚度 15～60 cm，黏粒含量 350～680 g/kg。

3.2.9　淋溶土主要土层

腐殖质层：出现在林地或草地植被的淋溶土上，在植被较好时，因枯枝落叶较多，腐殖质含量高，但植被较差时，由于侵蚀，腐殖质含量又较低，所以土壤有机质含量变化很大，在 4～100 g/kg。土层厚度在 10～40 cm，侵蚀强烈时，可缺失腐殖质层。

耕作层：在自然淋溶土的基础上，由人为旱耕作用形成，一般厚度在 20～30 cm。在受侵蚀的情况下，耕作层会变薄，而在一些果园土壤上，耕作层可以厚达 40 cm。有机质含量在 15～45 g/kg。土壤容重一般较低，呈团粒结构，因人为施肥等活动，氮、磷等养分含量较高。

黏化层：由于地表水的强烈淋洗，土壤剖面自上而下出现铁锰的淋失及黏粒的淋洗，在下面的层次淀积，当黏粒含量明显高于其上土层时，即为黏化层。该层厚度 18～80 cm。黏粒含量最高达 150～650 g/kg。

黏磐层：土体黏粒含量较高，与表层或上覆土层差异悬殊，土层黏重紧实。一般来说，黏磐中的黏粒主要继承母质而来，也可部分由上层黏粒淋溶，在此淀积所致。土体具有坚实的棱柱状或棱块状结构，并伴有铁锰胶膜、铁锰结核。在云南省，出现黏磐的土壤主要发育于第四纪红色黏土母质的淋溶土内。黏磐一般较深，在地表 70 cm 以下，但地表受侵蚀后，黏磐层可出现在较浅部位，甚至可出露在地表。

3.2.10　雏形土主要土层

腐殖质层：出现在林地或荒草地植被的雏形土上，同样地，在植被较好时，因枯枝落叶较多，腐殖质含量高，但植被较差时，由于侵蚀，腐殖质含量又较低。同时，雏形土分布范围较广，横跨不同的温度带，所以土壤有机质含量变化也较大，在 10～90 g/kg。土层厚度变化也较大，在 10～40 cm，但侵蚀强烈时，可缺失腐殖质层。

耕作层：在自然土壤的基础上，主要因人为旱耕作用形成，一般厚度在 20～30 cm。而在一些果园或橡胶林土壤上，耕作层可以厚达 40 cm。有机质含量在 15～60 g/kg。

雏形层：有一定土壤结构，但发育程度较弱。由于成土条件不同，不同雏形土雏形层发育程度强弱及厚度不同，主要发育块状结构，一般厚度在几十厘米，甚至更厚。

母质层：母质主要为各种母岩残积物或其风化坡积物，母岩类型包括紫红色砂页岩、石灰岩、玄武岩、粉砂岩、泥页岩、片岩、千枚岩、花岗岩、砂页岩、红色砂岩、古红土，还有河流冲积物、洪冲积物、冲积性古红土等母质。

3.2.11　新成土主要土层

腐殖质层：多受侵蚀，水土流失严重，土层浅薄，为 6～15 cm。多砂质，养分含量较低。

母质层：为紫红色砂页岩、片岩、千枚岩、页岩等残积物。

3.3　诊断层和诊断特性

依据中国土壤系统分类的相关标准，检索出云南省土壤主要诊断层和诊断特性如下。

3.3.1　诊断层

1. 水耕表层

水耕表层出现在水耕人为土的 24 个土系中，厚度介于 20～32 cm，平均为 25 cm，润态明度介于 3～6，润态彩度介于 1～6，锈纹锈斑含量介于 1%～50%，有机质含量介于 7～75 g/kg，平均为 25 g/kg。水耕表层在各土类中上述指标的统计见表 3-1。

表 3-1　水耕表层表现特征统计

土类/亚类	厚度/cm		润态明度	润态彩度	锈纹锈斑/%	有机质/(g/kg)		土系数量
	范围	平均				范围	平均	
潜育水耕人为土	23～30	27	3～5	2～4	2～50	14～62	30	6
铁渗水耕人为土	20～25	23	4～6	1～4	5～10	7～75	31	4
铁聚水耕人为土	23	23	4	3～4	5	14～15	15	1
简育水耕人为土	23～32	28	3～5	2～6	1～15	9～57	23	13
总计	20～32	25	3～6	1～6	1～50	7～75	25	24

2. 水耕氧化还原层

水耕氧化还原层指水耕条件下铁锰自水耕表层或兼有其下垫土层的上部亚层还原淋溶，或兼有由下面具潜育特征或潜育现象的土层还原上移，并在一定深度中氧化淀积的土层。

水耕氧化还原层出现在水耕人为土的 24 个土系中，厚度介于 20～97 cm，平均为 84 cm，锈纹锈斑含量介于 1%～70%，铁锰结核含量介于 0～10%，黏粒胶膜含量介于 0～40%。水耕氧化还原层在各土类和亚类中上述指标的统计见表 3-2。

表 3-2　水耕氧化还原层表现特征统计

土类/亚类	厚度/cm		锈纹锈斑/%	铁锰结核/%	灰色胶膜/%	土系数量
	范围	平均				
潜育水耕人为土	40～95	80	3～70	0～10	0～40	6
铁渗水耕人为土	75～97	87	8～25	0	0	4
铁聚水耕人为土	95	95	5～10	0	0～10	1
简育水耕人为土	20～95	72	1～20	0～2	0～40	13
合计	20～97	84	1～70	0～10	0～40	24

3. 漂白层

漂白层指由黏粒和/或游离氧化铁淋失，有时伴有氧化铁的就地分凝，形成颜色主要决定于砂粒和粉粒的漂白物质所构成的土层。漂白层出现在 4 个人为土土系和 1 个灰土土系中，其中人为土中，出现深度介于 25～40 cm，平均为 33 cm，厚度介于 25～45 cm，平均为 38 cm；灰土漂白层仅见一个土系，其出现深度和厚度均为 10 cm。漂白层在各土类和亚类中上述指标的统计见表 3-3。

4. 淡薄表层

淡薄表层指发育程度较差的淡色或较薄的腐殖质表层。淡薄表层出现在富铁土、淋溶土、雏形土等的 103 个土系中，厚度为 5～40 cm，平均厚度为 18 cm。淡薄表层在各土纲中上述指标的统计见表 3-4。

表 3-3　漂白层表现特征统计

土类/亚类	出现深度/cm		厚度/cm		土系数量
	范围	平均	范围	平均	
漂白铁渗水耕人为土	25～40	33	25～45	38	3
漂白简育水耕人为土	20	20	24	24	1
普通简育腐殖灰土	10	10	10	10	1
合计	10～40	21	10～45	24	5

表 3-4　淡薄表层表现特征统计

土纲	厚度/cm		润态明度	润态彩度	有机碳/(g/kg)		土系数量
	范围	平均			范围	平均	
灰土	10	10	3	3	140.5	140.5	1
火山灰土	18	18	3	4	77.2	77.2	1
潜育土	20	20	3	1	103.8	103.8	1
变性土	20	20	4	4	53.4	53.4	1
富铁土	5～30	20	3～5	3～6	8.6～110.9	30.0	22
淋溶土	10～40	20	3～5	2～6	3.6～97.8	29.3	32
雏形土	10～40	21	3～5	2～8	5.7～85.5	32.2	41
新成土	6～15	12	3～5	2～4	4.0～19.3	11.2	4
总计	5～40	18	3～5	1～8	3.6～140.5	59.7	103

5. 雏形层

雏形层指风化-成土过程中形成的无或基本上无物质淀积，未发生明显的黏化，带棕、红棕、红、黄或紫等颜色，且有土壤结构发育的 B 层。雏形层出现在灰土、火山灰土、变性土、雏形土等的 58 个土系中，出现深度介于 0～90 cm，平均为 26 cm，厚度介于 12～120 cm，平均为 56 cm。雏形层在各亚类中上述指标的统计见表 3-5。

表 3-5　雏形层表现特征统计

土类/亚类	出现深度/cm		厚度/cm		土系数量
	范围	平均	范围	平均	
灰土	10	10	30	30	1
火山灰土	18	18	17	17	1
变性土	0～80	40	40	40	2
均腐土	40	40	50	50	1
富铁土	18～40	25	12～42	29	5
淋溶土	18～34	23	20～42	26	6
雏形土	10～90	24	15～120	69	42
合计	0～90	26	12～120	56	58

6. 灰化淀积层

灰化淀积层指由螯合淋溶作用形成的一种淀积层。灰化淀积层只出现在普通简育腐殖灰土土类的 1 个土系中，出现深度 30～40 cm。

7. 黏化层

黏化层指黏粒含量明显高于上覆土层的表下层。其质地分异可以由表层黏粒分散后随悬浮液向下迁移并淀积于一定深度中而形成黏粒淀积层，也可以由原土层中原生矿物发生土内风化作用就地形成黏粒并聚集而形成次生黏化层。若表层遭到侵蚀，此层可位于地表或接近地表。

黏化层出现在淋溶土的 32 个土系中，出现深度介于 0～80 cm，平均为 43 cm；厚度介于 12～90 cm，平均为 46 cm；黏粒含量介于 160～627 g/kg，黏粒胶膜含量介于 0～20%。富铁土 17 个土系出现黏化层，出现深度介于 0～80 cm，平均为 33 cm；厚度介于 10～100 cm，平均为 50 cm；黏粒含量介于 350～682 g/kg，黏粒胶膜含量介于 0～80%。黏化层在各土纲中上述指标的统计见表 3-6。

表 3-6　黏化层表现特征统计

土类/亚类	出现深度/cm		厚度/cm		黏粒(<2μm)/(g/kg)	黏粒胶膜/%	土系数量
	范围	平均	范围	平均			
淋溶土	0～80	43	12～90	46	160～627	0～20	32
富铁土	0～80	33	10～100	50	350～682	0～80	17
雏形土	20～75	52	18～78	48	240～615	—	4
合计	0～80	43	10～100	48	160～682	0～80	53

8. 钙积层

钙积层指富含次生碳酸钙的未胶结或未硬结土层。钙积层只出现在表蚀钙积干润变性土土类。

9. 暗沃表层

暗沃表层指有机碳含量高或较高、盐基饱和、结构良好的暗色腐殖质表层。暗沃表层出现在潜育土的 1 个土系，均腐土的 1 个土系，富铁土的 1 个土系，雏形土的 4 个土系，变性土的 1 个土系中，其中潜育土中厚度为 30 cm；均腐土中厚度为 18 cm；富铁土中为 18 cm；雏形土中厚度介于 13～38 cm，平均 21 cm；变性土中厚度为 48 cm。暗沃表层在各土纲中上述指标的统计见表 3-7。

10. 低活性富铁层

低活性富铁层指由中度铁铝化作用形成的具低活性黏粒和富含游离铁的土层。低活性富铁层出现于 30 个富铁土土系中。出现深度在 0～60 cm，平均深度 23 cm；厚度介于

8～104 cm，平均 62 cm；游离氧化铁（Fe_2O_3）含量介于 25～197 g/kg，平均 76 g/kg。低活性富铁层上述指标的统计见表 3-8。

表 3-7　暗沃表层表现特征统计

土纲	厚度/cm		有机质/(g/kg)		土系数量
	范围	平均	范围	平均	
潜育土	30	30	46	46	1
均腐土	18	18	78	78	1
富铁土	18	18	32	32	1
雏形土	13～38	21	22～103	47	4
变性土	48	48	15～43	29	1
合计	13～48	27	15～103	46	8

表 3-8　低活性富铁层表现统计特性

土类/亚类	出现深度/cm		厚度/cm		游离氧化铁（Fe_2O_3）含量/（g/kg）	平均/（g/kg）	土系数量
	范围	平均	范围	平均			
富铁土	0～60	23	8～104	62	25～197	76	30

11. 铁铝层

铁铝层出现于 1 个铁铝土土系中。出现深度 110～150 cm，厚度 40 cm。

3.3.2　诊断特性

1. 岩性特征

岩性特征指土表至 125 cm 范围内土壤性状明显或较明显保留母岩或母质的岩石学性质特征。岩性特征出现在火山灰土、富铁土、淋溶土、雏形土、新成土的 18 个土系中，出现深度介于 6～120 cm，平均为 64 cm；石砾（>2 mm，体积分数）介于 5%～100%。岩性特征在各土纲中上述指标的统计见表 3-9。

表 3-9　岩性特征表现特征统计

土类/亚类	岩石类型	出现深度/cm		石砾（>2 mm，体积分数）/%	土系数量
		范围	平均		
火山灰土	玄武岩	80		100	1
富铁土	页岩、砂岩	110～120	105		2
淋溶土	石英砂岩、紫色砂岩、砂页岩	9～75	50	15～50	4
雏形土	石灰岩、花岗岩、紫色砂岩、砂岩	50～105	70	15～80	7
新成土	玄武岩、片麻岩	6～100	42	5～80	4
合计		6～120	64	5～100	18

2. 氧化还原特征

氧化还原特征指由于潮湿水分状况、滞水水分状况或人为滞水水分状况的影响，大多数年份某一时期土壤受季节性水分饱和，发生氧化还原交替作用而形成的特征。氧化还原特征出现在人为土、变性土、潜育土、均腐土、富铁土、淋溶土、雏形土的 100 个土系中，厚度介于 11～130 cm，平均为 66 cm，锈纹锈斑含量介于 0～80%，铁锰结核含量介于 0～20%。氧化还原特征在各土纲中上述指标的统计见表 3-10。

表 3-10　氧化还原特征表现特征统计

土纲	厚度/cm		锈纹锈斑	铁锰结核	土系
	范围	平均	/%	/%	数量
人为土	11～97	64	2～70	0～10	22
变性土	72～120	97	5～20	出现	3
潜育土	15～20	18	0～10	0	2
均腐土	20	20	少量	0	1
富铁土	55～130	98	0～30	0～20	20
淋溶土	34～125	92	0～80	0～10	28
雏形土	32～110	74	少量	0	24
合计	11～130	66	0～80	0～20	100

3. 石质接触面、准石质接触面

石质接触面是土壤与紧实黏结的下垫物质（岩石）之间的界面层，不能用铁铲挖开。下垫物质为整块者，其莫氏硬度＞3；为碎裂块者，在水中或六偏磷酸钠溶液中振荡 15 h 不分散。

石质、准石质接触面出现在富铁土 4 个土系、淋溶土 8 个土系、雏形土 9 个土系、新成土 4 个土系中，出现深度介于 6～130 cm，平均为 68 cm。石质、准石质接触面在各土类和亚类中上述指标的统计见表 3-11。

表 3-11　石质、准石质接触面表现特征统计

土类	出现深度/cm		岩石类型	土系
/亚类	范围	平均		数量
富铁土	60～80	66	砂岩、页岩、石灰岩	4
淋溶土	50～120	83	石英砂岩、玄武岩、紫色砂页岩、页岩	8
雏形土	40～130	79	紫红色砂页岩、紫色砂页岩、红色砂岩、花岗岩	9
新成土	6～48	19	紫红色砂页岩、千枚岩	4
合计	6～130	68		25

4. 土壤水分状况

半干润土壤水分状况：是介于干旱和湿润水分状况之间的土壤水分状况。大多数年份 50 cm 深度处年平均土温＞22℃或夏季平均土温与冬季平均土温之差＜5℃时，土壤水分控制层段的某些部分或其全部每年累计干燥时间＞90 d；而且每年累计 180 d 以上或连续 90 d 是湿润的。按 Penman 经验公式估算，相当于年干燥度 1～3.5。

湿润土壤水分状况：一般见于湿润气候地区的土壤中，若按 Penman 经验公式估算，相当于年干燥度＜1，但每月干燥度并不都＜1。

人为滞水土壤水分状况：在水耕条件下，由于缓透水犁底层的存在，耕作层被灌溉水饱和的土壤水分状况。大多数年份土温＞5℃时，至少有 3 个月时间被灌溉水饱和，并呈还原状态。

潮湿土壤水分状况：大多数年份土温＞5℃（生物学零度）时的某一时期，全部或某些土层被地下水或毛管水饱和并呈还原状态的土壤水分状况。

土壤水分状况出现在人为土、灰土、火山灰土、变性土、潜育土、均腐土、富铁土、淋溶土、雏形土和新成土的 144 个土系中，包括人为滞水、滞水、潮湿、湿润、半干润土壤水分状况。

统计表明，人为滞水土壤水分状况出现于铁聚潜育水耕人为土、普通潜育水耕人为土、漂白铁渗水耕人为土、普通铁渗水耕人为土、普通铁聚水耕人为土、底潜简育水耕人为土、普通简育水耕人为土土类共 22 个土系中，以及潜育土的 1 个土系中。

滞水土壤水分状况出现于潜育土的 1 个土系中。

潮湿土壤水分状况出现于潜育土的 1 个土系，石灰淡色潮湿雏形土和普通淡色潮湿雏形土的 3 个土系中。

湿润土壤水分状况出现于灰土、火山灰土、富铁土、淋溶土、雏形土和新成土等土纲的各土系，包括灰土的 1 个土系、火山灰土的 1 个土系、富铁土的 19 个土系、淋溶土的 30 个土系、雏形土的 17 个土系和新成土的 1 个土系。

半干润土壤水分状况出现于变性土、淋溶土、富铁土、雏形土和新成土中，包括变性土 2 个土系、淋溶土 12 个土系、富铁土 10 个土系、雏形土 12 个土系和新成土 3 个土系。

5. 潜育特征

潜育特征指长期被水饱和，导致土壤发生强烈还原的特征。

潜育特征出现在人为土、潜育土的 9 个土系中。

6. 土壤温度状况

土壤温度状况指土表下 50 cm 深度处或浅于 50 cm 的石质或准石质接触面处的土壤温度。

高热土壤温度状况：年平均土温≥23℃。

热性土壤温度状况：年平均土温≥16℃，但＜23℃。

温性土壤温度状况：年平均土温≥9℃，但＜16℃。

冷性土壤温度状况：年平均土温＜9℃。

土壤温度状况出现在人为土、淋溶土、雏形土和新成土的 132 个土系中，包括高热、热性、温性和冷性。

高热土壤温度状况包括 12 个土系，其中人为土 1 个土系、变性土 2 个土系、淋溶土 5 个土系、富铁土 3 个土系、雏形土 1 个土系。

热性土壤温度状况包括 87 个土系，其中水耕人为土 21 个土系、火山灰土 1 个土系、潜育土 1 个土系、均腐土 1 个土系、淋溶土 21 个土系、富铁土 20 个土系、雏形土 18 个土系、新成土 4 个土系。

温性土壤温度状况包括 29 个土系，其中水耕人为土 2 个土系、潜育土 1 个土系、均腐土 2 个土系、淋溶土 13 个土系、富铁土 2 个土系、雏形土 9 个土系。

冷性土壤温度状况包括 4 个土系，灰土、潜育土、淋溶土和雏形土各 1 个。

7. 石灰性

石灰性指土表至 50 cm 范围内所有亚层中 $CaCO_3$ 相当物含量均≥10 g/kg，用体积比 1∶3 HCl 处理有泡沫反应。

石灰性出现在人为土、变性土、淋溶土、新成土的 10 个土系中，其中人为土 4 个土系、变性土 2 个土系、淋溶土 3 个土系、新成土 1 个土系，其石灰反应强弱不一。

8. 变性特征

变性特征指富含蒙皂石等膨胀性黏土矿物、高胀缩性黏质土壤的开裂、翻转、扰动特征。它具有以下条件：①耕作影响层或土表至 18 cm 范围内土层中黏粒含量的加权平均值≥300 g/kg；耕作影响层下界至 50 cm 或 18～50 cm 范围内各亚层黏粒含量均>300 g/kg；和②除耕翻或灌溉外，大多数年份一年中某一时期在土表至 50 cm 范围内，连续厚度至少为 25 cm 的土层中有宽度≥0.5 cm 的裂隙；若地面开裂，≥50%的裂隙宽度应>1 cm；和③在上界出现于土表至 100 cm 范围内，厚度≥25 cm 的土层中具密集相交、发亮且有槽痕的滑擦面；或/和④在腐殖质表层或耕作层之下至 100 cm 范围内有自吞特征；前者的裂隙壁填充有自 A 层落下的暗色腐殖质土体或土膜；后者的颜色则因耕作层有机质含量不同而异。

具有典型变性特征的变性土有 3 个土系，分属表蚀钙积干润变性土、强裂简育钙积干润变性土和普通简育干润变性土。

9. 均腐殖质特性

均腐殖质特征指草原或森林草原中腐殖质的生物积累深度较大，有机质的剖面分布随草本植物根系分布深度中数量的减少而逐渐减少，无陡减现象的特性。

具有典型均腐殖质特性土系仅有均腐土 1 个土系，属于斑纹简育湿润均腐土。

10. 腐殖质特性

腐殖质特性指热带亚热带地区土壤或黏质开裂土壤中除 A 层或 A+AB 层有腐殖质的生物积累外，B 层有腐殖质的淋淀积累或重力积累的特性。

腐殖质特性出现在火山灰土、富铁土、淋溶土和雏形土的 17 个土系中，其中火山灰土 1 个土系、富铁土 5 个土系、淋溶土 7 个土系、雏形土 4 个土系。

11. 火山灰特性

火山灰特性指土壤中火山灰、火山渣或其他火山碎屑物占全土重的 60%或更高，矿物组成中以水铝英石、伊毛缟石、水硅铁石等短序矿物占优势，伴有铝-腐殖质络合物的特性。

具有典型火山灰特性的土系仅有火山灰土 1 个土系，属于普通腐殖湿润火山灰土。

12. 铁质特性

铁质特性指土壤中游离氧化铁非晶质部分的浸润和赤铁矿、针铁矿微晶的形成，并充分分散于土壤基质内使土壤红化的特性。

铁质特性出现在人为土、灰土、火山灰土、变性土、均腐土、富铁土、淋溶土和雏形土的 113 个土系中，其中人为土 5 个、灰土 1 个、火山灰土 1 个、变性土 1 个、均腐土 1 个、富铁土 30 个、淋溶土 31 个、雏形土 43 个。

13. 铝质特性和铝质现象

在除铁铝土和富铁土以外的土壤中铝富集并有大量 KCl 浸提性铝存在的特性。

铝质特性和铝质现象主要出现在淋溶土和雏形土的 12 个土系中，其中淋溶土 6 个、雏形土 6 个。

3.4　云南省主要土壤类型的成土过程

3.4.1　人为土

水耕人为土是云南省主要的农业土壤之一，其成土过程既具有水耕人为土的一般成土过程，又具有该地区特有的成土过程。

一是，在此次土壤调查过程中发现，不少第二次土壤普查时的旱地土壤（富铁土、淋溶土、雏形土），经过 20～30 年的水改旱，已形成犁底层；其次，周期性氧化还原状况的变化已导致犁底层之下土壤中出现锈纹锈斑等氧化还原特征，符合水耕人为土的诊断标准。此外，水改旱后，土壤的水分状况发生了明显变化，土壤表层有机质积累过程较为明显。二是，最近十多年来的种植制度改革，与种植蔬菜、苗木、瓜果、花卉等产业相比，水稻生产效益比较低或水资源缺乏，许多地区将水田改种其他旱地作物。水改旱后，人为滞水水分状况消失，水耕表层不复存在，且上界位于水耕表层底部的水耕氧化还原层也随之消失。水耕人为土的两个重要的土壤诊断层（水耕表层和水耕氧化还原层）消失。水改旱后，不同类型的水耕人为土可转化为淋溶土纲中相应类型的土壤，表明人为的强烈影响可使土壤类型在短时间尺度内发生改变。水耕人为土的成土作用特点如下。

1. 土壤有机质积累特征

过去 20～30 年水改旱的土壤有机质调查显示，水改旱土壤有机质均呈现不同程度的积累。即使原为水耕人为土，大部分也出现积累的情况。土壤有机质的积累，除与上述土壤利用变化相关外，还与近年来作物产量增加导致根系归还增加，秸秆处理过程中还田量不断增加有关。

2. 水耕氧化还原作用

随着植稻淹水和排水过程的发生，土壤耕层的周期性氧化还原状况变得非常激烈。资料显示，在以淋溶土为母土的水耕人为土上，冬季种麦至麦收，表层土壤 Eh 在 400～500 mV，之后的淹水植稻期间，耕层 Eh 在±100 mV 之间变动。耕层的还原作用导致大量 Fe^{2+}产生，并发生移动。稻田落干后，耕层又从还原状态转变为氧化状态，Fe^{2+}氧化为 Fe^{3+}，形成 $Fe(OH)_3$ 沉淀，以锈纹锈斑、凝团或结核的形式存在。长期植稻，铁的移动范围较大，可在犁底层之下出现上述铁的存在形式。这是水耕人为土区别于母土的重要特征。

3. 潜育作用

土壤或母质常年受地表水或地下水饱和，土壤一直处于还原状态，前者称表潜，后者称底潜。由于土壤长期被水浸润，处于嫌气还原状态，三价铁锰转化为 Fe^{2+}和 Mn^{2+}，从而形成蓝灰或青灰色。在地下水位下降后，潜育层的土壤由还原状态向氧化还原状态演变，此时，在土体的结构表面可呈氧化状态，具有锈纹锈斑和胶膜，但结构体内仍处于还原状态，仍具有亚铁反应。

4. 漂白作用

漂白作用主要出现在水耕人为土中，出现在水耕表层之下。受漂白作用强度影响，土壤呈现灰色或白色，成为铁渗淋亚层。

5. 铁聚作用

在水耕人为土剖面下部的氧化还原层中，铁锰产生明显聚集淀积，其游离铁含量可超过水耕表层 1.5 倍以上。在一些土壤中还可出现大的铁质结核，直径可达 5 cm 以上。

3.4.2 灰土

1. 腐殖质积累作用

发生在滇西海拔 3400～4000 m 的高山，在寒冷湿润的气候条件和针叶林（冷杉、云杉为建群种）植被综合作用下，微生物对有机质的分解缓慢，凋落物层逐年增厚，加之针叶林凋落物中含单宁等物质较多，导致半腐解凋落物在地表积累。

2. 灰化淀积作用

土壤中针叶林凋落物分解形成大量有机酸，土壤溶液呈酸性至强酸性环境。而有机质组成中又以活性大的富里酸为主。因而土壤表层同时受到有机酸的螯合淋溶和淀积作用的影响。表层丰富的有机残体，在真菌的作用下使有机质矿化，释放出各种盐基物质，同时也产生丰富的富里酸，由于受到低温潮湿环境的影响，有机质矿化比较缓慢，所释放出来的盐基物质不足以中和所形成的有机酸，这种酸性溶液在下渗时，与土壤中的矿物质发生作用，使黏粒不断分散和淋溶；在冷湿嫌气条件下，铁、锰被还原为 Fe^{2+}、Mn^{2+} 并与下渗的腐殖酸形成螯合物而发生淋失，土壤颜色逐渐变浅。由于不断进行酸性淋溶，土壤质地逐渐变粗。在铁锰不断还原淋溶的同时，因土壤胶体逐步为氢所饱和，矿物被破坏形成可溶性的铁、铝、硅等富里酸络合盐，以胶体溶液状态下淋，并析出非晶质粉末状的二氧化硅，形成白色片状结构或无结构的灰化层。

3.4.3 火山灰土

火山灰土是发育于第四纪以来火山喷发的火山灰上的土壤。火山灰土的性质继承了火山灰母质的性质，容重低（0.5～1.2 g/cm^3），比表面积大，色暗，无定型铁、铝氧化物（水铝英石）含量高。火山灰土主要分布在腾冲地区。

3.4.4 铁铝土

以强烈的脱硅铁铝化过程为特征。硅和盐基遭到强烈淋失，铁、铝氧化物明显积聚。岩石中的矿物大部分形成各种铁铝二三氧化物，导致黏粒阳离子交换量极低，部分土层黏粒阳离子交换量（CEC_7）< 16 cmol(+)/kg，土壤全钾含量< 8 g/kg。

3.4.5 变性土

云南省变性土主要出现在元谋干热河谷区，钙质胶结的黏土层或亚黏土层黏粒含量高，粒径＜0.002 mm，黏粒含量＞30%；黏粒中黏土矿物组成以 2∶1 型膨胀性黏土矿物蒙脱石为主。蒙脱石由两个途径而来：一是由母质中继承下来，如较湿润气候下的冲积物、钙质岩及火山碎屑物质多富含蒙脱石矿物；二是新生成作用产生，即在含有盐基和二氧化硅的碱性水溶液作用下，通过非膨胀性铝硅酸盐黏粒的复硅作用产生，或者由原生矿物向次生矿物转化而成。富含 2∶1 型膨胀性矿物的黏质土壤在明显的干湿季气候条件下，土壤干燥时，土体强烈收缩开裂；土壤湿润时，土体膨胀，裂隙闭合。

3.4.6 潜育土

1. 腐殖质积累作用

季节性积水或低洼流水不畅或地下水位高的地段，由于水分多和温度低，有机质分解缓慢，导致有机质逐年积累的过程。有机质平均含量可达 45～105 g/kg。

2. 潜育作用

在低洼或地下水位高的地区，有季节性或长年的停滞性积水，土壤长期渍水，有机质嫌气分解，破坏土壤结构，土粒分散。同时，由于土壤缺氧，氧化还原电位下降，加上有机质嫌气分解下产生大量还原性物质，土壤中的高价铁锰被还原成亚铁和亚锰，使土壤呈青灰色或灰蓝色。在季节性旱季，土层上部可能变干而出现氧化状态，使土壤有时还有黄棕色锈纹。

3.4.7　均腐土

腐殖质积累作用：发育在高山草原植被之下，由草本植物根系的分解所致，低温下有机质分解缓慢，有机质逐年积累，且有机质含量随深度逐渐减少，有机碳含量自地表向下从 46 g/kg 降至 23 g/kg。

3.4.8　富铁土

1. 生物富集作用

在热带亚热带高温多雨条件下，物质的生物循环过程十分激烈。据研究，西双版纳热带雨林年凋落物量约 11.6 t/hm^2，昆明常绿阔叶林年凋落物量 6.6 t/hm^2，每年有大量有机质归还土壤。同时，土壤微生物对有机质分解迅速，加速了生物和土壤的养分循环并维持较高水平而表现出强烈的生物富集作用。土壤有机质含量平均值在 20 g/kg 以上，自然土壤比耕作土壤高，高山区土壤比丘陵平地高。

2. 脱硅富铁铝化

云南省不同富铁土土类的脱硅富铁铝化差异较大。分布在 1800～2000 m 高原面上的干润富铁土，受古气候和下降气流焚风效应的深刻影响，有别于南方丘陵上的土壤，干燥，土色暗红（2.5YR 4/8），土体内常见铁磐，黏土矿物以高岭石为主并伴有三水铝石；黏粒的硅铝率为 SiO_2/Al_2O_3（分子比）2.2～2.3；盐基饱和度为 70%左右；富铁铝化程度相较于铁铝土较低，黏粒阳离子交换量（CEC_7）<24 cmol(+)/kg。

3.4.9　淋溶土

1. 脱硅富铁作用

淋溶土都存在不同程度的脱硅富铁作用，整体来说，该作用比富铁土弱，黏粒阳离子交换量（CEC_7）>24 cmol(+)/kg。

2. 黏化作用

淋溶土中的黏化作用主要是由于黏粒向下部移动淀积造成的。黏化层内以出现黏粒胶膜为特征，同时还伴有铁的淋溶淀积，在土体裂隙内常出现铁膜。黏化作用可以是地质历史时期形成的，黏化层厚度可以很大，甚至为黏磐，出现深度可以出现在土表之外及 125 cm 以下，当然如果表土受到侵蚀，黏磐层可以出露于地表。

3. 淋溶作用

土体中的可溶盐和游离碳酸钙已被完全淋失，土壤呈微酸性，交换性盐基已部分被氢和铝离子取代。

3.4.10 雏形土

1. 旱耕熟化作用

在河流冲积物、湖相沉积物、海相沉积物等母质上，土壤通过旱作垦殖利用产生的熟化过程。一般来说，被利用前有机质含量较低，土壤结构发育较差。经过长期耕作、施肥，土壤结构得到改善，有机质不断更新和积累，随着耕作强度的加大，有机质积累深度逐步向下扩展，最终形成熟化的表土层和亚表层。

2. 水耕氧化还原作用

在土壤母质最初被水耕利用过程中，除了土壤有机质、养分明显增加等一般熟化特征外，由于人为短期滞水还原，土壤表层铁产生活化移动，土层中可见锈纹锈斑，但仅限于表层，表层之下未见铁的移动迹象。

3. 氧化还原作用

土壤母质在地下水位较浅的情况下，土体下部受地下水季节性频繁升降的影响，时而处于氧化，时而处于还原环境，导致土体下部出现锈纹锈斑，甚至铁锰结核。

3.4.11 新成土

新成土主要受母质、岩性或地形的影响，尚未有明显的土壤发育特征。除了岩石的风化作用外，在表层土壤中的生物积累作用是其主要成土过程。

第4章 土 壤 分 类

4.1 土壤分类的历史回顾

4.1.1 我国近代土壤分类的发展

我国近代土壤的分类可追溯到20世纪30年代，在著名地质学家翁文灏的关心下，在中央地质调查所成立了土壤研究室。为了吸取国外的经验，翁先生首先邀请美国土壤学家潘德顿（R. L. Pendleton, 1930～1933年）和梭颇（J. A. Thorp, 1933～1936年）作为主任技师，并在我国老一辈土壤学家的努力下，开展了全国性的土壤概查。此时的土壤分类引进的是美国的马伯特（C. F. Marbut）分类，建立了2000多个土系，写出了《中国土壤地理》这样一本介绍中国土壤概貌的综合性专著。除此之外，还建立了一些新的土壤类型，包括水稻土、漠土、紫色土、盐渍土等。在此时期，还根据中国实际划分出了砂姜黑土、山东棕壤等。

在早期的土壤调查中，还进行了我国土系的调查。1940年，马溶之、席承藩、朱莲青、宋达泉、熊毅、席连之等土壤学家分别在四川、福建、江西等省份开展了土系调查工作，后来又对全国土系进行了整理。至1953年全国共建立和整理了1762个土系，成为我国最早的基层分类的重要资料。

中华人民共和国成立至20世纪80年代，在大量综合考察和其他一些土壤调查研究的基础上，运用发生学观点，采用以土类为基本单元的土壤分类制，经几次修订后形成了我国的土壤分类系统。在1954年形成了一个基本完整的分类系统，重新确定了若干土类和亚类。1958年，国家开展了第一次全国土壤普查，总结了群众辨土、识土与培肥改土经验，在基层分类单元的命名上，特别是耕作土壤方面，吸收了群众命名的经验，形成了暂行的中国土壤分类系统。至1978年，形成了《中国土壤分类暂行草案》。至1979年全国第二次土壤普查，这一草案稍作调整后，作为调查的工作分类使用。土壤普查的工作分类采用五级分类制，包括土类46个，亚类154个。

1978年后，随着国际交往的增加，土壤系统分类和联合国土壤制图单元逐步传入我国，尽管这一时期我国土壤分类仍为发生分类体系，但已在不同程度上受到系统分类的影响，吸取了其中有益的思想和术语。1984年，全国土壤普查办公室草拟的《中国土壤分类系统》（1984）在1978年分类的基础上，集第二次土壤普查的成果，将土类增加到53个，亚类200个以上，并吸取了诊断分类的一些土纲命名，如初育土等。1988年2月，全国土壤普查办公室正式发布了《第二次全国土壤普查汇总中国土壤分类系统表》，划分了土纲、土类、亚类、土属、土种、亚种六级分类单元，包括11个土纲、27个亚纲、60个土类和234个亚类。

随着土壤科学的进步，在实践过程中，发生分类逐步显露出一些不足之处。首先，发生分类是建立在土壤发生假说基础上的，由于认识不同，同一种土壤可有不同的归属。其次，土壤发生分类重视生物气候条件，但忽视时间因素，因而可能会将已经发生的过程和即将发生的过程形成的土壤混淆，归属到同一类型。再次，发生分类强调中心概念，可以明确土类的定义，但土类与土类间的边界并不清楚，以致某些土壤找不到适当的分类位置。此外，发生分类常缺乏定量指标，难以输入计算机，建立信息系统，更不能进行分类自动检索，这与现代信息社会的发展不相适应。20 世纪 70 年代，国际上土壤系统分类得到了较快发展，而我国原有的发生分类系统已不适应土壤科学的发展和生产的需要，且与国外同行难以交流。所以，从 1985 年开始，以龚子同为首的一大批土壤科学家开始了中国土壤系统分类研究。该工作由中国科学院南京土壤研究所主持，先后与 30 多个高等院校和研究所合作，进行了长达 10 多年的研究，从《首次方案》《修订方案》到《中国土壤系统分类检索（第三版）》，建立了完整的高级单元分类检索系统，使我国的土壤分类在定量化、信息化方面获得了长足的进步。

中国土壤系统分类既与国际接轨，又充分体现我国特色。除有分类原则、诊断层、诊断特性和分类系统外，还有一个检索系统，每一种土壤可以在这个系统中找到所属的分类位置，也只能找到一个位置。我国的土壤系统分类既吸取了国外的先进经验，又结合了我国的实际，具有以下特点：

（1）以诊断层和诊断特性为基础。在总结已有资料的基础上，拟定了 11 个诊断表层、20 个诊断表下层、2 个其他诊断层和 25 个诊断特性。其中，诊断层中，36.4%直接引用美国土壤系统分类，27.2%引进概念加以修订，36.4%为新提出。诊断特性中，其比例分别为 31%、33%、36%。

（2）以发生学理论为指导。在土纲一级的划分中，考虑了土壤历史发生划分出盐成土、铁铝土、富铁土等具有发生特点的类型，也考虑并设立了具有黏化层的淋溶土、具有雏形层的雏形土等具有形态发生特点的类型。

（3）面向世界与国际接轨。首先，尽可能采用国际上已经成熟的诊断层和诊断特性，即使是新创的，也依据同样的原则和方法划分。其次，分类中各级单元的划分也按土壤系统分类谱系式分类方法划分，高级单元基本可与其他分类制相对应。再次，采用连续命名。

（4）充分注意我国特色。我国地域辽阔，土壤类型众多，有许多土壤特点是其他国家和地区所不具备的。首先，人为土壤受人为活动影响深刻，强度大，范围广。其次，季风亚热带土壤具有强淋溶和弱风化的特点。再次，内陆干旱土存在我国特有的寒性、盐积、超盐积和盐磐等土壤类别。最后是青藏高原土壤。因此，建立了相应的我国特有的诊断层和土纲或亚纲。

在土壤系统分类高级单元分类系统逐步完善的情况下，开展土壤系统分类基层单元的研究工作已成为一种必然趋势。在中国科学院特别支持项目、国家自然科学基金重点项目“中国土壤系统分类基层单元研究”中，土系的划分和建立成为基本研究内容。自

2001年我国完成土壤系统分类高级单元（土纲、亚纲、土类、亚类）检索系统后，就开始了基层单元（土族、土系）的研究工作。2009年，国家科技基础性工作专项“我国土系调查与《中国土系志》编制”（项目编号2008FY110600）启动，在中国科学院南京土壤研究所主持下，组织全国20家科研院所和高校，开展了我国东部16个省/直辖市的土系调查，完成了土壤系统分类基层单元（土族、土系）的调查研究方法，如代表性单个土体样点布设方法、野外土壤描述与采样规范、实验室分析方法、土族和土系划分标准、土系描述标准、土系数据库标准等。至2013年完成我国东部16个省/直辖市的土系调查，建立了3000个新土系，并陆续出版了土系志。2014年启动国家科技基础性工作专项“我国土系调查与《中国土系志（中西部卷）》编制”，开展我国中西部15个省/直辖市/自治区的土系调查。但仍与约3万个土系的估计总量差距甚远，因此在未来相当长的一段时间内，土系建设仍将是我国土壤系统分类研究的一个重点。

4.1.2 云南省土壤分类的演变

近代云南省土壤的分类工作开始于20世纪30年代，1938年我国老一辈土壤科学家曾对元江、思茅等地的水稻土、紫色土、红壤等土类，滇西宾川、大理、潞西（现芝市）、陇川、腾冲等地的红壤、棕壤、灰棕壤、山地草甸土等进行了研究。当时所用的土壤分类主要受美国分类的影响，采用以土系为基础的分类。至1947年，在云南省共建立了43个土系（表4-1）。

表4-1 1947年之前云南省建立的土系一览

土系名称	母质	土壤类型	资料来源
轩岗系、怕底系、等秤系（云南西部）	片麻岩及石英岩		宋达泉，1941
遮放系、蛮棒系（云南西部）	冲积物	冲积土	
顺江系	玄武岩		
攸乐山系（云南车里）	紫色、红色砂岩与页岩	紫色土	马溶之和席承藩，1941
点苍山系（点苍山）	片麻岩	灰壤	宋达泉，1946
高黎贡系（高黎贡山）	片麻岩、花岗岩	灰棕壤	
鸡足山系（高黎贡山）	玄武岩		
干崖系、猛卯系（宾川、保山）	花岗岩、片麻岩	红壤	
挖色系、惠人桥系（宾川、保山）	石灰岩		
沙址街系、周家庄系（宾川、保山）	玄武岩		
牛井系、打板箐系、老塞系（宾川、保山）	石灰岩	黑色灰石土	
漾濞系（澜沧江）	紫色砂页岩	紫色土	
太和系		柱状碱土	
鸦乌山系、老鬼坡系、顺江系（腾冲）	火山喷发物	残积土	
惠通桥系（保山）	玄武岩		
镇安所系、固东系、遮岛系（保山、宾川）	砾石岩		
南庄系（云南南部）	老冲积物		

续表

土系名称	母质	土壤类型	资料来源
澄江系（澄江县）	冲积物		谢申等，1941
西龙潭系、东龙潭系	石灰岩		
虎山系	玄武岩		
凤山系	紫色砂岩页岩		
化乐系	红色岩系		
佛海系（云南省西部）	花岗岩		全国主要土系说明，1947
宣慰街系（云南南部）			
马王庄系（云南南部）	砂岩		
思茅系（思茅县）	红色砂岩页岩残积物		
亲槽坝系（楚雄）	冲积物		
疯龙滩系	红土性物质		
李哈寨系	新冲积物		
怒江系（保山）	石灰岩		

中华人民共和国成立后，1953 年国家为合理开发利用热带亚热带土壤资源，组织一大批土壤工作者进行以选择橡胶宜林地为重点的土壤调查，对西双版纳、德宏、红河、临沧等自治州和地区开展了热带植被资源、土地资源的勘查和开发利用调查，为建立橡胶宜林基地提供资料。所用土壤分类系统主要参考苏联发生学派观点拟定，以土类为基本单元。1955 年，苏联著名土壤学家格拉西莫夫、柯夫达、佐恩等先后来云南考察，传播苏联土壤分类理论。与此同时，中国科学院南京土壤研究所和重庆土壤研究室的土壤学家多次考察云南，编写了《云南土壤区划》和《云南土壤概图》，运用了土壤地带性学说的分类系统。1957 年云南省土地利用局初步拟定了云南土壤分类系统，该系统将自然土壤与耕地土壤分列，耕地土壤按利用现状分为水田与旱地；按母质来源分为红壤性、棕壤性、冲积性等；按地型和保水耐旱情况分为丘陵、坝区、谷地、保水的、耐旱的等；按肥力水平分为高、中、低、劣 4 种肥力类型；按耕性分为优质、重质、轻质、坚质、异质。该系统采取连续命名的方法，并注明群众名称。

1958 年开始开展云南省土壤普查工作，初步摸清了全省的土壤分布、类型、面积及土地利用价值。在总结农民识土、用土、改土经验的基础上拟定了土壤分类，并完成了云南 1∶50 万土壤类型分布图及云南土壤区划。第一次土壤普查拟定的土壤分类系统将全省分为 29 个土类，其中水田 8 类、旱地 8 类、山地土壤 13 类。土壤命名采用比较生动且能反映土壤特点的名称，改连续命名为逐级命名。此后，在云南省土壤普查资料及其他著作中，都有过土壤分类的描述。20 世纪 60 年代开始至 70 年代末，周乐福和聂保罗（1979）在调查大量资料的基础上，草拟了云南土壤发生分类系统（表 4-2）。云南土壤发生分类系统采用土类、亚类、土属、土种、变种五级分类，以土类、亚类为基本单元，土种、变种为基层单元。土壤命名采用分级命名法，土类、土属、土种等都可单独命名。它们可以相同，也可以不同。耕作土壤的土属、土种、变种保留农民的名称。

表 4-2 云南土壤发生分类系统（1979 年）

土类	亚类	土属
1.高山荒漠石子土	1.1 高山荒漠石子土	1.1.1 石渣子土
2.高山草甸土	2.1 高山草甸土	2.1.1 泥炭腐殖草甸土
		2.1.2 潜育化草甸土
	2.2 草原化高山草甸土	2.2.1 腐殖质草甸土
		2.2.2 草原化草甸土
3.棕色暗针叶林土	3.1 棕色暗针叶林土	3.1.1 厚腐殖质层暗针叶林土（20～30 cm）
		3.1.2 中腐殖质层暗针叶林土（10～20 cm）
		3.1.3 薄腐殖质层暗针叶林土（0～10 cm）
	3.2 泥炭化暗针叶林土	3.2.1 厚层泥炭暗针叶林土（20～30 cm）
		3.2.2 中层泥炭暗针叶林土（10～20 cm）
		3.2.3 薄层泥炭暗针叶林土（0～10 cm）
	3.3 潜育化暗针叶林土	3.3.1 强度潜育化暗针叶林土
		3.3.2 中度潜育化暗针叶林土
		3.3.3 弱度潜育化暗针叶林土
4.暗棕色森林土	4.1 暗棕色森林土	4.1.1 腐殖质暗棕色森林土
		4.1.2 暗棕色森林土
	4.2 草甸暗棕色森林土	4.2.1 草甸暗棕色森林土
		4.2.2 潜育化草甸暗棕色森林土
5.棕色森林土	5.1 腐殖质棕色森林土	5.1.1 厚腐殖质层棕色森林土
		5.1.2 中腐殖质层棕色森林土
		5.1.3 薄腐殖质层棕色森林土
	5.2 棕色森林土	5.2.1 碳酸盐母质棕色森林土
		5.2.2 棕色森林土
	5.3 潜育化棕色森林土	5.3.1 表潜棕色森林土
		5.3.2 潜育化棕色森林土
	5.4 黄棕壤	5.4.1 棕壤
		5.4.2 表潜黄棕壤
	5.5 红棕壤	5.5.1 红棕壤
		5.5.2 黄化红棕壤
6.山地黄壤	6.1 山地黄壤	6.1.1 沙性山地黄壤
		6.1.2 黏性山地黄壤
	6.2 表潜黄壤	6.2.1 表潜黄壤
		6.2.2 潜育化黄壤
	6.3 黄泥土	6.3.1 黄泥土
		6.3.2 铁质黄泥土
		6.3.3 油黄土
7.山地红壤	7.1 山地红壤	7.1.1 铁质山地红壤
		7.1.2 铁铝质山地红壤
		7.1.3 山地红壤
	7.2 暗色山地红壤	7.2.1 腐殖质山地红壤

续表

土类	亚类	土属
7.山地红壤	7.3 黄红壤	7.3.1 水化红壤
		7.3.2 黄红壤
	7.4 红泥土	7.4.1 红泥土
		7.4.2 油红土
		7.4.3 涩红土
8.砖红壤性红壤	8.1 砖红壤性红壤	8.1.1 砖红壤性红壤
		8.1.2 腐殖质砖红壤性红壤
	8.2 黄色砖红壤性红壤	8.2.1 黄色砖红壤性红壤
		8.2.2 腐殖质黄色砖红壤性红壤
	8.3 赤红土	8.3.1 赤红土
		8.3.2 红黄土（水化赤红土）
9.砖红壤	9.1 砖红壤	9.1.1 砖红壤
		9.1.2 暗色砖红壤
	9.2 黄色砖红壤	9.2.1 黄色砖红壤
		9.2.2 腐殖砖红壤
	9.3 褐色砖红壤	9.3.1 褐色砖红壤
		9.3.2 铁质砖红壤
10.红褐土	10.1 燥红土（红褐土）	10.1.1 燥红土（红褐土）
		10.1.2 碳酸盐红褐土
	10.2 褐红土	10.2.1 褐红土
		10.2.2 铁质褐红土
11.紫色土	11.1 酸性紫色土	11.1.1 酸性紫色土
		11.1.2 酸性紫泥土
	11.2 中性紫色土	11.2.1 中性紫色土
		11.2.2 中性紫泥土
	11.3 石灰性紫色土	11.3.1 石灰性紫色土
		11.3.2 石灰性紫泥土
12.红色石灰土	12.1 红色石灰土	12.1.1 红色石灰土
		12.1.2 铁质红色石灰土
	12.2 棕色石灰土	12.2.1 棕色石灰土
	12.3 大红土	12.3.1 大红土
13.黑色石灰土	13.1 黑色石灰土	13.1.1 黑色石灰土
		13.1.2 石卡拉黑色石灰土
	13.2 淋溶黑色石灰土	13.2.1 淋溶黑色石灰土
		13.2.2 草甸黑色石灰土
14.草甸土	14.1 草甸土	14.1.1 草甸土
		14.1.2 腐殖质草甸土
	14.2 潜育化草甸土	14.2.1 潜育化草甸土
15.沼泽土	15.1 草甸沼泽土	15.1.1 草甸沼泽土
	15.2 淤泥沼泽土	15.2.1 冲渍性淤泥沼泽土
		15.2.2 洪渍性淤泥沼泽土
	15.3 泥炭沼泽土	15.3.1 泥炭沼泽土
	15.4 泥炭土	15.4.1 泥炭土

续表

土类	亚类	土属
16.水稻土	16.1 红壤性水稻土	16.1.1 红壤性渗育水稻土
		16.1.2 红壤性淹育水稻土
		16.1.3 红泥性潴育水稻土
		16.1.4 红泥性潜育水稻土
	16.2 黄壤性水稻土	16.2.1 黄泥性渗育水稻土
		16.2.2 黄泥性淹育水稻土
		16.2.3 黄泥性潴育水稻土
		16.2.4 黄泥性潜育水稻土
	16.3 冲积性水稻土	16.3.1 冲积性渗育水稻土
		16.3.2 冲积性淹育水稻土
		16.3.3 冲积性潴育水稻土
		16.3.4 冲积性潜育水稻土
	16.4 沼泽性水稻土	16.4.1 沼泽型潴育水稻土
		16.4.2 沼泽型潜育水稻土
	16.5 草甸型水稻土	16.5.1 草甸型渗育水稻土
		16.5.2 草甸型淹育水稻土
		16.5.3 草甸型潴育水稻土
		16.5.4 草甸型潜育水稻土
	16.6 紫泥性水稻土	16.6.1 紫泥性水稻土
	16.7 石灰性水稻土	16.7.1 石灰性水稻土

1979年，在全省范围内开始开展第二次土壤普查工作，为土壤普查工作需要，全国土壤普查办公室拟定了《全国第二次土壤普查工作分类暂行方案》，根据方案云南拟定了本省的暂行土壤分类，全省共分16个土类、54个亚类。1988年，根据土壤普查成果，结合云南省级汇总，同时对各州、市、县在土壤普查中采集的土壤剖面进行了全面审查，以及评土、比土和数理统计，最后确定了云南省土壤分类系统，形成了包括土类、亚类、土属、土种各级分类单元在内的分类依据和分类系统，这是目前云南较为系统、完整的土壤分类体系（表4-3）。该分类表中，共列出了铁铝土、淋溶土、半淋溶土、初育土、水成土、高山土、人为土7个土纲、14个亚纲、19个土类、34个亚类、145个土属、288个土种。该分类系统充分考虑了云南省土壤的实际，红壤土类方面，将滇中高原面上古风化壳发育的红壤（海拔1800～2200 m）划出山原红壤亚类，以区别于典型红壤。被“中国土壤分类系统（第二次土壤普查分类系统修订稿）”采纳，列出山原红壤亚类。在最终汇总的第二次土壤普查成果《云南土壤》（1996）中，还列出了各个土类、亚类、土属、土种的分布面积。结果显示，云南省土壤以铁铝土土纲面积最大，占整个土壤面积的55.32%；淋溶土土纲次之，占整个土壤面积的19.27%；半淋溶土、初育土、水成土、高山土和人为土则分别占整个土壤面积的1.43%、18.17%、0.02%、1.92%和3.87%。1994年出版的《云南土种志》，整理出248个土种，其中农耕地有241个土种。

表 4-3 云南省土壤分类系统（1996 年）

土纲	亚纲	土类	亚类
铁铝土	湿热铁铝土	砖红壤	砖红壤 黄色砖红壤 褐色砖红壤
		赤红壤	赤红壤 黄色赤红壤 赤红壤性土
		红壤	山原红壤 红壤 黄红壤 红壤性土
	湿温铁铝土	黄壤	暗黄壤 黄壤性土
淋溶土	湿暖淋溶土	黄棕壤	暗黄棕壤
	湿暖温淋溶土	棕壤	棕壤
	湿温淋溶土	暗棕壤	暗棕壤
	湿寒温淋溶土	棕色针叶林土	棕色针叶林土
半淋溶土	半湿热半淋溶土	燥红土	燥红土 褐红土
	半温暖半淋溶土	褐土	褐土性土
初育土	土质初育土	新积土	冲积土
	石质初育土	紫色土	酸性紫色土 中性紫色土 石灰性紫色土
		石灰（岩）土	红色石灰土 黑色石灰土 黄色石灰土
		火山灰土	火山灰土
水成土	水成土	沼泽土	泥炭沼泽土
高山土	湿寒高山土	亚高山草甸土	亚高山草甸土
		高山草甸土	高山草甸土
	寒冻高山土	高山寒漠土	高山寒漠土
人为土	水稻土	水稻土	淹育型水稻土 潴育型水稻土 潜育型水稻土

随着土壤系统分类研究的深入和应用，2000 年以后中国科学院水利部成都山地灾害与环境研究所、云南农业大学等单位开展了部分区域的土壤系统分类研究。例如，位于 25°30′～29°15′N、98°05′～101°15′E 之间的“三江并流区”，按中国土壤系统分类检索，该区土壤具有 3 个诊断表层，即暗沃表层、暗瘠表层和草毡表层；5 个诊断表下层，即雏形层、黏化层、漂白层、低活性富铁层、灰化淀积层；1 个诊断现象，即有机现象；8 个诊断特性，即石质接触面、潜育特征、腐殖质特性、铁质特性、石灰性、土壤水分状况、土壤温度状况、盐基饱和度。依据《中国土壤系统分类检索（第三版）》，该区土壤

划分为 6 个土纲（淋溶土、富铁土、雏形土、灰土、潜育土、新成土），11 个亚纲，17 个土类，18 个亚类。土壤垂直带谱结构为普通黏化干润富铁土（<1600 m）→铁质酸性湿润淋溶土（1600～2000 m）→红色铁质湿润淋溶土（2000～2400 m）→普通简育干润雏形土（2400～2700 m）→暗沃冷凉湿润雏形土（2700～2900 m）→灰土（2900～3400 m）→酸性草毡寒冻雏形土（3400～4000 m）。

中国科学院水利部成都山地灾害与环境研究所何毓蓉和黄成敏（1995，1996）在金沙江干热河谷区发现了变性土的分布，并以确凿的证据论证了干润变性土亚纲的存在，还研究了元谋干热河谷主要土壤的铁铝特性、弱腐殖质化层特性、变性特征、岩性特征等诊断特性，提出了当地高级分类单元的土壤系统分类草案。变性土的诊断层和诊断特性如下：①半干润土壤水分状况，干湿季分明，旱季长达半年以上，属干热气候特点，年均气温 21.9℃，干燥度为 3.4（Penman 公式计算），具有典型的半干润土壤水分状况。②变性特征，富含蒙皂石等膨胀性黏土矿物、高胀缩性黏质土壤的开裂、翻转、扰动特征。它具有以下条件：①耕作影响层或土表至 18 cm 范围内土层中黏粒含量的加权平均值≥300 g/kg，耕作影响层下界至 50 cm 或 18～50 cm 范围内各亚层黏粒含量均≥300 g/kg；和②除耕翻或灌溉外，大多数年份一年中某一时期在土表至 50 cm 范围内，连续厚度至少为 25 cm 的土层中有宽度≥0.5 cm 的裂隙；若地面开裂，≥50%的裂隙宽度应≥1 cm；和③在上界出现于土表至 100 cm 范围内，厚度≥25 cm 的土层中具密集相交、发亮且有刻痕的滑擦面；或/和④在腐殖质表层或耕作层之下至 100 cm 范围内有自吞特征；前者的裂隙壁填充有自 A 层落下的暗色腐殖质土体或土膜；后者的颜色则因耕作层有机质含量不同而异。

位于滇西北玉龙雪山不同海拔的土壤，具有有机现象、暗沃表层、暗瘠表层和淡薄表层 4 个诊断表层，漂白层、雏形层、黏化层和铁铝层 4 个诊断表下层，土壤温度状况、落叶有机土壤物质、氧化还原特征、铁质特性、准石质接触面、盐基饱和状况等诊断特性，共检索出 3 个土纲，5 个亚纲，8 个土类，9 个亚类。玉龙雪山土壤垂直带谱结构为简育湿润铁铝土+简育湿润雏形土（<2900 m）+酸性常湿雏形土+简育常湿雏形土（2900～3200 m）+简育常湿淋溶土+冷凉常湿雏形土+简育冷凉淋溶土（3200～3700 m）+滞水常湿雏形土（3700～4000 m）。

4.2　本次土系调查

4.2.1　依托项目

本次土系调查工作是在科技部国家科技基础性工作专项“我国土系调查与《中国土系志（中西部卷）》编制”（项目编号 2014FY110200）的资助下进行的。同时，还结合了其他一些项目的研究成果。

4.2.2　调查方法

本次调查剖面样点的确定主要包括两个方面，一方面是根据《云南土种志》，参考了全省各地级市的土壤志，确定了 140 个区域土壤剖面；另一方面考虑了土壤类型和分布面积，同时考虑了空间均匀性（图 4-1）。

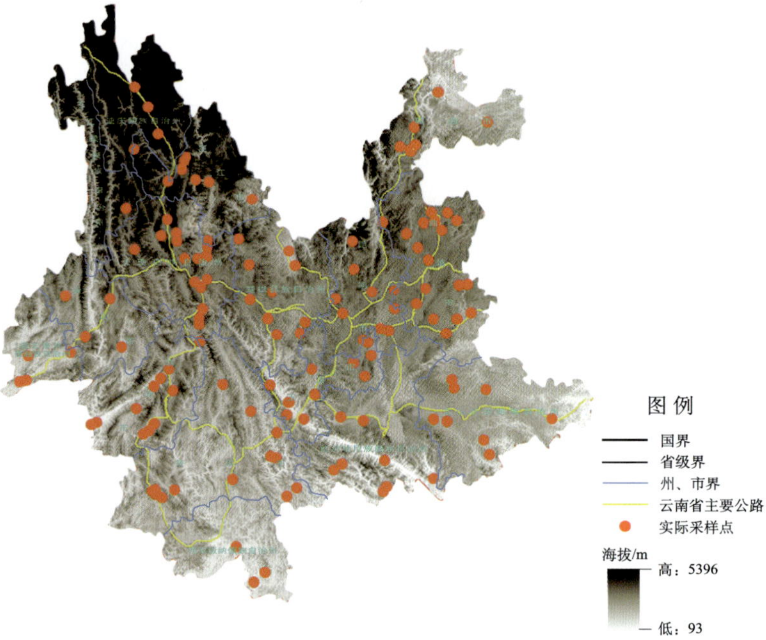

图 4-1　云南省土系调查剖面点分布图

野外单个土体土壤剖面的挖掘、观察、记录、采样和描述，严格按照中国科学院南京土壤研究所编撰的《野外土壤描述与采样规范（第一版）》的要求实施。土壤颜色比色依据《中国标准土壤色卡》（中国科学院南京土壤研究所、中国科学院西安光学精密机械研究所，1989）。室内样品处理、土壤化学性质分析则严格按照《土壤调查实验室分析方法》实施，样品分析过程中，为保证分析质量，运用标准物质进行质量控制，保证分析结果的准确。土壤系统分类高级单元确定依据《中国土壤系统分类检索（第三版）》，土族和土系建立依据《中国土壤系统分类土族和土系划分标准》。

观察记录和分析结果最终录入项目开发的“中国土系调查输入系统”，获得的土壤样品原样均装塑料瓶中保存，每个剖面均采集了纸盒样，并加以保存，以便室内评土、比土之用。在土系确定过程中，参考了大量各有关县市的第二次土壤普查总结土壤志中类似的土壤剖面的描述和分析结果。

下篇　区域典型土系

第5章　人　为　土

5.1　铁聚潜育水耕人为土

5.1.1　小西系（Xiaoxi Series）

土　族：黏壤质硅质混合型非酸性热性-铁聚潜育水耕人为土

拟定者：黄　标，张海东，田　康，贾萌萌

分布与环境条件　小西系分布于云南省玉溪市坝区湖滨地势低洼地段。属中亚热带高原季风型气候，光照充足，冬暖夏凉，积温多，干湿分明，雨热同季，年均气温 15.5℃，年均降水量 900～1200 mm。土壤起源于湖积物母质，水旱轮作农田，种植水稻-蔬菜。

小西系典型景观

土系特征与变幅　诊断层：水耕表层、水耕氧化还原层。诊断特性：潜育特征、氧化还原特征、人为滞水土壤水分状况、热性土壤温度状况。小西系由抚仙湖边近代湖积物经水耕熟化发育而成，土体 70 cm 左右出现小的砾石层，所处部位地势低，地下水位高，排水不良，潜育特征明显，出现深度在犁底层之下 30～55 cm 处。土壤质地通体均为黏壤土，剖面自上而下较为一致。耕作层发育小团块状或团粒状结构，之下为中等-强发育的团块状结构。通体见铁锰斑纹，底部 55 cm 之下铁锰斑纹丰度明显增加，且土体中出现直径 1～2 cm 的砾石。土壤反应呈中性—微酸性，pH 6.6～8.0。水耕表层的有机碳、全氮、全磷和全钾含量均较高，养分状况良好。

对比土系　巴达系，同一亚类，不同土族，颗粒大小级别为壤质。下海章系，不同地区，相同土类，颗粒大小级别为黏质，无铁聚特征。

利用性能综述　小西系多处于湖积坝区低洼地段，水多土冷，排水困难，存在潜育化。由于种稻年限长，熟化度较高，冬季旱作，如小麦、蔬菜等复种，土体已向脱潜方向发展。土壤质地较为适中，耕作性能较好，尽管潜在肥力较高，但水、肥、气、热不太协调。该土壤适合各种作物生长，多为一年两熟。利用中应注意开沟排水晒田，提高土温，种植绿肥，增加有机物投入，合理轮作，以发挥土壤生产潜力。

参比土种　青鸡粪土田。

代表性单个土体　剖面采自云南省玉溪市澄江县右所镇小西村（编号 53-010），坐标 24.65978°N，102.91616°E。海拔 1771 m，当前种植水稻。50 cm 深度土层年平均温度 17.6℃。野外调查时间 2014 年 11 月。

小西系代表性单个土体剖面

Ap1：0～20 cm，浊黄棕色（10YR 5/3，干），暗棕色（10YR 3/3，润）；黏壤土，发育小团块状或团粒状结构，疏松，土体内或根孔壁上见 5%直径<2 mm 的铁锰斑纹，偶见贝壳和陶瓷瓦片侵入体，平滑清晰过渡。

Ap2：20～30 cm，浊黄棕色（10YR 5/3，干），暗棕色（10YR 3/3，润）；黏壤土，强发育团块状结构，坚实，土体内见 3%直径<2 mm 的铁锰斑纹，平滑清晰过渡。

Bg：30～55 cm，灰黄棕色（10YR 6/2，干），灰黄棕色（10YR 4/2，润）；黏壤土，发育中等块状结构，坚实，土体内见 3%直径<2 mm 的铁锰斑纹，土壤结构面见少量灰色胶膜，波状清晰过渡。

Br：55～70 cm，黄棕色（10YR 5/6，干），棕色（10YR 4/6，润）；黏壤土，发育弱的块状结构，坚实，土体内见 70%直径 10～20 mm 的铁锰斑纹，并夹有 15%的砾石，砾石磨圆度和分选性均较好。

小西系代表性单个土体物理性质

土层	深度/cm	石砾(>2 mm，体积分数)/%	细土颗粒组成 (粒径：mm)/(g/kg)			质地	容重/(g/cm^3)
			砂粒 2～0.05	粉粒 0.05～0.002	黏粒 <0.002		
Ap1	0～20	0	333	332	335	黏壤土	1.18
Ap2	20～30	0	314	347	339	黏壤土	1.46
Bg	30～55	0	360	313	327	黏壤土	1.65
Br	55～70	15	386	272	342	黏壤土	1.67

小西系代表性单个土体化学性质

深度/cm	pH(H_2O)	有机碳(C)/(g/kg)	全氮(N)/(g/kg)	全磷(P)/(g/kg)	全钾(K)/(g/kg)	全铁(Fe)/(g/kg)	阳离子交换量/(cmol/kg)	游离铁(Fe)/(g/kg)
0～20	6.6	19.0	1.94	1.07	29.0	37.4	16.1	2.6
20～30	7.5	16.0	1.99	0.70	29.7	39.5	15.8	7.0
30～55	7.8	6.5	0.56	0.41	29.8	39.3	13.4	7.2
55～70	8.0	3.4	0.36	1.02	26.3	74.8	11.2	7.2

5.1.2　巴达系（Bada Series）

土　族：壤质硅质混合型非酸性热性-铁聚潜育水耕人为土

拟定者：黄　标，胡文友，张海东，贾萌萌

巴达系典型景观

分布与环境条件　巴达系分布于云南省德宏州陇川县的盆坝河流沿岸或山间沟谷下部，文山、临沧等地州也有分布。属南亚热带季风气候，雨量充沛，日照充足，热量丰富，四季不明显，干湿季分明。每年 5 至 10 月是雨季，11 月至来年 4 月是旱季。年均气温 18.9℃，年均日照时数 2316 h，年均相对湿度 79%。西南风，年平均风速 1.5 m/s，最大风速 30 m/s。年均降雨量 1595 mm，年均降水日数 166 d，终年无雪。土壤起源于冲积物母质，水旱轮作农田，种植水稻/玉米-油菜。

土系特征与变幅　诊断层：水耕表层、水耕氧化还原层。诊断特征：潜育特征、氧化还原特征、人为滞水土壤水分状况、热性土壤温度状况。巴达系是在山间沟谷内的河流相冲积物母质，经过长期水旱轮作发育而来。土壤颜色较淡，土壤质地较砂，通体主要为砂质壤土，局部为砂质黏壤土，砂粒含量均在 500 g/kg 以上。耕作层主要发育团粒状结构，之下均为强发育的团块状结构。通体见铁锰斑纹，一般 5%左右，30～60 cm 处，含量可达 15%，土体常见少量小的铁锰结核。通体无石灰反应，呈酸性至微酸性，pH 5.3～5.9，耕作层呈酸性，下部呈微酸性。土壤通体有机碳、全氮、全磷和全钾含量均较高，养分状况良好，但阳离子交换量偏低，均小于 10 cmol/kg。

对比土系　小西系，同一亚类，不同土族，颗粒大小级别为黏壤质。长底系，不同地区，相同土类，颗粒大小级别为黏壤质，硅质型矿物类型，无铁聚。

利用性能综述　巴达系土壤质地轻，耕作性能好，宜耕期长，通透性好，由于阳离子交换量低，所以，保水保肥性差，肥力后劲不足。利用上一般一年两熟。管理上应增施农家肥或增加秸秆还田等，不断培肥地力。施肥时，宜多次少施，提高肥料利用率。砂性较重的土壤可适当掺质地较黏重的客土，增强土壤保水保肥能力。

参比土种　砂田。

代表性单个土体　剖面采自云南省德宏州陇川县城子镇巴达村（编号 53-031），坐标 24.3847°N，97.98384°E。海拔 1032 m，当前种植水稻。50 cm 深度土层年平均温度 19.5℃。野外调查时间 2015 年 10 月。

巴达系代表性单个土体剖面

Ap1：0～20 cm，浊黄橙色（10YR 7/3，干），浊黄棕色（10YR 4/3，润）；壤土，强发育团粒状结构，疏松，大量根系，结构体内见 5%直径 5 mm 的铁锰斑纹，有少量直径<1 mm 的铁锰结核，平滑清晰过渡。

Apg：20～30 cm，淡黄色（2.5Y 7/3，干），橄榄棕色（2.5Y 4/3，润）；砂质壤土，强发育团块状结构，坚实，少量根系，结构体内见 5%直径 5 mm 的铁锰斑纹，有少量直径<1 mm 的铁锰结核，平滑清晰过渡。

Br1：30～60 cm，灰黄色（2.5Y 7/2，干），暗灰黄色（2.5Y 5/2，润）；砂质壤土，强发育团块状结构，坚实，结构体内见 15%直径 10 mm 的铁锰斑纹，有少量直径<1 mm 的铁锰结核和少量草木灰，10%左右的石英砂粒，平滑清晰过渡。

Br2：60～80 cm，浊黄橙色（10YR 7/3，干），浊黄棕色（10YR 4/3，润）；砂质黏壤土，强发育团块状结构，坚实，结构体内见 5%直径 5 mm 的铁锰斑纹，有少量直径<1 mm 的铁锰结核，平滑清晰过渡。

Br3：80～110 cm，浊黄橙色（10YR 6/3，干），浊黄棕色（10YR 4/3，润）；砂质壤土，中等发育团块状结构，坚实，结构体内见 5%直径 5 mm 的铁锰斑纹，有少量直径<1 mm 的铁锰结核。

巴达系代表性单个土体物理性质

土层	深度 /cm	细土颗粒组成（粒径：mm)/(g/kg)			质地	容重 /(g/cm^3)
		砂粒 2～0.05	粉粒 0.05～0.002	黏粒 <0.002		
Ap1	0～20	518	302	180	壤土	1.30
Apg	20～30	601	238	161	砂质壤土	1.43
Br1	30～60	662	183	155	砂质壤土	1.60
Br2	60～80	505	280	215	砂质黏壤土	1.45
Br3	80～110	571	261	168	砂质壤土	1.45

巴达系代表性单个土体化学性质

深度 /cm	pH		有机碳(C) /(g/kg)	全氮(N) /(g/kg)	全磷(P) /(g/kg)	全钾(K) /(g/kg)	全铁(Fe) /(g/kg)	阳离子交换量 /(cmol/kg)	游离铁 (Fe) /(g/kg)
	H_2O	KCl							
0～20	5.3	4.2	11.0	0.96	0.63	34.3	35.1	8.3	12.1
20～30	5.5	4.4	11.4	1.08	0.66	34.3	35.6	8.6	13.0
30～60	5.7	4.5	9.4	0.89	0.55	29.6	57.2	9.3	28.2
60～80	5.9	4.5	9.9	1.05	0.54	30.7	53.2	9.0	20.2
80～110	5.8	4.1	9.8	0.97	0.42	32.2	40.4	8.1	14.1

5.2　普通潜育水耕人为土

5.2.1　下海章系（Xiahaizhang Series）

土　族：黏质高岭石型非酸性热性-普通潜育水耕人为土

拟定者：黄　标，瞿明凯，王培燕

分布与环境条件　下海章系分布于云南省曲靖市山区、半山区的山箐沟底部及坝子边低洼处。属亚热带湿润性季风气候，年均气温 14.8℃，年均降水量 1000～1200 mm，年均日照时数 2126 h，无霜期 258 d。土壤起源于玄武岩母质发育的红壤母土，种植水稻。

下海章系典型景观

土系特征与变幅　诊断层：水耕表层、水耕氧化还原层。诊断特征：潜育特征、氧化还原特征、人为滞水土壤水分状况、热性土壤温度状况。下海章系是在山间盆地内低洼处的土壤，经过长期水旱轮作发育而来。由于地下水位高，土壤长期处于还原状态，潜育层非常明显，潜育层出现在 48 cm 以下，润态颜色呈棕灰色—蓝灰色。土壤质地主要为黏土。耕作层主要发育碎块状结构，之下均为强发育的棱块状结构。通体见大量锈纹锈斑，含量 10%～50%，同时见 2%～10%不等的铁锰结核，剖面下部甚至出现直径 6～20 mm 的铁锰斑纹，下部土体结构面见明显灰色胶膜。受母质影响，土壤全铁含量异常高，为 120～150 g/kg。通体无石灰反应，pH 4.9～5.9，呈酸性—微酸性。整个剖面有机碳、全氮、全磷含量均较高，但全钾水平很低，小于 5.0 g/kg。

对比土系　坝心系，同一土族，潜育层出现较浅（30 cm），锈纹锈斑含量低，颜色淡（2.5Y），B 层土壤结构为棱柱状。长底系，同一亚类，颗粒大小级别为黏壤质，潜育层出现较浅（25 cm），锈纹锈斑含量低，颜色淡（2.5Y）。下高仓系，同一亚类，颗粒大小级别为黏壤质，潜育层出现较深（60 cm），锈纹锈斑含量低，颜色深（10R）。小西系，不同地区，相同土类，颗粒大小级别为黏壤质，有铁聚。

利用性能综述　下海章系土壤质地黏重，耕作不便，所处位置低洼，长期渍水，水分经常饱和，仅适宜种植水稻，但还原物质多，对水稻生长不利，成为该土系主要的障碍因素。所以，利用中应开深沟，埋设地下管道排水，降低地下水位，露土晒田，改善土壤通透性，或客土掺沙，抬高田面。有条件的地区，可种植一季绿肥，实行水旱轮作。

参比土种　灰红冷浸田。

代表性单个土体　剖面采自云南省曲靖市富源县竹园镇下海章村（编号 53-036），坐标 25.40904°N，104.32082°E。海拔 1748 m，当前种植水稻。50 cm 深度土层年平均温度 17.0℃。野外调查时间 2014 年 11 月。

下海章系代表性单个土体剖面

土体中的潜育斑

Ap1：0～18 cm，黄棕色（10YR 5/6，干），暗棕色（7.5YR 3/4，润）；黏土，中等发育碎块状和弱发育的团粒状结构，疏松，根系较多，土体内见 10%直径 2～6 mm 的铁锰斑纹，平滑清晰过渡。

Ap2：18～25 cm，浊棕色（7.5YR 5/4，干），暗棕色（7.5YR 3/4，润）；黏土，强发育棱块状结构，坚实，少量根系，土体内见 50%直径 6～20 mm 的铁锰斑纹，同时见少量直径<2 mm 的黑色铁锰结核，平滑渐变过渡。

Br：25～48 cm，浊黄棕色（10YR 5/4，干），暗棕色（10YR 3/4，润）；黏土，强发育棱块状结构，坚实，土体内见 20%直径 6～20 mm 的铁锰斑纹，同时见 10%直径 2～6 mm 的黑色铁锰结核和少量炭屑侵入体，结构面见 40%的灰色胶膜，平滑清晰过渡。

Bgr1：48～100 cm，灰黄棕色（10YR 5/2，干），棕灰色（10YR 4/1，润）；黏壤土，强发育棱块状结构，坚实，土体内见 40%直径 6～20 mm 的铁锰斑纹，同时见 10%直径 6～20 mm 的黑色铁锰结核，结构面见 40%的灰色胶膜，土体中见大量潜育斑，体积 50%以上，为蓝灰色（10BG 6/1），平滑突变过渡。

Bgr2：100～120 cm，灰黄棕色（10YR 6/2，干），蓝灰色（10BG 6/1，润）；黏土，强发育棱块状结构，坚实，土体内见 10%直径 6～20 mm 的铁锰斑纹，同时见少量直径<2 mm 的黑色铁锰结核和炭屑侵入体。

下海章系代表性单个土体物理性质

土层	深度/cm	石砾(>2 mm，体积分数)/%	细土颗粒组成（粒径：mm)/(g/kg) 砂粒 2～0.05	粉粒 0.05～0.002	黏粒 <0.002	质地	容重/(g/cm^3)
Ap1	0～18	—	25	380	594	黏土	0.98
Ap2	18～25	—	79	340	581	黏土	1.16
Br	25～48	—	85	381	535	黏土	1.38
Bgr1	48～100	10	309	400	290	黏壤土	1.35
Bgr2	100～120	—	47	384	569	黏土	1.16

下海章系代表性单个土体化学性质

深度/cm	pH(H_2O)	有机碳(C)/(g/kg)	全氮(N)/(g/kg)	全磷(P)/(g/kg)	全钾(K)/(g/kg)	全铁(Fe)/(g/kg)	阳离子交换量/(cmol/kg)	游离铁(Fe)/(g/kg)
0～18	5.2	11.7	2.23	2.40	4.3	122.1	31.9	53.3
18～25	5.9	18.9	1.92	2.60	4.8	149.3	30.8	49.4
25～48	5.9	16.4	1.33	2.99	5.0	145.5	32.2	55.1
48～100	5.9	13.4	1.06	2.54	3.6	135.1	34.3	52.5
100～120	4.9	22.6	1.72	2.55	4.0	123.3	33.9	46.2

5.2.2　坝心系（Baxin Series）

土　族：黏质高岭石型非酸性热性-普通潜育水耕人为土
拟定者：黄　标，宗玉统，肖　晴，龚翰林

坝心系典型景观

分布与环境条件　坝心系分布于云南省红河州石屏、开远等县湖坝区地势低洼的湖滨地带，区域地势稍有起伏，海拔 1400 m 左右。石屏地处低纬高原地带，属南亚热带高原山地季风气候，年均气温 18.3℃，年均日照时数 2322 h，无霜期 317 d，年均降水量 851.6 mm，年均蒸发量 1079.2 mm。土壤起源于湖积物母质上，种植水稻、甘蔗、蔬菜等。

土系特征与变幅　诊断层：水耕表层、水耕氧化还原层。诊断特征：潜育特征、人为滞水土壤水分状况、热性土壤温度状况。坝心系的湖积物母质质地较黏，曾经地下水位较浅，潜育化较强，但近年来，由于气候干旱，地下水位下降，同时，地表水来源也缺乏，无法每年种植水稻，改种植甘蔗、蔬菜等。土壤质地通体为黏土或粉质黏土，黏粒含量均在 450 g/kg 以上。耕作层主要为中等发育碎块状结构或少量团粒状结构，之下均为强发育的块状结构或棱柱状结构。通体见锈纹锈斑，含量 2%～5%。剖面中部土体内见贝壳和炭屑侵入体。整个剖面除下部潜育层外，有机碳、全氮含量均较高，全钾含量处中等水平，而全磷含量偏低。

对比土系　下海章系，同一土族，潜育层出现较深（48 cm），锈纹锈斑含量高，颜色稍深（7.5YR），B 层土壤结构为块状。长底系，同一亚类，颗粒大小级别为黏壤质。下高仓系，同一亚类，颗粒大小级别为黏壤质，潜育层出现较深（60 cm），锈纹锈斑含量低，颜色深（10R）。

利用性能综述　坝心系土壤质地黏重，田板土僵，结构差，难以耕作。土壤中磷的有效性低，铁、锰、硫在还原状态下危害水稻根部生长，导致水稻移栽返青后，叶片出现红棕色斑点，严重时造成死苗，影响水稻产量。改良该土系土壤的有效措施主要是冬水田挖田晒垡，多犁多耙，改善土壤结构。改革轮作制度，实行水旱轮作，种植豆科作物和豆科绿肥等，不断熟化土壤。

参比土种　发红田。

代表性单个土体　剖面采自云南省红河州石屏县坝心镇白浪村（编号 53-046），坐标 23.6418°N，102.5558°E。海拔 1441 m，当前种植甘蔗。50 cm 深度土层年平均温度 20.3℃。野外调查时间 2015 年 4 月。

Ap1：0～18 cm，灰黄色（2.5Y 7/2，干），暗灰色（2.5Y 4/2，润）；粉质黏土，中等发育碎块状或团粒状结构，疏松，土体内见<2%直径<2 mm 的铁锰斑纹，平滑清晰过渡。

Ap2：18～30 cm，灰黄色（2.5Y 6/2，干），暗灰色（2.5Y 4/2，润）；粉质黏土，强发育块状或棱柱状结构，见垂直裂隙，坚实，土体内见 2%直径<2 mm 的铁锰斑纹，有小的贝壳和炭屑侵入体，平滑渐变过渡。

Bgr1：30～50 cm，淡灰色（2.5Y 7/1，干），黄灰色（2.5Y 5/1，润）；粉质黏土，强发育块状或棱柱状结构，见垂直裂隙，坚实，土体内见 5%直径<2 mm 的铁锰斑纹，有小的贝壳和炭屑侵入体，平滑清晰过渡。

Br：50～60 cm，黄灰色（2.5Y 4/1，干），黑棕色（2.5YR 3/1，润）；黏土，强发育块状结构，坚实，土体内见 5%直径<2 mm 的铁锰斑纹，平滑突变过渡。

Bgr2：60～120 cm，灰白色（2.5Y 8/2，干），灰黄色（2.5Y 6/2，润）；黏土，强发育块状状构，坚实，土体内见 5% 直径 2～5 mm 的铁锰斑纹。

坝心系代表性单个土体剖面

坝心系代表性单个土体物理性质

土层	深度/cm	细土颗粒组成 (粒径：mm)/(g/kg) 砂粒 2～0.05	粉粒 0.05～0.002	黏粒 <0.002	质地	容重/(g/cm³)
Ap1	0～18	111	436	454	粉质黏土	1.02
Ap2	18～30	80	424	497	粉质黏土	1.35
Bgr1	30～50	110	437	453	粉质黏土	1.27
Br	50～60	38	350	612	黏土	1.20
Bgr2	60～120	106	370	523	黏土	1.21

坝心系代表性单个土体化学性质

深度/cm	pH H_2O	pH KCl	有机碳(C)/(g/kg)	全氮(N)/(g/kg)	全磷(P)/(g/kg)	全钾(K)/(g/kg)	全铁(Fe)/(g/kg)	阳离子交换量/(cmol/kg)	游离铁(Fe)/(g/kg)
0～18	5.2	4.6	36.2	2.80	0.46	22.8	26.8	14.9	15.9
18～30	6.0	5.4	30.7	2.32	0.33	22.7	26.5	15.4	16.3
30～50	5.9	5.0	32.1	1.98	0.28	21.7	29.1	14.9	16.0
50～60	5.5	4.5	33.8	1.88	0.25	23.4	30.9	19.3	16.2
60～120	5.0	3.9	13.1	1.12	0.17	25.5	21.2	19.7	7.2

5.2.3 长底系（Changdi Series）

土　族：黏壤质硅质型非酸性热性-普通潜育水耕人为土

拟定者：黄　标，万梦雪，卢　鑫

长底系典型景观

分布与环境条件　长底系分布于云南省曲靖市罗平县东部地区的河谷内。区域地势起伏较大，海拔 1100～1500 m。除南部八大河一带属南亚热带气候外，其余为高原季风气候。夏季多大雨和暴雨，冬季常阴雨连绵。年均降水量 1743.9 mm，年均日照时数 1685 h，年均气温 15.1℃，无霜期 280 d。土壤起源于河流冲积物母质上，种植水稻。

土系特征与变幅　诊断层：水耕表层、水耕氧化还原层。诊断特性：潜育特征、人为滞水土壤水分状况、热性土壤温度状况。该土系是在河谷内的河流冲积物母质上，经过长期水旱轮作发育而来。土壤颜色淡，色调为 2.5～5Y，明度高而彩度低。土壤质地通体为黏壤土，但自上而下黏粒含量由高到低，而砂粒含量则相反。耕作层主要发育团粒状和碎块状结构，耕作层之下均为强发育的块状结构。通体见锈纹锈斑，含量在 5%～20%。通体无石灰反应，pH 5.8～7.4，呈微酸性—中性。耕作层有机碳和全氮含量不高，全磷含量较高，全钾含量中等，养分状况稍差。100 cm 之下，土壤结构弱，为不同时期的冲积产物。

对比土系　下海章系，同一亚类，潜育层出现较深（48 cm），颗粒大小级别为黏质，锈纹锈斑含量高，颜色稍深（7.5YR）。坝心系，同一亚类，颗粒大小级别为黏质，B 层结构为棱柱状。下高仓系，同一亚类，矿物学类型为混合型，潜育层出现较深（60 cm），颜色深（10R）。巴达系，不同地区，相同土类，颗粒大小级别为壤质，硅质混合型矿物类型，有铁聚。

利用性能综述　长底系位置低洼，长期泡水，灌溉多用山溪水，水温低，导致土壤养分释放缓慢。土壤质地较为适中，耕性较好，但养分水平较低。针对长底系的障碍因素，需要搞好农田基本建设，改善排灌条件，注意排水降低地下水位，排水晒田，增加土壤温度，改善水热条件。提倡水稻种植后，轮作蚕豆和绿肥，增加土壤有机碳，不断熟化土壤。

参比土种　灰红砂泥田。

代表性单个土体　剖面采自云南省曲靖市罗平县长底乡小河边村（编号 53-033），坐标 25.02617°N，104.48742°E。海拔 1235 m，当前种植水稻。50 cm 深度土层年平均温度 17.3℃。野外调查时间 2014 年 11 月。

Ap1：0～15 cm，灰黄色（2.5Y 7/2，干），暗灰黄色（2.5Y 5/2，润）；黏壤土，中等发育团粒状结构和小碎块状结构，疏松，土体内见 15%直径 2～5 mm 的铁锰斑纹，平滑清晰过渡。

Ap2：15～25 cm，灰黄色（2.5Y 7/2，干），暗灰黄色（2.5Y 5/2，润）；黏壤土，中等发育的块状结构，坚实，土体内见 15%直径 2～5 mm 的铁锰斑纹，平滑清晰过渡。

Bgr1：25～50 cm，灰白色（5Y 8/1，干），灰色（5Y 5/1，润）；粉质黏壤土，强发育的块状结构，坚实，土体内见 20%直径 2～5 mm 的铁锰斑纹，结构面见灰色胶膜，平滑渐变过渡。

Bgr2：50～74 cm，灰白色（5Y 8/1，干），灰色（5Y 5/1，润）；黏壤土，强发育的块状结构，坚实，土体内见 15%直径 2～5 mm 的铁锰斑纹，结构面见灰色胶膜，平滑清晰过渡。

长底系代表性单个土体剖面

Bgr3：74～100 cm，灰黄色（2.5Y 7/2，干），暗灰黄色（2.5Y 5/2，润）；黏壤土，强发育的块状结构，坚实，土体内见 10%直径 2～5 mm 的铁锰斑纹，平滑清晰过渡。

2Br：100～120 cm，橄榄黄色（2.5Y 6/3，干），暗橄榄色（2.5Y 4/3，润）；黏壤土，弱发育的块状结构，坚实，土体内见 5%直径 2～5 mm 的铁锰斑纹。

长底系代表性单个土体物理性质

土层	深度 /cm	细土颗粒组成 (粒径：mm)/(g/kg)			质地	容重 /(g/cm^3)
		砂粒 2～0.05	粉粒 0.05～0.002	黏粒 <0.002		
Ap1	0～15	203	450	347	黏壤土	1.34
Ap2	15～25	197	460	343	黏壤土	1.61
Bgr1	25～50	201	476	324	粉质黏壤土	1.61
Bgr2	50～74	284	423	293	黏壤土	1.62
Bgr3	74～100	299	410	290	黏壤土	1.52
2Br	100～120	374	350	276	黏壤土	1.49

长底系代表性单个土体化学性质

深度 /cm	pH (H_2O)	有机碳(C) /(g/kg)	全氮(N) /(g/kg)	全磷(P) /(g/kg)	全钾(K) /(g/kg)	全铁(Fe) /(g/kg)	阳离子 交换量 /(cmol/kg)	游离铁(Fe) /(g/kg)
0～15	5.8	8.3	1.32	0.70	13.7	28.1	10.5	7.5
15～25	6.9	8.0	1.18	0.60	14.3	29.0	11.3	8.0
25～50	7.4	6.4	0.98	0.30	14.6	28.2	11.0	7.7
50～74	7.1	6.7	0.46	0.29	14.1	42.7	9.7	7.4
74～100	7.0	7.7	0.45	0.37	15.2	30.5	9.3	7.6
100～120	7.1	7.5	0.49	0.40	15.5	34.9	9.2	7.7

5.2.4　下高仓系（Xiagaocang Series）

土　族：黏壤质混合型非酸性热性-普通潜育水耕人为土
拟定者：黄　标，万梦雪，卢　鑫

分布与环境条件　下高仓系分布于云南省大理州一些坝子内的河流阶地上，尽管区域地势起伏较大，但坝子内地势平坦，海拔 1700 m 左右。属中亚热带季风气候，气候温和，没有明显四季，年均气温 17.3℃，干湿季明显，年均降水量 824.4 mm，年均蒸发量 1400 mm。土壤起源于河流冲积物母质，土壤利用为稻-麦、稻-油轮作。

下高仓系典型景观

土系特征与变幅　诊断层：水耕表层、水耕氧化还原层。诊断特性：氧化还原特征、潜育特征、铁质特性、人为滞水土壤水分状况、热性土壤温度状况。下高仓系发育在深紫色河流冲积物母质上，色调高，达 10R，长期水耕作用导致土壤耕作层和犁底层发育明显，水耕氧化还原层发育清楚，60 cm 以下颜色突变，润态明度/彩度为 5/1，为潜育作用的产物。土壤质地主要为粉质黏壤土，至 60 cm 以下，转变为粉质黏土，其土层结构体内有锈纹锈斑。表层土壤主要为小团块状结构，向下为强发育的团块状结构。土壤呈中性—微碱性，pH 7～8。该土系土壤有机碳、全氮、全磷、全钾含量均较高，但土壤阳离子交换量较低。

对比土系　下海章系，同一亚类，颗粒大小级别为黏质，锈纹锈斑含量高，颜色淡（7.5YR～10YR）。坝心系，同一亚类，颗粒大小级别为黏质，潜育层出现较浅（30 cm），B 层结构为块状，颜色淡（2.5Y）。长底系，同一亚类，矿物学类型为硅质型，潜育层出现较浅（25 cm），颜色淡（2.5Y）。妥甸系，相同母质，同一土纲，不同亚类，颗粒大小级别为黏质，矿物学类型为伊利石型，有铁聚。

利用性能综述　下高仓系土壤结构良好，砂黏适中，疏松透气，养分丰富，耕作性能好，供肥也平稳，无明显不良障碍层次，排灌条件也好，是一种肥力较好的土壤。利用过程中，应注意用养结合，以保持高产稳产。

参比土种　暗紫泥田。

代表性单个土体　剖面采自云南省大理州弥渡县新街镇董和村下高仓（编号 53-024），

坐标 25.3945°N，100.43546°E。海拔 1722 m，当前种植水稻。50 cm 深度土层年平均温度 19.4℃。野外调查时间 2015 年 10 月。

下高仓系代表性单个土体剖面

Ap1：0～15 cm，浊红橙色（10R 6/3，干），红棕色（10R 4/3，润）；粉质黏壤土，中等发育小团块状结构，稍坚实，根系较多，结构体内见 2%左右的锈纹锈斑，直径<2 mm，平滑清晰过渡。

Ap2：15～23 cm，浊红橙色（10R 6/3，干），红棕色（10R 4/3，润）；粉质黏壤土，强发育团块状结构，坚实，少量根系，土体内见少量小的半风化岩石，结构体内见少量锈纹锈斑，直径<2 mm，平滑清晰过渡。

Br：23～60 cm，浊红橙色（10R 6/3，干），红棕色（10R 4/3，润）；粉质黏壤土，强发育团块状结构，坚实，结构体内见少量锈纹锈斑，直径<2 mm，波状清晰过渡。

Bg：60～100 cm，淡灰色（10R 7/1，干），棕灰色（10R 5/1，润）；粉质黏土，强发育团块状结构，坚实，结构体内见少量锈纹锈斑，直径<2 mm。

下高仓系代表性单个土体物理性质

土层	深度/cm	细土颗粒组成 (粒径：mm)/(g/kg)			质地	容重/(g/cm³)
		砂粒 2～0.05	粉粒 0.05～0.002	黏粒 <0.002		
Ap1	0～15	98	531	371	粉质黏壤土	1.30
Ap2	15～23	91	530	379	粉质黏壤土	1.44
Br	23～60	154	528	317	粉质黏壤土	1.70
Bg	60～100	68	492	440	粉质黏土	1.56

下高仓系代表性单个土体化学性质

深度/cm	pH(H_2O)	有机碳(C)/(g/kg)	全氮(N)/(g/kg)	全磷(P)/(g/kg)	全钾(K)/(g/kg)	全铁(Fe)/(g/kg)	阳离子交换量/(cmol/kg)	游离铁(Fe)/(g/kg)
0～15	7.0	22.2	2.57	0.76	25.0	36.3	14.9	17.9
15～23	7.5	18.5	2.28	0.68	23.4	35.9	13.8	17.9
23～60	7.8	7.5	1.24	0.41	23.5	33.9	10.9	18.4
60～100	7.8	7.7	0.97	0.34	28.4	41.3	13.4	24.1

5.3 漂白铁渗水耕人为土

5.3.1 曼沙吉系（Manshaji Series）

土 族：黏质混合型非酸性高热性-漂白铁渗水耕人为土

拟定者：黄 标，王 宁，田 康

分布与环境条件 曼沙吉系分布于云南省西双版纳等地州市的盆坝河流沿岸或山间河谷下部。属南亚热带—北热带湿润季风气候，终年暖热，夏无酷暑，年均气温 22.1℃；年均相对湿度 84%，年均降水量 1486.5 mm；年均日照时数 1984.1 h。土壤起源于河流冲积物母质，农业利用为水稻-蔬菜种植。

曼沙吉系典型景观

土系特征与变幅 诊断层：水耕表层、水耕氧化还原层、漂白层。诊断特征：氧化还原特征、人为滞水土壤水分状况、高热性土壤温度状况。曼沙吉系是在河流阶地冲积物母质上，经过长期水旱轮作发育而来，水利条件一般较好，熟化度中等，耕作层较浅，犁底层在 10 cm 左右。该土壤整体颜色偏淡，色调除表层为 7.5YR 外，其余为 10YR。土壤质地整体为黏壤土，黏粒含量 315～384 g/kg。耕作层主要发育团粒状结构，之下均为强发育的团块状结构。水耕氧化还原层内见锈纹锈斑，含量 5%～25%，且自上而下，含量逐渐增加。土壤呈强酸性—微酸性，pH 4.5～6.2。该土系水耕表层土壤有机碳、全氮、全磷、全钾含量及阳离子交换量均不高。

对比土系 和曲系，同一亚类，颗粒大小级别为黏壤质，热性土壤温度状况。文伟系，不同地区，同一亚类，颗粒大小级别为壤质，热性土壤温度状况，剖面下部有潜育特征。

利用性能综述 曼沙吉系土壤质地较轻，疏松易耕作，适耕期长，通透性好，一般一年两熟或三熟，缺点是土壤养分状况较差，所以，在种植管理过程中，应注意补充有机碳，如增施有机肥、秸秆还田、种植绿肥等，不断熟化土壤，增强地力。

参比土种 砂田。

代表性单个土体 剖面采自云南省双版纳州勐腊县勐捧镇勐捧村曼沙吉（编号 53-154），坐标 21.44227°N，101.31306°E。海拔 577 m，当前为橡胶树林。50 cm 深度土层年平均温度 25.6℃。野外调查时间 2015 年 4 月。

曼沙吉系代表性单个土体剖面

Ap1：0～15 cm，浊橙色（7.5YR 7/3，干），浊棕色（7.5YR 5/3，润）；黏壤土，中等发育团粒状结构，疏松，根系较多，结构体内见少量直径＜2 mm 的铁锰斑纹，平滑清晰过渡。

Ap2：15～25 cm，浊黄橙色（10YR 7/3，干），浊黄橙色（10YR 6/3，润）；粉质黏壤土，强发育团块状结构，坚实，结构体内见 5%直径＜2 mm 的铁锰斑纹，平滑清晰过渡。

Er：25～68 cm，橙白色（10YR 8/2，干），灰黄棕色（10YR 6/2，润）；黏壤土，强发育团块状结构，坚实，结构体内见 8%直径 2～6 mm 的铁锰斑纹，平滑清晰过渡。

Br：68～100 cm，橙白色（10YR 8/2，干），灰黄棕色（10YR 6/2，润）；黏壤土，强发育团块状结构，坚实，结构体内见 25%直径 6～20 mm 的铁锰斑纹。

曼沙吉系代表性单个土体物理性质

土层	深度/cm	细土颗粒组成 (粒径：mm)/(g/kg) 砂粒 2～0.05	粉粒 0.05～0.002	黏粒 <0.002	质地	容重/(g/cm³)
Ap1	0～15	280	405	315	黏壤土	1.33
Ap2	15～25	166	450	384	粉质黏壤土	1.77
Er	25～68	322	336	342	黏壤土	1.82
Br	68～100	278	341	381	黏壤土	1.74

曼沙吉系代表性单个土体化学性质

深度/cm	pH H₂O	pH KCl	有机碳(C)/(g/kg)	全氮(N)/(g/kg)	全磷(P)/(g/kg)	全钾(K)/(g/kg)	全铁(Fe)/(g/kg)	阳离子交换量/(cmol/kg)	游离铁(Fe)/(g/kg)
0～15	4.5	4.2	7.0	0.82	0.23	7.1	14.5	6.9	9.3
15～25	5.3	4.6	4.2	0.55	0.11	6.3	17.5	6.4	11.2
25～68	5.7	5.1	3.5	0.42	0.07	5.4	13.9	6.5	8.7
68～100	6.2	5.4	2.9	0.41	0.10	6.0	15.9	8.4	9.3

5.3.2　和曲系（Hequ Series）

土　族：黏壤质云母混合型非酸性热性-漂白铁渗水耕人为土

拟定者：黄　标，万梦雪，卢　鑫

分布与环境条件　和曲系分布于云南省大理州大理、保山等地州湖盆地内，山地与盆地的交界地带。属北亚热带高原季风气候，年均气温 14.9 ℃，年均日照时数 2227.5 h，年均降水量 1051.1 mm，年均蒸发量 1020 mm，无霜期 228 d。受低纬度、高海拔地理条件的综合影响，形成年温差小、四季不明显的气候特点。土壤起源于河流-湖泊相冲积物母质上，水稻、小麦、油菜等一年两熟轮作。

和曲系典型景观

土系特征与变幅　诊断层：水耕表层、水耕氧化还原层、漂白层。诊断特征：氧化还原特征、铁质特性、人为滞水土壤水分状况、热性土壤温度状况。和曲系是在湖盆地内湖泊相冲积物母质上，经过长期水旱轮作发育而来。该土壤整体颜色偏淡，色调为 10YR 或 2.5Y，46～95 cm 深度的土体颜色较淡。土壤质地整体为壤土，有粉壤土、黏壤土和粉质黏壤土，黏粒含量 260～360 g/kg。耕作层主要发育团粒状结构，之下均为中等—强发育的团块状结构。水耕氧化还原层内见锈纹锈斑，含量 5%～10%。20～40 cm 深度，土壤中砂页岩碎屑含量较高。土壤呈中性—微碱性，pH 6.7～8.2。该土系水耕表层土壤有机碳和全氮含量很高，在 35 g/kg 和 3.8 g/kg 以上，且全磷、全钾含量很高，养分状况良好，阳离子交换量中等。

对比土系　曼沙吉系，同一亚类，颗粒大小级别为黏质，高热性土壤温度状况。文伟系，同一亚类，颗粒大小级别为壤质，矿物学类型为硅质混合型，剖面下部有潜育特征。

利用性能综述　和曲系土体深厚，无明显障碍层次，质地疏松，耕作时间长，熟化度高，结构好，养分含量丰富，水、肥、气、热协调，属于优质高肥力土壤，且保水保肥能力强，适宜性广。由于该土系土壤大多分布在村镇附近，在开发过程中容易被占用，今后应引起足够重视，注意保护该土系资源。

参比土种　鸡粪土田。

代表性单个土体　剖面采自云南省大理州大理市海东镇文武村和曲（编号 53-003），坐标 25.71438°N，100.26404°E。海拔 1974 m，当前为水稻收获后。50 cm 深度土层年平均温度 17.1℃。野外调查时间 2015 年 10 月。

和曲系代表性单个土体剖面

Ap1：0～15 cm，浊黄橙色（10YR 6/3，干），浊黄棕色（10YR 4/3，润），壤土，强发育团粒状结构，疏松，根系多，土体无石灰反应，平滑清晰过渡。

Ap2：15～23 cm，浊黄橙色（10YR 6/4，干），棕色（10YR 4/4，润），黏壤土，强发育团块状结构，坚实，根系稍多，土壤结构体内见少量锈纹锈斑，无石灰反应，平滑清晰过渡。

Br1：23～40 cm，浊黄橙色（10YR 7/3，干），浊黄棕色（10YR 5/3，润），黏壤土，中等发育团块状结构，坚实，根系稍多，土壤结构体内见一定量锈纹锈斑，达 10%左右，土体内见大量砂页岩碎屑，含量达 15%，无石灰反应，平滑清晰过渡。

Er1：40～46 cm，浊黄橙色（10YR 7/2，干），灰黄棕色（10YR 5/2，润），粉壤土，强发育团块状结构，坚实，土壤结构体内见锈纹锈斑，为 5%左右，无石灰反应，平滑清晰过渡。

Er2：46～95 cm，灰白色（2.5Y 8/2，干），灰黄色（2.5Y 6/2，润），粉质黏壤土，强发育团块状结构，坚实，土壤结构体内见少量锈纹锈斑，达 5%左右，无石灰反应，平滑清晰过渡。

Br2：95～120 cm，浊黄橙色（10YR 7/3，干），浊黄棕色（10Y 5/3，润），粉质黏壤土，强发育团块状结构，坚实，土壤结构体内见少量锈纹锈斑，5%左右，土体内见少量砂页岩碎屑，含量 5%，无石灰反应。

和曲系代表性单个土体物理性质

土层	深度 /cm	石砾 (>2 mm，体积分数)/%	细土颗粒组成 (粒径：mm)/(g/kg)			质地	容重 /(g/cm³)
			砂粒 2～0.05	粉粒 0.05～0.002	黏粒 <0.002		
Ap1	0～15	—	258	475	267	壤土	1.00
Ap2	15～23	—	230	481	289	黏壤土	1.10
Br1	23～40	15	206	488	307	黏壤土	1.16
Er1	40～46	—	238	487	274	粉壤土	1.28
Er2	46～95	—	151	496	354	粉质黏壤土	1.35
Br2	95～120	—	146	500	354	粉质黏壤土	1.39

和曲系代表性单个土体化学性质

深度 /cm	pH (H_2O)	有机碳(C) /(g/kg)	全氮(N) /(g/kg)	全磷(P) /(g/kg)	全钾(K) /(g/kg)	全铁(Fe) /(g/kg)	阳离子交换量 /(cmol/kg)	游离铁(Fe) /(g/kg)
0～15	7.2	43.4	3.98	1.15	27.2	42.4	15.2	17.9
15～23	6.7	39.0	3.84	1.19	27.2	44.5	19.2	19.4
23～40	7.9	21.5	2.49	0.90	29.9	52.7	15.1	26.3
40～46	8.0	9.4	1.29	0.56	35.6	47.7	10.9	19.3
46～95	8.2	6.2	0.96	0.52	33.4	48.4	11.7	25.5
95～120	8.1	5.1	0.71	0.72	28.3	61.0	13.8	34.5

5.3.3 文伟系（Wenwei Series）

土　族：壤质硅质混合型非酸性热性-漂白铁渗水耕人为土

拟定者：黄　标，万梦雪，卢　鑫

文伟系典型景观

分布与环境条件　文伟系分布于云南省临沧市坝区河流两岸及山谷出口处地势低洼地段。属亚热带低纬高原山地季风气候，主要受印度洋暖湿气流和西南季风的影响，四季区分不明显，但干雨季分明，坝区年均气温 17℃，年均日照时数 1894.1～2261.6 h，≥10℃积温 5968℃，年均降水量 920～1600 mm。土壤起源于河流冲积物母质上，种植水稻。

土系特征与变幅　诊断层：水耕表层、水耕氧化还原层、漂白层。诊断特性：潜育特征、氧化还原特征、人为滞水土壤水分状况、热性土壤温度状况。文伟系由近代河流冲积物经水耕熟化发育而成，所处部位地势低，地下水位高，排水不良，潜育特征明显，出现深度在 60 cm 以下。土壤质地均为砂质壤土，剖面自上而下，黏粒含量有逐渐增加的趋势。耕作层发育团粒状结构，之下均为中等发育的块状结构。通体见锈纹锈斑，中部和底部锈纹锈斑丰度稍高。土壤反应呈酸性—弱酸性，pH 5.1～6.3。水耕表层的有机碳、全氮、全磷和全钾含量均较高，养分状况良好。

对比土系　曼沙吉系，不同地区，同一亚类，颗粒大小级别为黏质，高热性土壤温度状况。和曲系，同一亚类，颗粒大小级别为黏壤质，矿物学类型为云母混合型。土戈系，同一地区，相同亚纲，不同土类，简育水耕人为土，矿物学类型为混合型。

利用性能综述　文伟系土壤水源条件好，土体深厚，耕性好，供肥性较好，水稻返青快，分蘖多，但砂性较重的土壤，泡田后容易淀浆板结，后期肥力较弱。所以，利用上应注意开沟排水，合理轮作，后期注意追肥。

参比土种　青砂泥田。

代表性单个土体　剖面采自云南省临沧市临翔区忙畔街道文伟村赵家自然村祥临公路旁（编号 53-005），坐标 23.953056°N，100.100556°E。海拔 1440 m，当前种植水稻。50 cm 深度土层年平均温度 19.1℃。野外调查时间 2015 年 10 月。

Ap1：0～16 cm，淡黄色（2.5Y 7/3，干），黄棕色（2.5Y 5/3，润）；砂质壤土，发育团粒状结构，疏松，土体内见<10%直径<2 mm 的铁锰斑纹，平滑清晰过渡。

Ap2：16～25 cm，浅淡黄色（2.5Y 8/3，干），浊黄色（2.5Y 6/3，润）；砂质壤土，中等发育块状结构，稍坚实，土体内见<10%直径<2 mm 的铁锰斑纹，平滑清晰过渡。

Er：25～50 cm，灰白色（2.5Y 8/2，干），灰黄色（2.5Y 6/2，润）；砂质壤土，中等发育块状结构，坚实，土体内见5%直径<2 mm 的铁锰斑纹，平滑渐变过渡。

Br1：50～66 cm，浅淡黄色（2.5Y 8/4，干），黄棕色（2.5Y 5/4，润）；砂质壤土，中等发育块状结构，坚实，土体内见 20%直径<2 mm 的铁锰斑纹，平滑清晰过渡。

Bgr：66～100 cm，灰白色（2.5Y 8/1，干），黄灰色（2.5Y 6/1，润）；砂质壤土，中等发育块状结构，坚实，土体内见5%直径<2 mm 的铁锰斑纹，平滑清晰过渡。

文伟系代表性单个土体剖面

Br2：100～120 cm，浅淡黄色（2.5Y 8/4，干），黄棕色（2.5Y 5/4，润）；砂质壤土，中等发育块状结构，坚实，土体内见 15%直径<2 mm 的铁锰斑纹。

文伟系代表性单个土体物理性质

土层	深度/cm	细土颗粒组成（粒径：mm）/(g/kg)			质地	容重/(g/cm^3)
		砂粒 2～0.05	粉粒 0.05～0.002	黏粒 <0.002		
Ap1	0～16	835	96	69	砂质壤土	1.26
Ap2	16～25	740	169	91	砂质壤土	1.53
Er	25～50	624	263	113	砂质壤土	1.51
Br1	50～66	749	145	106	砂质壤土	1.63
Bgr	66～100	724	164	112	砂质壤土	1.71
Br2	100～120	677	172	152	砂质壤土	1.62

文伟系代表性单个土体化学性质

深度/cm	pH		有机碳(C)/(g/kg)	全氮(N)/(g/kg)	全磷(P)/(g/kg)	全钾(K)/(g/kg)	全铁(Fe)/(g/kg)	阳离子交换量/(cmol/kg)	游离铁(Fe)/(g/kg)
	H_2O	KCl							
0～16	6.2	4.8	17.3	1.64	0.87	33.4	34.0	12.1	8.7
16～25	5.4	3.9	10.5	1.18	0.62	34.7	34.5	10.6	8.2
25～50	5.1	3.7	10.0	1.10	0.62	32.2	30.9	10.3	5.5
50～66	5.3	3.9	4.9	0.59	0.29	37.0	35.0	8.4	11.9
66～100	6.0	4.6	3.6	0.45	0.24	36.4	23.3	7.2	5.6
100～120	6.3	4.6	3.5	0.32	0.39	36.0	36.0	8.7	11.8

5.4　普通铁聚水耕人为土

5.4.1　妥甸系（Tuodian Series）

土　族：黏质伊利石型非酸性热性-普通铁聚水耕人为土

拟定者：黄　标，张海东，田　康，贾萌萌

妥甸系典型景观

分布与环境条件　妥甸系分布于云南省楚雄州的谷地或箐沟边紫红色砂页岩分布区。属北亚热带高原季风气候，年均气温 15℃，年均日照时数为 2355 h，≥10℃积温 4656℃，无霜期 225 d，年均降水量 927 mm，年均蒸发量 1950.6 mm。土壤起源于紫红色砂页岩母质，水旱轮作农田，种植水稻-蔬菜。

土系特征与变幅　诊断层：水耕表层、水耕氧化还原层。诊断特征：氧化还原特征、人为滞水土壤水分状况、热性土壤温度状况。妥甸系是紫红色砂页岩母质经过长期水旱轮作发育而来。该土壤整体颜色发紫，色调为 2.5YR，系继承紫色砂页岩的特征。土壤质地整体较重，为粉质黏土—黏壤土，粉粒含量较高，在 430 g/kg 左右。耕作层主要发育小团块状结构，也见团粒状结构，之下均为中等—强发育的团块状结构。土体内见锈纹锈斑，含量 5%～10%。土壤呈中性—微碱性，pH 6.6～7.9。该土系水耕表层土壤有机碳和全氮含量不高，有机碳含量仅 8.9 g/kg 左右，全磷含量中等，全钾含量较高，养分储量处于较低水平。

对比土系　下高仓系，相同母质，同一亚纲，不同亚类，颗粒大小级别为黏壤质，矿物学类型为混合型，有潜育特征。散花系，相同母质，同一亚纲，不同亚类，无铁聚。

利用性能综述　妥甸系多分布于山谷，地下水位高，或灌冷泉水，排水不畅，地温低，宜耕期短，供肥性较差，基础肥力也较低，属于低产土壤。应注意开沟排水，降低地下水位，水旱轮作，协调土壤水、肥、气、热，提高土壤供肥能力。

参比土种　灰紫砂泥田。

代表性单个土体　剖面采自云南省楚雄州双柏县妥甸镇董家村（编号 53-034），坐标 24.71664°N，101.6332°E。海拔 1903 m，当前种植水稻。50 cm 深度土层年平均温度 15.6℃。

野外调查时间2014年11月。

妥甸系代表性单个土体剖面

Ap1：0～15 cm，浊红棕色（2.5YR 5/4，干），浊红棕色（2.5YR 4/4，润），粉质黏土，中等发育小团块状结构，部分团粒状结构，疏松，根系多，沿根孔壁见少量锈纹锈斑，平滑清晰过渡。

Ap2：15～23 cm，浊橙色（2.5YR 6/3，干），浊红棕色（2.5YR 4/3，润），粉质黏土，强发育团块状结构，坚实，根系稍多，土壤结构体内或沿根孔壁见少量锈纹锈斑，结构面或裂隙面见灰色胶膜，平滑清晰过渡。

Br：23～45 cm，浊橙色（2.5YR 6/3，干），浊红棕色（2.5YR 4/3，润），粉质黏土，强发育团块状结构，坚实，土壤结构体内见一定量锈纹锈斑，5%左右，结构面或裂隙面见灰色胶膜，平滑清晰过渡。

BCr：45～120 cm，浊红棕色（2.5YR 5/4，干），浊红棕色（2.5YR 4/4，润），黏壤土，中度发育团块状结构，坚实，土壤结构体内见有大量锈纹锈斑，10%左右。

妥甸系代表性单个土体物理性质

土层	深度/cm	细土颗粒组成（粒径：mm)/(g/kg)			质地	容重/(g/cm³)
		砂粒 2～0.05	粉粒 0.05～0.002	黏粒 <0.002		
Ap1	0～15	90	430	480	粉质黏土	1.35
Ap2	15～23	107	426	466	粉质黏土	1.51
Br	23～45	141	431	428	粉质黏土	1.55
BCr	45～120	181	431	388	黏壤土	1.72

妥甸系代表性单个土体化学性质

深度/cm	pH(H_2O)	有机碳(C)/(g/kg)	全氮(N)/(g/kg)	全磷(P)/(g/kg)	全钾(K)/(g/kg)	全铁(Fe)/(g/kg)	阳离子交换量/(cmol/kg)	游离铁(Fe)/(g/kg)
0～15	6.6	8.9	2.13	0.51	21.1	42.3	14.0	7.8
15～23	7.3	8.3	1.90	0.40	21.5	40.7	13.4	8.6
23～45	7.8	4.3	0.98	0.33	19.7	40.2	11.0	23.8
45～120	7.9	4.5	0.51	0.28	18.5	38.2	10.1	22.7

5.5 漂白简育水耕人为土

5.5.1 土戈系（Tuge Series）

土　族：壤质混合型非酸性热性-漂白简育水耕人为土

拟定者：黄　标，万梦雪，卢　鑫

土戈系典型景观

分布与环境条件　土戈系分布于云南省临沧市的盆地内河谷两侧一级阶地上，区域地势起伏较大，但盆地内地势较平坦，属南亚热带暖湿季风气候，年均气温 19.5℃，年均降水量 1010 mm，年均蒸发量 2300 mm，无霜期 352 d。土壤起源于河流冲积物母质，种植水稻。

土系特征与变幅　诊断层：水耕表层、水耕氧化还原层。诊断特征：氧化还原特征、人为滞水土壤水分状况、热性土壤温度状况。该土系是河流冲积物母质经过长期水旱轮作发育而来，地下水位较高，为 60～80 cm。土壤质地较轻，50 cm 以上均为粉壤土，下部质地更轻，为壤土，甚至壤质砂土。耕作层发育团粒状和碎块状结构，其内见潜育斑，犁底层为中等发育的团块状结构，50 cm 以下，由于质地偏砂，结构发育较弱，为弱的团块状结构，甚至无结构，呈粒状，可见原始沉积层理。通体见锈纹锈斑，上部锈纹锈斑丰度稍高，达 10%，下部较少，为 5%。土壤反应主要显微酸性，pH 5.3～5.8。水耕表层有机碳、全氮、全磷、全钾含量均较高，养分状况良好。

对比土系　文伟系，同一地区，相同亚纲，不同土类，铁渗水耕人为土，剖面下部有潜育特征，矿物学类型为硅质混合型。

利用性能综述　土戈系土壤质地轻，易于耕作，同时熟化度高，水利条件好，所以，水、热、气、肥协调性好，属于肥力较高的土壤。适合于一年两熟稻-麦、稻-稻、稻-油等轮作模式。近年来，不少农户种植再生稻，效果也较好。限制条件主要是土壤偏轻，容易漏水漏肥，作物生长后期肥力稍差，所以要注意保护犁底层，少量多次施肥，调节水肥平衡。

参比土种　砂泥田。

代表性单个土体　剖面采自云南省临沧市双江拉祜族佤族布朗族傣族自治县（双江县）

沙河乡大土戈自然村（编号 53-028），坐标 23.501111°N，99.827222°E。海拔 1020 m，当前种植水稻。50 cm 深度土层年平均温度 21.5℃。野外调查时间 2015 年 10 月。

Ap1：0～15 cm，灰白色（2.5Y 8/1，干），黄灰色（2.5Y 6/1，润）；粉壤土，发育团粒状-碎块状结构，疏松，根系较多，结构体内见 10%直径<2 mm 的铁锰斑纹，同时见铁青色的潜育斑，平滑清晰过渡。

Ap2：15～20 cm，灰白色（2.5Y 8/2，干），灰黄色（2.5Y 6/2，润）；粉壤土，中等发育团块状结构，稍坚实，少量根系，结构体内见 10%直径<2 mm 的铁锰斑纹，见铁青色的潜育斑，平滑清晰过渡。

Er1：20～44 cm，灰白色（2.5Y 8/2，干），灰黄色（2.5Y 6/2，润）；粉壤土，中等发育团块状结构，稍坚实，结构体内见 10%直径<2 mm 的铁锰斑纹，平滑突变过渡。

Er2：44～65 cm，灰白色（2.5Y 8/2，干），灰黄色（2.5Y 6/2，润）；壤土，弱发育团块状结构，疏松，结构体内见 5%<2 mm 的铁锰斑纹，隐约可见原始沉积层理，平滑清晰过渡。

土戈系代表性单个土体剖面

BCr：65～100 cm，浊黄橙色（10YR 7/4，干），浊黄棕色（10YR 5/4，润）；壤质砂土，呈粒状，见原始沉积层理，疏松，结构体内见 5%直径<2 mm 的铁锰斑纹。

土戈系代表性单个土体物理性质

土层	深度/cm	细土颗粒组成 (粒径：mm)/(g/kg)			质地	容重/(g/cm^3)
		砂粒 2～0.05	粉粒 0.05～0.002	黏粒 <0.002		
Ap1	0～15	164	606	230	粉壤土	1.20
Ap2	15～20	208	568	224	粉壤土	1.35
Er1	20～44	262	548	190	粉壤土	1.22
Er2	44～65	486	408	106	壤土	1.32
BCr	65～100	772	159	69	壤质砂土	1.35

土戈系代表性单个土体化学性质

深度/cm	pH		有机碳(C)/(g/kg)	全氮(N)/(g/kg)	全磷(P)/(g/kg)	全钾(K)/(g/kg)	全铁(Fe)/(g/kg)	阳离子交换量/(cmol/kg)	游离铁(Fe)/(g/kg)
	H_2O	KCl							
0～15	5.8	4.5	12.3	1.24	1.12	31.0	47.1	13.7	18.0
15～20	5.3	4.0	11.9	1.25	0.96	29.0	45.0	13.7	18.2
20～44	5.6	4.4	7.0	0.77	0.50	35.4	39.2	9.3	15.4
44～65	5.7	4.2	3.1	0.43	0.39	29.1	29.3	6.5	7.9
65～100	5.8	4.1	1.3	0.15	0.33	24.8	28.9	5.5	5.9

5.6　底潜简育水耕人为土

5.6.1　徐营系（Xuying Series）

土　族：黏壤质硅质型非酸性热性-底潜简育水耕人为土

拟定者：黄　标，瞿明凯，王培燕，李　想

徐营系典型景观

分布与环境条件　徐营系分布于云南省楚雄州、昆明市等地州市的坝区的低洼处。气候上，地处低纬度高海拔地区，以北亚热带季风气候为主，兼有大陆性和海洋性气候特点，立体气候明显。年均气温 14.9℃，年均降水量 823 mm，年均日照时数 2611.4 h，无霜期 256 d。土壤起源于冲积物母质，种植水稻。

土系特征与变幅　诊断层：水耕表层、水耕氧化还原层。诊断特征：氧化还原特征、潜育特征、人为滞水土壤水分状况、热性土壤温度状况。该土系是在盆地内的冲积物母质上，经过长期水旱轮作发育而来。该土壤颜色偏淡，色调在 10YR～2.5Y，下部土壤新鲜颜色发青。土壤质地为黏壤土，上下较为一致，黏粒含量 220～382 g/kg。耕作层主要发育碎块状结构，之下均为中等—强发育的棱块状结构。通体见锈纹锈斑，含量 5%～20%。通体无石灰反应，pH 5.4～7.1，呈酸性—中性，耕作层呈酸性。土壤有机碳含量、全氮、全磷含量均较高，全钾含量中等，养分状况良好。

对比土系　九龙系，同一土类，不同亚类，颗粒大小级别为黏质，矿物学类型为高岭石型。

利用性能综述　徐营系土壤质地适中，通透性好，适耕性强，同时又有较高的保水保肥能力，虽然土壤潜在肥力较高，但养分释放慢，低温多雨年份易受寒害。一般一年一熟或一年两熟。利用中，应注意有机肥的施用，提倡秸秆还田，种植绿肥，合理轮作，提早翻地晒垡，促进养分释放。

参比土种　胶泥田。

代表性单个土体　剖面采自云南省楚雄州南华县龙川镇徐营村委会龙口村（编号 53-008），坐标 25.1692°N，101.24839°E。海拔 1876 m，当前种植水稻。50 cm 深度土层年平均温度 17.1℃。野外调查时间 2014 年 11 月。

徐营系代表性单个土体剖面

Ap1：0～18 cm，浊黄橙色（10YR 7/3，干），浊黄棕色（10YR 5/3，润）；黏壤土，中等发育碎块状结构，稍坚实，须根较多，土体内见5%直径<2 mm的铁锰斑纹，平滑清晰过渡。

Ap2：18～25 cm，浊黄橙色（10YR 6/3，干），浊黄棕色（10YR 4/3，润）；黏壤土，强发育棱块状结构，坚实，少量须根，土体内见约10%直径2～5 mm的铁锰斑纹，平滑渐变过渡。

Br1：25～30 cm，浊黄橙色（10YR 6/3，干），浊黄棕色（10YR4/3，润）；黏壤土，强发育棱块状结构，坚实，土体内见20%直径5～20 mm的铁锰斑纹，见少量砖块和炭屑侵入体，平滑渐变过渡。

Br2：30～58 cm，淡黄色（2.5Y 7/3，干），黄棕色（2.5Y 5/3，润）；黏壤土，强发育棱块状结构，坚实，土体内见15%直径2～5 mm的铁锰斑纹，见少量砖块和炭屑侵入体，平滑渐变过渡。

Br3：58～78 cm，淡黄色（2.5Y 7/3，干），黄棕色（2.5Y 5/3，润）；砂质黏壤土，强发育棱块状结构，坚实，土体内见5%直径2～5 mm的铁锰斑纹，平滑渐变过渡。

Bgr1：78～100 cm，灰黄色（2.5Y 6/2，干），暗灰黄色（2.5Y 4/2，润）；黏壤土，中等发育棱块状结构，坚实，土体内见5%直径2～5 mm的铁锰斑纹，平滑渐变过渡。

Bgr2：100～120 cm，灰黄色（2.5Y 6/2，干），暗灰黄色（2.5Y 4/2，润）；黏壤土，中等发育棱块状结构，坚实，土体内见5%直径2～5 mm的铁锰斑纹。

徐营系代表性单个土体物理性质

土层	深度/cm	细土颗粒组成 (粒径：mm)/(g/kg)			质地	容重/(g/cm³)
		砂粒 2～0.05	粉粒 0.05～0.002	黏粒 <0.002		
Ap1	0～18	301	356	343	黏壤土	1.13
Ap2	18～25	265	371	364	黏壤土	1.22
Br1	25～30	327	291	382	黏壤土	1.41
Br2	30～58	428	259	313	黏壤土	1.62
Br3	58～78	558	221	220	砂质黏壤土	1.74
Bgr1	78～100	426	269	305	黏壤土	1.45
Bgr2	100～120	380	290	330	黏壤土	1.31

徐营系代表性单个土体化学性质

深度 /cm	pH (H_2O)	有机碳(C) /(g/kg)	全氮(N) /(g/kg)	全磷(P) /(g/kg)	全钾(K) /(g/kg)	全铁(Fe) /(g/kg)	阳离子交换量 /(cmol/kg)	游离铁(Fe) /(g/kg)
0～18	5.5	25.6	2.78	0.79	15.1	26.0	10.7	7.2
18～25	5.4	27.6	3.20	0.83	15.3	27.5	12.4	7.2
25～30	6.1	15.5	1.84	0.54	16.9	46.7	9.1	7.5
30～58	7.0	6.6	1.05	0.31	12.9	32.8	7.1	7.5
58～78	7.1	4.8	0.84	0.22	9.8	17.8	6.5	2.9
78～100	7.0	6.9	0.77	0.21	11.3	21.9	7.6	7.4
100～120	6.9	7.8	0.80	0.29	12.5	24.7	9.2	3.6

5.7　普通简育水耕人为土

5.7.1　九龙系（Jiulong Series）

土　族：黏质高岭石型非酸性热性-普通简育水耕人为土
拟定者：黄　标，瞿明凯，王培燕，李　想

分布与环境条件　九龙系分布于云南省曲靖市罗平县的坝区内，海拔 1500～1700 m。属高原季风气候，年均气温 15.1℃，年均降水量 1700 mm，年均相对湿度 85%，年均日照时数 1685 h，无霜期 280 d。土壤起源于冲积物母质，种植水稻。

九龙系典型景观

土系特征与变幅　诊断层：水耕表层、水耕氧化还原层。诊断特征：氧化还原特征、人为滞水土壤水分状况、热性土壤温度状况。该土系是在山间盆地内冲积物母质上，经过长期水旱轮作发育而来，下伏紫红色砂岩。由于种植时间长，除紫红色砂岩母质层外，游离铁已淋失，颜色较淡，为棕色，仅剖面下部为红棕色。土壤质地通体为黏土—粉质黏土。耕作层主要发育碎块状结构，之下均为中—强发育的棱块状结构。通体见大量锈纹锈斑，含量 2%～20%。通体无石灰反应，pH 7.4～7.5，呈中性。耕作层有机碳、全氮、全磷含量均较高，尤其是全磷含量，达 2.00 g/kg，全钾水平中等，养分状况良好。66 cm 以下见紫色砂岩母土，土壤与母质之间逐渐过渡。

对比土系　徐营系，同一土类，不同亚类，颗粒大小级别为黏壤质，矿物学类型为硅质型，剖面底部有潜育特征。下本系，同一亚类，不同土族，矿物学类型为伊利石型，剖面下部有埋藏层。

利用性能综述　九龙系质地稍重，耕作稍受影响，通透性也受影响，但保水保肥性能好。改良途径主要是合理轮作复种，与绿肥轮作，增加有机物料投入，如施用有机肥、秸秆还田等，深耕晒垡，改善土壤通透性能。

参比土种　暗紫砂田。

代表性单个土体　剖面采自云南省曲靖市罗平县九龙镇牛街村（编号 53-026），坐标 24.95313°N，104.29819°E。海拔 1503 m，当前种植水稻。50 cm 深度土层年平均温度

17.3℃。野外调查时间 2014 年 11 月。

九龙系代表性单个土体剖面

Ap1：0～16 cm，浊黄橙色（10YR 6/3，干），浊黄棕色（10YR 4/3，润）；黏土，中等发育的碎块状和弱发育的团粒状结构，稍坚实，根系较多，土体内见 2%直径<2 mm 的铁锰斑纹，平滑清晰过渡。

Ap2：16～26 cm，浊黄橙色（10YR 6/4，干），棕色（10YR 4/4，润）；粉质黏土，强发育团块状结构，坚实，有少量根系，土体内见 2%直径<2 mm 的铁锰斑纹，结构体表面见灰色胶膜，平滑渐变过渡。

Br1：26～45 cm，浊黄橙色（10YR 6/4，干），棕色（10YR 4/4，润）；粉质黏土，强发育棱块状结构，坚实，土体内见 10%左右直径 2～6 mm 的铁锰斑纹，并见 2%左右的铁锰结核，结构体表面见灰色胶膜，平滑渐变过渡。

Br2：45～66 cm，浊黄橙色（10YR 6/4，干），棕色（10YR 4/4，润）；粉质黏土，强发育棱块状结构，坚实，土体内见 20%左右直径 2～6 mm 的铁锰斑纹，并见 2%左右的铁锰结核，结构体表面见灰色胶膜，平滑清晰过渡。

C：66～100 cm，浊红棕色（5YR 5/3，干），浊红棕色（5YR 4/3，润）；粉质黏土，中等发育棱块状结构，坚实，土体内见 15%左右直径 2～6 mm 的铁锰斑纹。

九龙系代表性单个土体物理性质

土层	深度 /cm	细土颗粒组成（粒径：mm)/(g/kg)			质地	容重 /(g/cm³)
		砂粒 2～0.05	粉粒 0.05～0.002	黏粒 <0.002		
Ap1	0～16	59	314	627	黏土	1.05
Ap2	16～26	73	516	411	粉质黏土	1.29
Br1	26～45	39	465	496	粉质黏土	1.30
Br2	45～66	82	513	405	粉质黏土	1.29
C	66～100	—	—	—	粉质黏土	—

九龙系代表性单个土体化学性质

深度 /cm	pH (H_2O)	有机碳(C) /(g/kg)	全氮(N) /(g/kg)	全磷(P) /(g/kg)	全钾(K) /(g/kg)	全铁（Fe） /(g/kg)	阳离子交换量 /(cmol/kg)	游离铁(Fe) /(g/kg)
0～16	7.4	29.2	2.83	2.00	12.4	79.0	20.5	8.0
16～26	7.4	9.1	1.87	1.16	12.7	84.5	19.2	7.4
26～45	7.5	8.2	1.14	0.98	12.2	83.5	17.8	7.4
45～66	7.4	9.2	1.21	0.88	10.9	81.3	15.7	7.8

5.7.2　开文系（Kaiwen Series）

土　族：黏质高岭石混合型非酸性温性-普通简育水耕人为土

拟定者：黄　标，胡文友，张海东，贾萌萌

分布与环境条件　开文系分布于云南省丽江市北部古城区的丽江盆地内。属低纬暖温带高原山地季风气候，年均气温 13.6℃，四季变化不大，干湿季节分明，年均无霜期 191～310 d；年均降水量 910～1040 mm，雨季集中在 6～9 月；年均日照时数在 2321～2554 h。土壤起源于近代河流冲积物母质，水旱轮作农田，种植水稻/玉米-油菜。

开文系典型景观

土系特征与变幅　诊断层：水耕表层、水耕氧化还原层。诊断特征：氧化还原特征、铁质特性、人为滞水土壤水分状况、温性土壤温度状况。开文系是在盆地内的近代河流冲积物母质上，经过长期水旱轮作发育而来。受母质影响，该土壤整体颜色偏红偏暗，色调为 5YR，呈暗红棕色，但剖面 50 cm 深度以下，土体中砾石明显增多，土体颜色相对较淡，呈棕色。剖面 50 cm 以上土壤质地整体为黏土，黏粒含量 247～485 g/kg。耕作层主要发育团粒状结构，之下为中等发育的小团块状结构，50 cm 以下为砾石层，结构发育弱，细土部分为砂质黏壤土。土体内见少量锈纹锈斑，含量在 5%以下。50 cm 以上土体中也常见石英质砾石。土壤呈中性—微碱性，pH 6.8～8.1。该土系水耕表层土壤有机碳和全氮含量较高，有机碳在 19 g/kg 以上，全磷含量异常高，但全钾含量中等，阳离子交换量较高。

对比土系　九龙系，同一亚类，不同土族，不同地区，热性土壤温度状况。

利用性能综述　开文系土壤质地较黏重，但有机碳含量高，宜耕性好，保水保肥能力强，土壤较为肥沃，一般一年两熟，稻-麦、稻-油轮作。利用上，由于施肥不合理，有时出现养分比例失调，所以，应注意肥料的合理施用，抓好配方施肥。

参比土种　黄鸡粪土田。

代表性单个土体　剖面采自云南省丽江市古城区束河街道开文村（编号 53-011），坐标 26.93428°N，100.21301°E。海拔 2450 m，当前为水稻种植收获后。50 cm 深度土层年平均温度 15.8℃。野外调查时间 2015 年 10 月。

开文系代表性单个土体剖面

Ap1：0～20 cm，浊红棕色（5YR 5/3，干），暗红棕色（5YR 3/3，润），黏土，强发育团粒状结构，疏松，根系多，土体无石灰反应，平滑清晰过渡。

Ap2：20～30 cm，浊红棕色（5YR 4/4，干），暗红棕色（5YR 3/4，润），黏土，中等发育小团块状结构，坚实，根系稍多，土壤结构体内见少量锈纹锈斑，无石灰反应，平滑清晰过渡。

Br：30～50 cm，浊红棕色（5YR 4/4，干），暗红棕色（5YR 3/4，润），黏土，中等发育小团块状结构，坚实，土壤结构体内见少量锈纹锈斑，土体内见少量砾石，无石灰反应，平滑清晰过渡。

C：50～80 cm，浊棕色（7.5YR 5/4，干），暗棕色（7.5YR 3/4，润），砂质黏壤土，粒状结构，疏松，见大量石英质砾石，含量达 75%，砾石磨圆度较好，但分选性较差，大小不一。

开文系代表性单个土体物理性质

土层	深度 /cm	石砾 (>2 mm，体积分数)/%	细土颗粒组成 (粒径：mm)/(g/kg)			质地	容重 /(g/cm^3)
			砂粒 2～0.05	粉粒 0.05～0.002	黏粒 <0.002		
Ap1	0～20	—	245	342	413	黏土	1.11
Ap2	20～30	—	153	362	485	黏土	1.46
Br	30～50	10	251	314	436	黏土	1.45
C	50～80	75	602	150	247	砂质黏壤土	1.39

开文系代表性单个土体化学性质

深度 /cm	pH (H_2O)	有机碳(C) /(g/kg)	全氮(N) /(g/kg)	全磷(P) /(g/kg)	全钾(K) /(g/kg)	全铁(Fe) /(g/kg)	阳离子交换量 /(cmol/kg)	游离铁 (Fe) /(g/kg)
0～20	6.8	33.0	2.86	2.89	15.0	93.5	25.1	41.7
20～30	7.2	19.1	1.93	2.27	12.6	101.2	25.9	43.1
30～50	7.4	19.6	2.04	2.42	12.0	104.9	25.4	45.5
50～80	8.1	5.1	0.50	1.66	11.0	46.4	10.8	22.5

5.7.3　下本系（Xiaben Series）

土　族：黏质伊利石型非酸性热性-普通简育水耕人为土

拟定者：黄　标，卢升高，宗玉统

分布与环境条件　下本系分布于云南省楚雄州楚雄市周边，主要分布于山间盆地内。区域地势起伏较大，海拔 690～2910 m。属北亚热带季风气候，冬干夏湿，气温日差较大，年差较小；日照充足，霜期较短。年均降水量 864 mm，年均气温 15.6℃。土壤起源于河流冲积物母质上，种植水稻。

下本系典型景观

土系特征与变幅　诊断层：水耕表层、水耕氧化还原层。诊断特征：氧化还原特征、人为滞水土壤水分状况、热性土壤温度状况。该土系是在盆地内的河流相冲积物母质上，经过长期水旱轮作发育而来。土壤质地通体为黏土或粉质黏土，黏粒含量均在 450 g/kg 以上。耕作层主要发育碎块状结构，之下均为强发育的棱块状结构。通体见锈纹锈斑和少量小的铁锰结核，含量均小于 5%。剖面下部 50 cm 以下土壤颜色较深。通体无石灰反应，pH 5.4～7.3，变化较大，呈微酸性—中性，耕作层呈酸性。耕作层有机碳、全氮、全磷含量均较高，养分状况良好。在 50 cm 以下，有机碳含量又增加，为埋藏层，厚度 30 cm。

对比土系　九龙系，同一亚类，不同土族，矿物类型为高岭石型。

利用性能综述　下本系质地黏重，干时坚硬，湿时黏闭，耕作性能差，养分供应处中等水平。主要改良措施是改变土壤物理性状，坚持深耕晒垡，重视有机肥施用，或加强秸秆还田，与豆类、油菜、绿肥轮作。

参比土种　黄胶泥田。

代表性单个土体　剖面采自云南省楚雄市东华镇下本村（编号 53-002），坐标 24.9343°N，101.4993°E。海拔 1847 m，当前种植水稻。50 cm 深度土层年平均温度 17.7℃。野外调查时间 2014 年 11 月。

下本系代表性单个土体剖面

Ap1：0～18 cm，浊黄橙色（10YR 7/3，干），浊黄棕色（10YR 5/3，润）；黏土，中等发育碎块状结构，稍坚实，土体内见<2%直径<2 mm 的铁锰斑纹，有少量直径<1 mm 的铁锰结核，平滑清晰过渡。

Ap2：18～30 cm，浊黄橙色（10YR 7/3，干），浊黄棕色（10YR 5/3，润）；黏土，强发育棱块状结构，坚实，土体内见2%直径 2～5 mm 的铁锰斑纹，有少量直径<1 mm 的铁锰结核，平滑渐变过渡。

Br：30～52 cm，灰黄棕色（10YR 6/2，干），灰黄棕色（10YR 4/2，润）；黏土，强发育棱块状结构，坚实，土体内见<1%直径 2～5 mm 的铁锰斑纹，有少量直径<1 mm 的铁锰结核，平滑清晰过渡。

Brb1：52～85 cm，灰黄棕色（10YR 5/2，干），黑棕色（10YR 3/2，润）；粉质黏土，强发育棱块状结构，坚实，土体内见<1%直径<2 mm 的铁锰斑纹，有少量直径<1 mm 的铁锰结核，平滑清晰过渡。

Brb2：85～90 cm，浊黄橙色（10YR 6/3，干），浊黄棕色（10YR 4/3，润）；黏土，强发育棱块状结构，坚实，土体内见<1%直径<2 mm 的铁锰斑纹，有少量直径<1 mm 的铁锰结核。

下本系代表性单个土体物理性质

土层	深度/cm	细土颗粒组成（粒径：mm)/(g/kg)			质地	容重/(g/cm^3)
		砂粒 2～0.05	粉粒 0.05～0.002	黏粒 <0.002		
Ap1	0～18	187	361	453	黏土	1.34
Ap2	18～30	205	341	454	黏土	1.69
Br	30～52	168	380	452	黏土	1.47
Brb1	52～85	74	426	500	粉质黏土	1.25
Brb2	85～90	166	311	523	黏土	1.33

下本系代表性单个土体化学性质

深度/cm	pH (H_2O)	有机碳(C)/(g/kg)	全氮(N)/(g/kg)	全磷(P)/(g/kg)	全钾(K)/(g/kg)	全铁(Fe)/(g/kg)	阳离子交换量/(cmol/kg)	游离铁(Fe)/(g/kg)
0～18	5.4	15.5	1.77	0.65	17.1	30.3	9.8	7.5
18～30	7.2	7.7	0.94	0.37	22.9	39.9	8.8	7.5
30～52	7.3	6.7	0.95	0.34	22.9	43.4	12.7	7.7
52～85	5.7	14.1	1.59	0.41	18.2	42.9	17.8	7.7
85～90	5.1	10.7	1.26	0.26	19.4	43.5	15.9	7.4

5.7.4 毛家营系（Maojiaying Series）

土 族：黏质伊利石型非酸性热性-普通简育水耕人为土
拟定者：黄 标，卢升高，宗玉统

分布与环境条件 毛家营系分布于云南省昆明市宜良县。区域地势起伏较大，海拔 1500～1800 m。属北亚热带季风气候，年均气温 16.3℃，年均降水量 898.9 mm，年均蒸发量 2033.5 mm。土壤起源于南盘江以及阶地的河流冲积物母质上，水稻和蔬菜轮作。

毛家营系典型景观

土系特征与变幅 诊断层：水耕表层、水耕氧化还原层。诊断特征：氧化还原特征、人为滞水土壤水分状况、热性土壤温度状况。该土系是在山间盆地的河流冲积物母质上，经过长期水旱轮作发育而来，但水耕强度不太强。土壤质地黏重，除 30～46 cm 深度为粉质黏壤土外，其余均为粉质黏土。30 cm 以下土体颜色色调与上部对比强烈，上部为 10YR，下部为 7.5YR。耕作层强发育团粒状结构，之下为中—强发育的块状结构。犁底层和水耕氧化还原层见明显锈纹锈斑，上部水耕氧化还原层见小的铁锰结核。通体无石灰反应，pH 6.0～7.8，呈中性—微碱性。水耕表层有机碳、全氮、全磷、全钾含量均较高，特别是全磷含量，在 1～2 g/kg，养分状况良好。

对比土系 下本系，同一土族，不同地区，剖面下部有埋藏层。散花系，同一土族，色调红（5YR～2.5YR）。

利用性能综述 毛家营系土壤熟化度低，质地黏重，所以耕作性能较差。由于缺水，灌溉较为困难，目前不少农户连续几年停止种植水稻。种植蔬菜后，土壤养分有所改善，土壤耕性改善不少。利用上，应着力改善灌溉条件，改进耕作技术，增施有机肥或生长绿肥，逐年培肥熟化。

参比土种 黄浮泥田。

代表性单个土体 剖面采自云南省昆明市宜良县狗街镇毛家营（编号 53-015），坐标 24.8319°N，103.17080°E。海拔 1523 m，当前种植蔬菜。50 cm 深度土层年平均温度 18.4℃。野外调查时间 2014 年 11 月。

毛家营系代表性单个土体剖面

Ap1：0～18 cm，浊黄橙色（10YR 6/4，干），棕色（10YR 4/4，润），粉质黏土，强发育团粒状结构，疏松，土体内见少量<2 mm 的铁锰斑纹，无石灰反应，平滑清晰过渡。

Ap2：18～30 cm，浊黄橙色（10YR 6/4，干），棕色（10YR 4/4，润）；粉质黏土，弱发育团粒状结构，中等发育碎块状结构，稍坚实，土体内见 1%左右<2 mm 的铁锰斑纹，无石灰反应，平滑渐变过渡。

Br1：30～46 cm，浊橙色（7.5YR 6/4，干），棕色（7.5YR 4/4，润）；粉质黏壤土，中等发育块状结构，坚实，土体内见 1%左右直径<2 mm 的铁锰斑纹，有少量直径<1 mm 的铁锰结核，无石灰反应，平滑清晰过渡。

Br2：46～110 cm，亮棕色（7.5YR 5/6，干），棕色（7.5YR 4/6，润）；粉质黏土，强发育块状结构，很坚实，土体内见<1%直径<2 mm 的铁锰斑纹，无石灰反应。

毛家营系代表性单个土体物理性质

土层	深度 /cm	细土颗粒组成 (粒径：mm)/(g/kg)			质地	容重 /(g/cm^3)
		砂粒 2～0.05	粉粒 0.05～0.002	黏粒 <0.002		
Ap1	0～18	75	457	468	粉质黏土	1.08
Ap2	18～30	76	455	469	粉质黏土	1.36
Br1	30～46	85	592	324	粉质黏壤土	1.47
Br2	46～110	22	499	480	粉质黏土	1.43

毛家营系代表性单个土体化学性质

深度 /cm	pH (H_2O)	有机碳(C) /(g/kg)	全氮(N) /(g/kg)	全磷(P) /(g/kg)	全钾(K) /(g/kg)	全铁(Fe) /(g/kg)	阳离子交换量 /(cmol/kg)	游离铁(Fe) /(g/kg)
0～18	6.0	15.2	1.52	2.23	26.8	51.1	15.6	7.8
18～30	6.8	15.4	1.60	1.89	28.7	53.2	15.8	7.9
30～46	7.7	9.2	1.06	0.95	29.5	54.4	12.9	7.9
46～110	7.8	6.1	0.87	0.96	29.9	58.4	13.9	7.7

5.7.5 散花系（Sanhua Series）

土 族：黏质伊利石型非酸性热性-普通简育水耕人为土

拟定者：黄 标，万梦雪，卢 鑫

分布与环境条件 散花系分布于云南省楚雄州牟定县山间盆地内。区域地势有起伏，海拔1100～2800 m。气候上，地处北亚热带季风气候区，年均气温15.8℃，年均降水量872 mm，无霜期238 d，年均日照时数为2359 h，年均蒸发量2135 mm。土壤起源于河流冲积物母质上，种植水稻-蚕豆或水稻-小麦轮作。

散花系典型景观

土系特征与变幅 诊断层：水耕表层、水耕氧化还原层。诊断特征：氧化还原特征、人为滞水土壤水分状况、热性土壤温度状况。该土系是在盆地内的河流冲积物母质上，经过长期水旱轮作发育而来。该土壤颜色偏红，色调在5YR～2.5YR，这与土壤中较高的氧化铁含量有关。土壤剖面至100 cm左右，质地为粉质黏土，黏粒含量420～450 g/kg，之下质地变轻，为粉壤土，系不同沉积时期的河流冲积物。耕作层主要发育碎块状结构，之下B层均为强发育的块状结构。通体见锈纹锈斑，含量均小于5%。通体无石灰反应，pH 6.1～7.4，呈微酸性—中性，耕作层呈微酸性。土壤有机碳含量较低，但全氮、全磷、全钾含量均较高，养分状况良好。

对比土系 妥甸系，相同母质，同一土类，不同亚类，有铁聚。下本系，同一土族，下部有埋藏层。毛家营系，同一土族，颜色淡（10YR～7.5YR）。仕登系，同一亚类，不同土族，温性土壤温度状况，粉质黏壤土。蔡官营系，同一亚类，不同土族，有石灰性。

利用性能综述 散花系土体深厚，质地稍偏黏，耕作性能稍差，但无明显障碍层次，保肥保水能力较强，相对来讲，水、肥、气、热较为协调，属中上等肥力土壤。但表层团粒结构不明显，有机碳含量偏低，今后利用过程中，还需要采取措施熟化土壤耕层，如采取秸秆还田、种植绿肥、深耕晒垡等措施。

参比土种 泥田。

代表性单个土体 剖面采自云南省楚雄州牟定县共和镇散花村（编号53-029），坐标25.27873°N，101.55521°E。海拔1781 m，当前种植水稻。50 cm深度土层年平均温度17.9℃。野外调查时间2014年11月。

散花系代表性单个土体剖面

Ap1：0～17 cm，浊橙色（5YR 6/3，干），浊红棕色（5YR 4/3，润）；粉质黏土，中等发育碎块状结构，稍坚实，须根较多，土体内见<2%直径<2 mm 的铁锰斑纹，平滑清晰过渡。

Ap2：17～25 cm，浊橙色（5YR 6/4，干），浊红棕色（5YR 4/4，润）；粉质黏土，强发育棱块状结构，坚实，少量须根，土体内见约 2%直径 2～5 mm 的铁锰斑纹，平滑渐变过渡。

Br1：25～40 cm，浊橙色（5YR 6/4，干），浊红棕色（5YR 4/4，润）；粉质黏土，强发育棱块状结构，坚实，土体内见 2%直径 2～5 mm 的铁锰斑纹，平滑清晰过渡。

Br2：40～70 cm，浊橙色（2.5YR 6/4，干），浊红棕色（2.5YR 4/4，润）；粉质黏土，强发育棱块状结构，坚实，土体内见<1%直径<2 mm 的铁锰斑纹，平滑渐变过渡。

Br3：70～103 cm，浊红棕色（2.5YR 5/4，干），浊红棕色（2.5YR 4/4，润）；粉质黏土，强发育棱块状结构，坚实，土体内见<1%直径<2 mm 的铁锰斑纹，平滑突变过渡。

2C：103～120 cm，浊橙色（2.5YR 6/4，干），浊红棕色（2.5YR 4/4，润）；粉壤土，粒状结构，稍坚实，偶见铁锰斑纹。

散花系代表性单个土体物理性质

土层	深度 /cm	细土颗粒组成 (粒径：mm)/(g/kg)			质地	容重 /(g/cm^3)
		砂粒 2～0.05	粉粒 0.05～0.002	黏粒 <0.002		
Ap1	0～17	60	505	435	粉质黏土	1.37
Ap2	17～25	53	526	421	粉质黏土	1.57
Br1	25～40	42	528	429	粉质黏土	1.53
Br2	40～70	36	522	442	粉质黏土	1.56
Br3	70～103	61	521	418	粉质黏土	1.60
2C	103～120	265	526	209	粉壤土	1.47

散花系代表性单个土体化学性质

深度 /cm	pH (H_2O)	有机碳(C) /(g/kg)	全氮(N) /(g/kg)	全磷(P) /(g/kg)	全钾(K) /(g/kg)	全铁(Fe) /(g/kg)	阳离子交换量 /(cmol/kg)	游离铁(Fe) /(g/kg)
0～17	6.1	9.0	1.60	0.57	27.9	45.4	15.8	7.1
17～25	6.3	9.3	1.67	0.55	27.8	45.3	16.2	7.6
25～40	6.8	6.4	1.02	0.45	28.5	47.6	15.5	7.5
40～70	7.4	6.7	0.71	0.46	30.6	47.9	13.5	8.0
70～103	7.4	5.9	0.53	0.48	23.3	43.8	11.8	8.1
103～120	7.3	3.8	0.25	0.28	15.5	29.1	7.7	7.7

5.7.6　仕登系（Shideng Series）

土　族：黏质伊利石型非酸性温性-普通简育水耕人为土
拟定者：黄　标，瞿明凯，符明明，李锦芬

分布与环境条件　仕登系分布于云南省大理州的高原坝区地势低洼地段。属北亚热带高原气候类型，干湿季节分明，光照充足，年均气温 13.5℃，年均降水量 856 mm，年均日照时数 2061～2439 h。土壤起源于冲积湖积物母质，种植水稻、玉米等。

仕登系典型景观

土系特征与变幅　诊断层：水耕表层、水耕氧化还原层。诊断特征：氧化还原特征、人为滞水土壤水分状况、温性土壤温度状况。仕登系是在山间盆地内冲积湖积物母质，经过长期水旱轮作发育而来。土壤颜色主要为棕色。土壤质地通体为粉质黏壤土。耕作层主要发育团粒状结构，之下均为强发育的棱块状结构。结构体内通体见大量锈纹锈斑，含量 5%～10%，下部土体结构面见明显灰色胶膜，占结构体表面 40%左右。通体呈中性—微碱性反应，pH 7.2～8.0。整个剖面有机碳、全氮、全磷、全钾含量均较高。

对比土系　散花系，同一亚类，不同土族，热性土壤温度状况，颜色红（2.5YR～5YR），质地为黏土。毛家营系，同一亚类，不同土族，热性土壤温度状况，质地为黏土。

利用性能综述　仕登系土体厚，黏重板结，耕作性能稍差，水、肥、气、热不太协调。多为一年两熟，产量较低。由于地形低洼，地下水位较高，易渍水，地温低。改良的措施主要是开沟排水，降低地下水位，挖田晒垡，增施热性有机肥或秸秆还田。注意选择耐寒品种种植，充分发挥地力。

参比土种　青胶泥田。

代表性单个土体　剖面采自云南省大理州洱源县牛街乡仕登自然村（编号 53-072），坐标 26.245018°N，99.992566°E。海拔 2115 m，当前种植水稻。50 cm 深度土层年平均温度 15.7℃。野外调查时间 2015 年 10 月。

仕登系代表性单个土体剖面

Ap1：0～18 cm，淡棕灰色（7.5YR 7/2，干），灰棕色（7.5YR 4/2，润）；粉质黏壤土，强发育的团粒状结构，疏松，根系较多，土体内见 5%直径 2～6 mm 的铁锰斑纹，平滑清晰过渡。

Ap2：18～28 cm，浊棕色（7.5YR 6/3，干），棕色（7.5YR 4/3，润）；粉质黏壤土，强发育棱块状结构，坚实，少量根系，土体内见 5%直径 2～6 mm 的铁锰斑纹，平滑清晰过渡。

Br1：28～60 cm，浊棕色（7.5YR 6/3，干），棕色（7.5YR 4/3，润）；粉质黏壤土，强发育棱块状结构，坚实，土体内见 10%直径 2～6 mm 的铁锰斑纹，结构面见 40%的灰色胶膜，平滑清晰过渡。

Br2：60～110 cm，浊橙色（7.5YR 7/3，干），浊棕色（7.5YR 5/3，润）；粉质黏壤土，强发育棱块状结构，坚实，土体内见 10%直径 2～6 mm 的铁锰斑纹，结构面见 40%的灰色胶膜。

仕登系代表性单个土体物理性质

土层	深度/cm	细土颗粒组成（粒径：mm）/(g/kg)			质地	容重/(g/cm³)
		砂粒 2～0.05	粉粒 0.05～0.002	黏粒 <0.002		
Ap1	0～18	126	496	377	粉质黏壤土	1.11
Ap2	18～28	99	517	384	粉质黏壤土	1.28
Br1	28～60	72	537	391	粉质黏壤土	1.28
Br2	60～110	66	547	387	粉质黏壤土	1.60

仕登系代表性单个土体化学性质

深度/cm	pH (H_2O)	有机碳(C)/(g/kg)	全氮(N)/(g/kg)	全磷(P)/(g/kg)	全钾(K)/(g/kg)	全铁(Fe)/(g/kg)	阳离子交换量/(cmol/kg)	游离铁(Fe)/(g/kg)
0～18	7.4	26.0	2.51	0.66	26.2	33.9	18.3	15.8
18～28	7.3	21.5	2.28	0.65	26.3	34.1	16.9	16.1
28～60	7.2	18.9	2.15	0.64	26.5	34.3	15.6	16.3
60～110	8.0	7.7	1.16	0.63	27.1	39.1	11.6	21.5

5.7.7　蔡官营系（Caiguanying Series）

土　族：黏质伊利石型石灰性热性-普通简育水耕人为土
拟定者：黄　标，宗玉统，肖　晴，韦杨嫣

蔡官营系典型景观

分布与环境条件　蔡官营系分布于云南省大理州宾川、弥渡、洱源等县的坝区低洼部位和温泉附近。属中亚热带冬干夏湿低纬高原季风气候区，光热充足，热量丰富，干旱少雨，立体气候明显。年均气温 17.9℃，无霜期 100～120 d，年均日照时数 2719.4 h，年均降水量 559.4 mm。土壤起源于冲积物母质，为大面积农田，农业利用为水旱轮作，种植水稻/玉米、小麦、蔬菜等。

土系特征与变幅　诊断层：水耕表层、水耕氧化还原层。诊断特征：石灰性、氧化还原特征、人为滞水土壤水分状况、热性土壤温度状况。蔡官营系是坝区内河流冲积物母质，经过长期水旱轮作发育而来。该土壤整体颜色发紫，色调为 2.5YR，可能与周边紫色砂页岩的搬运沉积有关。土壤质地整体较重，为粉质黏壤土—粉质黏土，粉粒含量较高，在 455～590 g/kg。耕作层主要发育团粒状结构，之下均为强发育的团块状结构。土体内见锈纹锈斑，含量 5%～10%。土壤呈碱性反应，pH 8.2～8.4，有弱—强石灰反应。该土系水耕表层土壤有机碳和全氮含量较高，表层有机碳含量 17 g/kg 左右，全磷、全钾含量也较高，养分储量尚可。

对比土系　散花系，同一亚类，不同土族，非酸性。

利用性能综述　蔡官营系土壤质地黏重，结构及渗透性差，排水不畅，难以耕作，所以宜耕期短，土壤 pH 相对较高，是一种地产田。改良该土系的根本措施是健全排灌渠系，降低地下水位，以淡水洗盐洗碱，增施有机肥和酸性肥料，增加地表覆盖，减少土壤水分蒸发和盐分上升。此外，强调冬季种植绿肥，增加有机物料投入，以便培肥地力。

参比土种　碱田。

代表性单个土体　剖面采自云南省大理州宾川县金牛镇仁和村蔡官营（编号 53-049），坐标 25.86444°N，100.59758°E。海拔 1408 m，当前种植水稻。50 cm 深度土层年平均温度 19.9℃。野外调查时间 2015 年 10 月。

蔡官营系代表性单个土体剖面

Ap1：0～20 cm，灰红色（2.5YR 6/2，干），灰红色（2.5YR 5/2，润），粉质黏壤土，中等发育团粒状结构，疏松，根系多，强石灰反应，平滑清晰过渡。

Ap2：20～30 cm，灰红色（2.5YR 6/2，干），灰红色（2.5YR 5/2，润），粉质黏土，强发育团块状结构，坚实，根系稍多，土壤结构体内见少量锈纹锈斑，中度石灰反应，平滑清晰过渡。

Br1：30～65 cm，红灰色（2.5YR 6/1，干），灰红色（2.5YR 4/2，润），粉质黏土，强发育团块状结构，坚实，土壤结构体内见一定量锈纹锈斑，为 5%左右，弱石灰反应，平滑清晰过渡。

Br2：65～100 cm，浊橙色（2.5YR 6/3，干），浊红棕色（2.5YR 5/3，润），粉质黏壤土，强发育团块状结构，坚实，土壤结构体内见大量锈纹锈斑，10%左右，弱石灰反应。

蔡官营系代表性单个土体物理性质

土层	深度 /cm	细土颗粒组成（粒径：mm)/(g/kg)			质地	容重 /(g/cm^3)
		砂粒 2～0.05	粉粒 0.05～0.002	黏粒 <0.002		
Ap1	0～20	180	455	365	粉质黏壤土	1.40
Ap2	20～30	65	485	450	粉质黏土	1.69
Br1	30～65	48	486	466	粉质黏土	1.58
Br2	65～100	83	588	329	粉质黏壤土	1.62

蔡官营系代表性单个土体化学性质

深度 /cm	pH(H_2O)	有机碳(C) /(g/kg)	全氮(N) /(g/kg)	全磷(P) /(g/kg)	全钾(K) /(g/kg)	全铁(Fe) /(g/kg)	阳离子交换量 /(cmol/kg)	游离铁 (Fe) /(g/kg)	碳酸钙 ($CaCO_3$) /(g/kg)
0～20	8.2	17.1	1.80	0.66	22.4	40.2	15.0	13.9	52
20～30	8.4	8.8	1.05	0.38	23.3	39.5	16.2	12.9	62
30～65	8.3	7.1	0.71	0.38	25.4	44.4	16.8	19.8	52
65～100	8.3	5.1	0.70	0.32	24.2	42.3	12.4	22.2	52

5.7.8　莱片系（Laipian Series）

土　族：黏质伊利石混合型石灰性热性-普通简育水耕人为土

拟定者：黄　标，瞿明凯，符明明，李锦芬

分布与环境条件　莱片系分布于云南省临沧市和红河州周围，是石灰岩坝子的低洼地段。属亚热带低纬山地季风气候，年均气温 15.6℃，年降水量 1425～1595 mm，无霜期 290 d，年均日照时数 2115 h。土壤起源于河流冲积物母质上，种植水稻、玉米等。

莱片系典型景观

土系特征与变幅　诊断层：水耕表层、水耕氧化还原层。诊断特征：石灰性、氧化还原特征、人为滞水土壤水分状况、热性土壤温度状况。莱片系是在山间盆地内冲积物母质，经过长期水旱轮作发育而来。由于地下水及灌溉水含钙较高，土壤中可形成石灰甚至石灰结核成层分布。土壤颜色分上下两部分，上部 50 cm 以上颜色较淡，色调 2.5Y，润态颜色呈暗灰黄色—橄榄棕色，下部 50 cm 以下颜色稍深，色调 10YR，呈棕色—黄棕色。土壤质地主要为粉质黏土。耕作层主要发育团粒状结构，之下均为中—强发育的棱块状结构。结构体内通体见大量锈纹锈斑，含量 5%～20%，同时见 2%左右的铁锰结核，剖面下部土体内出现直径 1～10 cm 不等的碳酸钙砂姜结核，下部土体结构面见明显灰色胶膜。通体石灰反应强烈，呈微碱性反应，pH 8.1～8.3。整个剖面有机碳、全氮、全磷、全钾含量均较高。

对比土系　仕登系，同一亚类，不同土族，矿物学类型为伊利石型，非酸性反应。蔡官营系，同一亚类，不同土族，矿物学类型为伊利石型，颜色红（2.5YR）。

利用性能综述　莱片系土壤质地黏重，如果砂姜层较浅，可影响耕作和水稻根系伸展，尽管土壤有机碳和全量养分较高，但有效养分含量低，属于中低产田。需要加强土壤地力培育，主要是增施有机肥和增加有机物料投入，改变土壤结构和通透性，或增加绿肥轮作。

参比土种　砂姜黑泥田。

代表性单个土体　剖面采自云南省临沧市沧源佤族自治县（沧源县）芒卡镇莱片村（编号 53-047），坐标 23.476085°N，98.914833°E。海拔 734 m，当前种植玉米。50 cm 深度土层年平均温度 17.7℃。野外调查时间 2015 年 10 月。

莱片系代表性单个土体剖面

Ap1：0～18 cm，浊黄色（2.5Y 6/3，干），暗灰黄色（2.5Y 4/2，润）；粉质黏土，中等发育的团粒状结构，疏松，根系较多，土体内见 5%直径 2～6 mm 的铁锰斑纹，强石灰反应，平滑清晰过渡。

Ap2：18～23 cm，浊黄色（2.5Y 6/3，干），橄榄棕色（2.5Y 4/3，润）；粉质黏壤土，强发育棱块状结构，坚实，少量根系，土体内见 10%直径 2～6 mm 的铁锰斑纹，同时见少量直径<2 mm 的黑色铁锰结核，强石灰反应，平滑清晰过渡。

Br1：23～38 cm，浊黄色（2.5Y 6/3，干），橄榄棕色（2.5Y 4/3，润）；粉质黏土，强发育棱块状结构，坚实，土体内见 20%直径 2～6 mm 的铁锰斑纹，同时见 2%直径 2～6 mm 的黑色铁锰结核，结构面见 40%的灰色胶膜，强石灰反应，平滑突变过渡。

Br2：38～50 cm，浊黄色（2.5Y 6/3，干），暗灰黄色（2.5Y 4/2，润）；黏土，强发育棱块状结构，坚实，土体内见 20%直径 2～6 mm 的铁锰斑纹，同时见 2%直径 6～20 mm 的黑色铁锰结核，结构面见 40%的灰色胶膜，强石灰反应，平滑突变过渡。

Br3：50～80 cm，浊黄橙色（10YR 6/3，干），棕色（10YR 4/4，润）；粉质黏土，强发育棱块状结构，坚实，土体内见 10%直径 2～6 mm 的铁锰斑纹，同时见少量直径<2 mm 的黑色铁锰结核，见 10%的砂姜结核，强石灰反应，平滑清晰过渡。

Br4：80～100 cm，浊黄橙色（10YR 7/3，干），浊黄棕色（10YR 5/4，润）；粉质黏土，中等发育棱块状结构，坚实，土体内见 5%直径 2～6 mm 的铁锰斑纹，同时见少量直径<2 mm 的黑色铁锰结核，见 5%的砂姜结核，强石灰反应。

莱片系代表性单个土体物理性质

土层	深度 /cm	细土颗粒组成（粒径：mm）/(g/kg)			质地	容重 /(g/cm^3)
		砂粒 2～0.05	粉粒 0.05～0.002	黏粒 <0.002		
Ap1	0～18	198	412	391	粉质黏土	1.17
Ap2	18～23	119	457	424	粉质黏壤土	1.45
Br1	23～38	115	513	373	粉质黏土	1.50
Br2	38～50	160	427	413	黏土	1.35
Br3	50～80	185	378	437	粉质黏土	1.30
Br4	80～100	103	419	478	粉质黏土	1.33

莱片系代表性单个土体化学性质

深度 /cm	pH (H_2O)	有机碳(C) /(g/kg)	全氮(N) /(g/kg)	全磷(P) /(g/kg)	全钾(K) /(g/kg)	全铁(Fe) /(g/kg)	阳离子交换量 /(cmol/kg)	游离铁(Fe) /(g/kg)	碳酸钙 ($CaCO_3$) /(g/kg)
0～18	8.1	19.5	2.05	1.21	19.2	47.2	13.6	27.1	131
18～23	8.2	16.9	1.78	1.08	19.8	48.4	13.5	29.0	178
23～38	8.2	16.7	1.77	1.10	19.8	48.4	14.3	28.2	199
38～50	8.2	19.1	1.89	1.22	21.1	50.7	15.8	30.3	162
50～80	8.3	15.0	1.74	1.08	19.6	47.2	13.8	28.9	188
80～100	8.3	7.2	1.02	0.79	17.7	37.1	9.5	19.5	311

5.7.9　白竹系（Baizhu Series）

土　族：黏壤质云母混合型石灰性热性-普通简育水耕人为土

拟定者：黄　标，万梦雪，卢　鑫

白竹系典型景观

分布与环境条件　白竹系分布于云南省大理州南涧彝族自治县（南涧县）山间盆地内的河流两侧的阶地上，尽管区域地势起伏较大，但盆地内地势平坦，属亚热带高原季风气候区，受地形和高大山脉走向影响，立体气候和区域气候变异明显。南涧县气象站气象观测资料记载，南涧盆地内年均气温 19.3℃，年均日照时数 2459 h，年均降水量 755.5 mm，年均蒸发量 3045 mm。土壤起源于河流冲积物母质，水稻、玉米轮作。

土系特征与变幅　诊断层：水耕表层、水耕氧化还原层。诊断特征：氧化还原特征、铁质特性、石灰性、人为滞水土壤水分状况、热性土壤温度状况。白竹系是在盆地内的河流冲积物母质上，经过长期水旱轮作发育而来。该土壤颜色偏红，色调为 5YR，这与盆地周围及上游大量紫色砂页岩分布，成为河流冲积物的物质来源有关。土壤质地主要为粉质黏壤土，黏粒含量 280～370 g/kg，相对比较均匀。耕作层主要发育碎块状结构，局部发育团粒状结构，之下均为强发育的团块状结构。通体见锈纹锈斑，含量均小于 5%。土壤通体石灰反应强烈，pH 7.9～8.4，呈微碱性。该土系土壤有机碳和全氮含量较低，耕作层有机碳含量仅 9.5 g/kg，但全磷、全钾含量均较高，养分状况良好，阳离子交换量极低。

对比土系　散花系，同一亚类，不同土族，颗粒大小级别为黏质，非酸性。下高仓系，不同亚类，普通潜育水耕人为土，非酸性，颜色红（10R）。

利用性能综述　白竹系土壤土系深厚，水源充足，土壤质地适中，耕作性能好，保肥保水能力较强，相对来讲，水、肥、气、热较为协调，属中上等肥力土壤。较为不利的是耕作层有机碳含量偏低，团粒结构发育弱，熟化程度低。今后利用过程中要注意培育耕作层，增加有机物料投入，轮作绿肥，深耕晒垡等。

参比土种　泥田。

代表性单个土体　剖面采自云南省大理州南涧县南涧镇白竹村（编号 53-007），坐标 25.04585°N，100.52189°E。海拔 1379 m，当前种植水稻。50 cm 深度土层年平均温度 21.3℃。野外调查时间 2015 年 10 月。

白竹系代表性单个土体剖面

Ap1：0～18 cm，浊橙色（5YR 6/3，干），浊红棕色（5YR 4/3，润）；黏壤土，中等发育碎块状结构，少量团粒状结构，稍坚实，须根较多，结构体内见 1%直径<2 mm 的铁锰斑纹，强烈石灰反应，平滑清晰过渡。

Ap2：18～26 cm，浊橙色（5YR 6/3，干），浊红棕色（5YR 4/3，润）；粉质黏壤土，强发育团块状结构，坚实，少量须根，结构体内见约 2%直径 2～5 mm 的铁锰斑纹，强烈石灰反应，平滑渐变过渡。

Br1：26～50 cm，浊橙色（5YR 6/3，干），浊红棕色（5YR 4/3，润）；粉质黏壤土，强发育团块状结构，坚实，结构体内见 2%直径 2～5 mm 的铁锰斑纹，强烈石灰反应，平滑清晰过渡。

Br2：50～80 cm，浊橙色（5YR 6/3，干），浊红棕色（5YR 4/3，润）；粉质黏壤土，强发育团块状结构，坚实，结构体内见 1%直径 2～5 mm 的铁锰斑纹，强烈石灰反应，平滑清晰过渡。

Br3：80～120 cm，浊橙色（5YR 6/4，干），浊红棕色（5YR 4/4，润）；粉质黏壤土，强发育团块状结构，坚实，结构体内见 1%直径 2～5 mm 的铁锰斑纹，土体内见颜色较淡的斑点，干态颜色为 2.5 Y7/2，强烈石灰反应。

白竹系代表性单个土体物理性质

土层	深度/cm	细土颗粒组成（粒径：mm)/(g/kg)			质地	容重/(g/cm^3)
		砂粒 2～0.05	粉粒 0.05～0.002	黏粒 <0.002		
Ap1	0～18	311	406	284	黏壤土	1.46
Ap2	18～26	194	485	321	粉质黏壤土	1.66
Br1	26～50	181	514	305	粉质黏壤土	1.63
Br2	50～80	89	540	370	粉质黏壤土	1.67
Br3	80～120	107	546	347	粉质黏壤土	1.54

白竹系代表性单个土体化学性质

深度/cm	pH(H_2O)	有机碳(C)/(g/kg)	全氮(N)/(g/kg)	全磷(P)/(g/kg)	全钾(K)/(g/kg)	全铁(Fe)/(g/kg)	阳离子交换量/(cmol/kg)	游离铁(Fe)/(g/kg)	碳酸钙($CaCO_3$)/(g/kg)
0～18	8.0	9.5	1.14	0.69	23.4	32.8	7.7	15.5	94
18～26	8.4	5.4	0.93	0.70	25.3	35.3	7.2	18.0	84
26～50	8.0	4.8	0.89	0.60	25.5	39.0	7.4	20.4	89
50～80	7.9	4.1	0.78	0.58	24.4	36.3	7.6	20.4	84
80～120	8.1	3.9	0.62	0.56	24.5	36.7	7.2	21.2	73

5.7.10 小易堡系（Xiaoyipu Series）

土　族：黏壤质硅质型非酸性热性-普通简育水耕人为土

拟定者：黄　标，卢升高，宗玉统

小易堡系典型景观

分布与环境条件　小易堡系分布于云南省曲靖市陆良县。位于山区的山间洼地内，海拔 1990 m 左右。属亚热带高原季风型冬干夏湿气候区，具有冬无严寒，夏无酷暑，春暖干旱，秋凉湿润的特点，年均气温 14.7℃，年总积温 5326℃，年均降水量 900～1000 mm，年均蒸发量 1320 mm，无霜期 249 d，年均日照时数 2442.5 h。土壤起源于红砂岩风化物母质上，种植水稻。

土系特征与变幅　诊断层：水耕表层、水耕氧化还原层。诊断特征：氧化还原特征、人为滞水土壤水分状况、热性土壤温度状况、石质接触面。该土系是在山间洼地内的红砂岩母质上，经过长期水旱轮作发育而来。土壤质地通体为砂质黏壤土，黏粒含量均在 200～265 g/kg。耕作层主要发育碎块状结构，之下均为中—强发育的块状结构。通体见少量锈纹锈斑，含量均≤1%。剖面犁底层之下土壤颜色偏红，达 5YR。通体无石灰反应，pH 6.2～7.2，呈微酸性—中性，耕作层呈酸性。耕作层有机碳、全氮、全磷含量均较高，尤其是全磷含量，达 1.06 g/kg，全钾水平中等，养分状况良好。70～80 cm 深处见红砂岩母质，土壤与母质之间逐渐过渡。

对比土系　白竹系，同一亚类，不同土族，云母混合型，石灰性。文雷系，同一土族，颜色偏红（2.5YR），彩度低（4）。

利用性能综述　小易堡系土壤质地偏黏，较为紧实，耕作性能稍差。养分较丰富，但阳离子交换量低，保肥能力差。在栽培管理上应增施有机肥，种植绿肥，秸秆还田等，一方面改善物理状况，另一方面加快土壤熟化程度。

参比土种　暗红砂田。

代表性单个土体　剖面采自云南省曲靖市陆良县芳华镇小易堡村（编号 53-021），坐标 25.1764°N，103.6963°E。海拔 1906 m，当前种植水稻。50 cm 深度土层年平均温度 16.6℃。野外调查时间 2014 年 11 月。

小易堡系代表性单个土体剖面

Ap1：0～18 cm，亮棕色（7.5YR 5/6，干），棕色（7.5YR 4/6，润）；砂质黏壤土，中等发育碎块状和弱发育的团粒状结构，稍坚实，土体内见<1%直径<2 mm 的铁锰斑纹，根系较多，平滑清晰过渡。

Ap2：18～28 cm，亮棕色（7.5YR 5/6，干），棕色（7.5YR 4/6，润）；砂质黏壤土，中等发育块状结构，坚实，土体内见 1%左右直径<2 mm 的铁锰斑纹，有少量根系，见很少量的草木炭侵入体，平滑渐变过渡。

Br1：28～38 cm，亮红棕色（5YR 5/6，干），暗红棕色（5YR 3/6，润）；砂质黏壤土，中等发育块状结构，很坚实，土体内见 1%左右直径<2 mm 的铁锰斑纹，见约 1%草木炭侵入体，平滑渐变过渡。

Br2：38～70 cm，亮红棕色（5YR 5/8，干），红棕色（5YR 4/8，润）；砂质黏壤土，强发育块状结构，很坚实，土体内见<1%左右直径<2 mm 的铁锰斑纹，波状渐变过渡。

R：　70 cm 以下，亮红棕色（5YR 5/8，干），红棕色（5YR 4/8，润），红砂岩。

小易堡系代表性单个土体物理性质

土层	深度/cm	细土颗粒组成（粒径：mm)/(g/kg)			质地	容重/(g/cm^3)
		砂粒 2～0.05	粉粒 0.05～0.002	黏粒 <0.002		
Ap1	0～18	541	196	263	砂质黏壤土	1.20
Ap2	18～28	522	243	236	砂质黏壤土	1.49
Br1	28～38	600	191	209	砂质黏壤土	1.63
Br2	38～70	535	246	219	砂质黏壤土	1.47

小易堡系代表性单个土体化学性质

深度/cm	pH (H_2O)	有机碳(C)/(g/kg)	全氮(N)/(g/kg)	全磷(P)/(g/kg)	全钾(K)/(g/kg)	全铁(Fe)/(g/kg)	阳离子交换量/(cmol/kg)	游离铁(Fe)/(g/kg)
0～18	6.2	15.8	1.40	1.06	15.2	38.3	11.6	7.8
18～28	6.4	14.2	1.53	0.95	16.2	40.8	10.1	7.4
28～38	6.9	6.4	0.66	0.37	12.4	35.2	7.9	7.6
38～70	7.2	4.7	0.51	0.29	13.5	42.0	9.2	8.0

5.7.11 文雷系（Wenlei Series）

土　族：黏壤质硅质型非酸性热性-普通简育水耕人为土

拟定者：黄　标，张海东，王培燕，贾萌萌

文雷系典型景观

分布与环境条件　文雷系主要分布于云南省普洱市紫色砂页岩分布区的坡地梯田上。属南亚热带湿润季风气候，年均气温 18.5℃，无霜期 318 d，年均降水量 1300～1700 mm，≥10℃积温 6017.5～7219℃。土壤起源于紫色砂页岩坡积物母质，种植水稻。

土系特征与变幅　诊断层：水耕表层、水耕氧化还原层。诊断特性：氧化还原特征、人为滞水土壤水分状况、热性土壤温度状况。文雷系发育在紫色砂页岩母土上，土体深厚，颜色较深，色调达 2.5YR，长期水耕作用，土壤耕作层和犁底层发育明显，水耕氧化还原层发育清楚。土壤质地主要为壤土，至 70 cm 以下，转变为黏壤土，其土层结构体内见大量锈纹锈斑，并有少量铁锰结核，直径可达 6～20 mm。表层土壤主要为小的团块状结构，向下为强发育的团块状和棱块状结构。土壤呈酸性—中性，pH 5.0～6.5。该土系土壤有机碳和全氮、全磷、全钾含量均不高，土壤阳离子交换量也很低。

对比土系　白竹系，不同土族，石灰性，云母混合型。小易堡系，同一土族，颜色偏淡（5YR），色调偏高（6～8）。

利用性能综述　文雷系水稻种植时间较长，熟化度高，耕性也较好，供肥平稳，适合种植各种作物，如水稻、小麦、油菜、豆类等，一年两熟，但已见肥力退化现象，因此，应注意地力培育，增加有机物投入，精准施肥，合理轮作，不断提高肥力。在海拔较低的地区，可发展水稻-再生稻-小麦/油菜的三熟制，发挥土壤生产潜力。

参比土种　暗紫鸡粪土田。

代表性单个土体　剖面采自云南省普洱市镇沅县勐大镇文雷村（编号 53-022），坐标 24.03703°N，100.84338°E。海拔 1271 m，当前为水稻种植前。50 cm 深度土层年平均温度 21.5℃。野外调查时间 2015 年 4 月。

Ap1：0～20 cm，浊橙色（2.5YR 6/4，干），浊红棕色（2.5YR 5/4，润）；壤土，中等发育小团块状结构，稍坚实，根系较多，结构体内见 15%左右<2 mm 的锈纹锈斑和少量直径<2 mm 的球形铁锰结核，土体内见少量草木炭，平滑清晰过渡。

Ap2：20～32 cm，浊橙色（2.5YR 6/4，干），浊红棕色（2.5YR 4/4，润）；壤土，强发育团块状结构，坚实，少量根系，结构体内见 15%左右直径<2 mm 的锈纹锈斑和少量直径<2 mm 的球形铁锰结核，土体内见少量草木炭，平滑清晰过渡。

Br1：32～72 cm，浊橙色（2.5YR 6/4，干），浊红棕色（2.5YR 4/4，润）；壤土，强发育棱块状结构，坚实，少量根系，结构体内和根孔壁上见 20%左右直径<2 mm 的锈纹锈斑和少量直径 6～20 mm 的球形铁锰结核，土体结构面上见灰色胶膜，平滑清晰过渡。

文雷系代表性单个土体剖面

Br2：72～120 cm，浊橙色（2.5YR 6/4，干），浊红棕色（2.5YR 5/4，润）；黏壤土，强发育棱块状结构，坚实，少量根系，结构体内和根孔壁上见 20%左右直径<2 mm 的锈纹锈斑和少量直径 6～20 mm 的球形铁锰结核，平滑清晰过渡。

文雷系代表性单个土体物理性质

土层	深度 /cm	细土颗粒组成 (粒径：mm)/(g/kg)			质地	容重 /(g/cm^3)
		砂粒 2～0.05	粉粒 0.05～0.002	黏粒 <0.002		
Ap1	0～20	421	351	228	壤土	1.54
Ap2	20～32	385	365	250	壤土	1.80
Br1	32～72	302	425	274	壤土	1.77
Br2	72～120	339	383	279	黏壤土	1.78

文雷系代表性单个土体化学性质

深度 /cm	pH		有机碳(C) /(g/kg)	全氮(N) /(g/kg)	全磷(P) /(g/kg)	全钾(K) /(g/kg)	全铁(Fe) /(g/kg)	阳离子交换量 /(cmol/kg)	游离铁(Fe) /(g/kg)
	H_2O	KCl							
0～20	5.0	4.2	7.6	0.75	0.22	12.4	19.4	7.0	10.4
20～32	6.3	5.1	6.7	0.74	0.26	13.8	23.5	7.1	13.9
32～72	6.5	5.6	6.8	0.69	0.21	15.4	24.7	7.8	14.1
72～120	5.5	4.9	4.5	0.47	0.23	16.0	31.3	7.5	19.2

5.7.12 前卫系（Qianwei Series）

土　族：壤质硅质型石灰性热性-普通简育水耕人为土
拟定者：黄　标，卢升高，宗玉统

前卫系典型景观

分布与环境条件　前卫系分布于云南省玉溪市江川区山间盆地星云湖南北沿岸滩地上，区域地势起伏较大，海拔 1690～2648 m，但滩地地形较平坦。属中亚热带半干燥高原季风气候。年均气温 15.6℃，年均降水量 800～1000 mm。土壤起源于河湖相冲积物母质上，种植水稻。

土系特征与变幅　诊断层：水耕表层、水耕氧化还原层，诊断特征：氧化还原特征、石灰性、人为滞水土壤水分状况、热性土壤温度状况。该土系是在湖泊周边河湖相冲积物母质上，经过长期水旱轮作发育而来。土壤质地较轻，85 cm 以上均为砂质壤土，但底部见质地较重的黏壤土。耕作层发育团粒状和碎块状，之下均为中等发育的块状结构，底部块状发育较强。通体见锈纹锈斑和/或小的铁锰结核，中部锈纹锈斑丰度稍高，达 8%。通体石灰反应强，pH 8.1～8.4，呈微碱性。通体有机碳、全氮、全磷、全钾含量均较高，养分状况良好。

对比土系　巴达系，不同亚类，铁聚潜育水耕人为土，非酸性。文伟系，不同亚类，漂白铁渗水耕人为土，非酸性。

利用性能综述　该土系土层较深厚，质地偏砂，大部分为砂质壤土，结构松散，适耕性较好。但保肥性能较差，且地势相对较低洼，容易受涝。养分较为充足，施肥时应注意平衡施肥，少施多次肥，或使用缓释肥，防止养分过量进入环境，影响周边湖泊水体质量。

参比土种　黄砂田。

代表性单个土体　剖面采自云南省玉溪市江川区前卫镇渔村（编号 53-001），坐标 24.3323°N，102.7524°E。海拔 1722 m，当前作物为水稻。50 cm 深度土层年平均温度 17.7℃。野外调查时间 2014 年 11 月。

Ap1：0～20 cm，淡棕灰色（7.5YR 7/2，干），灰棕色（7.5YR 5/2，润）；砂质壤土，发育碎块状—团粒状结构，疏松，土体内见<5%直径<2 mm 的铁锰斑纹，有少量直径<1 mm 的铁锰结核，强石灰反应，平滑清晰过渡。

Ap2：20～30 cm，灰棕色（7.5YR 6/2，干），棕色（7.5YR 4/3，润）；砂质壤土，中等发育块状结构，稍坚实，土体内见<5%直径<2 mm 的铁锰斑纹，有少量直径<1 mm 的铁锰结核，强石灰反应，平滑清晰过渡。

Br1：30～55 cm，淡棕灰色（7.5YR 7/2，干），灰棕色（7.5YR 5/2，润）；砂质壤土，中等发育块状结构，坚实，土体内见 5%直径<2 mm 的铁锰斑纹，有少量直径<1 mm 的铁锰结核，强石灰反应，平滑渐变过渡。

Br2：55～85 cm，浊橙色（7.5YR 7/3，干），棕色（7.5YR 4/3，润）；砂质壤土，中等发育块状结构，坚实，土体内见 8%直径<2 mm 的铁锰斑纹，有少量直径<1 mm 的铁锰结核，强石灰反应，平滑清晰过渡。

前卫系代表性单个土体剖面

Br3：85～100 cm，浊橙色（7.5YR 7/3，干），棕色（7.5YR 4/3，润）；黏壤土，强发育块状结构，很坚实，土体内见 5%直径<2 mm 的铁锰斑纹，强石灰反应。

前卫系代表性单个土体物理性质

土层	深度 /cm	细土颗粒组成（粒径：mm)/(g/kg)			质地	容重 /(g/cm^3)
		砂粒 2～0.05	粉粒 0.05～0.002	黏粒 <0.002		
Ap1	0～20	676	157	167	砂质壤土	1.16
Ap2	20～30	701	134	165	砂质壤土	1.27
Br1	30～55	659	159	182	砂质壤土	1.40
Br2	55～85	622	182	196	砂质壤土	1.33
Br3	85～100	281	357	362	黏壤土	1.37

前卫系代表性单个土体化学性质

深度 /cm	pH (H_2O)	有机碳(C) /(g/kg)	全氮(N) /(g/kg)	全磷(P) /(g/kg)	全钾(K) /(g/kg)	全铁(Fe) /(g/kg)	阳离子交换量 /(cmol/kg)	游离铁(Fe) /(g/kg)	碳酸钙 ($CaCO_3$) /(g/kg)
0～20	8.2	21.5	2.23	0.81	28.6	20.9	6.8	4.6	156
20～30	8.4	22.6	2.38	0.81	31.4	23.0	7.3	5.4	105
30～55	8.4	18.5	1.71	0.54	28.8	24.1	7.2	6.2	191
55～85	8.3	19.7	1.67	0.61	29.6	23.1	9.2	6.3	220
85～100	8.1	24.2	2.34	0.48	33.2	25.5	14.1	7.5	160

第 6 章　灰　　土

6.1　普通简育腐殖灰土

6.1.1　吉沙林场系（Jishalinchang Series）

土　族：黏质混合型酸性冷性-普通简育腐殖灰土

拟定者：黄　标，李德成，赵玉国

分布与环境条件　吉沙林场系分布于云南省迪庆、丽江等州的高原高山区，区域地势起伏较大，海拔 3400～4000 m。属低纬度高原季风湿润气候，年均气温 5.5℃，年均降水量 945 mm，年均蒸发量 1300 mm 左右，无霜期 129 d。土壤起源于片岩、千枚岩、片麻岩等变质岩母质，自然植被为冷杉林，覆盖度达 80%以上。

吉沙林场系典型景观

土系特征与变幅　诊断层：淡薄表层、雏形层、灰化淀积层。诊断特性：铁质特性、湿润土壤水分状况、冷性土壤温度状况。该土系表层土壤有机碳含量丰富，呈团粒状结构，土壤质地为黏壤土—粉质黏壤土。其下出现一厚度约 10 cm 淋溶漂洗的漂白层，30～40 cm 深处出现约 10 cm 厚灰化淀积层，其（活性）呈弱发育的团块状结构，土壤质地为粉质黏壤土。30 cm 以下则为弱发育块状的雏形层和母质层，亦为弱发育的团块状结构。土壤上部呈酸性，剖面下部呈微酸性，pH 4.7～5.6。该土系表层，由于气候冷湿，土壤有机碳积累非常高，含量为 74～100 g/kg，氮磷含量也异常高，阳离子交换量很高，但全钾含量中等偏下。

对比土系　香树箐系，相同形成环境，不同土纲，矿物学类型为伊利石型，无灰化淀积层。尾木尼系，相同地区，不同土纲，雏形土土纲，高岭石型矿物类型，无灰化淀积层，有机碳含量低。

利用性能综述　吉沙林场系土体疏松，有机碳含量丰富，自然肥力高，林木生长繁茂，是云南主要珍贵木材和水源林之一，木材优质，积蓄量高。林下生长多种杜鹃和野生中药材，也是宝贵的生物资源。但目前有些地区已遭到不同程度的破坏，成为灌丛草地，应引起重视，加强管理，严禁滥砍滥伐，保护珍贵的森林资源。

参比土种　麻黑灰土。

代表性单个土体　剖面采自云南省迪庆州香格里拉市吉沙林场（编号 C1.1，53-305），坐标 27.41209°N，99.82693°E。海拔 3423 m，当前为冷杉林。50 cm 深度土层年平均温度 8.4℃。野外调查时间 2016 年 6 月 28 日。

吉沙林场系代表性单个土体剖面

Ah：　0～10 cm，棕色（7.5YR 5/3，干），暗棕色（7.5YR 3/3，润）；黏壤土，强发育 1～2 cm 团粒状结构，极疏松，大量乔木和禾本科植物根系，土体中夹 5%石英砂砾，平滑清晰过渡。

Bh1：10～20 cm，灰棕色（7.5YR 6/2，干），黑棕色（7.5YR 3/2，润）；粉质黏壤土，强发育 1～2 cm 团粒状结构，极疏松，中量乔木和禾本科植物根系，土体中夹 5%石英砂砾，波状清晰过渡。

Bh2：20～30 cm，浊橙色（7.5YR 6/4，干），暗棕色（7.5YR 3/4，润）；粉质黏壤土，弱发育 1～5 cm 团块状结构，稍坚实，中量乔木和禾本科植物根系，土体中夹 10%石英砂砾，平滑清晰过渡。

Bs：　30～40 cm，浊橙色（7.5YR 7/4，干），浊棕色（7.5YR 5/4，润）；粉质黏壤土，弱发育 1～5 cm 团块状结构，稍坚实，含 20%左右砾石，平滑清晰过渡。

BC1：40～80 cm，浊橙色（7.5YR 7/4，干），浊棕色（7.5YR 5/4，润）；粉质黏壤土，弱发育 1～5 cm 团块状结构，稍坚实，含 30%左右砾石，平滑渐变过渡。

BC2：80～120 cm，浊橙色（7.5YR 7/4，干），浊棕色（7.5YR 5/4，润）；粉质黏壤土，弱发育 1～5 cm 团块状结构，稍坚实，砾石含量明显增加，含量 35%以上。

吉沙林场系代表性单个土体物理性质

土层	深度/cm	石砾(>2 mm，体积分数)/%	细土颗粒组成（粒径：mm）/(g/kg) 砂粒 2～0.05	粉粒 0.05～0.002	黏粒 <0.002	质地	容重/(g/cm^3)
Ah	0～10	5	215	469	316	黏壤土	0.88
Bh1	10～20	5	121	510	369	粉质黏壤土	0.85
Bh2	20～30	5～10	129	546	325	粉质黏壤土	0.98
Bs	30～40	20	124	541	335	粉质黏壤土	1.17
BC1	40～80	30	154	467	379	粉质黏壤土	1.26
BC2	80～120	30～40	167	452	382	粉质黏壤土	1.28

吉沙林场系代表性单个土体化学性质

深度/cm	pH(H_2O)	有机碳(C)/(g/kg)	全氮(N)/(g/kg)	全磷(P)/(g/kg)	全钾(K)/(g/kg)	全铁(Fe)/(g/kg)	阳离子交换量/(cmol/kg)	游离铁(Fe)/(g/kg)	活性铝+1/2活性铁/%
0～10	4.9	81.5	3.50	3.71	11.2	43.1	27.5	29.6	0.63
10～20	4.7	100.4	4.25	1.84	9.2	42.1	44.5	29.3	0.31
20～30	4.9	73.5	3.24	1.55	9.4	49.8	35.5	36.3	0.32
30～40	5.4	19.4	1.16	1.15	9.8	43.9	13.8	35.2	2.58
40～80	5.6	10.9	0.92	1.13	11.7	52.5	8.1	36.2	0.61
80～120	5.6	9.5	0.91	1.01	10.6	44.4	7.5	36.4	0.99

第7章　火 山 灰 土

7.1　普通腐殖湿润火山灰土

7.1.1　马站系（Mazhan Series）

土　族：火山灰质富铁氧化型酸性热性-普通腐殖湿润火山灰土

拟定者：黄　标，胡文友，张海东，贾萌萌

马站系典型景观

分布与环境条件　马站系分布于云南省保山市腾冲市的火山灰分布区，尽管区域地势起伏较大，海拔 930～3780 m，但火山灰分布区为丘陵区，海拔 1800～2000 m。属低纬度山地季风气候，立体气候明显，类型多，从低海拔的河谷地带到高海拔的高黎贡山山区，依次有南亚热带、中亚热带、南温带、中温带和北温带气候类型。年均气温 14.7℃，年均降水量 1500 mm，≥10℃积温 3820℃，无霜期 230 d。该土系分布在中亚热带湿润气候条件下。土壤起源于玄武岩母质，自然植被为针叶林、灌丛、草地等。

土系特征与变幅　诊断层：淡薄表层、雏形层。诊断特性包括：火山灰特性、腐殖质特性、石质接触面、湿润土壤水分状况、热性土壤温度状况。马站系由火山灰、火山渣或其他火山碎屑物发育而成，含量>80%。土层厚度 50～80 cm，土壤颜色较暗，带棕色，层次之间分异不明显，呈波状过渡。土壤质地疏松，多为粉质黏壤土和粉质壤土，土壤呈弱的团块状结构或粒状结构。容重小，为 0.5～0.9 g/cm^3。土壤磷吸持量结果表明，Ah 层为 98%，Bh 层为 99%，Cr 层为 96%。通体呈酸性反应，pH 在 5.5 左右。整个剖面有机碳含量异常高，均在 17 g/kg 以上，表层和亚表层达 44～51 g/kg，相应地，土壤全氮含量也较高，表层土壤达 3 g/kg 以上，全磷含量和阳离子交换量也很高，但全钾含量很低。

对比土系　无类似土系。

利用性能综述　马站系土壤质地疏松，易耕作，养分丰富，宜种性较好，一般一年两熟，主要种植玉米、陆稻、油菜、小麦、马铃薯、烤烟等，也可利用稀疏草地种植油茶、松树等。

参比土种 火山灰土。

代表性单个土体 剖面采自云南省保山市腾冲市马站乡(编号 53-255)，坐标 25.21663°N，98.49185°E。海拔 1893 m，当前为灌草地。50 cm 深度土层年平均温度 16.9℃。野外调查时间 2015 年 10 月。

马站系代表性单个土体剖面

Ah：0～18 cm，浊棕色（7.5YR 5/4，干），暗棕色（7.5YR 3/4，润）；粉质黏壤土，粒状结构或小团块状结构，稍坚实，较多植物根系，波状清晰过渡。

Bh：18～35 cm，黑棕色（7.5YR 3/2，干），黑棕色（7.5YR 2/2，润）；粉质黏土，中等发育团块状结构，稍坚实，少量根系，波状清晰过渡。

Cr：35～80 cm，亮棕色（7.5YR 5/6，干），棕色（7.5YR 4/6，润）；粉质黏土，中等发育团块状结构，结构体表面见 30%的铁质斑纹，波状清晰过渡。

R：80 cm 以下，玄武岩熔岩，为气孔状熔岩。

马站系代表性单个土体物理性质

土层	深度 /cm	细土颗粒组成 (粒径：mm)/(g/kg)			质地	容重 /(g/cm³)
		砂粒 2～0.05	粉粒 0.05～0.002	黏粒 <0.002		
Ah	0～18	88	525	388	粉质黏壤土	0.68
Bh	18～35	0	576	424	粉质黏土	0.47
Cr	35～80	191	401	408	粉质黏土	0.90

马站系代表性单个土体化学性质

深度 /cm	pH		有机碳(C) /(g/kg)	全氮(N) /(g/kg)	全磷(P) /(g/kg)	全钾(K) /(g/kg)	全铁(Fe) /(g/kg)	阳离子交换量 /(cmol/kg)	游离铁 (Fe) /(g/kg)
	H_2O	KCl							
0～18	5.4	4.9	44.8	3.45	1.07	15.5	77.7	30.1	41.7
18～35	5.4	4.6	51.0	2.94	0.82	14.9	69.3	37.7	38.3
35～80	5.7	5.6	17.7	1.46	0.81	10.0	103.0	22.2	56.5

第 8 章　铁　铝　土

8.1　腐殖简育湿润铁铝土

8.1.1　三家寨系（Sanjiazhai Series）

土　族：黏质高岭石型非酸性热性-腐殖简育湿润铁铝土

拟定者：黄　标，万梦雪，卢　鑫

三家寨系典型景观

分布与环境条件　三家寨系分布于云南省曲靖和昆明两市的高原面盆缘浅丘地势相对平坦地段，海拔 1700～2100 m。属亚热带季风气候，冬春季受大陆季风的影响，晴天偏多，光照充足，气候温和干燥。夏秋季受海洋季风的影响，阴雨偏多，光照差，气候温凉潮湿。年均气温 13.9℃，年均日照时数 1735.7 h，年均降水量 1204.6 mm，年均蒸发量 1700 mm，无霜期 273 d。土壤起源于古红土母质，阔叶林或种植小麦、蔬菜、三七等旱作。

土系特征与变幅　诊断层：淡薄表层、铁铝层。诊断特性：腐殖质特性、铁质特性、氧化还原特征、湿润土壤水分状况、热性土壤温度状况。三家寨系由深厚的古红土母质经耕作而成。土体深厚，颜色呈鲜艳亮红棕色（干态）。整个剖面质地为黏土，但黏粒含量有一定差异，在 63～110 cm 深度，粉粒含量较高，为粉质黏土。结构发育中等—强，表层由于耕作出现团粒状结构或小的碎块状结构，其下为中等发育的团块状结构，下部也呈块状，但为强发育。土体内常见少量铁锰结核，全铁和游离铁含量高。长期耕作使得土壤耕层熟化程度较高，土壤有机碳、全氮、全磷含量均较高，但全钾含量非常低，阳离子交换量也不高，在 8.7～16.1 cmol/kg，盐基饱和度为 20%～40%。

对比土系　旗隽营系，同一地区，不同土纲，富铁土，极黏质颗粒大小级别，伊利石混合型矿物类型。沟埂系，颜色接近，形态相似，不同土纲，雏形土，黏壤质，酸性。

利用性能综述　三家寨系土体深厚，坡度平缓，邻近村庄，耕作管理较精细，有一定灌溉条件，基础肥力较好，宜种性广，可一年两熟或两年五熟。但质地偏黏，会影响耕性，利用过程中应注意深耕，增加大豆、绿肥等养地作物比例，用地与养地有机结合，防止地力衰退。

参比土种　厚油红土。

代表性单个土体　剖面采自云南省师宗县丹凤镇新安村三家寨（编号 53-301），坐标 24.75784°N，104.11103°E。海拔 1863 m，当前为旱地，种植小麦。50 cm 深度土层年平均温度 16.1℃。野外调查时间 2014 年 11 月。

三家寨系代表性单个土体剖面

Ap：0～16 cm，亮红棕色（2.5YR 5/6，干），暗红棕色（2.5YR 3/4，润）；黏土，中等发育团粒状和碎块状结构，疏松，根系较多，平滑清晰过渡。

Br1：16～63 cm，亮红棕色（2.5YR 5/6，干），暗红棕色（2.5YR 3/4，润）；黏土，中等发育团块状结构，坚实，少量根系，结构面见灰色胶膜，土体结构体内见少量铁锰结核，平滑逐渐过渡。

Br2：63～110 cm，亮红棕色（5YR 5/8，干），暗红棕色（5YR 3/6，润）；粉质黏土，中等发育团块状结构，坚实，结构面见灰色胶膜，土体结构体内见少量铁锰结核，平滑清晰过渡。

Br3：110～150 cm，亮红棕色（2.5YR 5/8，干），红棕色（2.5YR 4/6，润）；黏土，强发育团块状结构，坚实，少量铁锰结核。

三家寨系代表性单个土体物理性质

土层	深度 /cm	细土颗粒组成 (粒径：mm)/(g/kg)			质地	容重 /(g/cm^3)
		砂粒 2～0.05	粉粒 0.05～0.002	黏粒 <0.002		
Ap	0～16	83	302	615	黏土	0.99
Br1	16～63	64	271	665	黏土	1.12
Br2	63～110	130	418	453	粉质黏土	1.14
Br3	110～150	88	282	630	黏土	1.25

三家寨系代表性单个土体化学性质

深度 /cm	pH		有机碳(C) /(g/kg)	全氮(N) /(g/kg)	全磷(P) /(g/kg)	全钾(K) /(g/kg)	全铁(Fe) /(g/kg)	阳离子交换量 /(cmol/kg)	游离铁 (Fe) /(g/kg)
	H_2O	KCl							
0～16	6.5	5.8	21.5	1.80	1.00	8.5	80.6	16.1	78.1
16～63	5.8	5.0	16.5	1.29	0.70	7.4	85.3	14.1	67.4
63～110	5.2	4.6	17.1	1.49	0.82	6.9	84.8	13.7	72.1
110～150	5.7	5.3	5.2	0.49	0.46	7.4	97.7	8.7	76.9

第 9 章　变　性　土

9.1　表蚀钙积干润变性土

9.1.1　松树湾系（Songshuwan Series）

土　族：极黏质蒙脱石型高热性-表蚀钙积干润变性土
拟定者：黄　标，李德成，赵玉国

松树湾系典型景观

分布与环境条件　松树湾系主要分布于云南省楚雄州元谋县1100～1350 m 的金沙江干热河谷两侧丘岗地的低洼部位。属南亚热带干热季风气候，年均日照时数 2670.4 h，年均气温 21.9℃，年均降水量 613.8 mm，年均蒸发量为降水量的 6.4 倍。土壤起源于湖积物母质，自然植被为稀疏灌草地，农业利用主要为种植玉米、蔬菜等作物。

土系特征与变幅　诊断层：雏形层、钙积层。诊断特性：氧化还原特征、变性特征、半干润土壤水分状况、高热性土壤温度状况。松树湾系土壤质地为黏土，呈棱柱状结构，整个剖面裂隙发育，裂隙宽度均大于 5 mm，在 40 cm 以下，土体内变性特征明显，见明显滑擦面。剖面土体结构面上铁质斑纹发育明显，矿质瘤状物分两类，一类为钙质结核，含量 5%～25%，自地表向下逐渐增加；另一类为铁锰结核，主要出现在 60 cm 以下，通体呈微碱性反应，pH 8.3～8.5。由于地表侵蚀，B 层出露地表，所以表层土壤肥力状况很差，土壤有机碳、全氮、全磷、全钾含量均很低，但阳离子交换量较高。

对比土系　丙间系，同一地区，不同亚类，有石膏层，表层有机质含量高。

利用性能综述　松树湾系土层深厚，土壤质地极黏重，影响其耕作性能，土壤肥力低下，但土壤保水保肥能力较强，由于丰富的光热资源，适种性广，可一年两熟，种植玉米、花生等，也可种植甘蔗、冬早蔬菜、西瓜、柑橘、葡萄等多种经济作物和果木。利用上，应积极解决水利灌溉，改坡地为梯地，通过各种措施改良土壤物理结构，同时因地制宜，发展多种经济作物，开展多种经营。

参比土种　厚褐红土。

代表性单个土体　剖面采自云南省楚雄州元谋县老城乡丙间村松树湾（编号 F2.1，53-302），坐标 25.60412°N，101.86384°E。海拔 1299 m，当前为稀疏灌草地。50 cm 深度土层年平均温度 23.7℃。野外调查时间 2016 年 6 月 26 日。

松树湾系代表性单个土体剖面

裂隙表面滑擦面照片

Bkr1：0～18 cm，亮棕色（7.5YR 5/6，干），棕色（7.5YR 4/6，润）；黏土，强发育 5～10 cm 楔形状结构，坚实，结构面发育 2%～5%的铁质斑纹，5%左右直径 3～5 cm 的钙质结核，土体无石灰反应，平滑清晰过渡。

Bkr2：18～40 cm，浊棕色（7.5YR 5/3，干），棕色（7.5YR 4/3，润）；黏土，强发育 5～10 cm 棱柱状结构，坚实，结构面发育 5%～10%的铁质斑纹，5%左右直径 3～5 cm 的钙质结核，土体中度石灰反应，平滑清晰过渡。

Bkrv1：40～58 cm，浊棕色（7.5YR 5/3，干），棕色（7.5YR 4/3，润）；粉质黏土，强发育 10～20 cm 棱柱状结构，坚实，结构面发育 5%～10%的铁质斑纹，5%左右直径 3～5 cm 的钙质结核，见明显滑擦面，土体无石灰反应，平滑清晰过渡。

Bkrv2：58～75 cm，灰棕色（7.5YR 5/2，干），灰棕色（7.5YR 4/2，润）；黏土，强发育 10～20 cm 棱柱状结构，坚实，结构面发育 5%～10%的铁质斑纹，10%左右直径 3～5 cm 的钙质结核，少量铁锰结核，见明显滑擦面，土体弱石灰反应，平滑清晰过渡。

Bkrv3：75～120 cm，棕灰色（7.5YR 6/1，干），棕灰色（7.5YR 5/1，润）；黏土，强发育 10～20 cm 棱柱状结构，坚实，结构面发育 5%的铁质斑纹，25%左右直径 3～10 cm 的钙质结核，少量铁锰结核，见明显滑擦面，土体无石灰反应。

松树湾系代表性单个土体物理性质

土层	深度/cm	细土颗粒组成 (粒径：mm)/(g/kg)			质地	容重/(g/cm³)
		砂粒 2～0.05	粉粒 0.05～0.002	黏粒 <0.002		
Bkr1	0～18	34	277	689	黏土	1.35
Bkr2	18～40	22	258	719	黏土	1.44
Bkrv1	40～58	33	495	472	粉质黏土	1.47
Bkrv2	58～75	22	143	835	黏土	1.49
Bkrv3	75～120	23	251	726	黏土	1.51

松树湾系代表性单个土体化学性质

深度/cm	pH (H_2O)	有机碳(C)/(g/kg)	全氮(N)/(g/kg)	全磷(P)/(g/kg)	全钾(K)/(g/kg)	全铁(Fe)/(g/kg)	阳离子交换量/(cmol/kg)	游离铁(Fe)/(g/kg)
0～18	8.4	6.3	0.61	0.26	11.3	48.6	31.7	26.6
18～40	8.3	3.7	0.48	0.25	11.4	47.7	32.0	24.0
40～58	8.5	3.2	0.43	0.24	10.6	49.4	27.0	24.9
58～75	8.3	2.9	0.54	0.25	10.1	47.5	34.3	26.8
75～120	8.4	2.6	0.53	0.22	8.0	34.6	32.3	18.7

9.2　强裂简育干润变性土

9.2.1　诸葛营系（Zhugeying Series）

土　族：黏质蒙脱石型非酸性温性-强裂简育干润变性土

拟定者：黄　标，宗玉统，肖　晴，陆申一

诸葛营系典型景观

分布与环境条件　诸葛营系分布于云南省昭通市周边，昭通盆地内新老冲积物交错区的低平地带。区域地势相对平坦，海拔1900～2000 m。属北纬高原大陆季风气候，冬季气温较低，夏季气候凉爽，干湿两季分明。年均无霜期220 d，年均气温11.6℃，≥10℃积温 3217℃，年均日照时数 1902.02 h，年均降水量735 mm。土壤起源于湖积物母质上，曾种植蔬菜等，现等待开发。

土系特征与变幅　诊断层：淡薄表层、雏形层。诊断特征：变性特征、氧化还原特征、铁质特性、半干润土壤水分状况、温性土壤温度状况。该土系发育于质地黏重的湖积物母质上，土体较深厚，在120 cm以上。整个剖面质地较黏，为黏土—粉质黏壤土，土体内裂隙较发育，宽度一般大于 5 mm，耕作层之下土体见黏质土壤开裂、翻转、扰动形成的自吞现象，混杂的岩石碎屑粒径变化较大，均呈角状，无明显排列，裂隙壁见滑擦面。土层的土壤结构体内可见约5%的铁质斑纹。80 cm以下土壤黏粒含量更高，达到极黏质，且结构体内或结构面上见10%左右的铁质斑纹，结构体内见较松软的铁锰结核。表层土壤呈现碎块状结构，其余土层主要呈强发育的棱柱状或块状结构。该土系土壤肥力一般，但阳离子交换量相对较高。

对比土系　丙间系，不同亚类，有石膏，极黏质，表层有机质含量高。松树湾系，不同亚纲，有钙质结核，极黏质。

利用性能综述　诸葛营系是在较黏的母质上人为耕作形成的耕作土壤，由于质地黏重，所以耕性不良，熟土层较薄，团粒结构发育不强，肥力较低，适宜作物较窄，主要种植玉米、马铃薯、烤烟，且只能在熟土层较厚的土壤上种植。利用上，应以改良土壤物理性能为主，如秸秆还田、客土掺砂、深耕等，同时，加强挖沟排水，防止内涝。

参比土种　窑泥土。

代表性单个土体　剖面采自云南省昭通市昭阳区太平街道诸葛营（编号 53-171），坐标 27.3443°N，103.7393°E。海拔 1945 m，当前为荒地，50 cm 深度土层年平均温度 14.0℃。野外调查时间 2015 年 4 月。

Ap：　0～20 cm，浊红棕色（10YR 5/4，干），棕色（10YR 4/4，润）；黏土，中等发育碎块状结构，稍坚实，有较多根系，见约 5%的岩石碎屑，有宽度≥5 mm 的裂隙，平滑突变过渡。

Brv1：20～40 cm，灰白色（2.5Y 8/2，干），淡黄色（2.5YR 7/3，润）；粉质黏壤土，强发育的棱柱状结构，坚实，少有根系，见约 10%的岩石碎屑，碎屑粒径为 2～10 cm，有宽度≥5 mm 的裂隙，在裂隙壁见滑擦面，结构体内见铁质斑纹，平滑清晰过渡。

Brv2：40～80 cm，黄灰色（2.5Y 6/1，干），黄灰色（2.5YR 5/1，润）；粉质黏壤土，强发育的棱柱状结构，坚实，有宽度≥5 mm 的裂隙，在裂隙壁见滑擦面，结构体内见铁质斑纹，平滑突变过渡。

Br：　80～120 cm，浊黄橙色（10YR 6/4，干），浊黄橙色（10YR 6/4，润）；黏土，强发育的块状结构，坚实，结构体内见铁质斑纹，并有铁锰结核。

诸葛营系代表性单个土体剖面

诸葛营系代表性单个土体物理性质

土层	深度/cm	石砾(>2 mm，体积分数)/%	细土颗粒组成（粒径：mm）/(g/kg) 砂粒 2～0.05	粉粒 0.05～0.002	黏粒 <0.002	质地	容重/(g/cm^3)
Ap	0～20	5	157	378	465	黏土	1.46
Brv1	20～40	10	79	527	394	粉质黏壤土	1.48
Brv2	40～80	—	67	570	363	粉质黏壤土	1.45
Br	80～120	—	5	366	629	黏土	1.52

诸葛营系代表性单个土体化学性质

深度/cm	pH (H_2O)	有机碳(C)/(g/kg)	全氮(N)/(g/kg)	全磷(P)/(g/kg)	全钾(K)/(g/kg)	全铁(Fe)/(g/kg)	阳离子交换量/(cmol/kg)	游离铁(Fe)/(g/kg)
0～20	6.8	18.0	1.40	0.46	11.4	45.0	22.4	30.6
20～40	6.7	4.2	0.62	0.21	12.2	54.7	18.5	40.6
40～80	6.4	3.3	0.54	0.24	11.5	62.3	22.0	42.0
80～120	7.2	2.5	0.47	0.39	16.2	78.2	42.3	35.6

9.3　普通简育干润变性土

9.3.1　丙间系（Bingjian Series）

土　族：极黏质蒙脱石型非酸性高热性-普通简育干润变性土

拟定者：黄　标，李德成，赵玉国

丙间系典型景观

分布与环境条件　丙间系分布于云南省楚雄州元谋县老城乡一带。区域地势起伏较大，海拔1300 m，土壤分布于丘岗地的低洼部位。属南亚热带干热季风气候，年均日照时数2670.4 h，年均气温 21.9℃，年均降水量613.8 mm，年均蒸发量为降水量的6.4倍。土壤起源于湖积物母质，自然植被为稀疏林地，农业利用主要为种植玉米、蔬菜、葡萄等作物。

土系特征与变幅　诊断层：暗沃表层、石膏层。诊断特性：氧化还原特征、变性特征、半干润土壤水分状况、高热性土壤温度状况。表层土壤土体有机碳积累强烈，呈团粒状或次棱块状结构，土壤质地为粉质黏壤土。其下剖面裂隙发育，裂隙宽度均大于5 mm，呈棱柱状和棱块状结构，土壤质地为黏土，且变性特征明显，见明显滑擦面。暗沃表层之下土体结构面上铁质斑纹发育明显。矿质瘤状物主要为石膏晶体，含量5%～20%，为放射状晶簇，晶体大小5～10 cm，分布于整个剖面，自地表向下逐渐增加，至80 cm以下逐渐减少。从土壤肥力看，表层土壤有机碳、全氮含量较高，全磷和全钾含量较低，同时阳离子交换量很高。

对比土系　松树湾系，同一地区，不同亚类，有钙质结核，表层有机质含量低。诸葛营系，不同亚类。

利用性能综述　丙间系土层深厚，尽管整体土壤质地极黏重，但表层土壤有机碳含量较高，对耕性影响不大，土壤保水保肥能力较强，由于丰富的光热资源，适种性广，可一年两熟，可种植玉米、花生等，也可种植甘蔗、冬早蔬菜、西瓜、柑橘、葡萄等多种经济作物和果木。利用上，应积极解决水利灌溉，同时因地制宜，发展多种经济作物，开展多种经营。

参比土种　厚褐红土。

代表性单个土体 剖面采自云南省楚雄州元谋县老城乡丙间村（编号 F2.2，53-303），坐标 25.604358°N，101.849051°E。海拔 1301 m，当前为稀疏林地。50 cm 深度土层年平均温度 23.7℃。野外调查时间 2016 年 6 月 26 日。

Ahy： 0～20 cm，灰黄棕色（10YR 4/2，干），黑棕色（10YR 3/2，润）；粉质黏土，弱发育 1～2 cm 团粒状结构，疏松，5%～10%直径 5～10 cm 的石膏晶体，土体无石灰反应，平滑清晰过渡。

Ahvy： 20～48 cm，黑色（10YR 2/1，干），黑色（10YR 2/1，润）；黏土，中等发育 5～10 cm 次棱块状结构，坚实，5%～10%直径 5～10 cm 的石膏晶体，见明显滑擦面，土体无石灰反应，波状清晰过渡。

Bvyr1：48～65 cm，棕灰色（10YR 5/1，干），棕灰色（10YR 5/1，润）；黏土，强发育 10～20 cm 棱块状结构，坚实，结构面发育 5%左右的铁质斑纹，5%～10%直径 5～10 cm 的石膏晶体，见明显滑擦面，土体无石灰反应，波状清晰过渡。

丙间系代表性单个土体剖面

Bvyr2：65～80 cm，浊黄橙色（10YR 6/3，干），浊黄橙色（10YR 6/3，润）；黏土，强发育 10～20 cm 棱柱状结构，坚实，结构面发育 5%～10%的铁质斑纹，10%～20%直径 5～10 cm 的石膏晶体，呈簇状出现在土体内，见明显滑擦面，土体无石灰反应，波状清晰过渡。

裂隙表面滑擦面照片

Bvyr3：80～100 cm，浊红棕色（5YR 4/3，干），暗红棕色（5YR 3/3，润）；黏土，中等发育 10～20 cm 棱柱状结构，坚实，结构面发育 10%～20%的铁质斑纹，5%～10%直径 5～10 cm 的石膏晶体，见明显滑擦面，土体中度石灰反应，平滑清晰过渡。

Bvyr4： 100～120 cm，淡灰色（5Y 7/2，干），淡灰色（5Y 7/2，润）；黏土，强发育 10～20 cm 棱柱状结构，坚实，结构面发育 5%左右的铁质斑纹，见明显滑擦面，土体无石灰反应。

丙间系代表性单个土体物理性质

土层	深度/cm	细土颗粒组成 (粒径：mm)/(g/kg)			质地	容重/(g/cm³)
		砂粒 2～0.05	粉粒 0.05～0.002	黏粒 <0.002		
Ahy	0～20	91	416	493	粉质黏土	1.14
Ahvy	20～48	23	316	662	黏土	1.30
Bvyr1	48～65	25	170	805	黏土	1.34
Bvyr2	65～80	24	186	790	黏土	1.51
Bvyr3	80～100	91	245	664	黏土	1.51
Bvyr4	100～120	142	324	534	黏土	1.55

丙间系代表性单个土体化学性质

深度/cm	pH (H_2O)	有机碳(C)/(g/kg)	全氮(N)/(g/kg)	全磷(P)/(g/kg)	全钾(K)/(g/kg)	全铁(Fe)/(g/kg)	阳离子交换量/(cmol/kg)	游离铁(Fe)/(g/kg)
0～20	7.8	25.0	1.84	0.39	11.7	34.4	31.7	19.3
20～48	7.2	8.7	0.84	0.21	10.4	29.9	34.4	6.1
48～65	7.3	6.8	0.74	0.21	10.4	40.2	32.9	20.8
65～80	7.2	2.6	0.48	0.17	11.2	44.2	29.5	21.7
80～100	7.6	2.5	0.45	0.24	9.7	144.6	20.8	114.1
100～120	7.8	2.1	0.50	0.25	12.2	60.5	23.4	36.2

第 10 章　潜　育　土

10.1　暗沃简育滞水潜育土

10.1.1　芮家营系（Ruijiaying Series）

土　族：黏壤质混合型石灰性热性-暗沃简育滞水潜育土

拟定者：黄　标，万梦雪，卢　鑫

芮家营系典型景观

分布与环境条件　芮家营系分布于云南省大理州祥云县坝区低洼流水不畅地下水位高的地段。属北亚热带高原季风气候，四季变化不明显，冬无严寒，夏无酷暑，年均气温 14.7℃，夏秋多雨，干湿季分明，年均降水量 810.8 mm，年均日照时数为 2030.2～2623.9 h，≥10℃积温 4483℃，无霜期 238 d。土壤起源于湖积物母质，砂性湖积物搬运覆盖在原水稻田之上，种植烟草。

土系特征与变幅　诊断层：暗沃表层。诊断特性：氧化还原特征、潜育特征、石灰性、滞水土壤水分状况、热性土壤温度状况。地下水位很高，一般 60 cm 左右。土壤质地为壤土，局部黏壤土。表层土壤主要发育团粒状结构，向下发育中等强度的团块状结构。通体见锈纹锈斑，含量 2%～10%。土壤通体石灰反应强烈，pH 7.5～7.7，呈微碱性。该土系土壤有机碳及氮磷钾养分含量均较高，养分状况良好，阳离子交换量也很高，为 23.5～27.9 cmol/kg。

对比土系　龙山寨系，不同亚纲，黏质，非酸性。

利用性能综述　芮家营系原为水稻田，由于地势低洼，影响水稻生长，后当地农民将邻近青海湖湖底的砂性湖积物覆盖在稻田上，改为旱地，水耕表层完全被破坏。芮家营系表土疏松，透气性好，养分潜力高，但地下水位高，水多土冷，供肥能力弱，容易受涝，所以利用中应注意改善排灌条件，深挖晒垡，改善土壤水分状况。

参比土种　青泥田。

代表性单个土体　剖面采自云南省大理州祥云县祥城镇芮家营村八组青海湖边（编号 53-041），坐标 25.43601°N，100.59501°E。海拔 1977 m，当前种植烟草。50 cm 深度土层年平均温度 16.9℃。野外调查时间 2015 年 10 月。

芮家营系代表性单个土体剖面

Ap：　0～30 cm，灰黄棕色（10YR 5/2，干），灰黄棕色（10YR 4/2，润）；壤土，强发育团粒状结构，极疏松，须根较多，结构体内见 2%直径<2 mm 的铁锰斑纹，极强石灰反应，平滑清晰过渡。

Br：　30～45 cm，浊黄棕色（10YR 5/3，干），浊黄棕色（10YR 4/3，润）；黏壤土，中等发育团块状结构，稍坚实，少量根系，结构体内见 10%直径 5～10 mm 的铁锰斑纹，强石灰反应，平滑清晰过渡。

2Bg1：45～60 cm，淡灰色（5Y 7/2，干），灰橄榄色（5Y 4/2，润）；壤土，中等发育团块状结构，坚实，结构体内见 5%直径 < 2 mm 的铁锰斑纹，极强石灰反应，平滑清晰过渡。

2Bg2：60～80 cm，灰白色（5Y 8/2，干），灰橄榄色（5Y 5/2，润）；壤土，中等发育团块状结构，坚实，结构体内见 2%直径<2 mm 的铁锰斑纹，极强石灰反应。

芮家营系代表性单个土体物理性质

土层	深度/cm	细土颗粒组成 (粒径：mm)/(g/kg)			质地	容重/(g/cm³)
		砂粒 2～0.05	粉粒 0.05～0.002	黏粒 <0.002		
Ap	0～30	272	457	271	壤土	1.13
Br	30～45	263	353	384	黏壤土	1.18
2Bg1	45～60	409	332	259	壤土	1.09
2Bg2	60～80	464	349	187	壤土	1.04

芮家营系代表性单个土体化学性质

深度/cm	pH (H_2O)	有机碳(C)/(g/kg)	全氮(N)/(g/kg)	全磷(P)/(g/kg)	全钾(K)/(g/kg)	全铁(Fe)/(g/kg)	阳离子交换量/(cmol/kg)	游离铁(Fe)/(g/kg)	碳酸钙($CaCO_3$)/(g/kg)
0～30	7.6	26.4	2.81	0.72	19.0	60.0	27.7	22.5	144
30～45	7.5	17.8	1.94	0.68	16.7	67.4	25.5	26.9	110
45～60	7.7	33.6	3.46	0.63	15.5	54.3	27.9	19.0	167
60～80	7.5	51.6	5.38	0.78	20.2	29.8	23.5	10.0	345

10.2 普通简育正常潜育土

10.2.1 龙山寨系（Longshanzhai Series）

土　族：黏质伊利石型非酸性温性-普通简育正常潜育土

拟定者：黄　标，宗玉统，肖　晴，陆申一

分布与环境条件　龙山寨系分布于云南省迪庆、曲靖、昭通等地（市）州湖盆坝区。区域地势较为平坦，丘坝相间，海拔 1950 m。属北纬高原大陆季风气候，冬季气温较低，夏季气候凉爽，干湿两季分明。年均无霜期 220 d，年均气温 11.6℃，≥10℃积温 3217℃，年均日照时数 1902.02 h，年均降水量 735 mm，年均蒸发量 1437.7 mm。土壤起源于湖积物母质上，农业利用为旱地。

龙山寨系典型景观

土系特征与变幅　诊断层：淡薄表层。诊断特性：潜育特征、氧化还原特征、潮湿土壤水分状况、温性土壤温度状况。该土系由富含有机碳的古湖积物经耕作熟化而成。整个土体颜色很深，呈黑色。质地比较黏重，除表层土壤外，其余土层都呈棱块状结构，而表层土壤受耕作影响，呈角块状或团粒状结构。在表层土壤的根孔壁或其他土层的结构体内均见锈纹锈斑，斑纹大小 1～2 mm。该土系土壤有机碳、全氮、全磷储量丰富，全钾含量中等或偏低。但阳离子交换量异常高，30～36 cmol/kg。

对比土系　芮家营系，不同亚纲，黏壤质，石灰性。

利用性能综述　龙山寨系最主要的特点是质地比较黏重，干时土块不易破碎，湿时又很黏，适耕期短，耕作性差。但该土系土壤养分较为丰富，供肥稳定。利用上，种植适宜性较广，可种植玉米、红薯、马铃薯、油菜、蔬菜等，在迪庆州，因受气候制约，仅可种植马铃薯、青稞等耐旱作物，一年一熟。

参比土种　浮泥。

代表性单个土体　剖面采自云南省昭通市昭阳区凤凰街道龙山寨社区（编号 53-266），坐标 27.2796°N，103.666367°E。海拔 1902 m，当前种植蔬菜，50 cm 深度土层年平均温度 14.0℃。野外调查时间 2015 年 4 月。

龙山寨系代表性单个土体剖面

Ap：0～20 cm，灰色（7.5Y 4/1，干），橄榄黑色（7.5Y 3/1，润）；黏壤土，主要呈中等发育的角块状结构，次要呈弱发育的团粒状结构，稍坚实，根系多，根孔壁或结构体内见锈纹锈斑，平滑清晰过渡。

Bgr1：20～40 cm，橄榄黑色（7.5Y 3/1，干），黑色（7.5Y 2/1，润）；粉质黏壤土，呈强发育的棱块状结构，少量根系，坚实，根孔壁或结构体内见锈纹锈斑，平滑清晰过渡。

Bgr2：40～70 cm，灰色（7.5Y 4/1，干），橄榄黑色（7.5Y 3/1，润）；黏土，呈强发育的棱块状结构，坚实，结构体内见少量锈纹锈斑，平滑清晰过渡。

Bgr3：70～110 cm，灰色（7.5Y 4/1，干），橄榄黑色（7.5Y 3/1，润）；粉质黏壤土，呈强发育的棱块状结构，坚实，结构体内见少量锈纹锈斑，平滑清晰过渡。

龙山寨系代表性单个土体物理性质

土层	深度/cm	细土颗粒组成（粒径：mm)/(g/kg)			质地	容重/(g/cm³)
		砂粒 2～0.05	粉粒 0.05～0.002	黏粒 <0.002		
Ap	0～20	234	443	323	黏壤土	1.08
Bgr1	20～40	115	528	357	粉质黏壤土	0.98
Bgr2	40～70	145	358	498	黏土	1.03
Bgr3	70～110	142	537	321	粉质黏壤土	0.88

龙山寨系代表性单个土体化学性质

深度/cm	pH		有机碳(C)/(g/kg)	全氮(N)/(g/kg)	全磷(P)/(g/kg)	全钾(K)/(g/kg)	全铁(Fe)/(g/kg)	阳离子交换量/(cmol/kg)	游离铁(Fe)/(g/kg)
	H_2O	KCl							
0～20	5.8	5.2	60.2	3.53	0.94	10.5	41.7	35.8	18.8
20～40	6.1	5.5	33.9	2.16	0.50	11.2	45.5	35.9	21.1
40～70	5.2	4.6	25.5	2.04	0.31	13.8	64.0	35.5	36.7
70～110	5.1	4.1	25.1	1.49	0.27	14.9	24.7	30.8	7.0

第 11 章 均 腐 土

11.1 斑纹简育湿润均腐土

11.1.1 玉湖系（Yuhu Series）

土 族：黏质伊利石型非酸性温性-斑纹简育湿润均腐土
拟定者：黄 标，胡文友，张海东，贾萌萌

分布与环境条件 玉湖系分布于云南省丽江市玉龙纳西族自治县（玉龙县）盆地内河流两侧的阶地上，海拔在 2600～2700 m。属低纬度高原季风气候，年均气温 8.9℃，年均降水量 935.8 mm。土壤起源于河流冲积物母质，自然植被为草地或灌丛。

玉湖系典型景观

土系特征与变幅 诊断层：暗沃表层、雏形层。诊断特性：均腐殖质特性、氧化还原特征、铁质特性、湿润土壤水分状况、温性土壤温度状况。玉湖系是由各个地质时期的岩石的冰水沉积物和近代河流冲积物母质发育而成的非耕地土壤。土壤质地偏黏，主要为黏壤土，结构主要呈团块状结构，土体内常见约 20%的各种岩石碎屑。在 90 cm 以下出现一埋藏层，颜色偏暗，有机碳含量明显高，剖面底部土壤颜色明显偏红，土体内见少量铁锰斑纹，岩石碎屑较多，达 30%。土壤反应，在地表呈微酸性，其余土层均为中性，pH 6.0～6.9。整个土壤剖面的有机碳含量较高，表层达 46 g/kg，向下至埋藏层，含量逐渐减少至 24 g/kg，埋藏层有机碳含量更高，接近 52 g/kg。土壤全氮和全磷含量也很高，尤其是全磷，异常高，达 3.8 g/kg 以上，但全钾含量较低。由于有机碳含量较高，所以土壤阳离子交换量也较高。

对比土系 起凤系，同一地区，不同土纲，斑纹简育湿润雏形土，弱酸性，有机碳含量低。新善系，相同地区，不同土纲，雏形土纲，高岭石混合型矿物类型。

利用性能综述 玉湖系土壤质地疏松，水分运移通畅，但由于区域气温较低，植被主要为草地或灌木林，可以作为薪炭林利用，开垦成旱地可以种植一些耐旱植物。

参比土种　棕灰汤泥。

代表性单个土体　剖面采自云南省丽江市玉龙县白沙镇玉湖村（编号 53-208），坐标 27.00606°N，100.2147°E。海拔 2669 m，当前为草地。50 cm 深度土层年平均温度 11.4℃。野外调查时间 2015 年 10 月。

玉湖系代表性单个土体剖面

Ah：0～18 cm，浊黄棕色（10YR 5/3，干），暗棕色（10YR 3/3，润）；黏壤土，强发育 1～2 cm 团粒状结构，疏松，大量禾本科植物根系，土体内含约 5%的岩石碎屑，平滑渐变过渡。

AB：18～40 cm，浊黄棕色（10YR 5/4，干），暗棕色（10YR 3/4，润）；黏壤土，弱发育 2～3 cm 团块状结构，稍坚实，中量禾本科植物根系，土体内含约 20%的岩石碎屑，平滑渐变过渡。

Bw：40～90 cm，黄棕色（10YR 5/6，干），暗棕色（10YR 3/4，润）；黏壤土，弱发育 1～2 cm 团块状结构，稍坚实，少量禾本科植物根系，土体内含约 20%的岩石碎屑，平滑清晰过渡。

2Aa：90～100 cm，棕色（10YR 4/4，干），黑棕色（10YR 2/3，润）；黏土，强发育 0.5～1 cm 团粒状结构，稍坚实，土体内含约 20%的岩石碎屑，平滑清晰过渡。

2Br：100～120 cm，亮棕色（7.5YR 5/6，干），棕色（7.5YR 4/6，润）；黏壤土，弱发育 1 cm 左右团块状结构，稍坚实，土体内含约 30%的岩石碎屑，并见少量铁锰斑纹。

玉湖系代表性单个土体物理性质

土层	深度/cm	石砾(>2 mm，体积分数)/%	细土颗粒组成 (粒径：mm)/(g/kg)			质地	容重/(g/cm³)
			砂粒 2～0.05	粉粒 0.05～0.002	黏粒 <0.002		
Ah	0～18	5	441	190	369	黏壤土	1.06
AB	18～40	20	317	342	341	黏壤土	1.14
Bw	40～90	20	332	279	389	黏壤土	1.14
2Aa	90～100	20	152	366	482	黏土	1.04
2Br	100～120	30	311	365	324	黏壤土	1.16

玉湖系代表性单个土体化学性质

深度 /cm	pH (H_2O)	有机碳(C) /(g/kg)	全氮(N) /(g/kg)	全磷(P) /(g/kg)	全钾(K) /(g/kg)	全铁(Fe) /(g/kg)	阳离子交换量 /(cmol/kg)	游离铁(Fe) /(g/kg)
0～18	6.1	45.5	4.00	4.05	14.2	107.6	9.6	44.1
18～40	6.5	23.8	2.26	3.86	13.4	112.6	19.7	44.8
40～90	6.8	24.2	2.32	3.86	11.8	114.3	19.5	48.0
90～100	6.8	52.0	4.55	4.04	10.6	108.1	28.4	49.6
100～120	6.9	22.0	2.07	5.91	7.8	123.3	23.3	56.5

第12章　富　铁　土

12.1　普通黏化干润富铁土

12.1.1　小平坝系（Xiaopingba Series）

土　族：黏质高岭石型酸性热性-普通黏化干润富铁土

拟定者：黄　标，宗玉统，肖　晴，龚翰林

小平坝系典型景观

分布与环境条件　小平坝系分布于云南省文山州文山市，位于区域地势较高的地区，海拔1200～2100 m。文山市地处云南省东南部低纬度高原，东南近北部湾，西南邻孟加拉湾，来自这两个方向的水蒸气带来丰沛降雨。北回归线横穿市境，属中亚热带季风气候。大部地区冬无严寒，夏无酷暑，春秋长，冬夏短，四季气候宜人。年均日照时数2028 h，年均积温6570.0℃。无霜期309 d，年均气温18.4℃，年均降水量1187.8 mm，年均蒸发量1778.7 mm。土壤起源于砂岩、砂页岩坡积物母质上，阔叶林，农业利用为种植小麦、玉米、豌豆、马铃薯等旱作。

土系特征与变幅　诊断层：低活性富铁层、黏化层。诊断特性：铁质特性、准石质接触面、热性土壤温度状况、半干润土壤水分状况。小平坝系由砂岩、砂页岩等沉积岩类坡残积物发育而成，土体较厚，在1 m左右，多呈橙色，自上而下颜色逐渐变淡，土体中常夹少量半风化岩屑碎片。由于侵蚀作用，低活性富铁层已出露地表，整个剖面均为黏土，结构发育强，呈强发育的棱块状结构。整个土体见黏粒胶膜，上部较多，占结构面80%以上，下部相对降低，占结构面40%～50%，在上部土层中偶见铁锰结核。由于侵蚀作用，土体肥力很低，有机碳、全氮、全磷、全钾含量均很低，阳离子交换量也很低，在10 cmol/kg左右，盐基饱和度为20%～30%。

对比土系　阿克塘系，不同地区，相同亚类，矿物类型属高岭石混合型，表层有机碳含量稍高。

利用性能综述　小平坝系土壤耕层浅，地表紧实，耕作费力，地表水下渗困难，易造成土壤侵蚀。肥力和养分低下，属低肥力低产旱地，可种植玉米、小麦、豌豆、马铃薯等作物。利用时，应加强农田基本建设，整治坡面水系，改坡地为梯地，植树造林，改善微生态环境，加强深耕。增施有机肥或秸秆还田，培肥地力。土层较薄的地块可退耕发展林果业。

参比土种　灰砂土。

代表性单个土体　剖面采自云南省文山州文山市秉烈乡小平坝村（编号 53-097），坐标 23.566°N，104.078°E。海拔 1477 m，当前为荒地。50 cm 深度土层年平均温度 19.1℃。野外调查时间 2015 年 4 月。

Bth：0～30 cm，橙色（7.5YR 7/6，干），橙色（7.5YR 6/6，润）；黏土，强发育棱块状结构，坚实，少量根系，结构体面见氧化铁-黏粒胶膜，占结构面 80%以上，有约 5%的砂岩砾石，平滑清晰过渡。

Bt1：30～60 cm，淡黄橙色（7.5YR 8/3，干），浊橙色（7.5YR 7/3，润）；黏土，强发育棱块状结构，坚实，结构体面见氧化铁-黏粒胶膜，占结构面 40%以上，有约 5%的砂岩砾石，平滑清晰过渡。

Bt2：60～110 cm，橙白色（7.5YR 8/2，干），浊橙色（7.5YR 7/3，润）；黏土，强发育棱块状结构，坚实，结构体面见氧化铁-黏粒胶膜，占结构面 50%以上，有约 10%的砂岩砾石和砂页岩原岩的风化体。

小平坝系代表性单个土体剖面

小平坝系代表性单个土体物理性质

土层	深度/cm	石砾(>2 mm，体积分数)/%	细土颗粒组成（粒径：mm）/(g/kg) 砂粒 2～0.05	粉粒 0.05～0.002	黏粒 <0.002	质地	容重/(g/cm³)
Bth	0～30	5	120	349	531	黏土	1.54
Bt1	30～60	5	133	373	494	黏土	1.68
Bt2	60～110	10	179	398	424	黏土	1.75

小平坝系代表性单个土体化学性质

深度/cm	pH		有机碳(C)/(g/kg)	全氮(N)/(g/kg)	全磷(P)/(g/kg)	全钾(K)/(g/kg)	全铁(Fe)/(g/kg)	阳离子交换量/(cmol/kg)	游离铁(Fe)/(g/kg)
	H_2O	KCl							
0～30	5.4	4.2	2.2	0.41	0.18	11.2	56.3	11.7	44.0
30～60	4.8	3.6	1.1	0.35	0.16	11.4	57.4	12.9	43.7
60～110	4.7	3.6	0.8	0.20	0.14	7.0	31.7	10.8	25.0

小平坝系代表性单个土体阳离子交换性质

深度/cm	交换性 H^+/(cmol/kg)	交换性 $Al(1/3Al^{3+})$/(cmol /kg)	交换性 $Ca(1/2Ca^{2+})$/(cmol /kg)	交换性 $Mg(1/2Mg^{2+})$/(cmol /kg)	交换性 K^+/(cmol/kg)	交换性 Na^+/(cmol/kg)
0～30	0.04	0.53	0.55	2.55	0.14	0.11
30～60	0.15	7.74	1.60	1.10	0.13	0.11
60～110	0.11	8.12	0.87	0.76	0.10	0.11

12.1.2　阿克塘系（Aketang Series）

土　族：黏质高岭石混合型酸性热性-普通黏化干润富铁土

拟定者：黄　标，万梦雪，卢　鑫

分布与环境条件　阿克塘系分布于云南省大理州低丘坡地上。属亚热带高原季风气候，受地形和高大山脉走向影响，立体气候和区域气候变异明显。据南涧县气象站气象观测资料记载，南涧县年均气温19.3℃，年均日照时数 2459 h，年均降水量 755.5 mm，年均蒸发量2793 mm。土壤起源于页岩、砂页岩等泥质岩类风化物母质。自然植被为针阔叶混交林，农业利用为玉米等旱作。

阿克塘系典型景观

土系特征与变幅　诊断层：淡薄表层、黏化层、低活性富铁层。诊断特性：准石质接触面、铁质特性、氧化还原特征、热性土壤温度状况、半干润土壤温度状况。阿克塘系土层大于 1 m，质地整体偏黏，为黏壤土—粉质黏土，土壤黏粒含量自地表向下逐渐增加，50 cm 以下，土壤黏粒含量已达表层的 1.2 倍，为黏化层。土壤结构发育较强，表层发育较强的团粒状结构，其下主要为强发育的团块状结构，至 80 cm 以下，为母岩的强风化物，结构已不明显，为粉状黏土。整个剖面结构体表面均见铁质或铁锰胶膜，结构体内常见小的铁锰结核。该土壤有机碳和全氮、全磷含量较低，钾素养分中上。土壤均显酸性，pH＜5.1，阳离子交换量较低，盐基饱和度为 15%～25%。

对比土系　小平坝系，不同地区，相同亚类，矿物类型属高岭石型，表层有机碳含量低。

利用性能综述　阿克塘系质地偏黏，耕作较费力，局部地区土体中砾石较多，加上土壤垂直裂隙较多，容易漏水漏肥，易受干旱威胁。可种植玉米、小麦、豌豆、马铃薯等，一年一熟或两熟。利用过程中，应加强农田基本建设，改坡地为梯地，加深耕层，增施有机肥，提高土壤有机碳，对陡坡土层薄的地块，可退耕还林或发展林果业。

参比土种　夹石黄红土。

代表性单个土体　剖面采自云南省大理州南涧县宝华镇阿克塘（编号 53-070），坐标24.9293°N，100.48978°E。海拔 2043 m，当前为松树林。50 cm 深度土层年平均温度 17.5℃。野外调查时间 2015 年 10 月。

阿克塘系代表性单个土体剖面

Ah：0～26 cm，浊橙色（7.5YR 7/4，干），浊棕色（7.5YR 5/4，润）；黏壤土，主要为中等发育团粒状结构，少部分为碎块状结构，疏松，根系较多，土壤结构体内见铁锰结核，平滑清晰过渡。

Br：26～50 cm，橙色（7.5YR 7/6，干），亮棕色（7.5YR 5/6，润）；粉质黏土，为强发育团块状结构，坚实，少量根系，结构体内见细小的铁锰结核和铁质斑纹，土体内见次圆状砂岩岩屑，平滑清晰过渡。

Btr：50～80 cm，淡黄橙色（7.5YR 8/4，干），橙色（7.5YR 6/6，润）；粉质黏土，为强发育团块状结构，坚实，土体中发育垂直裂隙，结构体内见细小的铁锰结核和铁质斑纹，土体内见次圆状砂岩岩屑，平滑清晰过渡。

BCr：80～120 cm，橙白色（7.5YR 8/2，干），橙白色（7.5YR 8/2，润）；粉质黏土，粉状黏土，坚实，土体内有约 30%的铁锰斑纹，也见细小的铁锰结核，底部过度为页岩母岩。

阿克塘系代表性单个土体物理性质

土层	深度/cm	细土颗粒组成（粒径：mm)/(g/kg)			质地	容重/(g/cm^3)
		砂粒 2～0.05	粉粒 0.05～0.002	黏粒 <0.002		
Ah	0～26	224	416	360	黏壤土	1.29
Br	26～50	186	413	401	粉质黏土	1.54
Btr	50～80	120	424	455	粉质黏土	1.56
BCr	80～120	0	474	530	粉质黏土	1.70

阿克塘系代表性单个土体化学性质

深度/cm	pH		有机碳(C)/(g/kg)	全氮(N)/(g/kg)	全磷(P)/(g/kg)	全钾(K)/(g/kg)	全铁(Fe)/(g/kg)	阳离子交换量/(cmol/kg)	游离铁(Fe)/(g/kg)
	H_2O	KCl							
0～26	5.0	3.8	8.5	1.20	0.29	22.7	31.4	8.3	19.2
26～50	5.1	3.9	7.7	0.82	0.25	22.1	30.1	8.0	23.9
50～80	5.1	3.8	4.7	0.72	0.26	23.4	34.7	9.8	24.7
80～120	4.9	3.7	2.4	1.05	0.28	46.1	40.3	13.7	29.8

阿克塘系代表性单个土体阳离子交换性质

深度/cm	交换性 H^+/(cmol/kg)	交换性 Al(1/3Al^{3+})/(cmol/kg)	交换性 Ca(1/2Ca^{2+})/(cmol/kg)	交换性 Mg(1/2Mg^{2+})/(cmol/kg)	交换性 K/(cmol/kg)	交换性 Na/(cmol/kg)
0～26	0.29	2.98	0.94	0.59	0.37	0.16
26～50	0.24	3.22	0.92	0.66	0.29	0.24
50～80	0.24	4.49	0.66	0.51	0.24	0.13
80～120	0.38	9.79	0.63	1.18	0.22	0.14

12.1.3　旧堡系（Jiupu Series）

土　族：黏质高岭石型酸性温性-普通黏化干润富铁土

拟定者：黄　标，万梦雪，戴普胜

分布与环境条件　旧堡系分布于云南省曲靖市宣威市的丘陵低山缓坡地段，区域地势起伏较大，但土系主要分布在海拔 2100 m 左右。属低纬高原季风气候，年温差小，日温差大，冬春干旱，夏秋湿润，光照充足。年均气温 13.4℃，年均日照时数 2018.5 h，无霜期 329 d，年均降水量 725.7～1204.7 mm，年均蒸发量 2300 mm。土壤起源于砂页岩坡积物母质上，自然植被为针阔叶林，农业利用为种植玉米、豆类等旱作。

旧堡系典型景观

土系特征与变幅　诊断层：淡薄表层、黏化层、低活性富铁层。诊断特性：铁质特性、氧化还原特征、温性土壤温度状况、半干润土壤水分状况。旧堡系由含磷较高的砂页岩类残坡积风化母质发育而成。土体深厚，整个剖面质地为黏土，但黏粒含量有一定差异，在 50～100 cm 深度，粉粒含量较高，为粉质黏壤土。结构发育中等—强，表层由于耕作出现团粒状结构或小的碎块状结构，其下为强发育的棱块状或弱发育的棱柱状结构，剖面见垂直方向的裂隙。土体内常见少量铁锰结核，全铁和游离铁含量高，导致颜色呈鲜艳的红棕色。土壤有机碳、全氮、全磷较高，全钾很低，除表层外阳离子交换量不高，在 14～18 cmol/kg，盐基饱和度为 20%～25%。

对比土系　弯福系，不同地区，相同亚类，非酸性，颜色偏红（2.5YR），全铁、游离铁相对较低，表层有机碳含量高。曼勒系，不同地区，相同亚类，非酸性，高热性土壤温度状况。白沙坡系，相同地区，不同亚类，极黏质颗粒大小级别，非酸性，湿润土壤水分状况，颜色 2.5YR。狮子营系，相同地区，不同土纲，淋溶土纲，湿润土壤水分状况，铝质特性。

利用性能综述　旧堡系土层深厚，矿质养分丰富，但质地偏黏，影响耕作，蓄水能力也较弱，作物容易受干旱威胁，一般一年两熟，少数果粮间作。利用时，应注意用养结合，增施有机肥或有机物料，间套种绿肥，培肥土壤，提高肥力。对坡度较大、侵蚀严重的地块，可坡改梯，或发展梨、桃、杏、李等水果生产，提高土壤利用经济效益。

参比土种　磷砂土。

代表性单个土体　剖面采自云南省曲靖市宣威市倘塘镇旧堡村（编号 53-105），坐标

26.40586°N，104.20216°E。海拔 2100 m，当前为紧邻玉米-黄豆间作地的灌丛，50 cm 深度土层年平均温度 14.8℃。野外调查时间 2015 年 4 月。

旧堡系代表性单个土体剖面

Ah：0～7 cm，亮红棕色（5YR 5/6，干），暗红棕色（5YR 3/4，润）；黏土，中等发育团粒状和碎块状结构，疏松，根系较多，平滑清晰过渡。

ABr：7～18 cm，红棕色（5YR 4/8，干），暗红棕色（5YR 3/6，润）；黏土，中等发育棱块状结构，坚实，少量根系，土体内见 5%次圆状砂页岩岩屑，土体结构体内见少量铁锰结核，平滑清晰过渡。

Btr1：18～56 cm，红棕色（5YR 4/8，干），暗红棕色（5YR 3/6，润）；黏土，强发育棱块状结构，弱发育棱柱状结构，坚实，土体内见 5%次圆状砂页岩岩屑，土体结构体内见少量铁锰结核，平滑清晰过渡。

Br：56～103 cm，红棕色（5YR 4/8，干），暗红棕色（5YR 3/6，润）；粉质黏壤土，强发育棱块状结构，坚实，土体内见 5%次圆状砂页岩岩屑，土体结构体内见少量铁锰结核，平滑清晰过渡。

Btr2：103～120 cm，红棕色（5YR 4/8，干），暗红棕色（5YR 3/6，润）；黏土，强发育棱块状结构，坚实，土体内见 5%次圆状砂页岩岩屑，土体结构体内见少量铁锰结核。

旧堡系代表性单个土体物理性质

土层	深度 /cm	石砾 (>2 mm，体积分数)/%	细土颗粒组成 (粒径：mm)/(g/kg)			质地	容重 /(g/cm^3)
			砂粒 2～0.05	粉粒 0.05～0.002	黏粒 <0.002		
Ah	0～7	—	125	376	499	黏土	0.92
ABr	7～18	5	122	312	567	黏土	1.19
Btr1	18～56	5	62	309	629	黏土	1.23
Br	56～103	5	112	518	371	粉质黏壤土	1.22
Btr2	103～120	5	76	322	602	黏土	1.21

旧堡系代表性单个土体化学性质

深度 /cm	pH		有机碳(C) /(g/kg)	全氮(N) /(g/kg)	全磷(P) /(g/kg)	全钾(K) /(g/kg)	全铁(Fe) /(g/kg)	阳离子交换量 /(cmol/kg)	游离铁 (Fe) /(g/kg)
	H_2O	KCl							
0～7	6.2	5.5	64.3	3.17	1.34	3.7	148.7	29.3	92.8
7～18	4.7	3.8	12.5	0.90	1.28	2.3	191.8	17.4	121.7
18～56	5.1	4.2	3.8	0.41	1.27	2.3	192.8	14.4	123.9
56～103	5.2	4.3	3.9	0.39	1.12	2.3	190.8	15.4	129.7
103～120	5.1	4.2	5.7	0.50	1.13	3.5	187.4	16.2	128.0

12.1.4 弯福系（Wanfu Series）

土 族：黏质高岭石型非酸性温性-普通黏化干润富铁土

拟定者：黄 标，万梦雪，卢 鑫

弯福系典型景观

分布与环境条件 弯福系分布于云南省大理州海拔 1700～2300 m 的岩溶缓坡上部，在临沧、红河等地州也有分布。属北亚热带高原气候，干湿季节分明，光照充足，气温和降水量一般随海拔分布差异很大，气温随海拔升高而降低，降水量随海拔升高而增多。平均气温随海拔升高递减率为 0.63℃/100 m 左右。洱源坝区年均气温 13.9℃，年均降水量 732 mm，年均蒸发量 1405.7 mm，年均日照时数 2061～2439 h。土壤起源于古红土及下伏石灰岩风化物母质，自然植被为草地灌丛，可见稀疏针阔叶混交林，农业利用为种植玉米、小麦等旱作。

土系特征与变幅 诊断层：淡薄表层、低活性富铁层、黏化层。诊断特征：铁质特性、氧化还原特征、半干润土壤水分状况、温性土壤温度状况。弯福系发育在岩溶地貌上，由覆盖在石灰岩上的古红土及石灰岩残积物发育而成，土体厚度变化较大，取决于基岩出露深度，一般在 0.8～1 m，可在 1 m 以上，颜色呈鲜艳的红棕色。整个剖面以黏土为主，75 cm 以下为黏壤土，土壤结构以团块状为主，发育程度中等。该土系土壤的一个显著特点是，土壤中全铁和游离铁含量异常高，分别达到 88～106 g/kg 和 64～80 g/kg，这是土壤颜色鲜艳的主要原因，部分土体内见细小的铁锰结核和铁锰黏粒胶膜新生体。表层土体肥力尚可，有机碳、全氮、全磷含量均较高，全钾含量中等，为 12～17 g/kg。

对比土系 旧堡系，不同地区，相同亚类，酸性，颜色相对偏淡（5YR），表层有机碳含量高。太安系，相同母质，不同亚类，湿润土壤水分状况。

利用性能综述 弯福系一般远离村寨，耕作管理较为粗放，土壤熟化度低，且质地较黏，耕性较差，供肥能力弱，同时，土壤抗逆性不强，易旱易涝，雨季容易水土流失，是一种低产土壤类型。利用过程中，应重视改善生态环境，农田周边应植树种草，加强土地平整，改坡地为梯地，增施有机肥和种植绿肥，逐步熟化土壤。对陡坡耕地应逐步退耕还林还牧。

参比土种 山棕瘦红土。

代表性单个土体　剖面采自云南省大理州洱源县右所镇弯福自然村（编号 53-085），坐标 26.06166°N，100.12775°E。海拔 2368 m，当前为草地和灌丛。50 cm 深度土层年平均温度 14.3℃。野外调查时间 2015 年 10 月。

弯福系代表性单个土体剖面

Ah：0～30 cm，红棕色（5YR 4/8，干），暗红棕色（5YR 3/6，润）；黏土，中等发育团块状结构，稍坚实，少量根系，平滑清晰过渡。

Br1：30～50 cm，红棕色（2.5YR 4/6，干），暗红棕色（2.5YR 3/6，润）；粉质黏土，中等发育团块状结构，稍坚实，结构体内见直径<2 mm 的铁锰结核，平滑渐变过渡。

Btr：50～75 cm，红棕色（2.5YR 4/8，干），红棕色（2.5YR 4/8，润）；黏土，中等发育团块状结构，稍坚实，结构体内见直径<2 mm 的铁锰结核，结构面见少量铁锰黏粒胶膜，平滑渐变过渡。

Br2：75～120 cm，红棕色（2.5YR 4/8，干），红棕色（2.5YR 4/8，润）；粉质黏壤土，中等发育团块状结构，稍坚实，结构体内见直径<2 mm 的铁锰结核。

弯福系代表性单个土体物理性质

土层	深度/cm	细土颗粒组成 (粒径：mm)/(g/kg)			质地	容重/(g/cm^3)
		砂粒 2～0.05	粉粒 0.05～0.002	黏粒 <0.002		
Ah	0～30	49	395	556	黏土	1.17
Br1	30～50	22	546	432	粉质黏土	1.22
Btr	50～75	24	295	682	黏土	1.20
Br2	75～120	197	422	380	粉质黏壤土	1.30

弯福系代表性单个土体化学性质

深度/cm	pH (H_2O)	有机碳(C)/(g/kg)	全氮(N)/(g/kg)	全磷(P)/(g/kg)	全钾(K)/(g/kg)	全铁(Fe)/(g/kg)	阳离子交换量/(cmol/kg)	游离铁(Fe)/(g/kg)
0～30	7.0	14.4	1.33	0.98	16.6	88.5	18.6	64.8
30～50	7.0	5.2	1.07	0.67	16.8	93.7	14.7	72.3
50～75	7.2	3.2	0.48	0.65	12.5	105.6	13.3	79.9
75～120	7.2	2.6	0.45	0.76	12.5	103.5	16.6	76.2

12.1.5 曼勒系（Manle Series）

土 族：黏质高岭石型非酸性高热性-普通黏化干润富铁土

拟定者：黄 标，张海东，田 康，贾萌萌

分布与环境条件 曼勒系分布于云南省玉溪市新平彝族自治县（新平县）境内元江河谷海拔600 m以下较平缓的地段。属亚热带季风气候，但是在地形封闭的局部干热河谷内，气温增加，降雨减少，年均气温 22℃，年均降水量850 mm，≥10℃积温8000℃，终年无霜。土壤起源于粉砂岩坡积物母质，旱作或阔叶林。

曼勒系典型景观

土系特征与变幅 诊断层：淡薄表层、低活性富铁层、黏化层。诊断特性：铁质特性、氧化还原特征、半干润土壤水分状况、高热性土壤温度状况。曼勒系土壤土体较为深厚，剖面发育较强，土壤颜色鲜艳，多为红棕色。质地自上而下分别为黏壤土和黏土，下部土壤黏粒含量超过表土层的 1.2 倍，为黏化层。土壤呈棱块状结构，结构发育很强，土体内见少量铁锰斑纹。土壤呈中性，pH 6.6～7.0。土壤有机碳、全氮、全磷和阳离子交换量均很低，全钾处于中等水平。

对比土系 九乡系，不同地区，相同亚类，伊利石混合型矿物学类型，热性土壤温度状况，表层有机碳含量高。旧堡系，不同地区，温性土壤温度状况，酸性。

利用性能综述 曼勒系土壤较为深厚，质地偏黏，影响耕作，养分含量偏低，属于中低肥力土壤，但所处环境光热条件好，适合各种作物生长。利用时，要通过各种措施增加土壤有机碳含量，改善土壤结构，不断熟化土壤。可发挥光热优势，发展咖啡、杧果等多种热带果木，增加增产潜力和经济效益。

参比土种 砂燥红土。

代表性单个土体 剖面采自云南省玉溪市新平县漠沙镇曼勒村漠沙农场（编号 53-276），坐标 23.82142°N，101.78486°E。海拔 458 m，当前为针阔叶混交林与甘蔗间作。50 cm深度土层年平均温度 23.8℃。野外调查时间 2014 年 11 月。

曼勒系代表性单个土体剖面

Ap：0～25 cm，橙色（5YR 6/6，干），红棕色（5YR 4/6，润）；黏壤土，小棱块状结构，坚实，根系较多，土体内见少量铁锰斑纹，平滑清晰过渡。

Btr1：25～40 cm，橙色（5YR 6/6，干），红棕色（5YR 4/6，润）；黏土，强发育棱块状结构，坚实，少量根系，土体内见少量铁锰斑纹，平滑清晰过渡。

Btr2：40～80 cm，亮红棕色（5YR 5/8，干），红棕色（5YR 4/8，润）；黏土，强发育棱块状结构，坚实，土体内见少量铁锰斑纹。

曼勒系代表性单个土体物理性质

土层	深度/cm	细土颗粒组成 (粒径：mm)/(g/kg)			质地	容重/(g/cm³)
		砂粒 2～0.05	粉粒 0.05～0.002	黏粒 <0.002		
Ap	0～25	380	286	334	黏壤土	1.50
Btr1	25～40	284	287	429	黏土	1.53
Btr2	40～80	237	283	480	黏土	1.53

曼勒系代表性单个土体化学性质

深度/cm	pH (H_2O)	有机碳(C)/(g/kg)	全氮(N)/(g/kg)	全磷(P)/(g/kg)	全钾(K)/(g/kg)	全铁(Fe)/(g/kg)	阳离子交换量/(cmol/kg)	游离铁(Fe)/(g/kg)
0～25	7.01	7.6	0.83	0.33	13.4	30.8	8.2	22.4
25～40	6.64	6.5	0.72	0.21	13.3	25.3	7.6	17.9
40～80	6.77	3.7	0.56	0.18	17.1	39.1	9.2	27.6

12.1.6 九乡系（Jiuxiang Series）

土 族：黏质伊利石混合型非酸性热性-普通黏化干润富铁土

拟定者：黄 标，张海东，田 康，贾萌萌

分布与环境条件 九乡系分布于云南省昆明市、曲靖市等地海拔1700～2200 m低中山缓坡与高原缓丘中上部。属北亚热带高原季风气候，年平均气温16.3℃，年均日照时数2177.3 h，年均降水量912.2 mm，年均蒸发量2033 mm，无霜期260 d。土壤起源于砂页岩母质上，旱作农田，种植玉米-蔬菜。

九乡系典型景观

土系特征与变幅 诊断层：淡薄表层、黏化层、低活性富铁层。诊断特性：铁质特性、氧化还原特征、半干润土壤水分状况、热性土壤温度状况。九乡系土体厚度一般可达50～60 cm，有时可达1 m以上，剖面层次不太明显。土壤质地较为黏壤土—黏土，结构发育中等—强，表层出现团粒状结构或小的碎块状结构，其下为中等—强发育的团块状-棱块状结构，自上而下，结构发育程度增强。剖面中部结构体表面常见铁锰胶膜，结构体内见直径<1 mm的球形铁锰结核。土壤颜色较鲜艳，色调5YR，为红棕色，剖面下部土体中石砾含量较高，达15%～20%。土壤呈微酸性—中性反应，pH 5.7～6.7。从土壤肥力指标看，九乡系土壤有机碳、全氮、全磷含量较高，尤其是全磷，最高可达3 g/kg以上，全钾含量处于中等水平，在10～20 g/kg范围内，土壤阳离子交换量偏低，在12～17 cmol/kg。

对比土系 曼勒系，不同地区，同一亚类，高热性土壤温度状况，高岭石型矿物类型，表层有机碳含量低。文笔系，相同土壤水分和温度状况，不同土纲，淋溶土纲，表层有机碳含量低。

利用性能综述 九乡系砂黏适中，耕性较好，但保水保肥能力差，易受干旱威胁，多为一年一熟，宜种的作物不多，属低肥力土壤。可通过扩种绿肥、加强水肥管理来培肥土壤。同时，加强农田基本建设，配套灌溉系统，坡度较缓的田块逐步修筑梯地，田边种植树种，固土防冲，涵养水分，改善农田生态环境。部分陡坡地应退耕还林，或发展林果业，增加经济效益。

参比土种 瘦红泥。

代表性单个土体 剖面采自云南省昆明市宜良县九乡彝族回族乡东北（编号 53-056），

坐标 25.0976°N，103.38295°E。海拔 1927 m，当前为玉米种植收获后。50 cm 深度土层年平均温度 18.4℃。野外调查时间 2014 年 11 月。

九乡系代表性单个土体剖面

Ap：0～20 cm，浊橙色（5YR 6/4，干），淡红棕色（5YR 4/4，润）；粉质黏壤土，中等发育团粒状和碎块状结构，疏松，根系较多，平滑渐变过渡。

Br1：20～30 cm，浊橙色（5YR 6/4，干），淡红棕色（5YR 4/4，润）；粉质黏土，中等发育团块状结构，坚实，少量极细根，结构体内见直径<1 mm 的球形铁锰结核，平滑渐变过渡。

Br2：30～43 cm，橙色（5YR 6/6，干），红棕色（5YR 4/6，润）；黏壤土，强发育团块状结构，坚实，结构体内见铁锰斑纹和直径<1 mm 的球形铁锰结核，平滑清晰过渡。

Btr1：43～60 cm，橙色（5YR 6/6，干），红棕色（5YR 4/6，润）；粉质黏壤土，强发育棱块状结构，坚实，结构体内见铁锰斑纹和直径<1 mm 的球形铁锰结核，结构体表面常见黏粒-铁锰胶膜，土体夹 15%的原岩石砾，平滑清晰过渡。

Btr2：60～120 cm，橙色（5YR 6/6，干），红棕色（5YR 4/6，润）；粉质黏土，强发育棱块状结构，坚实，结构体内见铁锰斑纹和直径<1 mm 的球形铁锰结核，夹 20%的原岩石砾。

九乡系代表性单个土体物理性质

土层	深度 /cm	石砾 (>2 mm，体积分数)/%	细土颗粒组成 (粒径：mm)/(g/kg)			质地	容重 /(g/cm³)
			砂粒 2～0.05	粉粒 0.05～0.002	黏粒 <0.002		
Ap	0～20	2	192	434	374	粉质黏壤土	1.21
Br1	20～30	2	157	435	408	粉质黏土	1.40
Br2	30～43	5	208	471	322	黏壤土	1.63
Btr1	43～60	15	98	481	421	粉质黏壤土	1.52
Btr2	60～120	20	80	416	505	粉质黏土	1.47

九乡系代表性单个土体化学性质

深度 /cm	pH		有机碳(C) /(g/kg)	全氮(N) /(g/kg)	全磷(P) /(g/kg)	全钾(K) /(g/kg)	全铁(Fe) /(g/kg)	阳离子交换量 /(cmol/kg)	游离铁 (Fe) /(g/kg)
	H_2O	KCl							
0～20	6.3	5.7	19.3	1.73	2.58	12.4	39.1	16.2	29.2
20～30	6.2	5.5	14.2	1.26	1.67	10.6	36.7	15.7	25.1
30～43	6.7	5.9	6.9	0.83	0.86	10.3	35.1	12.9	26.9
43～60	6.7	5.9	3.1	0.57	3.17	16.0	45.3	12.5	34.9
60～120	5.7	5.0	1.8	0.44	2.89	20.0	48.4	12.1	38.7

12.2 表蚀简育干润富铁土

12.2.1 乐西系（Lexi Series）

土 族：极黏质高岭石型酸性热性-表蚀简育干润富铁土

拟定者：黄 标，宗玉统，肖 晴，陆申一

乐西系典型景观

分布与环境条件 乐西系分布于云南省文山州文山市。文山市地处云南省东南部低纬度高原，东南近北部湾，西南离孟加拉湾不远，来自这两个方向的水汽常带来丰沛降雨。北回归线横穿市境，市境大部分在北回归线以南，属中亚热带季风气候。区域地势起伏较大，一般海拔1250～1500 m，随海拔高低，兼有中亚热带、北亚热带、南亚热带和温带气候。年均气温18.4℃，年均日照时数2028 h，≥10℃积温6570.0℃，无霜期309 d，年均降水量1187.8 mm，年均蒸发量1778.7 mm。土壤起源于古红土母质上，阔叶林，农业利用为种植西瓜、三七等旱作。

土系特征与变幅 诊断层：低活性富铁层。诊断特征：铁质特性、氧化还原特征、半干润土壤水分状况、热性土壤温度状况。乐西系由古红土及坡残积物发育而成，土体较厚，在1 m以上，颜色呈鲜艳的红棕色。由于侵蚀作用，低活性富铁层已出露地表，整个剖面以黏土为主，60～70 cm处见土层中含20%半风化岩屑碎片，其余土层含少量粗砂，导致结构发育不强，呈弱—中等发育的团块状结构。该土系土壤的一个显著特点是，土壤中全铁和游离铁含量异常高，分别达125～150 g/kg和95～120 g/kg，这是土壤颜色鲜艳的主要原因，土体内常见细小的铁锰结核。由于侵蚀作用，土体肥力很低，有机碳、全氮、全钾含量均较低，尤其是全钾含量，小于7 g/kg，阳离子交换量也很低，盐基饱和度为20%～30%，但土壤全磷含量相对较高。

对比土系 稿吾卡系，不同地区，相同亚类，黏壤质颗粒大小级别，颜色淡（7.5YR），全铁、游离铁含量低。布宜系，相同地区，不同亚纲，黏质颗粒大小级别，混合型矿物类型。

利用性能综述 乐西系土壤大多黏重板结，但其中含一定量粗砂粒，对土壤耕性稍有利。土层较为深厚，利于保水保肥。有灌溉条件的地块适种性较强，适宜种植玉米、小麦、薯类、烤烟、豆类、花生等粮经油作物，还适宜种植梨、桃、李、杏等果树。目前，一些地区还在该土系上种植三七。总之，该土系生产潜力较大，但要在狠抓基本农田建设的基础上，采用增施有机肥、种植绿肥、秸秆还田等措施熟化耕作层。与此同时，还应逐步在连片集中的缓坡平坝区营造林带，改善农田生态环境。

参比土种　山棕红泥。

代表性单个土体　剖面采自云南省文山州文山市德厚镇乐西村（编号 53-078），坐标 23.5949°N，103.8916°E。海拔 1409 m，当前为西瓜收获后。50 cm 深度土层年平均温度 20.4℃。野外调查时间 2015 年 4 月。

乐西系代表性单个土体剖面

Bp：0～40 cm，红棕色（2.5YR 4/8，干），暗红棕色（2.5YR 3/6，润）；黏土，强发育团块状结构，坚实，少量根系，平滑清晰过渡。

Br1：40～60 cm，红棕色（2.5YR 4/8，干），暗红棕色（2.5YR 3/6，润）；黏土，中等发育团块状结构，坚实，土层中含5%左右的粗砂粒，结构体内见直径<2 mm的铁锰结核，平滑清晰过渡。

Br2：60～70 cm，红棕色（2.5YR 4/8，干），暗红棕色（2.5YR 3/6，润）；黏壤土，弱发育团块状结构，疏松，土层中含 20%左右的粗砂粒，结构体内见直径<2 mm 的铁锰结核，平滑清晰过渡。

Br3：70～120 cm，亮红棕色（2.5YR 5/8，干），红棕色（2.5YR 4/6，润）；黏土，中等发育团块状结构，坚实，土层中含 10%左右的粗砂粒，结构体内见直径<2 mm 的铁锰结核。

乐西系代表性单个土体物理性质

土层	深度/cm	石砾(>2 mm，体积分数)/%	细土颗粒组成 (粒径：mm)/(g/kg)			质地	容重/(g/cm^3)
			砂粒 2～0.05	粉粒 0.05～0.002	黏粒 <0.002		
Bp	0～40	—	46	265	689	黏土	1.23
Br1	40～60	5	60	296	644	黏土	1.12
Br2	60～70	20	306	339	355	黏壤土	1.12
Br3	70～120	10	87	287	626	黏土	1.21

乐西系代表性单个土体化学性质

深度 /cm	pH		有机碳(C) /(g/kg)	全氮(N) /(g/kg)	全磷(P) /(g/kg)	全钾(K) /(g/kg)	全铁(Fe) /(g/kg)	阳离子交换量 /(cmol/kg)	游离铁(Fe) /(g/kg)
	H_2O	KCl							
0～40	5.2	4.7	4.3	0.53	0.86	4.8	131.6	14.5	109.7
40～60	5.0	4.7	4.8	0.62	0.90	6.0	125.9	11.9	102.8
60～70	5.5	5.4	4.2	0.57	0.98	6.8	145.3	11.8	118.7
70～120	4.9	4.5	3.4	0.50	1.01	7.0	127.1	12.3	96.7

12.2.2　稿吾卡系（Gaowuka Series）

土　族：黏壤质硅质混合型酸性热性-表蚀简育干润富铁土

拟定者：黄　标，卢升高，韦杨嫣，陆申一

稿吾卡系典型景观

分布与环境条件　稿吾卡系分布于云南省红河州元阳县逢春岭一带的半湿润河谷区。属亚热带山地季风气候，年均气温 20.9℃，年均降水量 1158～1262 mm，干燥度 1.06～1.36。土壤起源于石灰岩、白云岩等碳酸盐岩类母质，自然植被为松林、灌木等，农业利用为种植甘蔗、香蕉等旱作。

土系特征与变幅　诊断层：低活性富铁层。诊断特征：铁质特性、氧化还原特征、半干润土壤水分状况、热性土壤温度状况。稿吾卡系为耕作土壤，土体厚度在 100 cm 以上。颜色主要呈棕色，自地表向下，由棕色转变为亮棕色。表层土壤质地为黏土，之下为黏壤土，按土壤低活性富铁层的诊断标准，表层和亚表层土壤黏粒阳离子交换量均小于 24 cmol/kg，符合低活性富铁层的条件，且已出露至地表。土壤结构发育中等，由于耕作，表层土壤发育团粒状结构，也有部分为小团块状结构，向下呈中等发育团块状结构。土壤结构体内常见细小的铁锰斑纹和结核，土壤呈酸性反应，pH 4.5～4.7。该土系土壤有机碳和氮磷钾养分储量不高，表层土壤有机碳含量仅 9.0 g/kg。全氮、全磷、全钾含量均处于较低水平，阳离子交换量也很低，仅 7～10 cmol/kg，盐基饱和度为 20%～30%。

对比土系　乐西系，不同地区，相同亚类，极黏质颗粒大小级别，颜色红（2.5YR），全铁、游离铁含量高。

利用性能综述　稿吾卡系土壤结构稍差，表层土壤质地较黏重，干旱季节土壤易板结紧实，养分较为贫乏，部分地区由于植被被破坏，土壤有一定侵蚀和岩石露头。由于区域气温高，光热资源丰富，平缓地块大都已开垦为耕地，种植粮食和热带亚热带经济林木和水果。土壤生产潜力较大，但有待进一步合理开发利用，避免引起水土流失和生态环境恶化。25°以下的坡地适宜发展热带经济作物和水果，如咖啡、胡椒、杧果、冬早蔬菜、菠萝、香蕉等，但要解决水利灌溉问题，修筑梯地，改土培肥。

参比土种　棕干砖红泥。

代表性单个土体　剖面采自云南省红河州元阳县逢春岭乡稿吾卡村莫草坪（编号

53-157)，坐标 23.09015°N，103.16876°E。海拔 389 m，当前为甘蔗地，50 cm 深度土层年平均温度 22.8℃。野外调查时间 2015 年 4 月。

Bp：0～20 cm，浊橙色（7.5YR 6/4，干），棕色（7.5YR 4/4，润）；粉质黏土，中等发育团粒状结构，部分呈小团块状结构，疏松，大量根系，见少量铁锰斑纹和细小的铁锰结核，平滑清晰过渡。

Br1：20～55 cm，浊橙色（7.5YR 7/4，干），浊棕色（7.5YR 5/4，润）；黏壤土，中等发育团块状结构，坚实，少量根系，结构体内见少量直径<2 mm 的铁锰斑纹和结核，平滑清晰过渡。

Br2：55～130 cm，橙色（7.5YR 6/6，干），亮棕色（7.5YR 5/6，润）；粉质黏壤土，中等发育团块状结构，坚实，结构体内见较多直径 2～6 cm 的铁锰斑纹和少量直径<2 mm 的铁锰结核。

稿吾卡系代表性单个土体剖面

稿吾卡系代表性单个土体物理性质

土层	深度/cm	细土颗粒组成（粒径：mm）/(g/kg)			质地	容重/(g/cm³)
		砂粒 2～0.05	粉粒 0.05～0.002	黏粒 <0.002		
Bp	0～20	127	465	408	粉质黏土	1.29
Br1	20～55	212	421	367	黏壤土	1.38
Br2	55～130	160	530	309	粉质黏壤土	1.47

稿吾卡系代表性单个土体化学性质

深度/cm	pH		有机碳(C)/(g/kg)	全氮(N)/(g/kg)	全磷(P)/(g/kg)	全钾(K)/(g/kg)	全铁(Fe)/(g/kg)	阳离子交换量/(cmol/kg)	游离铁(Fe)/(g/kg)
	H_2O	KCl							
0～20	4.6	3.7	9.0	0.91	0.40	10.6	17.6	7.8	13.9
20～55	4.7	3.8	5.2	0.76	0.29	11.0	20.9	7.3	18.1
55～130	4.5	3.7	3.1	0.79	0.28	14.8	30.4	9.8	23.2

稿吾卡系代表性单个土体阳离子交换性质

深度/cm	交换性 H^+/(cmol/kg)	交换性 $Al(1/3Al^{3+})$/(cmol /kg)	交换性 $Ca(1/2Ca^{2+})$/(cmol/kg)	交换性 $Mg(1/2Mg^{2+})$/(cmol/kg)	交换性 K/(cmol/kg)	交换性 Na/(cmol/kg)
0～20	0.09	2.57	1.22	0.48	0.21	0.13
20～55	0.06	2.72	1.27	0.33	0.13	0.13
55～130	0.12	5.30	1.28	0.75	0.16	0.11

12.3　普通简育干润富铁土

12.3.1　放马坪系（Fangmaping Series）

土　族：黏质高岭石型酸性热性-普通简育干润富铁土

拟定者：黄　标，宗玉统，肖　晴，龚翰林

放马坪系典型景观

分布与环境条件　放马坪系分布于云南省红河州建水县。位于山间谷地相对较平坦的地区，海拔 1400 m。属南亚热带季风气候，呈现出夏季炎热多雨，冬季温和少雨的气候特征，年均气温 19.8℃，年均日照时数 2322 h，年均降水量 805 mm。土壤起源于老冲积、洪积物母质，马尾松林，农业利用为种植马铃薯、蔬菜等旱作。

土系特征与变幅　诊断层：淡薄表层、低活性富铁层。诊断特性：铁质特性、热性土壤温度状况、半干润土壤水分状况。放马坪系由老冲积、洪积物经耕作而成，土系多分布在二、三级平缓阶地或丘陵地上，土体较为深厚，颜色呈鲜艳的红棕色。整个剖面质地均为黏土，但黏粒含量有一定差异。结构发育中等，上部为中等发育的团块状结构，下部呈块状，但结构发育较强。下部土体见少量铁锰结核，全铁和游离铁含量高。长期耕作使得土壤耕层熟化程度较高，土壤有机碳、全氮、全磷含量适中，但全钾含量非常低，阳离子交换量也不高，盐基饱和度在表层达 60%，而下部土壤较低，为 20%～40%。

对比土系　乐西系，同一地区，不同亚类，极黏质颗粒大小级别。小新寨系，不同地区，不同土纲，黏壤质颗粒大小级别，全铁、游离铁含量低。

利用性能综述　放马坪系质地偏黏，通透性稍差，影响耕作，土壤靠近河流水源，地面平缓，易开发，适种性广，可种植玉米、大豆、花生、薯类、蔬菜等多种作物，可一年两熟或三熟。由于冬春干旱，土壤缺水明显，利用时应加强基本农田设施建设，解决灌溉用水，可提高产量。

参比土种　厚赤红土。

代表性单个土体　剖面采自云南省红河州建水县临安镇陈官村放马坪（编号 53-124），

坐标 23.5789°N，102.8751°E。海拔 1422 m，当前种植洋葱。50 cm 深度土层年平均温度 21.2℃。野外调查时间 2015 年 4 月。

Ap：0～20 cm，红棕色（2.5YR 4/6，干），暗红棕色（2.5YR 3/6，润）；黏土，中等发育团块状结构，坚实，根系较多，平滑清晰过渡。

Br1：20～60 cm，红棕色（2.5YR 4/6，干），暗红棕色（2.5YR 3/6，润）；黏土，中等发育团块状结构，坚实，少量根系，发育垂直裂隙，土体结构体内见少量铁锰结核，平滑逐渐过渡。

Br2：60～120 cm，红棕色（2.5YR 4/8，干），暗红棕色（2.5YR 3/6，润）；黏土，强发育团块状结构，坚实，发育垂直裂隙。

放马坪系代表性单个土体剖面

放马坪系代表性单个土体物理性质

土层	深度 /cm	细土颗粒组成 (粒径：mm)/(g/kg)			质地	容重 /(g/cm³)
		砂粒 2～0.05	粉粒 0.05～0.002	黏粒 <0.002		
Ap	0～20	50	258	691	黏土	1.21
Br1	20～60	140	386	473	黏土	1.28
Br2	60～120	57	340	603	黏土	1.50

放马坪系代表性单个土体化学性质

深度 /cm	pH		有机碳(C) /(g/kg)	全氮(N) /(g/kg)	全磷(P) /(g/kg)	全钾(K) /(g/kg)	全铁(Fe) /(g/kg)	阳离子交换量 /(cmol/kg)	游离铁 (Fe) /(g/kg)
	H_2O	KCl							
0～20	5.6	4.8	15.4	1.20	0.67	7.2	109.6	14.4	90.9
20～60	5.4	4.4	9.7	0.89	0.62	7.0	113.7	13.0	95.8
60～120	5.0	3.9	2.7	0.40	0.59	7.2	116.6	13.0	90.9

12.4　腐殖钙质湿润富铁土

12.4.1　龙坪系（Longping Series）

土　族：黏质高岭石型非酸性热性-腐殖钙质湿润富铁土

拟定者：黄　标，万梦雪，戴普胜

龙坪系典型景观

分布与环境条件　龙坪系分布于云南省文山州石灰岩山地，在临沧、丽江、大理、保山等地州也有分布。区域地势为起伏较大的喀斯特地貌，海拔 1200 m。属亚热带低纬季风气候，干雨季节分明，立体气候明显，年均气温 15.9℃，无霜期 340～362 d，年均降水量 1294 mm，年均蒸发量 1212.3 mm，年均日照时数 1500～1600 h。土壤起源于石灰岩母质上，自然植被为针阔叶林，种植土豆、玉米等旱作。

土系特征与变幅　诊断层：淡薄表层、低活性富铁层、黏化层。诊断特性：碳酸盐岩岩性特征、腐殖质特性、氧化还原特征、铁质特性、石质接触面、热性土壤温度状况、湿润土壤水分状况。龙坪系由岩溶地貌石灰岩露头之间的残坡积物母质上发育而来，附近石灰岩露头较多，大部分为自然土壤，少量辟为耕地，但耕作较为粗放。土体厚度一般可达 1 m 以上。土壤质地变化较大，上部较壤，为黏壤土，下部较为黏重，为黏土—粉质黏壤土，结构发育中等—强，表层出现团粒状结构或小的碎块状结构，其下为中—强发育的团块状结构，自上而下，结构发育程度增强。剖面下部结构体表面见铁锰胶膜，整个剖面 B 层土壤结构体内常见直径<1 mm 的球形铁锰结核。颜色以棕色为主，色调为 7.5YR，彩度较高，下部土层在 6 以上。从土壤养分指标看，龙坪系土壤有机碳、全氮在 80 cm 以上均较高，有机碳含量达到 16～22 g/kg，全磷含量较高，达 0.5 g/kg 以上，全钾含量处于中等水平，在 11 g/kg 左右，土壤阳离子交换量偏低。B 层黏粒矿物分析表明，主要由高岭石（50%）和石英（40%）组成。

对比土系　牛滚塘系，同一地区，不同亚类，淋溶钙质湿润富铁土，有机碳含量低。

利用性能综述　龙坪系表土疏松，养分含量相对较高，但植被差，为石山灌丛及稀疏草类，石灰岩裸露较多，有明显水土流失现象。该土系土壤应该以绿化荒山植树造林为重点，防治水土流失，以改善生态环境，在缓坡土层较厚处，可种植果树和经济林木，也可开辟为耕地，但要注意加强水土保持措施。

参比土种　红泡土泥。

代表性单个土体　剖面采自云南省文山州西畴县兴街镇龙坪村（编号 53-267），坐标 23.3274°N，104.59296°E。海拔 1218 m，当前为次生林，50 cm 深度土层年平均温度 19.5℃。野外调查时间 2015 年 4 月。

Ah：0～15 cm，浊橙色（7.5YR 6/4，干），浊棕色（7.5YR 5/4，润）；黏壤土，中等发育团粒状和碎块状结构，疏松，根系较多，平滑清晰过渡。

Br1：15～47 cm，亮棕色（7.5YR 5/6，干），棕色（7.5YR 4/6，润）；黏土，中等发育团块状结构，坚实，少量极细根，结构体内见直径<1 mm 的球形铁锰结核，结构面有腐殖质淀积胶膜，见少量母岩碎块，平滑清晰过渡。

Br2：47～77 cm，亮棕色（7.5YR 5/6，干），棕色（7.5YR 4/6，润）；粉质黏壤土，强发育团块状结构，坚实，结构体内见直径<1 mm 的球形铁锰结核，结构面有腐殖质淀积胶膜和铁锰胶膜，见少量母岩碎块，平滑清晰过渡。

Btr：77～120 cm，亮棕色（7.5YR 5/8，干），亮棕色（7.5YR 5/6，润）；黏土，强发育团块状结构，坚实，结构体内见直径<1 mm 的球形铁锰结核，结构面见少量铁锰胶膜。

龙坪系代表性单个土体剖面

龙坪系代表性单个土体物理性质

土层	深度/cm	细土颗粒组成 (粒径：mm)/(g/kg)			质地	容重/(g/cm³)
		砂粒 2～0.05	粉粒 0.05～0.002	黏粒 <0.002		
Ah	0～15	351	334	315	黏壤土	1.31
Br1	15～47	177	348	475	黏土	1.35
Br2	47～77	192	444	364	粉质黏壤土	1.33
Btr	77～120	72	291	637	黏土	1.38

龙坪系代表性单个土体化学性质

深度/cm	pH		有机碳(C)/(g/kg)	全氮(N)/(g/kg)	全磷(P)/(g/kg)	全钾(K)/(g/kg)	全铁(Fe)/(g/kg)	阳离子交换量/(cmol/kg)	游离铁(Fe)/(g/kg)
	H_2O	KCl							
0～15	7.4	6.5	22.4	2.03	0.57	11.0	69.3	19.0	57.4
15～47	5.8	5.3	16.2	1.49	0.69	10.8	67.4	17.0	55.0
47～77	5.5	4.9	16.2	1.41	0.73	11.2	66.5	17.6	52.2
77～120	5.8	5.6	6.7	0.93	0.55	11.7	77.6	14.9	61.3

12.5 淋溶钙质湿润富铁土

12.5.1 牛滚塘系（Niuguntang Series）

土　族：黏质高岭石混合型非酸性热性-淋溶钙质湿润富铁土

拟定者：黄　标，万梦雪，戴普胜

牛滚塘系典型景观

分布与环境条件　牛滚塘系分布于云南省文山州的石灰岩山地，昭通、曲靖、普洱等地州也有分布，区域为喀斯特地貌。麻栗坡县地处低纬度，属南亚热带高原季风气候。立体气候明显。年均气温 17.6℃，无霜期 330 d，年均降水量 1068 mm，年均蒸发量 1300 mm，年均日照时数 1517.3 h。土壤起源于石灰岩残坡积物母质，自然植被为针阔叶林，种植红薯、玉米等旱作。

土系特征与变幅　诊断层：淡薄表层、低活性富铁层。诊断特性：碳酸盐岩岩性特征、氧化还原特征、铁质特性、石质接触面、湿润土壤水分状况、热性土壤温度状况。牛滚塘系由岩溶地貌石牙间的残坡积物母质上发育而来，附近有石灰岩露头，大部分为自然土壤，距村庄较近处被辟为耕地，土体厚度变化较大，一般可达 1 m 以上。土壤质地较为黏重，为黏土—粉质黏土，结构发育中等—强，表层出现团粒状结构或小的碎块状结构，其下为中—强发育的团块状结构，自上而下，结构发育程度增强。剖面中部结构体表面常见铁锰胶膜，结构体内见直径<1 mm 的球形铁锰结核。尽管该土系土壤全铁和游离铁含量较高，但其颜色还是以棕色为主，色调主要为 7.5YR。从土壤养分指标看，牛滚塘系土壤有机碳、全氮含量均不高，但全磷含量较高，最高可达 1.37 g/kg 以上，全钾含量处于中等水平，在 12～15 g/kg 范围内，土壤阳离子交换量偏低，盐基饱和度为 35%～45%。

对比土系　龙坪系，同一地区，不同亚类，腐殖钙质湿润富铁土，有机碳含量高。那平系，相同地区，不同土纲，钙质湿润淋溶土，颜色淡（10YR）。

利用性能综述　牛滚塘系土层较厚，但养分缺乏，地块零散，耕作困难，所以，在保护好现有植被的前提下，宜于发展薪炭林、用材林、经济林等，如桉树、核桃、板栗、果树等，在植被稀疏的土壤上，应增加土壤覆盖，减少水土流失。

参比土种 黄泡泥。

代表性单个土体 剖面采自云南省文山州麻栗坡县麻栗镇牛滚塘村（编号 53-271），坐标 23.13958°N，104.68442°E。海拔 1179 m，当前为休闲耕地，50 cm 深度土层年平均温度 19.6℃。野外调查时间 2015 年 4 月。

Ap：0～20 cm，橙色（5YR 6/6，干），亮红棕色（5YR 5/6，润）；黏土，中等发育团粒状和碎块状结构，疏松，根系较多，平滑清晰过渡。

Br1：20～40 cm，橙色（7.5YR 6/6，干），棕色（7.5YR 4/6，润）；粉质黏土，中等发育团块状结构，坚实，少量极细根，结构体内见直径<1 mm 的球形铁锰结核，结构面见少量铁锰胶膜，平滑清晰过渡。

Br2：40～75 cm，橙色（7.5YR 6/8，干），亮棕色（7.5YR 5/8，润）；黏土，强发育团块状结构，坚实，结构体内见直径<1 mm 的球形铁锰结核，平滑渐变过渡。

Br3：75～120 cm，橙色（7.5YR 6/8，干），亮棕色（7.5YR 5/8，润）；粉质黏土，强发育团块状结构，坚实，结构体内见直径<1 mm 的球形铁锰结核。

牛滚塘系代表性单个土体剖面

牛滚塘系代表性单个土体物理性质

土层	深度/cm	细土颗粒组成（粒径：mm)/(g/kg)			质地	容重/(g/cm³)
		砂粒 2～0.05	粉粒 0.05～0.002	黏粒 <0.002		
Ap	0～20	89	378	533	黏土	1.27
Br1	20～40	118	420	461	粉质黏土	1.30
Br2	40～75	63	389	548	黏土	1.28
Br3	75～120	128	431	441	粉质黏土	1.31

牛滚塘系代表性单个土体化学性质

深度/cm	pH		有机碳(C)/(g/kg)	全氮(N)/(g/kg)	全磷(P)/(g/kg)	全钾(K)/(g/kg)	全铁(Fe)/(g/kg)	阳离子交换量/(cmol/kg)	游离铁(Fe)/(g/kg)
	H_2O	KCl							
0～20	6.3	5.9	9.7	1.28	0.70	13.4	77.6	13.8	67.3
20～40	6.0	5.9	9.9	0.73	1.37	12.5	88.5	12.7	63.2
40～75	5.3	5.6	4.4	0.66	0.59	14.0	79.4	12.9	64.7
75～120	5.1	5.5	4.3	1.04	0.59	14.7	78.1	11.8	60.8

12.6　黏化钙质湿润富铁土

12.6.1　太安系（Tai'an Series）

土　族：黏质高岭石型非酸性温性-黏化钙质湿润富铁土

拟定者：黄　标，李德成，赵玉国

太安系典型景观

分布与环境条件　太安系分布于云南省丽江市中山、低中山中下部、山麓缓坡地段，区域地势有一定起伏，海拔 2500～2700 m。属低纬度高原南亚季风气候，年均气温 12.6℃，年均降水量 1000 mm，年均蒸发量 1180 mm，无霜期 200 d。土壤起源于石灰岩、白云岩母质或古红土残积物母质，自然植被为松树林，覆盖度达 100%。

土系特征与变幅　诊断层：淡薄表层、黏化层、低活性富铁层。诊断特性：氧化还原特征、湿润土壤水分状况、温性土壤温度状况。表层土壤呈粒状或次棱块状结构，之下则为强发育的棱块状结构。土壤质地整体为黏壤土，但在 35～90 cm 处黏粒含量明显提高，形成黏化层，土壤质地为黏壤土—黏土，土体还见明显滑擦面。整个剖面土体结构面发育铁质斑纹，含量在 5%～15%，其中淡薄表层之下至 55 cm 范围内，见 1%直径 2～3 mm 的黑色铁锰结核，土体内常夹少量石灰岩碎屑。土壤呈弱酸性—中性，pH 5.9～6.7。表层土壤有机碳、全氮含量处于中上水平，全磷、全钾含量较低，表层土壤阳离子交换量很低。

对比土系　弯福系，相同母质，不同亚类，半干润土壤水分状况。关上系，同一地区，不同亚类，热性土壤温度状况，全铁、游离铁含量高。

利用性能综述　太安系表层土壤质地较轻，耕作性能较好，通透性强，且下部土壤黏粒含量较高，可保持一定水分，有一定抗干旱和保肥保水能力。可种植玉米、陆稻、小麦、油菜、马铃薯、豆类、烤烟等作物。太安系部分分布区，由于人为破坏，植被较稀疏，土壤侵蚀较重，导致地力下降。因此，利用中应在农田附近植树种草，同时修筑梯地保持水土。耕层较浅的田块，应逐年深耕，增加有机肥或有机物料的投入，坚持粮肥间套轮作，培肥土壤。坡度较大的田块应退耕以发展林果业。

参比土种　棕黄红泥。

代表性单个土体　剖面采自云南省丽江市玉龙纳西族自治县（玉龙县）太安乡海西村（编号 K3.1，53-304），坐标 26.832934°N，100.083525°E。海拔 2645 m，当前为松树林。50 cm 深度土层年平均温度 14.9℃。野外调查时间 2016 年 6 月 28 日。

太安系代表性单个土体剖面

Ah：0～18 cm，浊棕色（5YR 6/3，干），浊红棕色（5YR 4/4，润）；黏壤土，强发育 1～2 cm 团粒状结构，稍坚实，大量禾本科植物根系，平滑清晰过渡。

Br1：18～35 cm，亮红棕色（5YR 5/8，干），红棕色（5YR 4/8，润）；粉质黏壤土，强发育 5～10 cm 棱块状结构，坚实，结构面发育 10%左右直径 5 mm 的铁质斑纹，结构体内有 1%左右直径 1 mm 的黑色球状铁锰结核，平滑清晰过渡。

Btr1：35～55 cm，浊橙色（5YR 7/4，干），亮红棕色（5YR 5/6，润）；粉质黏壤土，中度发育 5～10 cm 棱块状结构，坚实，结构面发育 5%左右直径 5 mm 的铁质斑纹，结构体内有 1%直径 1 mm 的黑色球状铁锰结核，土体内见 2%左右的石灰岩碎屑，波状清晰过渡。

Btr2：55～90 cm，亮红棕色（5YR 5/8，干），红棕色（5YR 4/8，润）；粉质黏土，强发育 10～20 cm 棱块状结构，坚实，结构面发育 10%～15%直径 10 mm 的铁质斑纹，土体内见 2%左右的石灰岩碎屑，见明显滑擦面，平滑渐变过渡。

Br2：90～120 cm，亮红棕色（5YR 5/8，干），红棕色（5YR 4/8，润）；粉质壤土，强发育 10～20 cm 棱块状结构，坚实，结构面发育 10%～15%直径 10 mm 的铁质斑纹，见明显滑擦面。

太安系代表性单个土体物理性质

土层	深度 /cm	细土颗粒组成（粒径：mm)/(g/kg)			质地	容重 /(g/cm^3)
		砂粒 2～0.05	粉粒 0.05～0.002	黏粒 <0.002		
Ah	0～18	219	495	285	黏壤土	1.22
Br1	18～35	137	534	328	粉质黏壤土	1.49
Btr1	35～55	136	506	358	粉质黏壤土	1.62
Btr2	55～90	78	409	513	粉质黏土	1.54
Br2	90～120	228	507	266	粉质壤土	1.52

太安系代表性单个土体化学性质

深度/cm	pH (H_2O)	有机碳(C)/(g/kg)	全氮(N)/(g/kg)	全磷(P)/(g/kg)	全钾(K)/(g/kg)	全铁(Fe)/(g/kg)	阳离子交换量/(cmol/kg)	游离铁(Fe)/(g/kg)
0～18	6.7	14.6	1.13	0.37	9.5	26.7	9.0	24.4
18～35	6.2	2.9	0.33	0.31	8.5	32.3	6.1	28.7
35～55	6.1	1.5	0.27	0.24	6.8	24.2	4.9	22.5
55～90	6.0	2.2	0.31	0.43	7.1	76.7	14.9	74.0
90～120	5.9	2.5	0.31	0.45	5.1	101.3	20.0	93.5

12.7 腐殖富铝湿润富铁土

12.7.1 白沙坡系（Baishapo Series）

土 族：极黏质高岭石型非酸性热性-腐殖富铝湿润富铁土

拟定者：黄 标，卢升高，韦杨嫣，龚翰林

分布与环境条件 白沙坡系分布于云南省曲靖市的盆缘丘陵顶部或中山中部坡度较大地段，海拔一般在 1800～2100 m。属低纬度高原季风气候，年均气温 14℃，年均日照时数 2098 h，无霜期255 d，年均降水量1002 mm。土壤起源于古红土母质上，种植玉米等旱作。

白沙坡系典型景观

土系特征与变幅 诊断层：淡薄表层、低活性富铁层。诊断特性：富铝特性、腐殖质特性、铁质特性、湿润土壤水分状况、热性土壤温度状况。白沙坡系由古红土母质发育而成，土层较为深厚，大于 100 cm。由于土壤游离铁含量（120～123 g/kg）和铁的游离度高（75%～85%），所以，颜色鲜艳偏红，达 2.5YR，彩度均在 6 以上，通体为暗红棕色。土壤质地整体为黏土，黏粒含量相当高，在 600 g/kg 以上。土壤结构在表层土壤中呈现团粒状，为长期耕作所致，其余均为棱块状结构，发育较强。在土体中常见小的铁锰结核，直径小于 2 mm，某些地区还出现黄红相间的网纹层。通体土壤有机碳、全氮、全磷储量较大，但全钾含量相当低，仅 5～7 g/kg，阳离子交换量也相对偏低，盐基饱和度为 30%～55%。土壤黏粒矿物定量测定表明，黏粒部分 32%为高岭石，20%为三水铝石，12%为赤铁矿，其余为石英。

对比土系 旧堡系，同一地区，不同亚类，半干润土壤水分状况，酸性，黏质颗粒大小级别，颜色 5YR。

利用性能综述 白沙坡系土壤质地黏重，板结难耕，既怕旱又怕涝，自然土壤养分比较贫乏，但经过长期耕作熟化，表土已有所改观。适宜种植耐旱耐瘠的作物品种，熟化后适种性增强，可种植玉米、马铃薯、油菜、烤烟等。利用过程中，应该注意轮种绿肥，加强秸秆还田，修改梯地，逐年深耕，在农田周边植树造林，固土防冲。

参比土种　厚涩红土。

代表性单个土体　剖面采自云南省曲靖市沾益区菱角乡白沙坡村（编号 53-262），坐标 25.93910°N，103.73506°E。海拔 2105 m，当前为玉米地。50 cm 深度土层年平均温度 16.2℃。野外调查时间 2015 年 4 月。

白沙坡系代表性单个土体剖面

Ap：0～25 cm，红棕色（2.5YR 4/6，干），暗红棕色（2.5YR 3/6，润）；黏土，强发育团粒状结构，疏松，较多须根，平滑清晰过渡。

Br1：25～50 cm，红棕色（2.5YR 4/8，干），暗红棕色（2.5YR 3/6，润）；黏土，强发育棱块状结构，坚实，少量粗根，土体常见直径<2 mm 的铁锰结核，平滑渐变过渡。

Br2：50～80 cm，红棕色（2.5YR 4/8，干），暗红棕色（2.5YR 3/6，润）；黏土，强发育棱块状结构，坚实，偶见岩石碎屑，土体常见直径<2 mm 的铁锰结核。

白沙坡系代表性单个土体物理性质

土层	深度/cm	细土颗粒组成（粒径：mm)/(g/kg)			质地	容重/(g/cm^3)
		砂粒 2～0.05	粉粒 0.05～0.002	黏粒 <0.002		
Ap	0～25	72	231	697	黏土	1.09
Br1	25～50	41	225	734	黏土	1.16
Br2	50～80	68	321	610	黏土	1.32

白沙坡系代表性单个土体化学性质

深度/cm	pH		有机碳(C)/(g/kg)	全氮(N)/(g/kg)	全磷(P)/(g/kg)	全钾(K)/(g/kg)	全铁(Fe)/(g/kg)	阳离子交换量/(cmol/kg)	游离铁(Fe)/(g/kg)
	H_2O	KCl							
0～25	5.2	4.6	36.1	2.90	1.68	5.8	145.7	18.8	120.8
25～50	5.6	4.8	20.9	1.69	1.37	5.3	149.0	15.1	121.1
50～80	5.5	5.4	7.4	0.70	1.14	6.6	165.1	12.5	123.0

12.8　表蚀黏化湿润富铁土

12.8.1　塔甸系（Tadian Series）

土　族：黏质伊利石型酸性热性-表蚀黏化湿润富铁土

拟定者：黄　标，张海东，田　康，贾萌萌

塔甸系典型景观

分布与环境条件　塔甸系分布于云南省玉溪市海拔 1700～2200 m 的高原缓丘顶部及低中山地。属北亚热带高原季风气候，冬季盛行干燥大陆季风，夏季盛行温润海洋季风，冬无严寒，夏无酷暑，冬春干旱，夏秋多雨，年均气温 14～15℃，年均日照时数 2372.5 h，年均降水量 1100 mm，无霜期 240～260 d。土壤起源于遭受严重侵蚀的漂白古红土母质，自然植被为阔叶林，农业利用为旱作种植，种植花生等。

土系特征与变幅　诊断层：低活性富铁层、黏化层。诊断特性：铁质特性、氧化还原特征、湿润土壤水分状况、热性土壤温度状况。塔甸系土壤土体较为深厚，上部土壤颜色较淡，以橙色为主，下部出露红色黏土，颜色变深，为红棕色。土壤质地自上而下分别为黏壤土和黏土，黏粒含量自上而下逐渐增加，下部为黏化层。上部土壤主要呈团块状，至红色黏土层主要呈棱块状结构，结构发育较强，土体内见铁锰斑纹，含量变化较大，表层仅 1%，至下部可达 30%以上，土体内还常见 5%～10%的岩石石砾。该土系土壤呈酸性反应，pH 均低于 5.0。土壤有机碳、全氮、全磷含量和阳离子交换量均很低，但全钾含量处于较高水平，在 19～26 g/kg。

对比土系　官家系，不同地区，相同土类，土壤有机碳含量高，颜色红（5YR）。

利用性能综述　塔甸系土壤质地黏重，易板结，耕作较为困难，宜耕期短。保水蓄水能力弱，不耐旱也不耐涝。由于侵蚀影响，表层土壤有机碳含量很低，养分供应不足。适种的作物不多，多种植马铃薯、荞子、杂豆等，多数一年一熟，少数两年三熟。应重施有机肥，增加秸秆还田量，种植绿肥，不断改善土壤结构和通透性，促进养分释放，提高生产力。

参比土种　酸白泥土。

代表性单个土体　剖面采自云南省玉溪市峨山彝族自治县塔甸镇西北方向（编号53-198），坐标 24.26007°N，102.14857°E。海拔 1873 m，当前为自然植被。50 cm 深度土层年平均温度 16.7℃。野外调查时间 2014 年 11 月。

塔甸系代表性单个土体剖面

Bh：0～20 cm，淡黄橙色（7.5YR 8/4，干），橙色（7.5YR 6/6，润）；粉质黏壤土，小棱块状结构，疏松，根系较多，土体内见少量直径<2 mm 的铁锰斑纹，夹 10%左右的岩石石砾，平滑清晰过渡。

Br1：20～50 cm，淡黄橙色（7.5YR 8/3，干），浊橙色（7.5YR 6/4，润）；粉质黏土，中度发育团块状结构，坚实，少量根系，土体内见 5%直径 2～6 mm 的铁锰斑纹，夹 10%左右的岩石石砾，平滑清晰过渡。

Br2：50～70 cm，浅淡橙色（5YR 8/3，干），橙色（5YR 6/6，润）；粉质黏土，中度发育团块状结构，坚实，土体内见 8%直径 2～6 mm 的铁锰斑纹，夹 10%左右的岩石石砾，平滑清晰过渡。

Btr1：70～103 cm，橙色（5YR 6/8，干），亮红棕色（5YR 5/8，润）；粉质黏土，强发育棱块状结构，坚实，结构面见黏粒胶膜，土体内见 30%直径 5～15 mm 的铁锰斑纹，夹 5%左右岩石石砾，平滑清晰过渡。

Btr2：103～120 cm，亮红棕色（5YR 5/6，干），暗红棕色（5YR 3/6，润）；粉质黏土，强发育棱块状结构，坚实，结构面见黏粒胶膜，土体内见 20%直径 2～6 mm 的铁锰斑纹，夹 5%左右岩石石砾。

塔甸系代表性单个土体物理性质

土层	深度/cm	石砾(>2 mm，体积分数)/%	细土颗粒组成（粒径：mm)/(g/kg)			质地	容重/(g/cm^3)
			砂粒 2～0.05	粉粒 0.05～0.002	黏粒 <0.002		
Bh	0～20	10	37	607	356	粉质黏壤土	1.41
Br1	20～50	10	35	549	416	粉质黏土	1.56
Br2	50～70	10	46	546	408	粉质黏土	1.56
Btr1	70～103	5	21	500	479	粉质黏土	1.40
Btr2	103～120	5	32	436	532	粉质黏土	1.27

塔甸系代表性单个土体化学性质

深度 /cm	pH		有机碳(C) /(g/kg)	全氮(N) /(g/kg)	全磷(P) /(g/kg)	全钾(K) /(g/kg)	全铁(Fe) /(g/kg)	阳离子交换量 /(cmol/kg)	游离铁(Fe) /(g/kg)
	H_2O	KCl							
0～20	4.9	3.9	1.8	1.86	0.38	23.8	40.9	5.4	38.0
20～50	4.8	3.9	2.0	1.90	0.41	22.7	41.9	6.8	37.7
50～70	4.9	4.0	2.0	2.06	0.41	25.6	49.0	6.2	42.3
70～103	4.6	3.8	4.7	2.27	0.34	22.1	59.9	12.2	56.5
103～120	4.9	4.2	10.2	1.83	0.55	19.9	61.0	13.8	57.4

塔甸系代表性单个土体阳离子交换性质

深度 /cm	交换性 H^+ /(cmol/kg)	交换性 Al(1/3Al^{3+}) /(cmol/kg)	交换性 Ca(1/2Ca^{2+}) /(cmol/kg)	交换性 Mg(1/2Mg^{2+}) /(cmol/kg)	交换性 K /(cmol/kg)	交换性 Na /(cmol/kg)
0～20	0.20	1.68	0.40	0.29	0.27	0.13
20～50	2.28	0.09	0.54	0.29	0.08	0.13
50～70	0.64	1.28	0.55	0.23	0.08	0.11
70～103	0.55	4.80	1.63	0.53	0.22	1.30
103～120	0.73	0.91	2.25	0.71	0.29	0.13

12.9　腐殖黏化湿润富铁土

12.9.1　旗隽营系（Qijuanying Series）

土　族：极黏质伊利石混合型非酸性热性-腐质黏化湿润富铁土

拟定者：黄　标，卢升高，宗玉统

旗隽营系典型景观

分布与环境条件　旗隽营系分布于云南省曲靖市麒麟区。位于曲靖坝区内，地形稍有起伏，海拔 1850 m。属北亚热带季风气候，夏无酷暑，冬无严寒，干湿季节分明。年均气温 14.5℃，年均降水量 1008 mm，年均日照时数 2096 h，年均蒸发量 1157.9 mm。土壤起源于古红土母质上，农业利用为种植小麦。

土系特征与变幅　诊断层：淡薄表层、低活性富铁层、黏化层。诊断特性：腐殖质特性、铁质特性、氧化还原特性、湿润土壤水分状况、热性土壤温度状况。旗隽营系由古红土物质经过耕作发育而成。分布于地形平缓的高原面上，土体较深厚，在 150 cm 以上，土壤颜色鲜艳，为红棕色（5YR）。整个剖面质地很黏，均为黏土，30～60 cm 还发育黏化层，黏粒含量达 680 g/kg 以上。表层土壤由于长期耕作，呈团粒状结构，其余土层土壤结构以块状为主，自上而下，发育越来越强。该土系土壤还有一个鲜明的特点，即土壤全铁和游离铁含量很高，分别达 130 g/kg 和 110 g/kg 以上。土壤有机碳、全氮、全磷含量较高，全钾含量中等，但阳离子交换量很低，仅 9.4～12.5 cmol/kg。

对比土系　官家系，同一亚类，不同土族，黏质颗粒大小级别，酸性，伊利石型矿物类型。丕且莫系，不同地区，同一亚类，黏壤质颗粒大小级别，有机碳含量低。鸡田冲系，不同地区，相同亚类，黏质颗粒大小级别，高岭石型矿物类型，有机碳含量高。三家寨系，同一地区，不同土纲，铁铝土，黏质颗粒大小级别，高岭石型矿物类型。

利用性能综述　旗隽营系土层深厚，但质地很黏，耕作较为困难，干时容易起硬垈。长期的耕作，表层土壤熟化程度已较高，具有中等发育的团粒状结构，有机碳和全氮含量较高。另一个特点是土壤全磷含量较高，但由于土壤全铁和游离铁含量较高，可能会影响土壤中磷的有效性。此外，土壤阳离子交换量很低，保肥能力较弱。利用上，应注意改良土壤物理性状，采用秸秆还田或种植绿肥等方法，提高土壤有机碳含量，改善土壤通透性。养分管理上，除了应注意氮磷钾大量养分的平衡施用外，还应注意钙镁等中量元素的施用。由于土系分布区地势较为平坦，利于灌溉设施建设，可在此基础上，种植苹果、桃李、葡萄等水果，实现果粮间作，提高经济效益。

参比土种　厚红泥。

代表性单个土体　剖面采自云南省曲靖市麒麟区越州镇旗隽营刘家村（编号 53-063），坐标 25.3706°N，103.8435°E。海拔 1899 m，当前种植小麦。50 cm 深度土层年平均温度 16.7℃。野外调查时间 2014 年 11 月。

Ap：0～30 cm，红棕色（5YR 4/6，干），暗红棕色（5YR 3/6，润）；黏土，中等发育团粒状结构，疏松，根系分布较多，出现少量<2 mm 的铁锰结核，平滑清晰过渡。

Btr：30～60 cm，红棕色（5YR 4/8，干），暗红棕色（5YR 3/6，润）；黏土，中等发育块状结构，稍坚实，少量根系，出现少量直径<2 mm 的铁锰结核，平滑清晰过渡。

Br1：60～118 cm，红棕色（5YR 4/8，干），暗红棕色（5YR 3/6，润）；黏土，中等发育块状结构，坚实，出现少量直径<2 mm 的铁锰结核，与下部土层分界异常清晰，平滑突变过渡。

Br2：118～140 cm，亮红棕色（5YR 5/6，干），红棕色（5YR 4/6，润）；黏土，中等发育块状结构，坚实，出现少量直径<2 mm 的铁锰结核。

旗隽营系代表性单个土体剖面

旗隽营系代表性单个土体物理性质

土层	深度/cm	石砾(>2 mm，体积分数)/%	细土颗粒组成 (粒径：mm)/(g/kg)			质地	容重/(g/cm^3)
			砂粒 2～0.05	粉粒 0.05～0.002	黏粒 <0.002		
Ap	0～30	5	155	304	541	黏土	1.16
Btr	30～60	—	91	228	682	黏土	1.18
Br1	60～118	—	94	275	631	黏土	1.24
Br2	118～140	—	151	273	576	黏土	1.29

旗隽营系代表性单个土体化学性质

深度 /cm	pH		有机碳(C) /(g/kg)	全氮(N) /(g/kg)	全磷(P) /(g/kg)	全钾(K) /(g/kg)	全铁(Fe) /(g/kg)	阳离子交换量 /(cmol/kg)	游离铁(Fe) /(g/kg)
	H_2O	KCl							
0～30	6.6	6.0	19.1	1.84	1.56	15.5	131.4	12.5	116.8
30～60	6.7	6.4	7.9	0.90	1.93	13.5	162.6	9.4	139.7
60～118	6.8	6.6	7.3	0.88	1.27	14.3	155.1	9.4	135.3
118～140	6.3	6.2	3.4	0.66	1.00	28.7	138.1	9.6	121.9

12.9.2 鸡田冲系（Jitianchong Series）

土 族：黏质高岭石型酸性热性-腐殖黏化湿润富铁土

拟定者：黄 标，卢升高，龚翰林，韦杨嫣

分布与环境条件 鸡田冲系分布于云南省文山州海拔 1500～2300 m 的河流阶地、盆坝边缘。属中亚热带高原季风气候，年均气温 16.3℃，年均降水量 1000～1270 mm。土壤起源于砂页岩坡积物之上的古红土搬运物和脱水红化的老冲积物母质，阔叶林，农业利用为种植小麦、三七等旱作。

鸡田冲系典型景观

土系特征与变幅 诊断层：淡薄表层、低活性富铁层、黏化层。诊断特征：准石质接触面、腐殖质特性、铁质特性、氧化还原特征、湿润土壤水分状况、热性土壤温度状况。鸡田冲系由古红土搬运物及老冲积物母质发育而成，土体厚度在 1 m 左右，下部与砂页岩残积物接触。颜色呈鲜艳的红棕色。整个剖面以黏土为主，仅在 25～60 cm 处质地稍轻，为黏壤土，向下土壤黏粒含量明显增加，形成黏化层。土体在下部 90 cm 以下，夹 30%半风化的砂页岩岩屑碎片。土壤结构发育不太强，表层为强发育的团粒状结构，之下呈中等发育的团块状结构。土体内常见细小的铁锰斑纹和铁锰结核，土壤呈强酸性—酸性反应，pH 4.4～4.7。该土系由于靠近村寨，管理较精细，所以土壤肥力较好，土壤有机碳、全氮、全磷、全钾含量均较高，但阳离子交换量很低，盐基严重不饱和，盐基饱和度仅 10%。

对比土系 旗隽营系，不同地区，同一亚类，极黏质颗粒大小级别，非酸性，伊利石混合型矿物类型，有机碳含量低。丙礼系，不同地区，同一土类，黏壤质颗粒大小级别，有机碳含量低。

利用性能综述 鸡田冲系土层较深厚，熟化度高，是高产土壤之一。该土系土壤耕层发育团粒状结构，宜耕期长。保水保肥，供肥平稳，作物产量较高，可种植多种作物，一年两熟。近年来，不少地方开始种植三七。但仍有部分土壤质地黏重板结，影响耕性。因此，在粮经作物轮作过程中，可插入绿肥，增加有机物料投入，客土掺砂，改良耕性，周边种植防护林带，改善农田生态环境。

参比土种　润红泥土。

代表性单个土体　剖面采自云南省文山州丘北县锦屏镇彩云社区鸡田冲（编号 53-086），坐标 24.01814°N，104.20226°E。海拔 1488 m，当前作物为小麦。50 cm 深度土层年平均温度 18.4℃。野外调查时间 2015 年 4 月。

鸡田冲系代表性单个土体剖面

Ap：0～25 cm，橙色（5YR 6/6，干），红棕色（5YR 4/6，润）；粉质黏土，强发育团粒状结构，疏松，大量根系，含 5%左右的石砾，平滑清晰过渡。

Br：25～60 cm，橙色（5YR 6/6，干），红棕色（5YR 4/6，润）；粉质黏壤土，中等发育团块状结构，坚实，土层中含 5%左右的石砾，结构体内见直径<2 mm 的铁锰斑纹或结核，平滑清晰过渡。

Btr1：60～90 cm，橙色（5YR 6/6，干），红棕色（5YR 4/6，润）；黏土，中等发育团块状结构，坚实，土层中含 5%左右的石砾，结构体内见直径<2 mm 的铁锰斑纹或结核，平滑清晰过渡。

Btr2：90～130 cm，橙色（5YR 7/8，干），亮红棕色（5YR 5/8，润）；黏土，中等发育团块状结构，坚实，土层中含 30%左右的石砾，结构体内见直径<2 mm 的铁锰斑纹或结核。

鸡田冲系代表性单个土体物理性质

土层	深度 /cm	石砾 (>2 mm，体积分数)/%	细土颗粒组成（粒径：mm)/(g/kg)			质地	容重 /(g/cm^3)
			砂粒 2～0.05	粉粒 0.05～0.002	黏粒 <0.002		
Ap	0～25	5	52	439	510	粉质黏土	1.17
Br	25～60	5	84	519	397	粉质黏壤土	1.07
Btr1	60～90	5	13	337	650	黏土	1.05
Btr2	90～130	30	31	392	577	黏土	1.35

鸡田冲系代表性单个土体化学性质

深度 /cm	pH		有机碳(C) /(g/kg)	全氮(N) /(g/kg)	全磷(P) /(g/kg)	全钾(K) /(g/kg)	全铁(Fe) /(g/kg)	阳离子交换量 /(cmol/kg)	游离铁 (Fe) /(g/kg)
	H_2O	KCl							
0～25	4.4	3.6	20.2	1.85	0.77	19.5	79.9	13.8	60.1
25～60	4.6	3.6	19.8	1.88	0.72	19.8	78.1	15.3	60.1
60～90	4.6	3.7	20.9	1.78	0.73	18.5	80.1	16.0	59.3
90～130	4.7	3.8	6.5	0.96	0.45	22.3	70.8	11.9	56.5

鸡田冲系代表性单个土体阳离子交换性质

深度 /cm	交换性 H^+ /(cmol/kg)	交换性 Al(1/3Al^{3+}) /(cmol/kg)	交换性 Ca(1/2Ca^{2+}) /(cmol/kg)	交换性 Mg(1/2Mg^{2+}) /(cmol/kg)	交换性 K /(cmol/kg)	交换性 Na /(cmol/kg)
0～25	0.16	5.52	0.83	0.39	0.19	0.11
25～60	0.22	5.60	0.75	0.34	0.19	0.11
60～90	0.15	5.13	1.31	0.44	0.19	0.13
90～130	0.037	5.68	0.43	0.22	0.13	0.11

12.9.3　官家系（Guanjia Series）

土　族：黏质伊利石型酸性热性-腐殖黏化湿润富铁土

拟定者：黄　标，卢升高，宗玉统

官家系典型景观

分布与环境条件　官家系分布于云南省曲靖市马龙区。区域地势为高原丘陵区，山峦起伏，河流纵横，平均海拔 2000 m。属低纬高原季风气候，冬春干旱，夏秋湿润，季节干湿分明，雨量充沛，夏无酷暑，冬无严寒。年均日照时数 1985 h 以上，年均降水量 1032 mm，县城海拔 2040 m，年均气温 13.4℃。土壤起源于古红土母质上，农业利用为种植萝卜、油菜、玫瑰等。

土系特征与变幅　诊断层：暗沃表层、雏形层、低活性富铁层、黏化层。诊断特性：腐殖质特性、铁质特性、湿润土壤水分状况、热性土壤温度状况。官家系由古红土物质经过耕作发育而成。分布于地形平缓的丘岗地上，土体较深厚，在 150 cm 以上，土壤颜色鲜艳，为红棕色（5YR），下伏红黏土达 2.5YR。整个剖面质地较黏，除 18～40 cm 深度为黏壤土外，其余均为黏土，80 cm 以下，黏粒含量达 560 g/kg 以上，为黏化层。表层土壤由于长期耕作，团粒状结构较发育，至亚表层仍见团粒结构，其余土层土壤结构以块状为主，自上而下，发育越来越强，至黏化层呈棱块状，土体中偶见直径 5～10 mm 的铁锰结核。该土系整个剖面土壤有机碳、全氮含量均较高，具有腐殖质特性。全磷、全钾含量中等，阳离子交换量很低，仅在 10 cmol/kg 左右。

对比土系　旗隽营系，同一亚类，不同土族，极黏质颗粒大小级别，非酸性，伊利石混合型矿物类型，有机碳含量低。塔甸系，不同地区，同一土类，有机碳含量低，颜色淡（7.5YR）。

利用性能综述　官家系土壤质地相对较轻，耕性稍好，适合各种作物生长，如玉米、薯类、蔬菜、烤烟等，但地形有一定坡度，易引起土壤侵蚀。利用时，应注意保持水土，增加地表覆盖。注意安排轮作，防止单一种植导致地力下降，如将绿肥插入轮作制，大力发展绿肥，改善农田生态环境，贮积水源。

参比土种　红砂泥。

代表性单个土体　剖面采自云南省曲靖市马龙区旧县镇官家村（编号 53-055），坐标 25.3589°N，103.3964°E。海拔 1984 m，当前种植萝卜、油菜，剖面位于丘岗地的中部。50 cm 深度土层年平均温度 15.8℃。野外调查时间 2014 年 11 月。

Ap：0～18 cm，亮红棕色（5YR 5/6，干），暗红棕色（5YR 3/6，润）；黏土，中等发育团粒状结构，疏松，根系分布较多，平滑清晰过渡。

AB：18～40 cm，亮红棕色（5YR 5/8，干），暗红棕色（5YR 3/6，润）；黏壤土，中等发育碎块状结构，稍坚实，少量根系，出现少量直径 5～10 mm 的铁锰结核，结构面见腐殖质淀积胶膜，平滑清晰过渡。

Bw：40～80 cm，亮红棕色（5YR 5/8，干），暗红棕色（5YR 3/6，润）；黏土，强发育团块状结构，坚实，有少量砂岩碎屑，结构面见腐殖质淀积胶膜，平滑突变过渡。

Bt：80～120 cm，亮红棕色（2.5YR 5/8，干），暗红棕色（2.5YR 3/6，润）；黏土，强发育棱块状结构，坚实。

官家系代表性单个土体剖面

官家系代表性单个土体物理性质

土层	深度 /cm	细土颗粒组成 (粒径：mm)/(g/kg)			质地	容重 /(g/cm^3)
		砂粒 2～0.05	粉粒 0.05～0.002	黏粒 <0.002		
Ap	0～18	188	370	441	黏土	1.17
AB	18～40	252	361	387	黏壤土	1.22
Bw	40～80	176	382	442	黏土	1.27
Bt	80～120	127	310	564	黏土	1.31

官家系代表性单个土体化学性质

深度 /cm	pH		有机碳(C) /(g/kg)	全氮(N) /(g/kg)	全磷(P) /(g/kg)	全钾(K) /(g/kg)	全铁(Fe) /(g/kg)	阳离子交换量 /(cmol/kg)	游离铁 (Fe) /(g/kg)
	H_2O	KCl							
0～18	5.6	4.6	18.5	1.34	0.46	19.6	40.7	9.9	30.9
18～40	4.8	4.0	14.2	1.12	0.48	20.6	43.3	10.0	37.0
40～80	4.7	3.8	10.8	0.81	0.48	20.2	44.6	10.6	36.7
80～120	5.0	4.0	7.4	0.65	0.36	15.5	66.0	10.5	54.1

官家系代表性单个土体阳离子交换性质

深度 /cm	交换性 H^+ /(cmol/kg)	交换性 $Al(1/3Al^{3+})$ /(cmol/kg)	交换性 $Ca(1/2Ca^{2+})$ /(cmol/kg)	交换性 $Mg(1/2Mg^{2+})$ /(cmol/kg)	交换性 K /(cmol/kg)	交换性 Na /(cmol/kg)
0～18	0.07	0.11	6.96	2.90	0.50	0.62
18～40	0.07	2.41	3.07	1.34	0.35	0.13
40～80	0.07	3.18	1.19	0.63	0.35	0.13
80～120	0.07	2.04	1.40	0.48	0.19	0.14

12.10　斑纹黏化湿润富铁土

12.10.1　关上系（Guanshang Series）

土　族：黏质高岭石型非酸性热性-斑纹黏化湿润富铁土

拟定者：黄　标，胡文友，张海东，贾萌萌

关上系典型景观

分布与环境条件　关上系分布于云南省丽江市坝子与山地交界部位 1300～2300 m 的低中山缓坡地段。属低纬度高原南亚季风气候，年均气温 14.1℃，年均降水量 900 mm，年均蒸发量 1180 mm。土壤起源于砂岩或古红土残积物母质，自然植被为冷杉、杜鹃等。

土系特征与变幅　诊断层：淡薄表层、黏化层、低活性富铁层。诊断特性：氧化还原特征、铁质特性、湿润土壤水分状况、热性土壤温度状况。该土系的一个显著特点是颜色较为鲜艳，色调达 2.5YR，彩度在 6～8，这与土壤中丰富的氧化铁有关。表层土壤呈团粒状结构，之下均为棱块状结构。土壤质地整体为粉质黏土—黏土，在 60～120 cm 处黏粒含量明显提高，形成黏化层，土壤质地为黏土，呈强发育的棱块状结构，土体还见明显滑擦面。整个剖面土体结构面发育铁质斑纹，含量 5%～20%，土体内常夹少量石英砂岩碎屑。土壤呈中性—弱酸性，pH 5.7～6.6。表层土壤有机碳、全氮含量处于中上水平，全磷、全钾含量相对较高，土壤阳离子交换量较低，表层之下盐基饱和度为 33%～45%。

对比土系　太安系，同一地区，不同亚类，温性土壤温度状况，全铁、游离铁含量低。布宜系，不同地区，同一亚类，混合型矿物类型，酸性。芒令系，不同地区，相同亚纲，酸性，高热性土壤温度状况。

利用性能综述　关上系土壤质地黏重，耕性较差，土壤养分中等偏低，影响作物生长。同时，该土系土壤不耐旱，灌溉条件也较差，作物易受干旱威胁。农业利用上，一般一年一熟，易种作物不多，以玉米、马铃薯和杂豆为主，产量偏低。该土系的改良利用宜采用生物改良和工程改良相结合的方法，在兴修水利、平整土地的同时，种植绿肥，增加有机物料投入，不断改善土壤物理结构，熟化土壤。

参比土种　小红土。

代表性单个土体　剖面采自云南省丽江市玉龙县九河白族乡关上村（编号 53-223），坐标 26.75889°N，99.98824°E。海拔 2391 m，当前为冷杉林。50 cm 深度土层年平均温度 16.3℃。野外调查时间 2015 年 10 月。

Ah：0～16 cm，亮红棕色（2.5YR 5/6，干），暗红棕色（2.5YR 3/6，润）；粉质黏土，强发育 1～2 cm 团粒状结构，稍坚实，大量禾本科植物根系，平滑清晰过渡。

Br1：16～60 cm，亮红棕色（2.5YR 5/8，干），红棕色（2.5YR 4/8，润）；粉质黏土，强发育 5～10 cm 棱块状结构，坚实，结构面发育约 10%直径 5 mm 的铁质斑纹，平滑清晰过渡。

Btr：60～120 cm，红棕色（2.5YR 4/8，干），暗红棕色（2.5YR 3/6，润）；黏土，强发育 10～15 cm 棱块状结构，坚实，结构面发育约 20%直径 5 mm 的铁质斑纹，且见少量铁锰结核新生体，裂隙面见滑擦现象，土体内见 10%左右的石英砂岩砾石，平滑波状过渡。

Br2：120～140 cm，红棕色（2.5YR 4/8，干），暗红棕色（2.5YR 3/6，润）；粉质黏土，强发育 5～10 cm 棱块状结构，坚实，结构面发育约 10%直径 5 mm 的铁质斑纹，土体内见 15%左右的石英砂岩砾石。

关上系代表性单个土体剖面

关上系代表性单个土体物理性质

土层	深度/cm	石砾(>2 mm，体积分数)/%	细土颗粒组成(粒径：mm)/(g/kg) 砂粒 2～0.05	粉粒 0.05～0.002	黏粒 <0.002	质地	容重/(g/cm³)
Ah	0～16	—	40	463	497	粉质黏土	1.16
Br1	16～60	—	34	484	482	粉质黏土	1.39
Btr	60～120	10	15	389	596	黏土	1.32
Br2	120～140	15	24	465	511	粉质黏土	1.60

关上系代表性单个土体化学性质

深度/cm	pH H_2O	pH KCl	有机碳(C)/(g/kg)	全氮(N)/(g/kg)	全磷(P)/(g/kg)	全钾(K)/(g/kg)	全铁(Fe)/(g/kg)	阳离子交换量/(cmol/kg)	游离铁(Fe)/(g/kg)
0～16	6.6	5.5	10.9	0.95	0.56	21.3	91.2	11.7	60.2
16～60	5.7	4.8	3.4	0.45	0.51	20.1	85.7	10.3	57.8
60～120	5.8	5.1	2.4	0.48	0.72	16.8	127.6	16.2	75.0
120～140	5.7	4.9	1.6	0.36	0.68	19.1	117.3	13.5	73.0

12.10.2　丕且莫系（Piqiemo Series）

土　族：黏壤质硅质型非酸性热性-斑纹黏化湿润富铁土

拟定者：黄　标，卢升高，宗玉统

丕且莫系典型景观

分布与环境条件　丕且莫系分布于云南省玉溪市新平县。位于哀牢山中，地形起伏较大，海拔 1500～1900 m。属亚热带气候，但局部气候受海拔影响较大，河谷形成高温区、半山暖温区、高山寒温区三个气候类型。该土系位于半山暖温区，年均气温 16～18℃，年均降水量 946 mm，年均日照时数 2230 h，年均蒸发量 1270.8 mm。土壤起源于灰岩或砂岩风化物母质上，旱作或针阔叶混交林。

土系特征与变幅　诊断层：淡薄表层、雏形层、低活性富铁层、黏化层。诊断特性：氧化还原特征、铁质特性、湿润土壤水分状况、热性土壤温度状况。丕且莫系覆盖于灰岩、白云岩或夹层砂页岩等岩石之上，或古红土物质经过耕作发育而成。分布区地形起伏较大，土体厚度不稳定，常在 80～100 cm，颜色鲜艳，为红棕色（5YR）。整个剖面质地偏黏，上部 0～30 cm 为砂质黏壤土，向下则为黏壤土，为黏化层。表层土壤由于长期耕作，呈团粒状结构，其余土层土壤结构以块状为主，自上而下，发育越来越强。该土系土壤有机碳、全氮含量较高，但全磷、全钾含量异常低，分别仅为 0.19～0.30 g/kg、6.2～7.2 g/kg，阳离子交换量也很低。

对比土系　旗雋营系，不同地区，相同土类，极黏质颗粒大小级别，有机碳含量高。

利用性能综述　丕且莫系耕层较浅，质地黏重，耕作较为困难。养分储备不足，气候温凉，土温相对较低，因此矿化较慢，肥效较为迟缓，属于中下肥力旱地。同时，该土系所处地形坡度较大，农用地附近植被稀少，容易受土壤侵蚀和干旱威胁，在距村庄较远的农田，利用率较低，有机肥投入很少，甚至弃耕。今后应加强基本农田建设，可顺山势构筑梯田，在农田附近植树造林，减少水土流失。加强深耕、秸秆还田、种植绿肥等，改善土壤结构，注意补充磷钾肥。对弃耕等土地，可实施退耕还林或发展温带果木等经济作物。

参比土种　棕大红土。

代表性单个土体　剖面采自云南省玉溪市新平县扬武镇丕且莫村（编号 53-195），坐标

23.9358°N，102.1724°E。海拔 1779 m，当前为旱地，种植玉米等。50 cm 深度土层年平均温度 18.3℃。野外调查时间 2014 年 11 月。

Ap：0～18 cm，亮红棕色（5YR 5/6，干），红棕色（5YR 4/6，润）；砂质黏壤土，中等发育团粒状结构，疏松，根系分布较多，平滑清晰过渡。

Bw：18～30 cm，亮红棕色（5YR 5/8，干），红棕色（5YR 4/8，润）；砂质黏壤土，弱发育块状结构，稍坚实，少量根系，平滑渐变过渡。

Bt1：30～50 cm，亮红棕色（5YR 5/8，干），暗红棕色（5YR 3/6，润）；黏壤土，强发育块状结构，坚实，结构面见黏粒-氧化铁胶膜，占结构面 80%左右，平滑渐变过渡。

Bt2：50～80 cm，亮红棕色（5YR 5/8，干），暗红棕色（5YR 3/6，润）；黏壤土，强发育块状结构，坚实，结构面见黏粒-铁锰氧化物胶膜，占结构面 50%左右，结构体内有较大的铁锰结核，平滑渐变过渡。

Bt3：80～120 cm，橙色（5YR 6/8，干），红棕色（5YR 4/8，润）；黏壤土，强发育块状结构，坚实，结构面见黏粒-铁锰氧化物胶膜，占结构面 50%左右，结构体内有铁锰结核。

丕且莫系代表性单个土体剖面

丕且莫系代表性单个土体物理性质

土层	深度/cm	石砾(>2 mm，体积分数)/%	细土颗粒组成 (粒径：mm)/(g/kg)			质地	容重/(g/cm³)
			砂粒 2～0.05	粉粒 0.05～0.002	黏粒 <0.002		
Ap	0～18	—	481	260	259	砂质黏壤土	1.17
Bw	18～30	—	506	236	258	砂质黏壤土	1.49
Bt1	30～50	—	285	378	336	黏壤土	1.35
Bt2	50～80	—	285	378	336	黏壤土	1.35
Bt3	80～120	5	227	396	377	黏壤土	1.39

丕且莫系代表性单个土体化学性质

深度/cm	pH		有机碳(C)/(g/kg)	全氮(N)/(g/kg)	全磷(P)/(g/kg)	全钾(K)/(g/kg)	全铁(Fe)/(g/kg)	阳离子交换量/(cmol/kg)	游离铁(Fe)/(g/kg)
	H_2O	KCl							
0～18	6.1	5.1	13.6	1.19	0.30	6.2	25.2	8.5	17.1
18～30	5.9	4.5	6.7	0.74	0.25	6.5	26.6	7.4	20.0
30～50	6.1	4.6	4.2	0.50	0.28	7.2	30.7	10.1	22.2
50～80	6.1	4.6	4.2	0.50	0.28	7.2	30.7	10.1	22.2
80～120	5.8	4.5	2.3	0.28	0.19	7.2	32.2	6.1	25.4

12.10.3 布宜系（Buyi Series）

土　族：黏质混合型酸性热性-斑纹黏化湿润富铁土

拟定者：黄　标，卢升高，龚翰林，韦杨嫣

布宜系典型景观

分布与环境条件　布宜系分布于云南省文山州海拔 1400～2100 m 的中山下部及山麓平缓地段。属中亚热带高原季风气候，年均气温 18～20℃，年均降水量 900～1200 mm。土壤起源于页岩、砂页岩等泥质岩类残积物与红色黏土母质，松林、灌木，农业利用为种植荞麦、三七等旱作。

土系特征与变幅　诊断层：淡薄表层、低活性富铁层、黏化层。诊断特征：铁质特性、氧化还原特征、湿润土壤水分状况、热性土壤温度状况。布宜系为耕作土壤，土体厚度 80～100 cm，下部与页岩、砂页岩等泥质岩残积物接触。颜色呈鲜艳的红棕色。整个剖面以黏土为主，表层之下土壤黏粒含量明显增加，至底部见黏粒胶膜，形成黏化层。土壤结构发育较强，表层为中等发育小团块状结构，向下呈强发育的棱块状或棱柱状结构。土体内常见细小的铁锰结核，土壤呈酸性反应，pH 4.6～4.7。该土系土壤有机碳和氮磷钾养分储量不高，表层土壤有机碳含量仅 10 g/kg 左右。全氮、全磷、全钾含量均处于较低水平，阳离子交换量也很低，盐基饱和度为 15%～30%。

对比土系　乐西系，同一地区，不同亚纲，干润富铁土，极黏质颗粒大小级别，高岭石型矿物类型。关上系，不同地区，同一亚类，高岭石型矿物类型，非酸性。

利用性能综述　布宜系黏粒含量较高，如果耕作熟化度低，会影响耕作性能，通透性稍差，但有较强的保水能力，加之较高的光热条件，可适合多种作物生长，一年两熟，目前有不少地方开始种植三七等草药。利用过程中，应重视改坡地为梯地，配合深耕及有机物料投入，不断改善土壤通透性，以发挥更大的增产潜力。

参比土种　黄红泥。

代表性单个土体　剖面采自云南省文山州丘北县双龙营镇普者黑村布宜（编号 53-095），坐标 24.11998°N，104.16709°E。海拔 1473 m，当前作物为荞麦。50 cm 深度土层年平均温度 21.0℃。野外调查时间 2015 年 4 月。

Ap：0～20 cm，亮红棕色（2.5YR 5/6，干），暗红棕色（2.5YR 3/6，润）；粉质黏土，中等发育小团块状结构，疏松，大量根系，平滑清晰过渡。

Br：20～60 cm，橙色（2.5YR 6/6，干），红棕色（2.5YR 4/6，润）；粉质黏土，强发育棱块状结构，坚实，少量根系，结构体内见直径<2 mm 的铁锰结核，平滑清晰过渡。

Btr：60～100 cm，橙色（2.5YR 6/6，干），红棕色（2.5YR 4/6，润）；黏土，强发育棱块状结构或中等发育棱柱状结构，坚实，结构体内见直径<2 mm 的铁锰斑纹或结核，结构面见黏粒胶膜。

布宜系代表性单个土体剖面

布宜系代表性单个土体物理性质

土层	深度 /cm	细土颗粒组成 (粒径：mm)/(g/kg)			质地	容重 /(g/cm^3)
		砂粒 2～0.05	粉粒 0.05～0.002	黏粒 <0.002		
Ap	0～20	72	466	463	粉质黏土	1.27
Br	20～60	66	414	520	粉质黏土	1.46
Btr	60～100	54	392	554	黏土	1.48

布宜系代表性单个土体化学性质

深度 /cm	pH		有机碳(C) /(g/kg)	全氮(N) /(g/kg)	全磷(P) /(g/kg)	全钾(K) /(g/kg)	全铁(Fe) /(g/kg)	阳离了交换量 /(cmol/kg)	游离铁 (Fe) /(g/kg)
	H_2O	KCl							
0～20	4.6	3.7	10.2	1.14	0.61	11.0	85.6	13.1	66.3
20～60	4.7	3.8	3.4	0.54	0.41	11.9	90.5	13.9	71.2
60～100	4.7	3.7	3.0	0.57	0.40	14.2	94.3	11.6	66.3

布宜系代表性单个土体阳离子交换性质

深度 /cm	交换性 H^+ /(cmol/kg)	交换性 Al(1/3Al^{3+}) /(cmol/kg)	交换性 Ca(1/2Ca^{2+}) /(cmol/kg)	交换性 Mg(1/2Mg^{2+}) /(cmol/kg)	交换性 K /(cmol/kg)	交换性 Na /(cmol/kg)
0～20	0.04	4.45	2.78	0.90	0.26	0.11
20～60	0.09	5.95	1.23	0.65	0.22	0.14
60～100	0.15	7.28	0.92	0.45	0.19	0.13

12.11 普通黏化湿润富铁土

12.11.1 丙礼系（Bingli Series）

土 族：黏壤质硅质型酸性热性-普通黏化湿润富铁土

拟定者：黄 标，宗玉统，肖 晴，龚翰林

丙礼系典型景观

分布与环境条件 丙礼系分布于云南省普洱市墨江哈尼族自治县（墨江县）南部高山地区。区域地势起伏较大，海拔1500～1800 m。属南亚热带半湿润山地季风气候，四季冷暖不太分明，干湿季明显。年均气温17.8℃，随海拔升高温度逐渐降低，年均降水量1338 mm，年均日照时数2161.2 h，年均蒸发量1696.7 mm。土壤起源于石英岩残坡积物母质，植被为针阔叶混交林，部分土壤已被修筑成台地种植作物。

土系特征与变幅 诊断层：淡薄表层、黏化层、低活性富铁层。诊断特性：铁质特性、湿润土壤水分状况、热性土壤温度状况。丙礼系土壤土体较为深厚，在1 m以上。土壤颜色较淡，呈棕色或橙色。随着剖面深度的增加，土壤中岩石碎屑增多。土体质地偏壤，主要为壤土，且自上而下黏粒含量逐渐增加，至40 cm以下，为黏壤土，黏粒含量超过表层土壤的1.2倍，为黏化层。土壤结构发育较明显，表层呈粒状结构，下部为弱—中等发育的团块状结构。土壤呈酸性—强酸性，pH 4.4～4.8。该土系土壤有机碳和全氮较高，但全磷、全钾含量很低，尤其是全钾，仅8.5～12.1 g/kg。

对比土系 鸡田冲系，不同地区，同一土类，黏质颗粒大小级别，有机碳含量高。宝珠系，不同地区，相同亚纲，简育湿润富铁土，粗骨黏质颗粒大小级别。

利用性能综述 该土系土壤质地疏松，耕性和通透性较好，旱地属中上等肥力，但由于人少地多，耕作粗放，部分为轮歇地，产量也不高，但该土壤潜力较大，可种植陆稻、玉米、薯类、豆类，可一年两熟。利用时可间套冬黄豆、绿肥等，增施磷钾肥。同时注意加强水土保持。注意发展亚热带经济作物、水果、药材等。

参比土种 砖黄砂土。

代表性单个土体 剖面采自云南省普洱市墨江县鱼塘镇丙礼村（编号 53-152），坐标 23.1067°N，101.5327°E。海拔 1814 m，当前为林地。50 cm 深度土层年平均温度 17.1℃。野外调查时间 2015 年 4 月。

Ah：0～20 cm，浊棕色（7.5YR 5/3，干），棕色（7.5YR 4/3，润）；壤土，强发育团粒状结构，疏松，大量根系，平滑清晰过渡。

Bw：20～40 cm，浊橙色（7.5YR 6/4，干），棕色（7.5YR 4/4，润）；粉质壤土，弱发育小块状结构，稍坚实，少量根系，约 5%的岩石碎屑散布在土体中，平滑清晰过渡。

Bt1：40～60 cm，浊橙色（7.5YR 7/4，干），浊棕色（7.5YR 5/4，润）；黏壤土，中等发育块状结构，坚实，岩石碎屑增多，达 10%，平滑清晰过渡。

Bt2：60～120 cm，浊橙色（7.5YR 7/4，干），浊棕色（7.5YR 5/4，润）；黏壤土，中等发育块状结构，坚实，岩石碎屑增多，达 15%。

丙礼系代表性单个土体剖面

丙礼系代表性单个土体物理性质

土层	深度/cm	石砾(>2 mm，体积分数)/%	细土颗粒组成 (粒径：mm)/(g/kg)			质地	容重/(g/cm³)
			砂粒 2～0.05	粉粒 0.05～0.002	黏粒 <0.002		
Ah	0～20	—	362	370	268	壤土	1.16
Bw	20～40	5	255	512	233	粉质壤土	1.29
Bt1	40～60	10	302	343	355	黏壤土	1.38
Bt2	60～120	15	314	329	357	黏壤土	1.48

丙礼系代表性单个土体化学性质

深度/cm	pH		有机碳(C)/(g/kg)	全氮(N)/(g/kg)	全磷(P)/(g/kg)	全钾(K)/(g/kg)	全铁(Fe)/(g/kg)	阳离子交换量/(cmol/kg)	游离铁(Fe)/(g/kg)
	H_2O	KCl							
0～20	4.4	3.7	21.4	1.75	0.40	8.5	23.9	13.8	16.7
20～40	4.5	3.7	8.9	0.93	0.26	9.6	27.9	10.9	19.3
40～60	4.8	3.8	5.3	0.67	0.23	9.5	27.8	9.4	18.6
60～120	4.6	3.8	3.1	0.46	0.33	12.1	24.0	6.2	16.1

丙礼系代表性单个土体阳离子交换性质

深度 /cm	交换性 H^+ /(cmol/kg)	交换性 Al(1/3Al^{3+}) /(cmol/kg)	交换性 Ca(1/2Ca^{2+}) /(cmol/kg)	交换性 Mg(1/2Mg^{2+}) /(cmol/kg)	交换性 K /(cmol/kg)	交换性 Na /(cmol/kg)
0～20	0.06	7.37	0.62	0.34	0.29	0.22
20～40	0.12	9.39	0.20	0.16	0.14	0.11
40～60	0.035	6.96	0.16	0.16	0.08	0.11
60～120	0.062	5.92	0.50	0.29	0.08	0.18

12.12　表蚀简育湿润富铁土

12.12.1　芒令系（Mangling Series）

土　族：黏质高岭石型酸性高热性-表蚀简育湿润富铁土

拟定者：黄　标，胡文友，张海东，贾萌萌

分布与环境条件　芒令系分布于云南省德宏、普洱、临沧等州海拔 600～1000 m 的山地。属南亚热带湿润性季风气候，年均气温 21.2℃，无霜期 362 d，年均降水量 1355.2 mm，年均日照时数 2330 h，年均蒸发量 1400～1900 mm，其特点是冬无严寒，夏无酷暑，花开四季，果结终年。土壤起源于砂页岩母质上，自然植被为阔叶林，种植橡胶等旱作。

芒令系典型景观

土系特征与变幅　诊断层：低活性富铁层。诊断特性：氧化还原特征、石质接触面、湿润土壤水分状况、高热性土壤温度状况。芒令系土壤整体颜色较为鲜艳，润态颜色呈亮红棕色，土壤质地整体较重，均为黏土，由于侵蚀，低活性富铁层直接裸露地表，整个剖面土壤呈弱的团块状结构。土体结构面铁质斑纹发育较明显，含量在 10%左右，土体内常夹 10%～40%砂页岩碎屑，自上而下含量逐渐增加。土壤呈酸性反应，pH 5.0～5.3。由于土壤的侵蚀，表层土壤有机碳和全氮含量很低，分别仅 5.7 g/kg 和 0.81 g/kg，全磷含量也明显偏低，但全钾含量较高，阳离子交换量较低。

对比土系　关上系，不同地区，相同亚纲，非酸性，热性土壤温度状况。

利用性能综述　芒令系土壤在种植橡胶树的情况下，表层土壤有机碳含量较高，耕性和通透性较好，有一定保水保肥能力，但土壤遭受侵蚀后，肥力明显下降，质地黏重，结构发育弱，由于土壤偏酸，钙镁等中量元素较为缺乏。所以，利用过程中，应注意保持水土，注意种植覆盖植物、台地内倾等。目前，不少地区也在该土系土壤上发展茶叶、咖啡、八角等经济林木和菠萝、杧果、柑橘等果木。种植和管理过程中，除注意施用钙镁磷肥外，也要注意保持水土。

参比土种　赤砂泥土。

代表性单个土体　剖面采自云南省德宏州瑞丽市勐卯镇芒令村（编号 53-122），坐标

24.06599°N，97.96277°E。海拔 860 m，当前为自然林。50 cm 深度土层年平均温度 23.1℃。野外调查时间 2015 年 10 月。

芒令系代表性单个土体剖面

Bh：0～30 cm，橙色（5YR 6/6，干），亮红棕色（5YR 5/6，润）；黏土，弱发育团块状结构，坚实，禾本科植物根系较多，夹少量砂岩碎屑，平滑清晰过渡。

Br1：30～60 cm，橙色（5YR 6/8，干），亮红棕色（5YR 5/8，润）；黏土，弱发育团块状结构，坚实，结构面发育约 10%直径 5 mm 的铁质斑纹，夹约 20%的砂页岩碎屑，平滑清晰过渡。

Br2：60～120 cm，橙色（5YR 6/8，干），亮红棕色（5YR 5/8，润）；黏土，弱发育团块状结构，坚实，结构面发育 10%左右直径 5 mm 的铁质斑纹，土体内砂页岩碎屑减少，达 10%，平滑清晰过渡。

BCr：120～140 cm，橙色（5YR 6/8，干），亮红棕色（5YR 5/8，润）；黏土，弱发育团块状结构，坚实，结构面发育 2%左右直径 5 mm 的铁质斑纹，土体内砂页岩碎屑明显增加，达 40%，与砂页岩原岩接触。

芒令系代表性单个土体物理性质

土层	深度/cm	石砾(>2 mm，体积分数)/%	细土颗粒组成 (粒径：mm)/(g/kg)			质地	容重/(g/cm³)
			砂粒 2～0.05	粉粒 0.05～0.002	黏粒 <0.002		
Bh	0～30	—	91	429	481	黏土	1.54
Br1	30～60	20	110	359	531	黏土	1.52
Br2	60～120	10	78	426	496	黏土	1.37
BCr	120～140	40	55	437	507	黏土	1.50

芒令系代表性单个土体化学性质

深度/cm	pH		有机碳(C)/(g/kg)	全氮(N)/(g/kg)	全磷(P)/(g/kg)	全钾(K)/(g/kg)	全铁(Fe)/(g/kg)	阳离子交换量/(cmol/kg)	游离铁(Fe)/(g/kg)
	H_2O	KCl							
0～30	5.3	4.4	5.7	0.81	0.29	25.3	75.1	11.4	56.8
30～60	5.1	4.1	3.4	0.56	0.31	34.4	78.1	9.8	61.2
60～120	5.0	4.0	3.0	0.65	0.31	33.4	87.3	10.7	73.0
120～140	5.0	3.9	2.6	0.73	0.31	42.5	72.2	10.0	55.8

芒令系代表性单个土体阳离子交换性质

深度/cm	交换性 H^+/(cmol/kg)	交换性 Al(1/3Al^{3+})/(cmol/kg)	交换性 Ca(1/2Ca^{2+})/(cmol/kg)	交换性 Mg(1/2Mg^{2+})/(cmol/kg)	交换性 K/(cmol/kg)	交换性 Na/(cmol/kg)
0～30	0.10	0.86	0.92	0.69	0.19	0.11
30～60	0.10	2.16	0.74	0.28	0.14	0.13
60～120	0.23	3.90	0.64	0.29	0.10	0.16
120～140	0.17	5.20	0.58	0.27	0.11	0.14

12.12.2　宝珠系（Baozhu Series）

土　族：粗骨黏质伊利石型酸性热性-表蚀简育湿润富铁土

拟定者：黄　标，瞿明凯，王培燕，宗玉统

宝珠系典型景观

分布与环境条件　宝珠系分布于云南省昆明市所属县区海拔 2000～2400 m 中山山脊两侧缓坡、台地和坡度较大的地段。属亚热带半湿润季风气候，年均气温 14.9℃，年均降水量 1000.5 mm，降雨主要集中在 5～9 月，年均日照时数 2327.5 h，年均蒸发量 1189 mm。土壤起源于砂岩和老冲积性古红土残坡积物母质，植被为人工常绿针叶阔叶林。

土系特征与变幅　诊断层：淡薄表层、黏化层、低活性富铁层。诊断特性：铁质特性、石质接触面、湿润土壤水分状况、热性土壤温度状况。宝珠系土层在 90 cm 左右，土壤颜色较淡，干态颜色呈橙色，润态颜色呈棕色，色调为 7.5YR。整个剖面细土部分质地很黏，主要为黏土，60 cm 以下为黏壤土，由于侵蚀，黏化层和低活性富铁层均出露地表。土体内砂岩碎屑较多，含量 15%～55%，常见铁质斑纹。90 cm 以下即过渡为半风化的母岩。表层土壤呈团粒状—小块状结构，其余土层土壤结构以小棱块状为主，发育较弱。土壤呈酸性—强酸性反应，pH 4.3～4.7，导致土壤阳离子交换量很低，为 8～11 cmol/kg，盐基饱和度为 20%～30%。表层土壤有机碳和全氮含量明显偏低，全磷和全钾含量较高。

对比土系　丙礼系，不同地区，相同亚纲，黏化湿润富铁土，黏壤质颗粒大小级别。

利用性能综述　宝珠系尽管细土部分较为黏重，但岩石碎屑较多，干时较为疏松，易耕作。由于侵蚀较重，耕层较浅，土壤酸性较强，所以利用上障碍较多，作物适宜性不广，属于低肥力旱地。应逐年深耕投入有机肥或秸秆等有机物质，增加土壤有机碳含量，不断熟化土壤，对陡坡侵蚀重的旱地，应退耕还林还草，用以发展林、牧业，提高土地经济效益。

参比土种　厚棕红土。

代表性单个土体　剖面采自云南省昆明市西山区宝珠生态公园（编号 53-199），坐标 25.03963°N，102.62849°E。海拔 1988 m，当前为桉树林。50 cm 深度土层年平均温度 17.1℃。野外调查时间 2014 年 11 月。

Bh：0～5 cm，浊橙色（7.5YR 7/3，干），浊棕色（7.5YR 5/3，润）；粉质黏土，中等发育小团块状，少量团粒状结构，疏松，根系分布较多，夹 15%岩石碎屑，平滑清晰过渡。

Br1：5～28 cm，浊橙色（7.5YR 7/4，干），浊棕色（7.5YR 5/4，润）；黏土，中发育小棱块状结构，坚实，少量根系，结构体内出现少量铁质斑纹，夹 15%岩石碎屑，平滑清晰过渡。

Br2：28～60 cm，橙色（7.5YR 7/6，干），亮棕色（7.5YR 5/8，润）；黏土，弱发育小棱块状结构，坚实，结构体内出现少量铁质斑纹，夹较多岩石碎屑，达 55%左右，平滑清晰过渡。

BC：60～90 cm，橙色（7.5YR 7/6，干），亮棕色（7.5YR 5/8，润）；黏壤土，弱发育小棱块状结构，坚实，结构体内出现少量铁质斑纹，夹较多岩石碎屑，达 25%左右。

宝珠系代表性单个土体剖面

宝珠系代表性单个土体物理性质

土层	深度/cm	石砾(>2 mm，体积分数)/%	细土颗粒组成 (粒径：mm)/(g/kg)			质地	容重/(g/cm³)
			砂粒 2～0.05	粉粒 0.05～0.002	黏粒 <0.002		
Bh	0～5	15	58	460	482	粉质黏土	1.19
Br1	5～28	15	83	397	520	黏土	1.34
Br2	28～60	55	176	357	467	黏土	1.27
BC	60～90	25	394	285	321	黏壤土	1.58

宝珠系代表性单个土体化学性质

深度/cm	pH		有机碳(C)/(g/kg)	全氮(N)/(g/kg)	全磷(P)/(g/kg)	全钾(K)/(g/kg)	全铁(Fe)/(g/kg)	阳离子交换量/(cmol/kg)	游离铁(Fe)/(g/kg)
	H_2O	KCl							
0～5	4.3	3.7	15.4	1.15	0.60	28.9	40.3	9.3	29.5
5～28	4.5	3.8	6.6	0.94	0.85	36.7	56.0	10.8	42.2
28～60	4.5	3.6	5.3	0.68	0.70	31.9	48.8	10.1	36.3
60～90	4.7	3.8	1.8	0.49	0.72	30.5	46.0	8.0	35.4

宝珠系代表性单个土体阳离子交换性质

深度/cm	交换性 H^+/(cmol/kg)	交换性 $Al(1/3Al^{3+})$/(cmol/kg)	交换性 $Ca(1/2Ca^{2+})$/(cmol/kg)	交换性 $Mg(1/2Mg^{2+})$/(cmol/kg)	交换性 K/(cmol/kg)	交换性 Na/(cmol/kg)
0～5	3.19	3.47	0.90	0.39	0.40	0.14
5～28	0.32	4.15	1.37	1.13	0.40	0.13
28～60	0.47	4.64	0.53	1.40	0.35	0.14
60～90	1.37	1.78	0.49	1.43	0.22	0.14

12.13 斑纹简育湿润富铁土

12.13.1 大湾系（Dawan Series）

土　族：黏质高岭石型酸性热性-斑纹简育湿润富铁土

拟定者：黄　标，胡文友，张海东，贾萌萌

大湾系典型景观

分布与环境条件　大湾系分布于云南省德宏州海拔 1000 m 左右的缓坡丘陵及坝子边缘地形较为平缓的地带。属南亚热带季风气候，具有夏长冬短、干湿分明、冬无严寒、夏无酷暑、日照时间长、雨量充沛、冬季多雾等特点。年均气温 19.6℃，年积温 7170℃。年均降水量 1654.6 mm，年均日照时数 2252.9 h，年均蒸发量 1723.6 mm，无霜期 315 d。土壤起源于老洪积、冲积物母质，自然植被为阔叶林，种植竹子等旱作。

土系特征与变幅　诊断层：淡薄表层、低活性富铁层。诊断特性：氧化还原特征、湿润土壤水分状况、热性土壤温度状况。大湾系发育在盆地边缘缓坡丘陵区的厚层老冲积沉积物母质上，除表层土壤外，土壤颜色较为鲜艳，润态颜色呈红棕色—亮红棕色，土壤质地为黏壤土，表层土壤呈强发育的团粒状结构，其下则发育弱的团块状结构，土体结构面可见铁质斑纹，含量在 2%左右。土体内常夹 5%～30%石英岩砾石，砾石磨圆度较好，但分选较差，砾石大小变化较大，直径为 2～15 cm 不等。土壤呈酸性反应，pH 5.2 左右。表层土壤有机碳、全氮、全磷含量较高，分别在 13 g/kg、1.1 g/kg、0.5 g/kg 左右，全钾含量处于中等水平，阳离子交换量很低。

对比土系　沟埂系，不同地区，颜色接近，剖面构型相似，不同土纲，雏形土，黏壤质颗粒大小级别，无砾石。

利用性能综述　大湾系质地疏松，通透性好，容易耕作，且地形较为平缓，有利于保水保肥。由于分布于盆地边缘，自然条件较为优越，适宜多种作物生长，每年可以两熟至三熟，可以建设成为南亚热带经济作物的生产基地，但目前的利用多为旱粮和茶叶用地。未来如果能扩种绿肥、增施有机肥，解决灌溉用水，土壤肥力和作物产量都会得到较大提高。

参比土种　厚赤黄泥土。

代表性单个土体　剖面采自云南省德宏州芒市芒市镇大湾村（编号 53-133），坐标 24.46259°N，98.59456°E。海拔 900 m，当前为竹林。50 cm 深度土层年平均温度 21.5℃。野外调查时间 2015 年 10 月。

Ah：0～20 cm，浊橙色（5YR 6/4，干），棕色（5YR 4/4，润）；黏壤土，强发育 0.5～1 cm 团粒状结构，疏松，大量禾本科植物根系，少量乔木根系，土体内夹约 5%的石英砂岩砾石，直径 2 cm 左右，平滑清晰过渡。

Br1：20～80 cm，橙色（5YR 6/8，干），红棕色（5YR 4/8，润）；黏壤土，弱发育小的团块状结构，稍坚实，少量乔木根系，结构面发育约 2%直径 2 mm 的铁质斑纹，土体含约 30%的石英砂岩砾石，砾石磨圆度较好，但分选较差，直径 2～15 cm，平滑清晰过渡。

Br2：80～120 cm，橙色（5YR 7/6，干），亮红棕色（5YR 5/8，润）；黏壤土，弱发育小的团块状结构，稍坚实，结构面发育约 2%直径 2 mm 的铁质斑纹，土体含 30%左右的石英砂岩砾石，砾石磨圆度较好，但分选较差，直径 2～15 cm，平滑清晰过渡。

大湾系代表性单个土体剖面

大湾系代表性单个土体物理性质

土层	深度 /cm	石砾 (>2 mm，体积分数)/%	细土颗粒组成 (粒径：mm)/(g/kg)			质地	容重 /(g/cm³)
			砂粒 2～0.05	粉粒 0.05～0.002	黏粒 <0.002		
Ah	0～20	5	328	310	362	黏壤土	0.95
Br1	20～80	30	220	389	391	黏壤土	1.41
Br2	80～120	30	285	337	378	黏壤土	1.52

大湾系代表性单个土体化学性质

深度 /cm	pH		有机碳（C） /(g/kg)	全氮(N) /(g/kg)	全磷(P) /(g/kg)	全钾(K) /(g/kg)	全铁(Fe) /(g/kg)	阳离子交换量 /(cmol/kg)	游离铁 (Fe) /(g/kg)
	H_2O	KCl							
0～20	5.2	4.2	13.3	1.10	0.51	16.0	44.4	11.4	30.6
20～80	5.2	4.4	4.3	0.61	0.38	16.2	52.4	8.8	37.5
80～120	5.2	4.3	2.4	0.35	0.30	15.0	41.7	7.3	32.1

大湾系代表性单个土体阳离子交换性质

深度 /cm	交换性 H^+ /(cmol/kg)	交换性 Al(1/3Al^{3+}) /(cmol/kg)	交换性 Ca(1/2Ca^{2+}) /(cmol/kg)	交换性 Mg(1/2Mg^{2+}) /(cmol/kg)	交换性 K /(cmol/kg)	交换性 Na /(cmol/kg)
0～20	0.11	2.39	1.07	0.42	0.13	0.11
20～80	0.02	1.30	0.65	0.24	0.13	0.16
80～120	0.08	1.18	0.37	0.17	0.08	0.16

12.13.2 金顶系（Jinding Series）

土 族：黏壤质混合型非酸性温性-斑纹简育湿润富铁土

拟定者：黄 标，卢升高，胡敏鹏

分布与环境条件 金顶系分布于云南省怒江州 2000～2600 m 的中山地区。属低纬山地季风气候，因地形复杂，海拔高差大，形成典型的垂直分布的立体气候带。年均气温 13.7℃，无霜期 190 d，年均日照时数 2008.7 h，年均有效光时 897.3 h，年均降水量 1002.4 mm。土壤起源于紫红色砂页岩母质，自然植被为松树林。

金顶系典型景观

土系特征与变幅 诊断层：淡薄表层、雏形层、低活性富铁层。诊断特性：铁质特性、氧化还原特征、湿润土壤水分状况、温性土壤温度状况。金顶系土层深厚，层次发育明显，土壤继承母质特点，颜色鲜艳，色调主要为 2.5YR。土壤质地通体为粉质黏壤土，结构发育中等，表层主要发育团粒状结构，其下主要为中等发育的团块状结构。土体内见不同粒径大小的紫色砂岩岩石碎屑。土壤有机碳含量较低，但磷钾养分较丰富。该土系土壤仅表层显酸性，下部土层为微酸性—中性，pH5.4～6.8，变化范围较大，阳离子交换量很低，仅 7.6～9.6 cmol/kg。

对比土系 大具系，相邻地区，剖面构型类似，不同土纲，雏形土，黏质颗粒大小级别，全铁和游离铁含量高，颜色更红（2.5YR～10R）。上格系，不同地区，颜色相近，剖面构型类似，不同土纲，雏形土纲，黏质颗粒大小级别，酸性。勐烈系，不同地区，相同亚类，黏质颗粒大小级别，彩度较低（3～4）。

利用性能综述 金顶系土壤质地疏松，耕作性能较好，尽管有机碳含量较低，但磷钾含量丰富，其自然肥力较高，适宜多种常绿阔叶林和针叶林生长，是重要的水源涵养林土壤资源，林间草地是放牧的优良牧场，在坡度平缓的地方，少量垦为旱地，种植玉米、马铃薯等作物，但产量较低。利用过程中，应注意培肥土壤，设法增加土壤有机碳含量。坡地应加强植被保护，防治水土流失。

参比土种 紫灰泡泥。

代表性单个土体 剖面采自云南省怒江州兰坪白族普米族自治县金顶镇七联村（编号

53-222），坐标 26.3935°N，99.3883°E。海拔 2357 m，当前为松树林。50 cm 深度土层年平均温度 15.9℃。野外调查时间 2015 年 10 月。

金顶系代表性单个土体剖面

Ah：0～22 cm，浊橙色（2.5YR 6/4，干），浊红棕色（2.5YR 4/4，润）；粉质黏壤土，主要为中等发育团粒状结构，少部分为碎块状结构，疏松，根系较多，平滑清晰过渡。

Bw：22～48 cm，橙色（2.5YR 6/6，干），红棕色（2.5YR 4/6，润）；粉质黏壤土，为弱发育团块状结构，疏松，少量根系，平滑清晰过渡。

Br：48～80 cm，亮红棕色（2.5YR 5/6，干），暗红棕色（2.5YR 3/6，润）；粉质黏壤土，为中等发育团块状结构，稍坚实，结构体内见少量铁锰斑纹，平滑清晰过渡。

C：80～120 cm，亮红棕色（2.5YR 5/6，干），暗红棕色（2.5YR 3/6，润）；粉质黏壤土，为中等发育团块状结构，坚实，土体内见强风化的紫色砂岩岩屑和浅色强风化岩石。

金顶系代表性单个土体物理性质

土层	深度/cm	石砾(>2 mm，体积分数)/%	细土颗粒组成(粒径：mm)/(g/kg)			质地	容重/(g/cm³)
			砂粒 2～0.05	粉粒 0.05～0.002	黏粒 <0.002		
Ah	0～22	—	165	509	326	粉质黏壤土	1.55
Bw	22～48	—	163	488	350	粉质黏壤土	1.59
Br	48～80	—	158	519	324	粉质黏壤土	1.59
C	80～120	15	137	522	341	粉质黏壤土	1.59

金顶系代表性单个土体化学性质

深度/cm	pH		有机碳(C)/(g/kg)	全氮(N)/(g/kg)	全磷(P)/(g/kg)	全钾(K)/(g/kg)	全铁(Fe)/(g/kg)	阳离子交换量/(cmol/kg)	游离铁(Fe)/(g/kg)
	H_2O	KCl							
0～22	5.4	4.0	6.3	0.78	0.45	25.9	27.1	9.2	9.7
22～48	6.1	4.4	2.7	0.43	0.41	26.0	26.8	7.6	10.4
48～80	6.3	4.6	2.4	0.46	0.55	33.9	33.1	7.8	12.3
80～120	6.8	5.2	1.7	0.40	0.52	38.9	32.0	9.6	11.9

12.13.3　勐烈系（Menglie Series）

土　族：黏质混合型酸性热性-斑纹简育湿润富铁土

拟定者：黄　标，万梦雪，戴普胜

分布与环境条件　勐烈系分布于云南省普洱市所辖县海拔 800～1500 m 的山地，区域地势起伏较大。属低纬度山地南亚热带季风湿润气候，处于北回归线以南，总的气候特点是气候温暖，春秋季长，干湿季分明，夏季洪涝，冬春干旱。年均气温 18℃，年均降水量 2254 mm，年均蒸发量 1478 mm。土壤起源于紫红色砂页岩坡积物母质上，自然植被为阔叶林，农业利用为种植竹子、香蕉等旱作。

勐烈系典型景观

土系特征与变幅　诊断层：淡薄表层、雏形层、低活性富铁层。诊断特性：氧化还原特征、铁质特性、湿润土壤水分状况、热性土壤温度状况。勐烈系土层深厚，成土时间较长，结构发育较强。土壤色调继承了母岩的特征，偏红，色调为 5YR。土壤质地整体偏黏，上部为黏土，下部为黏壤土。除表层土壤为中等发育的碎块状外，其余均为强发育的团块状结构，同时，下部还见弱的棱柱状结构，土体内常见小的铁锰结核。土壤有机碳及氮钾养分储量相对较高，但磷素储量相对较低。该土系土壤均显酸性，pH 4.6～4.8，盐基饱和度极低，小于 15%。

对比土系　金顶系，不同地区，相同亚类，黏壤质颗粒大小级别，彩度较高（6）。过街楼系，不同地区，相同土类，黏壤质颗粒大小级别，颜色偏红（2.5YR）。

利用性能综述　勐烈系土层深厚，尽管质地偏黏，但耕作性能较好，保水保肥性能中等，适种性广，目前，见大面积种植香蕉、茶叶、柑橘、荔枝等经济果木，农作物主要有玉米、豆类、薯类、陆稻、花生等，多为一年一熟。目前，大多数勐烈系土壤还是坡地，今后应逐步建成台地，防止水土流失，实行粮豆、绿肥、牧草轮作，也可与果木套作，提高土壤肥力。利用上要发挥气温高的优势，扩大经济作物和果木种植，以增加收入。

参比土种　紫赤末香土。

代表性单个土体　剖面采自云南省普洱市江城哈尼族彝族自治县（江城县）勐烈镇江边村大团包（编号 53-131-1），坐标 22.58412°N，101.77253°E。海拔 1002 m，当前为林草地，50 cm 深度土层年平均温度 20.0℃。野外调查时间 2015 年 4 月。

勐烈系代表性单个土体剖面

Ah：0～20 cm，浊橙色（5YR 6/3，干），浊红棕色（5YR 4/3，润）；黏土，主要为中等发育碎块状结构，少部分呈团粒状结构，疏松，根系较多，平滑清晰过渡。

Br1：20～50 cm，浊橙色（5YR 6/4，干），浊红棕色（5YR 5/4，润）；黏土，为中等发育团块状结构，坚实，少量根系，结构体内常见直径小于 1 mm 的黑色铁锰结核，平滑清晰过渡。

Br2：50～85 cm，浊橙色（5YR 6/4，干），浊红棕色（5YR 5/4，润）；粉质黏壤土，为强发育团块状结构，坚实，可见垂直方向的裂隙，呈弱发育的棱柱状结构，偶见岩石碎屑，结构体内常见直径小于 1 mm 的黑色铁锰结核，平滑渐变过渡。

Br3：85～120 cm，浊橙色（5YR 6/4，干），浊红棕色（5YR 5/4，润）；黏壤土，为强发育团块状结构，坚实，偶见岩石碎屑，结构体内常见直径小于 1 mm 的黑色铁锰结核。

勐烈系代表性单个土体物理性质

土层	深度 /cm	细土颗粒组成 (粒径：mm)/(g/kg)			质地	容重 /(g/cm³)
		砂粒 2～0.05	粉粒 0.05～0.002	黏粒 <0.002		
Ah	0～20	183	345	472	黏土	1.33
Br1	20～50	191	337	472	黏土	1.43
Br2	50～85	151	571	278	粉质黏壤土	1.49
Br3	85～120	216	443	341	黏壤土	1.53

勐烈系代表性单个土体化学性质

深度 /cm	pH		有机碳(C) /(g/kg)	全氮(N) /(g/kg)	全磷(P) /(g/kg)	全钾(K) /(g/kg)	全铁(Fe) /(g/kg)	阳离子交换量 /(cmol/kg)	游离铁(Fe) /(g/kg)
	H_2O	KCl							
0～20	4.6	3.8	11.8	1.05	0.25	19.6	37.5	11.5	24.9
20～50	4.6	3.8	7.6	0.80	0.21	21.4	38.1	10.4	26.0
50～85	4.7	3.8	4.6	0.62	0.23	21.9	40.8	10.7	24.3
85～120	4.8	3.8	3.9	0.58	0.17	21.3	38.5	10.1	24.9

勐烈系代表性单个土体阳离子交换性质

深度 /cm	交换性 H^+ /(cmol/kg)	交换性 Al(1/3Al^{3+}) /(cmol/kg)	交换性 Ca(1/2Ca^{2+}) /(cmol/kg)	交换性 Mg(1/2Mg^{2+}) /(cmol/kg)	交换性 K /(cmol/kg)	交换性 Na /(cmol/kg)
0～20	0.18	5.55	0.84	0.46	0.26	0.14
20～50	0.12	5.88	0.53	0.37	0.13	0.14
50～85	0.11	5.92	0.45	0.29	0.10	0.13
85～120	0.13	5.89	0.40	0.27	0.11	0.13

12.14　暗红简育湿润富铁土

12.14.1　新抚系（Xinfu Series）

土　族：黏质高岭石型酸性热性-暗红简育湿润富铁土

拟定者：黄　标，宗玉统，肖　晴，龚翰林

新抚系典型景观

分布与环境条件　新抚系分布于云南省普洱市墨江县北部高山地区。区域地势起伏较大，海拔 1500～1800 m。属南亚热带半湿润山地季风气候，四季冷暖不太分明，干湿季明显。年均气温 17.8℃，随海拔升高温度逐渐降低，年均降水量 1338 mm，年均日照时数 2161.2 h，年均蒸发量 1696.7 mm。土壤起源于石英岩、石英砂岩等石英质岩类残坡积物母质，植被为针阔叶混交林，部分土壤已被修筑成台地种植作物。

土系特征与变幅　诊断层：淡薄表层、雏形层、低活性富铁层。诊断特性：铁质特性、铝质特性、湿润土壤水分状况、热性土壤温度状况。新抚系土壤土体较为深厚，在 1.5 m 以上。土壤颜色很红，呈红棕色，色调为 2.5YR。剖面土壤中偶见岩石碎屑。土体质地较黏，为粉质黏壤土和粉质黏土。土壤结构以中等发育的团块状为主。土壤呈酸性，pH 4.8～5.0。该土系土壤有机碳和全氮稍高，但全磷含量很低，全钾含量中等。

对比土系　过街楼系，不同地区，相同亚类，黏壤质颗粒大小级别。

利用性能综述　新抚系土壤质地适中，耕作和通透性均较良好，但保水保肥性能较差，冬春受气候影响土壤水分不足，易干旱，坡地水土流失较为严重。适宜种植粮食、豆类、薯类及多种经济作物。利用过程中应通过水利设施建设解决灌溉问题，同时应修筑台地，防治水土流失，增施有机肥，扩种绿肥和豆类作物，培肥地力，适当补充磷钾肥，保证稳产。坡地可发展茶、果等经济林木。

参比土种　赤砂泥土。

代表性单个土体　剖面采自云南省普洱市墨江县新抚镇白沙村（编号 53-121），坐标 23.6933°N，101.2524°E。海拔 1559 m，当前为松树林地。50 cm 深度土层年平均温度 18.7℃。野外调查时间 2015 年 4 月。

新抚系代表性单个土体剖面

Ah：0～28 cm，浊橙色（2.5YR 6/4，干），浊红棕色（2.5YR 4/4，润）；粉质黏壤土，中等发育小块状结构，稍坚实，根系多，平滑清晰过渡。

Bw1：28～70 cm，亮红棕色（2.5YR 5/6，干），红棕色（2.5YR 4/6，润）；粉质黏土，中等发育团块状结构，坚实，见一些乔木粗根，偶见石英岩碎屑，平滑渐变过渡。

Bw2：70～120 cm，亮红棕色（2.5YR 5/6，干），红棕色（2.5YR 4/6，润）；粉质黏壤土，强发育团块状结构，坚实，偶见石英岩碎屑。

新抚系代表性单个土体物理性质

土层	深度 /cm	石砾 (>2 mm，体积分数)/%	细土颗粒组成（粒径：mm)/(g/kg)			质地	容重 /(g/cm^3)
			砂粒 2～0.05	粉粒 0.05～0.002	黏粒 <0.002		
Ah	0～28	—	108	456	435	粉质黏壤土	1.35
Bw1	28～70	—	85	410	505	粉质黏土	1.40
Bw2	70～120	5	70	534	397	粉质黏壤土	1.50

新抚系代表性单个土体化学性质

深度 /cm	pH		有机碳(C) /(g/kg)	全氮(N) /(g/kg)	全磷(P) /(g/kg)	全钾(K) /(g/kg)	全铁(Fe) /(g/kg)	阳离子交换量 /(cmol/kg)	游离铁 (Fe) /(g/kg)
	H_2O	KCl							
0～28	5.0	3.9	12.1	1.03	0.34	13.2	34.8	10.4	24.8
28～70	4.9	3.7	4.7	0.67	0.30	13.5	37.1	10.5	25.8
70～120	4.8	3.6	2.6	0.55	0.38	13.6	41.4	11.9	29.3

新抚系代表性单个土体阳离子交换性质

深度 /cm	交换性 H^+ /(cmol/kg)	交换性 Al(1/3Al^{3+}) /(cmol/kg)	交换性 Ca(1/2Ca^{2+}) /(cmol/kg)	交换性 Mg(1/2Mg^{2+}) /(cmol/kg)	交换性 K /(cmol/kg)	交换性 Na /(cmol/kg)
0～28	0.02	1.61	1.46	1.16	0.54	0.22
28～70	0.13	5.71	0.68	0.80	0.40	0.13
70～120	0.13	6.55	0.16	0.40	0.14	0.11

12.14.2　老龙田系（Laolongtian Series）

土　族：黏质伊利石型酸性热性-暗红简育湿润富铁土

拟定者：黄　标，宗玉统，肖　晴，龚翰林

分布与环境条件　老龙田系分布于云南省普洱市墨江县的山区。区域地势起伏较大，海拔1500～1800 m。属南亚热带半湿润山地季风气候，四季冷暖不太分明，干湿季明显。年均气温17.8℃，随海拔升高温度逐渐降低，年均降水量1338 mm，年均日照时数2161.2 h，年均蒸发量1696.7 mm。土壤起源于紫色砂页岩母质，植被为竹林，农业利用为种植土豆、蔬菜等旱作。

老龙田系典型景观

土系特征与变幅　诊断层：淡薄表层、雏形层、低活性富铁层。诊断特性：铁质特性、准石质接触面、湿润土壤水分状况、热性土壤温度状况。老龙田系土壤土体较为深厚，在1 m以上。土壤继承了紫色砂页岩母质的特征，颜色很红，达10R。随着剖面深度的增加，土壤中岩石碎屑增多。土体质地偏黏，为粉质黏壤土—粉质黏土，且自上而下黏粒含量逐渐增加。土壤结构发育较明显，表层呈团粒状结构，下部为中等发育的团块状结构。该土系土壤肥力较高，耕层有机碳、全氮、全磷、全钾含量均较丰富，尤其是全钾含量，接近30 g/kg。

对比土系　大具系，不同地区，颜色相近，剖面构型类似，不同土纲，雏形土，伊利石混合型矿物类型，非酸性，温性土壤温度状况。上格系，不同地区，颜色相近，剖面构型类似，不同土纲，雏形土，伊利石混合型矿物类型，温性土壤温度状况。

利用性能综述　老龙田系土壤砂黏适中，宜耕期长，通透性较好，目前大部分为梯田，保水保肥性能较强，可以种植多种作物，如玉米、陆稻、豆类、薯类、花生，还可种植茶叶等经济作物，由于地势高，气温低，多为一年一熟。目前，有不少老龙田系土壤还是坡地，利用时应逐步改建台地，实行粮豆、绿肥、牧草轮作，培肥地力。有条件的地方可扩大经济作物和果木种植，以增加收入。

参比土种　紫赤末香土。

代表性单个土体　剖面采自云南省普洱市墨江县龙潭乡老龙田村（编号53-117），坐标23.0908°N，101.5991°E。海拔1770 m，当前为林地。50 cm深度土层年平均温度17.6℃。野外调查时间2015年4月。

老龙田系代表性单个土体表面

Ap：0～30 cm，灰红色（10R 6/2，干），灰红色（10R 4/2，润）；粉质黏壤土，强发育团粒状结构，疏松，大量根系，平滑清晰过渡。

Bw1：30～60 cm，浊红橙色（10R 6/3，干），红棕色（10R 4/3，润）；粉质黏土，中等发育块状结构，稍坚实，少量根系，约 5%的岩石碎屑散布在土体中，平滑清晰过渡。

Bw2：60～120 cm，浊红橙色（10R 6/3，干），红棕色（10R 4/3，润）；粉质黏土，中等发育块状结构，坚实，岩石碎屑增多，达 15%。

老龙田系代表性单个土体物理性质

土层	深度/cm	石砾(>2 mm，体积分数)/%	细土颗粒组成 (粒径：mm)/(g/kg)			质地	容重/(g/cm^3)
			砂粒 2～0.05	粉粒 0.05～0.002	黏粒 <0.002		
Ap	0～30	—	73	540	387	粉质黏壤土	1.40
Bw1	30～60	5	97	463	440	粉质黏土	1.47
Bw2	60～120	15	46	482	472	粉质黏土	1.36

老龙田系代表性单个土体化学性质

深度/cm	pH		有机碳(C)/(g/kg)	全氮(N)/(g/kg)	全磷(P)/(g/kg)	全钾(K)/(g/kg)	全铁(Fe)/(g/kg)	阳离子交换量/(cmol/kg)	游离铁(Fe)/(g/kg)
	H_2O	KCl							
0～30	4.8	3.6	13.5	1.54	0.74	28.2	46.7	12.1	19.9
30～60	4.8	3.8	7.5	1.11	0.71	29.5	48.7	9.9	20.4
60～120	5.4	4.3	5.8	0.95	0.64	28.6	48.6	10.0	21.4

12.14.3　过街楼系（Guojielou Series）

土　族：黏壤质混合型酸性热性-暗红简育湿润富铁土

拟定者：黄　标，张海东，王培燕，贾萌萌

分布与环境条件　过街楼系集中分布于云南省普洱市海拔 1300～1900 m 的丘陵性低中山中下部地段。属低纬高原南亚热带季风气候，具有高温、多雨、湿润、静风的特点。年均气温 17.8℃，年均降水量 1524.4 mm，无霜期 318 d。土壤起源于紫红色砂页岩坡积物母质，种植茶树、竹子等。

过街楼系典型景观

土系特征与变幅　诊断层：淡薄表层、雏形层、低活性富铁层。诊断特性：铁质特性、湿润土壤水分状况、热性土壤温度状况。过街楼系土体厚度厚薄不一，一般在 70～100 cm。土壤质地变化不大，主要为砂质黏壤土，结构发育中等，表层土壤主要为团粒状结构，其下为弱—中等发育的团块状结构，在 1 m 深处出现多量紫色砂页岩石砾，含量 15%。受土壤母质影响，土壤色调很深，为 2.5YR，颜色为浊红棕色—红棕色。土壤呈酸性反应，pH 4.5～4.7。土壤肥力较低，养分指标中，土壤有机碳、全氮、全磷、全钾含量均处于较低水平，土壤阳离子交换量很低，低于 10 cmol/kg，盐基饱和度为 5%～7%。

对比土系　勐烈系，不同地区，相同土类，黏质颗粒大小级别，颜色偏淡（5YR）。新抚系，不同地区，相同亚类，黏质颗粒大小级别。

利用性能综述　过街楼系土壤质地较轻，结构发育弱，耕作性能较好，但土壤较酸，养分含量低，保水保肥能力较差，尽管适宜种植多种作物，但作物产量低，属于低肥力旱地。此外，该土系土壤结构疏松，区域植被稀疏，易于水土流失，不能蓄较多的雨水，受旱频繁，地力下降趋势明显。今后应采取综合治理措施，培肥土壤。对坡度陡、冲刷严重的田块要退耕还林，或坡改梯，逐步加深耕层，增加有机物料投入，增加土壤有机质，防止地力下降。针对土壤酸性的特点，或适量施用石灰，或发展喜酸的用材林、经济林木，如茶叶、果木等，提高经济效益。

参比土种　紫黄红土。

代表性单个土体　剖面采自云南省普洱市思茅区思茅镇过街楼社区（编号 53-099），坐标 22.79677°N，100.99384°E。海拔 1347 m，当前种植茶叶。50 cm 深度土层年平均温度 19.8℃。野外调查时间 2015 年 4 月。

过街楼系代表性单个土体剖面

Ap：0～20 cm，浊红棕色（2.5YR 5/4，干），浊红棕色（2.5YR 4/4，润）；砂质黏壤土，中等发育团粒状结构，疏松，根系较多，平滑清晰过渡。

Br1：20～40 cm，浊红棕色（2.5YR 5/4，干），浊红棕色（2.5YR 4/4，润）；砂质黏壤土，弱发育团块状结构，疏松，少量根系，平滑清晰过渡。

Br2：40～85 cm，橙色（2.5YR 6/6，干），红棕色（2.5YR 4/6，润）；砂质黏壤土，弱发育团块状结构，稍坚实，平滑清晰过渡。

Br3：85～120 cm，橙色（2.5YR 6/6，干），红棕色（2.5YR 4/6，润）；砂质黏壤土，中等发育团块状结构，稍坚实，土体内夹 15%半风化紫色砂页岩石砾，平滑清晰过渡。

Br4：120～140 cm，橙色（2.5YR 5/6，干），红棕色（2.5YR 4/6，润）；砂质黏壤土，弱发育团块状结构，稍坚实，平滑清晰过渡。

过街楼系代表性单个土体物理性质

土层	深度 /cm	石砾 (>2 mm，体积分数)/%	细土颗粒组成 (粒径：mm)/(g/kg)			质地	容重 /(g/cm^3)
			砂粒 2～0.05	粉粒 0.05～0.002	黏粒 <0.002		
Ap	0～20	—	492	226	281	砂质黏壤土	1.30
Br1	20～40	—	481	232	287	砂质黏壤土	1.39
Br2	40～85	—	482	246	271	砂质黏壤土	1.50
Br3	85～120	15	435	246	319	砂质黏壤土	1.47
Br4	120～140	—	441	240	319	砂质黏壤土	1.52

过街楼系代表性单个土体化学性质

深度 /cm	pH		有机碳(C) /(g/kg)	全氮(N) /(g/kg)	全磷(P) /(g/kg)	全钾(K) /(g/kg)	全铁(Fe) /(g/kg)	阳离子交换量 /(cmol/kg)	游离铁(Fe) /(g/kg)
	H_2O	KCl							
0～20	4.7	3.8	13.9	1.00	0.27	5.5	30.2	9.5	19.2
20～40	4.6	3.8	7.3	0.61	0.19	5.9	30.0	7.7	18.6
40～85	4.5	3.8	3.6	0.41	0.15	6.1	30.8	7.4	18.3
85～120	4.5	3.8	3.1	0.36	0.17	7.0	35.6	7.4	21.8
120～140	4.7	3.9	2.1	0.32	0.17	6.4	35.9	6.5	21.1

过街楼系代表性单个土体阳离子交换性质

深度 /cm	交换性 H^+ /(cmol/kg)	交换性 Al(1/3Al^{3+}) /(cmol/kg)	交换性 Ca(1/2Ca^{2+}) /(cmol/kg)	交换性 Mg(1/2Mg^{2+}) /(cmol/kg)	交换性 K /(cmol/kg)	交换性 Na /(cmol/kg)
0～20	0.16	4.79	0.36	0.19	0.14	0.11
20～40	0.09	3.94	0.22	0.17	0.08	0.09
40～85	0.09	3.44	0.20	0.14	0.06	0.09
85～120	0.04	3.40	0.14	0.14	0.06	0.11
120～140	0.06	2.92	0.26	0.15	0.05	0.11

12.15　盐基简育湿润富铁土

12.15.1　落岩山系（Luoyanshan Series）

土　族：黏质高岭石混合型非酸性温性-盐基简育湿润富铁土

拟定者：黄　标，万梦雪，卢　鑫

落岩山系典型景观

分布与环境条件　落岩山系分布于云南省玉溪市华宁县中山区，海拔 2100 m 左右。属中亚热带半湿润高原季风气候，不同海拔区域呈现出南亚热带、中亚热带、北亚热带和南温带 4 个气候类型。由于地貌类型复杂，具有垂直变化大，季节变化小，夏无酷暑，冬无严寒，干湿季分明，地区差异明显的特点。年均气温 16℃，年均地面温度 17.8～20.1℃，年均无霜期 260 d；年均日照时数 2100～2165 h，年均降水量 916 mm，年均蒸发量 1034.7 mm。土壤起源于老冲积性古红土母质，旱作或针阔叶混交林。

土系特征与变幅　诊断层：淡薄表层、雏形层、低活性富铁层。诊断特性：铁质特性、湿润土壤水分状况、温性土壤温度状况。发育落岩山系土壤的老冲积性古红土，在剖面中有不同时期冲积的痕迹，颜色差异较明显，剖面上部色调为 5YR，下部为 10R。整个剖面土壤质地均为黏土，黏性较大。由于土壤耕作时间较长，表层土壤部分呈团粒状结构，向下过渡为团块状结构等，发育程度趋于增强。土壤游离铁和铁的游离度均较高，具有铁质特性。另一个显著特点是，土壤酸碱性变化较大，从酸性到微酸性，再到中性，pH 4.7～7.3，阳离子交换量较低，9.3～13.1 cmol/kg。该土系养分储量较高，尤其是全磷含量，表层、亚表层含量达 1.46～2.76 g/kg。

对比土系　豆沙系，不同地区，颜色相近，剖面构型相似，不同土纲，雏形土，高岭石型矿物类型，热性土壤温度状况。雷家寨系，不同地区，颜色相近，不同土纲，雏形土，壤质颗粒大小级别，热性土壤温度状况，酸性。

利用性能综述　落岩山系土壤质地较为黏重，但因长期耕作，表层、亚表层土壤有一定团粒结构，耕作性能稍好。土壤潜在肥力较大，由于气候较冷，土温冷湿，微生物活动弱，养分释放缓慢，供肥迟缓。可种植马铃薯、小麦等喜凉作物，生长较好，目前，种植高山蔬菜，有一定效益。利用时，可逐年深耕，增加有机物料投入，以增加有机碳，改善土壤结构和通透性，并适当补氮，增施钾肥。对陡坡和冲刷较严重的坡耕地，应退耕还林还草，用以发展林、牧业。

参比土种　厚棕红土。

代表性单个土体 剖面采自云南省华宁县青龙镇落岩山村（编号 53-183），坐标 24.44873°N，103.01648°E。海拔 2100 m，当前为旱地，种植蔬菜、小麦等。50 cm 深度土层年平均温度 15.3℃。野外调查时间 2014 年 11 月。

Ap：0～18 cm，浊红棕色（5YR 5/4，干），暗红棕色（5YR 3/4，润）；黏土，弱发育碎块状结构或弱团粒状结构，疏松，较多须根，平滑清晰过渡。

Bw1：18～28 cm，浊红棕色（5YR 5/4，干），暗红棕色（5YR 3/4，润）；黏土，中等发育团块状结构，也可见弱的团粒状结构，疏松，少量根系，平滑清晰过渡。

Bw2：28～45 cm，亮红棕色（5YR 5/6，干），暗红棕色（5YR 3/6，润）；黏土，中等发育团块状结构，稍坚实，平滑清晰过渡。

C：45～75 cm，亮红棕色（5YR 5/8，干），红棕色（5YR 4/8，润）；黏土，强发育团块状结构，坚实，平滑清晰过渡。

2C：75～120 cm，红棕色（10R 5/3，干），红棕色（10R 4/3，润）；粉质黏土，强发育团块状结构，坚实，土体中见浅色原岩风化物，直径 1～3 cm，颜色很淡，为 10YR 8/1。

落岩山系代表性单个土体剖面

落岩山系代表性单个土体物理性质

土层	深度 /cm	细土颗粒组成 (粒径：mm)/(g/kg) 砂粒 2～0.05	粉粒 0.05～0.002	黏粒 <0.002	质地	容重 /(g/cm^3)
Ap	0～18	194	358	448	黏土	1.04
Bw1	18～28	183	352	465	黏土	1.28
Bw2	28～45	248	284	469	黏土	1.22
C	45～75	160	384	456	黏土	1.39
2C	75～120	59	470	470	粉质黏土	1.48

落岩山系代表性单个土体化学性质

深度 /cm	pH H_2O	pH KCl	有机碳(C) /(g/kg)	全氮(N) /(g/kg)	全磷(P) /(g/kg)	全钾(K) /(g/kg)	全铁(Fe) /(g/kg)	阳离子交换量 /(cmol/kg)	游离铁 (Fe) /(g/kg)
0～18	7.3	7.0	15.0	2.00	2.76	16.9	58.1	11.8	41.4
18～28	6.6	5.8	17.7	1.78	1.46	14.7	65.1	13.1	43.8
28～45	5.5	4.6	11.5	1.25	0.99	14.6	67.0	10.4	45.8
45～75	6.1	5.3	4.6	0.73	0.66	21.1	61.6	10.0	46.9
75～120	4.7	3.8	3.1	0.59	0.41	32.8	53.6	9.3	41.1

第 13 章 淋 溶 土

13.1 斑纹简育冷凉淋溶土

13.1.1 尼西系（Nixi Series）

土　族：黏壤质混合型非酸性冷性-斑纹简育冷凉淋溶土

拟定者：黄　标，卢升高，胡敏鹏

尼西系典型景观

分布与环境条件　尼西系分布于云南迪庆州海拔 3000～3500 m 的高山上部。属低纬度温带高原气候，年均气温 5.5℃，年均降水量 1126.3 mm，年均蒸发量 1347.3 mm。土壤起源于石灰岩及其上的古红土母质，自然植被为松树林。

土系特征与变幅　诊断层：淡薄表层、黏化层。诊断特性：铁质特性、氧化还原特征、湿润土壤水分状况、冷性土壤温度状况。尼西系土层较厚，在 80 cm 以上，颜色呈红棕色，5YR，彩度在 6 以上，较鲜艳。土壤质地变化较大，表层为粉质黏土，亚表层 B 层可为粉壤土，也可为粉质黏土，60 cm 以下土层结构面普遍见黏粒胶膜，黏粒含量也较高，为黏化层，结构体内可见铁锰斑纹。表层土壤主要为团粒状结构，之下主要为团块状结构，发育程度为弱—中等。受母质影响，土壤均呈微碱性，pH 7.6～7.9，表层土壤有中等强度的石灰反应。土壤有机碳和养分储量处于中等水平，阳离子交换量处于较高水平，在 20～24 cmol/kg。

对比土系　香树箐系，相同土壤温度和水分状况，不同土纲，雏形土纲，黏质颗粒大小级别，酸性。尾木尼系，相同地区，不同土纲，雏形土纲，黏质颗粒大小级别，酸性，颜色淡（10YR）。

利用性能综述　尼西系土壤厚度不是太厚，但自然肥力高，是云南高山林区一种重要的土壤资源，适宜高山松、云杉、铁杉等优质木材生长，又是重要的水源林带土壤。应加强对现有林地的管理和保护，积极营造水源林、用材林，以保持水土。

参比土种　棕黑汤泥。

代表性单个土体　剖面采自云南省迪庆州香格里拉市尼西乡新阳村（编号 53-214），坐标 28.05689°N，99.50268°E。海拔 3150 m，当前为松树林。50 cm 深度土层年平均温度 8.1℃。野外调查时间 2015 年 10 月。

Ah：0～25 cm，亮红棕色（5YR 5/6，干），红棕色（5YR 4/6，润）；粉质黏土，强发育团粒状结构，疏松，较多须根和细根，土体中见 10%左右的石灰岩石砾，中等石灰反应，平滑清晰过渡。

Br：25～60 cm，红棕色（5YR 4/8，干），红棕色（5YR 4/8，润）；粉壤土，弱发育团块状结构，稍坚实，结构体内见直径小于 2 mm 的铁锰斑纹，平滑渐变过渡。

Btr：60～80 cm，暗红棕色（5YR 3/6，干），暗红棕色（5YR 3/6，润）；粉质黏土，中等发育团块状结构，坚实，结构面见黏粒胶膜，占表面 10%左右，结构体内见直径小于 2 mm 的铁锰斑纹。

尼西系代表性单个土体剖面

尼西系代表性单个土体物理性质

土层	深度/cm	石砾(>2 mm，体积分数)/%	细土颗粒组成(粒径：mm)/(g/kg)			质地	容重/(g/cm^3)
			砂粒 2～0.05	粉粒 0.05～0.002	黏粒 <0.002		
Ah	0～25	10	122	461	417	粉质黏土	1.21
Br	25～60	—	209	517	274	粉壤土	1.36
Btr	60～80	—	52	530	418	粉质黏土	1.34

尼西系代表性单个土体化学性质

深度/cm	pH(H_2O)	有机碳(C)/(g/kg)	全氮(N)/(g/kg)	全磷(P)/(g/kg)	全钾(K)/(g/kg)	全铁(Fe)/(g/kg)	阳离子交换量/(cmol/kg)	游离铁(Fe)/(g/kg)
0～25	7.9	8.5	1.04	0.59	19.9	50.6	20.1	28.9
25～60	7.8	5.7	0.74	0.59	20.6	55.9	22.9	31.8
60～80	7.6	4.5	0.56	0.55	22.4	64.2	23.8	37.1

13.2　斑纹铁质干润淋溶土

13.2.1　九河系（Jiuhe Series）

土　族：黏质高岭石型酸性温性-斑纹铁质干润淋溶土

拟定者：黄　标，卢升高，胡敏鹏

九河系典型景观

分布与环境条件　九河系分布于丽江市海拔 2700～3200 m 的古高原面上。属低纬度暖温带高原山地季风气候，年均温度 12.6℃，年内温度升降变化幅度小，而昼夜温差较大，干湿季分明，四季不明显。≥10℃年积温 2000 ℃以上，年均降水量 800.6 mm，无霜期 200 d。土壤起源于第四纪古红土母质，自然植被为松树林。

土系特征与变幅　诊断层：淡薄表层、雏形层、黏化层。诊断特性：铁质特性、氧化还原特征、半干润土壤水分状况、温性土壤温度状况。九河系发育于高原面上的古红土母质，土层较厚，颜色呈棕色，7.5YR，但母质层呈红棕色，达到 5YR。土壤质地整体为黏土，B 层土体结构面普遍见黏粒胶膜和铁锰斑纹，黏粒含量也较高，为黏化层。表层土壤主要为团粒状结构，之下主要为团块状结构，发育程度弱—中等。除表层土壤外，土壤均呈酸性，土壤反应自上而下，呈微酸性—酸性，pH 5.1～6.5。土壤有机碳和养分储量处于中等水平，阳离子交换量也处于中等水平，B 和 C 层土壤盐基不饱和，盐基饱和度为 15%～20%。

对比土系　三台系，不同地区，相同亚类，伊利石型矿物类型，颜色较红（5YR）。四哨系，不同地区，相同土纲，湿润土壤水分状况，伊利石型矿物类型。

利用性能综述　九河系所处地形部位为高原面平缓坡地，土体深厚，保水保肥能力强，常被当地各族农民开辟为耕地，由于海拔高，气候寒冷，利用率较低，多为一年一熟。主要种植马铃薯、燕麦等，也有种植花椒、兰花籽等经济作物。利用中如能种植绿肥，培肥地力和改善水利条件，其增产潜力较大。

参比土种　厚灰汤土。

代表性单个土体　剖面采自云南省丽江市玉龙县九河乡东部山地（编号 53-213），坐标

26.76368°N，100.0078°E。海拔 2808 m，当前为松树林。50 cm 深度土层年平均温度 14.9℃。野外调查时间 2015 年 10 月。

九河系代表性单个土体剖面

Ah：0～18 cm，亮棕色（7.5YR 5/6，干），棕色（7.5YR 4/6，润）；黏土，中等发育团粒状结构，疏松，较多须根，平滑清晰过渡。

Br：18～40 cm，橙色（7.5YR 6/6，干），亮棕色（5YR 5/6，润）；粉质黏土，弱发育团块状结构，稍坚实，少量粗根，见直径小于 2 mm 的铁锰斑纹，平滑渐变过渡。

Btr1：40～70 cm，橙色（7.5YR 6/6，干），亮棕色（7.5YR 5/6，润）；黏土，中等发育团块状结构，坚实，结构面见黏粒胶膜，占表面 10%左右，见直径小于 2 mm 的铁锰斑纹，平滑渐变过渡。

Btr2：70～100 cm，浊橙色（7.5YR 7/4，干），浊棕色（7.5YR 5/4，润）；黏土，中等发育团块状结构，坚实，结构面见黏粒胶膜，占表面 10%左右，见直径小于 2 mm 的铁锰斑纹，见 5%左右岩石碎屑，平滑渐变过渡。

C：100～120 cm，橙色（5YR 6/6，干），亮红棕色（5YR 5/6，润）；黏土，强发育团块状结构，坚实，见 10%左右岩石碎屑。

九河系代表性单个土体物理性质

土层	深度/cm	石砾(>2 mm，体积分数)/%	细土颗粒组成（粒径：mm)/(g/kg)			质地	容重/(g/cm³)
			砂粒 2～0.05	粉粒 0.05～0.002	黏粒 <0.002		
Ah	0～18	—	80	385	535	黏土	1.20
Br	18～40	—	66	453	481	粉质黏土	1.35
Btr1	40～70	—	55	363	582	黏土	1.45
Btr2	70～100	5	83	382	535	黏土	1.45
C	100～120	10	51	352	597	黏土	1.46

九河系代表性单个土体化学性质

深度/cm	pH		有机碳(C)/(g/kg)	全氮(N)/(g/kg)	全磷(P)/(g/kg)	全钾(K)/(g/kg)	全铁(Fe)/(g/kg)	阳离子交换量/(cmol/kg)	游离铁(Fe)/(g/kg)
	H_2O	KCl							
0～18	6.5	5.3	15.9	1.62	0.82	15.3	62.0	22.2	47.4
18～40	5.4	4.1	6.2	0.94	0.52	15.6	66.5	17.4	52.4
40～70	5.4	4.2	3.6	0.71	0.47	16.7	81.6	18.1	53.5
70～100	5.3	4.1	3.6	0.71	0.84	16.3	88.9	19.4	70.8
100～120	5.1	4.0	3.4	0.94	0.76	18.3	84.0	19.3	68.7

13.2.2 文笔系（Wenbi Series）

土　族：黏质伊利石型非酸性热性-斑纹铁质干润淋溶土
拟定者：黄　标，胡文友，张海东，贾萌萌

文笔系典型景观

分布与环境条件　文笔系分布于云南省保山市昌宁县湾甸乡一带的低热河谷或盆地边缘的低山缓坡地上，海拔 700～800 m。属低纬山地亚热带季风气候，年均气温 20.2℃，年均降水量 1100 mm，年均蒸发量 1860 mm，常年基本无霜。土壤起源于泥质岩类风化残坡积物母质，自然植被为阔叶林，种植玉米、陆稻、大豆、花生等旱作。

土系特征与变幅　诊断层：淡薄表层、黏化层。诊断特性：氧化还原特征、铁质特性、准石质接触面、半干润土壤水分状况、热性土壤温度状况。文笔系土壤发育相对较好，呈 A-B-C 的剖面构型。60 cm 以上，颜色较为鲜艳，润态颜色呈亮红棕色，以下则主色调显示母质的颜色，较淡，为 10YR。土壤质地上部较黏重，为粉质黏土，下部相对较壤，为粉质黏壤土。表层土壤呈现团粒状或小团块状结构，之下至 60 cm 深处，呈中等发育的团块状结构，至母质层主要显示原岩风化母质的结构。土体结构面和结构体内铁质斑纹发育较明显，上部含量在 60%以上，母质层含量 10%，20～40 cm 深处土壤结构面上还常见黏粒胶膜。土壤呈微酸性反应，pH 5.5～6.4。表层土壤有机碳和全氮含量中等，全磷含量明显偏低，但全钾含量和阳离子交换量较高。

对比土系　九乡系，相同土壤水分和温度状况，不同土纲，富铁土纲，表层有机碳含量高。三台系，不同地区，相同亚类，酸性，温性土壤温度状况。

利用性能综述　文笔系土壤黏粒含量高，质地黏重，但土体内含一定量的原岩碎屑，耕作性能与通透性影响不大，透水性与保水保肥性能均较好，适种性较广。所以可种植作物类型较多，包括玉米、陆稻、大豆、花生、红薯等粮食作物，还种植大叶茶、菠萝、柑橘等。利用上，可充分利用丰富的光热资源种植一些热带水果，如菠萝、杧果等，提高土壤经济效益。同时，有计划地修造梯地，培肥熟化土壤，增加土壤地力。

参比土种　赤红末香土。

代表性单个土体　剖面采自云南省保山市昌宁县湾甸乡文笔村（编号 53-135），坐标

24.52998°N，99.34814°E。海拔 767 m，当前种植玉米。50 cm 深度土层年平均温度 22.1℃。野外调查时间 2015 年 10 月。

Ap：0～20 cm，橙色（5YR 6/6，干），亮红棕色（5YR 5/6，润）；粉质黏土，中等发育团粒状结构，部分发育弱的小团块状结构，疏松，禾本科植物根系较多，少量乔木根系，土体内见少量原岩碎屑，平滑清晰过渡。

Btr：20～40 cm，橙色（5YR 6/6，干），亮红棕色（5YR 5/8，润）；粉质黏土，中等发育团块状结构，坚实，结构面发育约 80%的铁质斑纹，斑纹边界模糊，裂隙或结构面见黏粒胶膜，土体内夹少量页岩碎屑，平滑清晰过渡。

Br：40～60 cm，橙色（5YR 6/6，干），亮红棕色（5YR 5/8，润）；粉质黏壤土，中等发育团块状结构，坚实，结构面发育约 60%的铁质斑纹，斑纹边界稍清晰，裂隙或结构面见铁锰胶膜，平滑清晰过渡。

Cr：60～120 cm，淡黄橙色（10YR 8/3，干），浊黄橙色（10YR 7/3，润）；粉质黏壤土，显示页岩的原始层理结构，坚实，结构面发育约 10%的铁质或铁锰胶膜。

文笔系代表性单个土体剖面

文笔系代表性单个土体物理性质

土层	深度/cm	细土颗粒组成（粒径：mm）/(g/kg)			质地	容重/(g/cm³)
		砂粒 2～0.05	粉粒 0.05～0.002	黏粒 <0.002		
Ap	0～20	119	480	401	粉质黏土	1.49
Btr	20～40	74	484	442	粉质黏土	1.48
Br	40～60	61	602	338	粉质黏壤土	1.54
Cr	60～120	136	500	364	粉质黏壤土	1.50

文笔系代表性单个土体化学性质

深度/cm	pH		有机碳(C)/(g/kg)	全氮(N)/(g/kg)	全磷(P)/(g/kg)	全钾(K)/(g/kg)	全铁(Fe)/(g/kg)	阳离子交换量/(cmol/kg)	游离铁(Fe)/(g/kg)
	H_2O	KCl							
0～20	6.4	5.0	8.7	1.14	0.33	24.9	51.1	14.7	36.9
20～40	5.5	4.0	4.7	0.94	0.24	26.5	57.0	16.5	42.1
40～60	5.5	4.0	3.6	0.73	0.24	25.8	57.2	16.7	42.0
60～120	5.5	4.0	2.7	0.68	0.22	26.5	56.1	13.9	41.9

13.2.3　肖家台系（Xiaojiatai Series）

土　族：黏质伊利石混合型酸性温性-斑纹铁质干润淋溶土
拟定者：黄　标，王　宁，田　康

肖家台系典型景观

分布与环境条件　肖家台系集中分布于云南省昭通市昭通坝子，海拔 1950 m，丘坝相间，为典型的高原湖积盆地。属北纬高原大陆季风气候，年均气温 11.6℃，年均降水量 735 mm，年均日照时数 1902.02 h，无霜期 220 d。土壤起源于深厚的红化老湖积物母质，农业利用为玉米、土豆、苹果等作物种植。

土系特征与变幅　诊断层：淡薄表层、黏化层。诊断特性：铁质特性、氧化还原特征、半干润土壤水分状况、温性土壤温度状况。肖家台系土壤土体深厚，可达 1.5 m 以上，土壤颜色上部以棕色为主，下部则显示为红棕色。土壤质地较黏重，为黏土—黏壤土—黏土，下部土壤黏粒含量可达 500 g/kg 以上。结构体内常见铁锰斑纹和结核，下部土体结构面见黏粒胶膜，为黏化层，含量变化为 5%～10%。表层土壤主要呈团粒状结构，也有少量小团块状结构，亚表层主要呈棱块状结构，结构发育较强，中部土体见一石砾条带。该土系土壤呈酸性反应，pH 5.1～5.4。上部土层土壤有机碳、全氮、全磷、全钾含量均处于较高水平。

对比土系　小堡子系，相同地区，不同土族，混合型矿物类型，全铁、游离铁含量高，颜色红（5YR）。三台系，不同地区，相同土族，颜色偏红（5YR）。四哨系，不同地区，相同土纲，湿润土壤水分状况。

利用性能综述　肖家台系土体深厚，耕作时间较长，土壤熟化度高，所以耕作性能较好，供水供肥性能平稳，适宜种植各种作物，包括玉米、马铃薯、烤烟、小麦等粮食作物，一般一年两熟，另外有当地的特色果树苹果。应进一步熟化，加深耕层，合理轮作，防止烤烟或马铃薯连作问题的出现，积极养地，培肥土壤。

参比土种　厚黄泥。

代表性单个土体　剖面采自云南省昭通市昭阳区永丰镇新民社区肖家台（编号 53-162），坐标 27.250704°N，103.671604°E。海拔 1946 m，当前种植苹果和土豆等。50 cm 深度土层年平均温度 14.4℃。野外调查时间 2015 年 4 月。

肖家台系代表性单个土体剖面

Ap：0～20 cm，橙色（7.5YR 6/6，干），棕色（7.5YR 4/6，润）；粉质黏土，团粒状结构或小团块状结构，疏松，根系较多，土体内见少量直径<2 mm 的铁锰斑纹，见草木炭和黑地膜侵入体，平滑清晰过渡。

Br1：20～40 cm，橙色（7.5YR 6/6，干），棕色（7.5YR 4/6，润）；黏土，强发育棱块状结构，坚实，少量根系，土体内见 10%直径 2～6 mm 的铁锰斑纹和少量直径<2 mm 铁锰结核，平滑清晰过渡。

Br2：40～55 cm，橙色（7.5YR 7/6，干），亮棕色（7.5YR 5/6，润）；黏壤土，强发育棱块状结构，坚实，土体内见 15%直径 2～6 mm 的铁锰斑纹和少量直径<2 mm 的铁锰结核，夹直径 2～10 cm 的岩石石砾，平滑清晰过渡。

Btr：55～110 cm，橙色（5YR 6/6，干），亮红棕色（5YR 5/6，润）；粉质黏土，强发育棱块状结构，坚实，土体内见 20%直径 2～6 mm 的铁锰斑纹和少量直径<2 mm 的铁锰结核，结构面见 10%的黏粒胶膜。

肖家台系代表性单个土体物理性质

土层	深度/cm	细土颗粒组成（粒径：mm)/(g/kg)			质地	容重/(g/cm^3)
		砂粒 2～0.05	粉粒 0.05～0.002	黏粒 <0.002		
Ap	0～20	156	425	419	粉质黏土	1.40
Br1	20～40	109	385	506	黏土	1.46
Br2	40～55	224	394	382	黏壤土	1.58
Btr	55～110	24	433	543	粉质黏土	1.57

肖家台系代表性单个土体化学性质

深度/cm	pH		有机碳(C)/(g/kg)	全氮(N)/(g/kg)	全磷(P)/(g/kg)	全钾(K)/(g/kg)	全铁(Fe)/(g/kg)	阳离子交换量/(cmol/kg)	游离铁(Fe)/(g/kg)
	H_2O	KCl							
0～20	5.2	4.7	12.6	1.50	1.00	16.2	36.8	12.6	27.9
20～40	5.2	4.4	13.5	1.11	0.97	16.0	37.7	13.1	28.0
40～55	5.1	4.1	6.4	0.73	0.54	16.0	35.5	10.6	26.3
55～110	5.4	4.7	2.1	0.47	0.32	19.4	47.0	13.6	36.9

13.2.4　三台系（Santai Series）

土　族：黏质伊利石混合型酸性温性-斑纹铁质干润淋溶土

拟定者：黄　标，万梦雪，卢　鑫

三台系典型景观

分布与环境条件　三台系分布于云南省楚雄州大姚县西北部山谷的坡地上。区域地势起伏较大，从谷底至山顶，海拔为 2100～3000 m。地处北亚热带季风气候区，属亚热带干燥气候，具有气候温和、日照充足、干湿季明显、雨热同季、冬无严寒、夏无酷暑、年温差小、日温差大、无霜期长等气候特点。年均气温 15.6℃，年均日照时数 2526 h，霜期年均 56.8 d。大姚县年平均降水量 796.3 mm，年均蒸发量 2714.4 mm。土壤起源于千枚岩、片岩等风化物母质上，旱作或针阔叶混交林。

土系特征与变幅　诊断层：淡薄表层、雏形层、黏化层。诊断特性：铁质特性、氧化还原特征、半干润土壤水分状况、温性土壤温度状况。三台系发育于千枚岩、片岩风化物母质，土层较厚，颜色呈红棕色。土壤质地整体为粉质黏土，B 层土体结构面普遍见黏粒胶膜和铁锰结核，为黏化层。表层土壤主要为碎块状结构或团粒状结构，之下主要为团块状结构，发育程度中等。土壤养分储量处于中等水平，阳离子交换量不高。土壤反应自上而下，呈微酸性—酸性。

对比土系　文笔系，不同地区，相同亚类，非酸性，热性土壤温度状况。肖家台系，不同地区，相同土族，颜色偏淡（7.5YR）。九河系，不同地区，相同亚类，高岭石型矿物类型，颜色较淡（7.5YR）。

利用性能综述　三台系土层深厚，但质地偏黏，影响耕作。养分适中，适合种植多种农作物，如玉米、小麦、豆类、薯类等，较大的障碍是缺水较严重。利用过程中应加强基本农田建设，修筑台地，保持水土，增施有机肥，改善土壤物理状况，适当补充磷钾肥。还可试种药材、温带水果等经济作物，以增加经济效益。

参比土种　灰汤土。

代表性单个土体　剖面采自云南省楚雄州大姚县三台乡三台村（编号 53-206），坐标 26.01382°N，101.085777°E。海拔 2172 m，当前为旱地，种植小麦。50 cm 深度土层年平均温度 15.9℃。野外调查时间 2014 年 11 月。

Ap：0～20 cm，浊橙色（5YR 6/3，干），浊红棕色（5YR 4/3，润）；粉质黏土，碎块状结构或弱团粒状结构，疏松，较多须根，偶见岩石碎屑，平滑清晰过渡。

Bt1：20～45 cm，浊橙色（5YR 6/4，干），浊红棕色（5YR 4/4，润）；粉质黏土，中等发育团块状结构，坚实，少量粗根，偶见岩石碎屑，结构面见黏粒胶膜，占表面 30%左右，见直径 1～2 mm 的铁锰结核，平滑渐变过渡。

Bt2：45～87 cm，浊橙色（5YR 6/4，干），浊红棕色（5YR 4/4，润）；粉质黏土，中等发育团块状结构，坚实，少量粗根，见 2%左右岩石碎屑，结构面见黏粒胶膜，占表面 10%左右，见直径 1～2 mm 的铁锰结核，平滑渐变过渡。

Bw：87～120 cm，亮红棕色（5YR 5/6，干），暗红棕色（5YR 3/6，润）；粉质黏土，中等发育团块状结构，坚实，见 5%左右岩石碎屑，见直径 1～2 mm 的铁锰结核。

三台系代表性单个土体剖面

三台系代表性单个土体物理性质

土层	深度 /cm	石砾 (>2 mm，体积分数)/%	细土颗粒组成 (粒径：mm)/(g/kg) 砂粒 2～0.05	粉粒 0.05～0.002	黏粒 <0.002	质地	容重 /(g/cm³)
Ap	0～20	—	139	409	452	粉质黏土	1.22
Bt1	20～45	2	105	414	481	粉质黏土	1.32
Bt2	45～87	2	119	437	444	粉质黏土	1.26
Bw	87～120	5	133	403	464	粉质黏土	1.36

三台系代表性单个土体化学性质

深度 /cm	pH H_2O	pH KCl	有机碳(C) /(g/kg)	全氮(N) /(g/kg)	全磷(P) /(g/kg)	全钾(K) /(g/kg)	全铁(Fe) /(g/kg)	阳离子交换量 /(cmol/kg)	游离铁 (Fe) /(g/kg)
0～20	5.7	4.4	14.4	1.42	0.46	19.2	49.0	12.3	34.9
20～45	5.3	3.8	7.5	0.91	0.34	19.2	59.9	11.6	43.5
45～87	5.2	3.8	11.2	0.94	0.35	16.4	52.8	11.8	38.4
87～120	5.1	3.9	6.1	0.76	0.30	16.1	52.5	10.8	37.6

13.2.5　小堡子系（Xiaopuzi Series）

土　族：黏质混合型酸性温性-斑纹铁质干润淋溶土
拟定者：黄　标，万梦雪，戴普胜

小堡子系典型景观

分布与环境条件　小堡子系分布于云南省昭通市及周边盆地边缘山前丘陵地带，区域地势有一定起伏，海拔 1900 m 左右。属北纬高原大陆季风气候。冬季气温较低，夏季气候凉爽，干湿两季分明。无霜期 220 d，年均气温 11.6℃，≥10℃年均积温 3217℃，年均日照时数 1902.02 h，年均降水量 735 mm，年均蒸发量 1437.7 mm。土壤起源于古红土残坡积物母质，自然植被为针阔叶林，种植土豆、玉米等旱作。

土系特征与变幅　诊断层：淡薄表层、黏化层。诊断特性：氧化还原特征、铁质特性、半干润土壤水分状况、温性土壤温度状况。小堡子系土体深厚，在 1 m 以上。质地黏重，为粉质黏土或黏土，除表层土壤外，其余土层均呈棱块状结构，表层土壤主要呈角块状结构，也可见团粒状结构。在剖面中部土层的结构面上可见黏粒胶膜，整个剖面土体内常见直径小于 1 mm 的铁锰结核。该土系全铁和游离铁含量偏高，分别达 110 g/kg 和 70 g/kg 左右，导致土壤颜色偏红，中部土层色调达 5YR，彩度达到 6。土壤有机碳、全氮和全磷储量丰富，但全钾含量明显偏低。阳离子交换量和盐基饱和度均偏低，分别在 15～25 cmol/kg 和 20%～30%。

对比土系　肖家台系，相同地区，不同土族，伊利石混合型矿物类型，全铁、游离铁含量低，颜色淡（7.5YR）。

利用性能综述　小堡子系土壤质地较为黏重，结构性差，干时较为疏松，容易耕作，但雨后耕作较为不便，且底层土壤紧实，难以深耕。一般耕层较浅，土壤呈酸性且游离铁含量高，容易导致缺磷，缺钾也较为严重，属于低肥力土壤。利用时，应注意增加有机肥或有机物料，以改善土壤结构，提高熟化程度。对陡坡冲刷重的地块，应退耕还林还草，可发展林、果、牧业，提高土壤利用的经济效益。

参比土种　厚棕红土。

代表性单个土体　剖面采自云南省昭通市昭阳区靖安镇小堡子村（编号 53-194），坐标

27.5761°N，103.76135°E。海拔 1900 m，当前种植土豆，50 cm 深度土层年平均温度 13.9℃。野外调查时间 2015 年 4 月。

小堡子系代表性单个土体剖面

Ah：0～10 cm，亮棕色（7.5YR 5/6，干），棕色（7.5YR 4/6，润）；黏土，主要呈中等发育的角块状结构，次要见弱发育的团粒状结构，稍坚实，根系多，平滑清晰过渡。

Br1：10～35 cm，亮红棕色（5YR 5/6，干），暗红棕色（5YR 3/6，润）；粉质黏土，呈强发育的棱块状结构，坚实，根系多，结构体内见铁锰结核，平滑渐变过渡。

Btr1：35～60 cm，亮红棕色（5YR 5/6，干），暗红棕色（5YR 3/6，润）；粉质黏土，呈强发育的棱块状结构，坚实，少量根系，结构面见黏粒胶膜，结构体内见铁锰结核，平滑渐变过渡。

Btr2：60～90 cm，亮红棕色（5YR 5/6，干），暗红棕色（5YR 3/6，润）；粉质黏土，呈强发育的棱块状结构，坚实，结构面见黏粒胶膜，结构体内见铁锰结核，见少量草木炭侵入体，平滑清晰过渡。

Br2：90～130 cm，亮棕色（7.5YR 5/6，干），棕色（7.5YR 4/6，润）；粉质黏土，呈强发育的棱块状结构，坚实，结构体内见铁锰结核。

小堡子系代表性单个土体物理性质

土层	深度/cm	细土颗粒组成（粒径：mm)/(g/kg)			质地	容重/(g/cm^3)
		砂粒 2～0.05	粉粒 0.05～0.002	黏粒 <0.002		
Ah	0～10	46	399	555	黏土	1.02
Br1	10～35	69	453	477	粉质黏土	1.18
Btr1	35～60	48	427	525	粉质黏土	1.23
Btr2	60～90	67	445	488	粉质黏土	1.22
Br2	90～130	41	429	530	粉质黏土	1.23

小堡子系代表性单个土体化学性质

深度/cm	pH		有机碳(C)/(g/kg)	全氮(N)/(g/kg)	全磷(P)/(g/kg)	全钾(K)/(g/kg)	全铁(Fe)/(g/kg)	阳离子交换量/(cmol/kg)	游离铁(Fe)/(g/kg)
	H_2O	KCl							
0～10	4.7	3.7	29.0	1.93	0.90	8.2	104.5	23.1	65.6
10～35	4.8	3.8	16.8	1.03	0.83	9.5	108.9	18.0	71.4
35～60	4.8	3.9	14.2	0.86	0.79	7.5	114.9	17.9	69.7
60～90	4.9	3.9	11.6	0.94	0.86	8.2	107.4	17.1	69.7
90～130	4.9	4.0	6.6	0.71	0.62	9.3	102.8	15.1	67.2

小堡子系代表性单个土体阳离子交换性质

深度 /cm	交换性 H^+ /(cmol/kg)	交换性 Al (1/3 Al^{3+}) /(cmol/kg)	交换性 Ca (1/2 Ca^{2+}) /(cmol/kg)	交换性 Mg (1/2 Mg^{2+}) /(cmol/kg)	交换性 K^+ /(cmol/kg)	交换性 Na^+ /(cmol/kg)
0～10	0.23	7.95	2.76	2.38	0.35	0.14
10～35	0.13	5.70	1.35	1.90	0.14	0.14
35～60	0.11	3.38	2.74	1.96	0.13	0.14
60～90	0.12	6.61	2.09	1.54	0.13	0.14
90～130	0.04	5.08	2.08	2.60	0.18	0.14

13.3　普通铁质干润淋溶土

13.3.1　力角系（Lijiao Series）

土　族：黏质伊利石型石灰性热性-普通铁质干润淋溶土

拟定者：黄　标，宗玉统，肖　晴，韦杨嫣

分布与环境条件　力角系集中分布于云南省金沙江流域的大理州宾川、鹤庆，丽江地区的永胜、华坪等县，海拔 1200～1500 m。属典型的金沙江干热河谷气候，年均气温 18℃，年均日照时数 2719.4 h，无霜期 294 d 以上，年均降水量 593.4 mm，年均蒸发量 1624 mm。土壤起源于紫红色砂页岩母质，自然植被为桉树林、剑麻等，农业利用为种植玉米、小麦、豆类等。

力角系典型景观

土系特征与变幅　诊断层：淡薄表层、黏化层。诊断特征：铁质特性、石灰性、半干润土壤水分状况、热性土壤温度状况。力角系土体厚度为 70～120 cm，颜色呈暗红棕色，色调达 10R。土壤质地黏重，主要为粉质黏土，在 60 cm 以下黏粒含量明显增加，形成黏化层。表层土壤以团粒状结构为主，也见小团块状结构，向下中等发育的团块状结构，至黏化层则发育强团块状结构。土壤 pH 变化不大，在 8.0～8.3，全剖面石灰反应强烈。作为旱耕地，表层土壤肥力相对较好，有机碳、全氮、全磷、全钾含量均处中上水平，阳离子交换量 11～16 cmol/kg。

对比土系　金雷系，不同地区，相同亚类，黏壤质颗粒大小级别，非酸性，高热性，颜色 2.5YR。膏泽系，不同地区，相同亚类，壤质颗粒大小级别，非酸性，颜色淡（10YR）。

利用性能综述　力角系所处地区光热资源丰富，干旱燥热，蒸发量为降水量的 3 倍左右，但土壤属性和肥力均较好，易耕作，适种性广，由于干旱缺水，多一年一熟，可种植薯类、玉米、高粱、甘蔗、冬旱蔬菜，也可种植咖啡、柑橘等果木。利用中，只要解决灌溉问题，可以充分发挥光热资源优势，增产潜力很大。

参比土种　紫褐红土。

代表性单个土体　剖面采自云南省大理州宾川县力角镇力角村余家坝（编号 53-281），坐标 25.93974°N，100.59207°E。海拔 1480 m，当前为玉米地。50 cm 深度土层年平均温度 19.8℃。野外调查时间 2015 年 10 月。

力角系代表性单个土体剖面

Ah：0～40 cm，灰红色（10R 5/2，干），暗红棕色（10R 3/2，润）；粉质黏土，中等发育团粒状结构，弱发育小团块状结构，疏松，多量根系，强石灰反应，平滑清晰过渡。

Bw：40～60 cm，灰红色（10R 5/2，干），暗红棕色（10R 3/2，润）；黏壤土，中等发育团块状结构，稍坚实，少量根系，强石灰反应，平滑清晰过渡。

Bt1：60～80 cm，红棕色（10R 5/3，干），暗红棕色（10R 3/3，润）；粉质黏土，强发育团块状结构，坚实，强石灰反应，平滑渐变过渡。

Bt2：80～120 cm，红棕色（10R 5/3，干），暗红棕色（10R 3/3，润）；粉质黏土，强发育团块状结构，坚实，强石灰反应。

力角系代表性单个土体物理性质

土层	深度 /cm	细土颗粒组成 (粒径：mm)/(g/kg)			质地	容重 /(g/cm³)
		砂粒 2～0.05	粉粒 0.05～0.002	黏粒 <0.002		
Ah	0～40	97	454	450	粉质黏土	1.59
Bw	40～60	342	327	330	黏壤土	1.60
Bt1	60～80	107	461	432	粉质黏土	1.48
Bt2	80～120	49	471	480	粉质黏土	1.61

力角系代表性单个土体化学性质

深度 /cm	pH (H_2O)	有机碳(C) /(g/kg)	全氮(N) /(g/kg)	全磷(P) /(g/kg)	全钾(K) /(g/kg)	全铁(Fe) /(g/kg)	阳离子交换量 /(cmol/kg)	游离铁(Fe) /(g/kg)	碳酸钙 ($CaCO_3$) /(g/kg)
0～40	8.1	16.3	1.54	0.61	21.7	36.1	13.7	14.8	99
40～60	8.0	7.8	0.92	0.60	22.3	37.0	11.7	15.1	79
60～80	8.1	6.9	0.88	0.55	23.4	38.2	11.9	15.3	147
80～120	8.3	8.0	0.80	0.53	23.2	43.2	16.1	18.6	84

13.3.2　金雷系（Jinlei Series）

土　族：黏壤质硅质型非酸性高热性-普通铁质干润淋溶土

拟定者：黄　标，卢升高，宗玉统

分布与环境条件　金雷系分布于云南省楚雄州元谋县。区域地势起伏较大，海拔 1000～1350 m。属南亚热带干热季风气候，年均气温 21.9℃，年均日照时数 2670.4 h，平均日照 7.3 h/d，日照百分率 60%。年均降水量 613.8 mm，年均蒸发量为降水量的 6.4 倍。土壤起源于河流冲积物母质上，分布于金沙江干燥低热河谷冲积阶地上。种植枣树等经济作物。

金雷系典型景观

土系特征与变幅　诊断层：淡薄表层、雏形层、黏化层。诊断特性：铁质特性、半干润土壤水分状况、高热性土壤温度状况。金雷系由冲积物母质发育而来，经过垦殖耕作熟化成为旱耕地。分布区地势较为平缓，土体深厚，颜色鲜艳，为棕红色（2.5YR）或红色（10R）。剖面上部 0～60 cm 范围土壤质地为砂质壤土，质地较轻，下部则为砂质黏壤土，为黏化层。土壤结构以块状为主，自上而下，发育越来越强。该土系土壤肥力较低，养分缺乏，有机碳、全氮、全磷、全钾、阳离子交换量均较缺乏，盐基饱和度为 70%。B 层土壤黏粒矿物定量鉴定表明，该土系土壤中黏粒矿物主要由 88.7%的石英、1.2%的长石和 9.7%的水云母（伊利石）组成。

对比土系　力角系，不同地区，相同亚类，黏质颗粒大小级别，石灰性，热性，颜色 10R。

利用性能综述　金雷系土体深厚，质地较适中，耕作性能较好，但养分含量偏低，有一定坡度，易发生水土流失。由于土系分布区光照时间长，温度高，所以利用上适宜种植冬早蔬菜、西瓜、柑橘、葡萄等多种经济作物。但应积极解决水利灌溉问题，改坡地为梯地，植树造林，保持水土。

参比土种　厚褐红土。

代表性单个土体　剖面采自云南省楚雄州元谋县黄瓜园镇金雷村（编号 53-282），坐标 25.8466°N，101.8205°E。海拔 1082 m，当前为枣园。50 cm 深度土层年平均温度 23.7℃。野外调查时间 2014 年 11 月。

金雷系代表性单个土体剖面

Ap：0～18 cm，浊红棕色（2.5YR 5/4，干），浊红棕色（2.5YR 4/4，润）；砂质壤土，中等发育碎块状结构，稍坚实，含 5%的石英砂粒，平滑渐变过渡。

Bw：18～60 cm，亮红棕色（2.5YR 5/6，干），红棕色（2.5YR 4/6，润）；砂质壤土，强发育块状结构，稍坚实，含 5%的石英砂粒，平滑渐变过渡。

Bt1：60～110 cm，亮红棕色（2.5YR 5/6，干），红棕色（2.5YR 4/6，润）；砂质黏壤土，强发育块状结构，坚实，平滑清晰过渡。

Bt2：110～130 cm，红色（10R 5/6，干），红色（10R 4/6，润）；砂质黏壤土，强发育块状结构，很坚实。

金雷系代表性单个土体物理性质

土层	深度/cm	石砾(>2 mm，体积分数)/%	细土颗粒组成（粒径：mm)/(g/kg)			质地	容重/(g/cm^3)
			砂粒 2～0.05	粉粒 0.05～0.002	黏粒 <0.002		
Ap	0～18	5	752	95	153	砂质壤土	1.30
Bw	18～60	5	727	99	174	砂质壤土	1.46
Bt1	60～110	—	517	148	335	砂质黏壤土	1.45
Bt2	110～130	—	469	258	273	砂质黏壤土	1.51

金雷系代表性单个土体化学性质

深度/cm	pH		有机碳(C)/(g/kg)	全氮(N)/(g/kg)	全磷(P)/(g/kg)	全钾(K)/(g/kg)	全铁(Fe)/(g/kg)	阳离子交换量/(cmol/kg)	游离铁(Fe)/(g/kg)
	H_2O	KCl							
0～18	6.0	4.7	7.2	0.73	0.14	13.2	24.2	5.9	11.3
18～60	6.3	5.0	4.2	0.50	0.13	11.6	24.5	5.8	13.1
60～110	5.8	4.7	3.6	0.52	0.17	16.5	45.8	10.4	28.6
110～130	5.8	4.3	2.6	0.42	0.22	14.6	54.7	10.3	35.7

13.3.3 膏泽系（Gaoze Series）

土 族：壤质硅质混合型非酸性热性-普通铁质干润淋溶土

拟定者：黄 标，宗玉统，肖 晴，韦杨嫣

分布与环境条件 膏泽系分布于云南省丽江市金沙江流域的干热河谷内。属典型的南亚热带干热河谷气候，气温与雨量随地势海拔高低而增减，立体分布较为突出。年均气温 19.8℃，年均降水量 870 mm，无霜期 303.2 d。土壤起源于砂岩、粉砂岩风化坡积物母质，自然植被为荒草地。

膏泽系典型景观

土系特征与变幅 诊断层：淡薄表层、黏化层。诊断特征：铁质特性、半干润土壤水分状况、热性土壤温度状况。膏泽系土体较厚，可达 100 cm 以上，颜色呈黄棕色，色调为 10YR。土壤质地一般较轻，主要为壤土，在 60～100 cm 土层黏粒含量明显增加，形成黏化层。土壤整体结构发育不强，表层土壤以团粒状结构为主，向下为弱发育的团块状结构。土壤呈酸性—中性，pH 5.5～6.6，自地表向下 pH 逐渐增加。该土系土壤肥力较低，土壤有机碳、全氮、全磷含量极低，全钾含量均处中等水平，阳离子交换量也很低，在 6.3～7.9 cmol/kg，表层土壤盐基饱和度近 80%。

对比土系 力角系，不同地区，相同亚类，黏质颗粒大小级别，石灰性，颜色红（10R）。

利用性能综述 膏泽系土壤质地疏松，结构发育弱，耕作性能较好，但基础肥力低，保水保肥能力弱，适种性较窄，多为一年一熟。利用中应注意培肥地力，增加有机物料投入，不断熟化耕作层，提倡有机肥与化肥配合施用，合理轮作，可发展咖啡、蔬菜、水果等经济作物，充分发挥丰富的光热资源。

参比土种 砂燥红土。

代表性单个土体 剖面采自云南省丽江市华坪县荣将镇膏泽村（编号 53-197），坐标 26.58732°N，101.28589°E。海拔 1206 m，当前为玉米地。50 cm 深度土层年平均温度 21.7℃。野外调查时间 2015 年 10 月。

膏泽系代表性单个土体剖面

Ah：0～30 cm，亮黄棕色（10YR 6/6，干），黄棕色（10YR 5/6，润）；壤土，中等发育团粒状结构，极疏松，多量根系，平滑清晰过渡。

Bw1：30～60 cm，亮黄棕色（10YR 6/6，干），黄棕色（10YR 5/6，润）；壤土，弱发育团块状结构，疏松，少量根系，平滑清晰过渡。

Bt：60～100 cm，亮黄棕色（10YR 7/6，干），黄棕色（10YR 5/6，润）；壤土，弱发育团块状结构，稍坚实，平滑清晰过渡。

Bw2：100～130 cm，亮黄棕色（10YR 7/6，干），黄棕色（10YR 5/6，润）；壤土，弱发育团块状结构，疏松，土体内夹少量岩石碎块。

膏泽系代表性单个土体物理性质

土层	深度/cm	细土颗粒组成 (粒径：mm)/(g/kg)			质地	容重/(g/cm^3)
		砂粒 2～0.05	粉粒 0.05～0.002	黏粒 <0.002		
Ah	0～30	376	400	224	壤土	1.29
Bw1	30～60	522	338	140	壤土	1.47
Bt	60～100	356	425	219	壤土	1.44
Bw2	100～130	408	416	177	壤土	1.48

膏泽系代表性单个土体化学性质

深度/cm	pH		有机碳(C)/(g/kg)	全氮(N)/(g/kg)	全磷(P)/(g/kg)	全钾(K)/(g/kg)	全铁(Fe)/(g/kg)	阳离子交换量/(cmol/kg)	游离铁(Fe)/(g/kg)
	H_2O	KCl							
0～30	5.5	3.9	2.1	0.32	0.36	20.9	35.5	7.3	14.4
30～60	6.0	4.7	1.5	0.29	0.30	21.3	39.0	7.9	16.0
60～100	6.4	5.2	1.3	0.34	0.30	22.6	36.2	7.7	16.5
100～130	6.6	5.0	0.8	0.26	0.33	21.5	31.8	6.3	13.0

13.4 斑纹简育干润淋溶土

13.4.1 漫湾系（Manwan Series）

土 族：黏壤质云母混合型酸性热性-斑纹简育干润淋溶土

拟定者：黄 标，万梦雪，卢 鑫

分布与环境条件 漫湾系分布于云南省普洱市景东彝族自治县（景东县）澜沧江水系的哀牢山地区，区域地势起伏较大，海拔 1000～1200 m。属亚热带季风型气候，因海拔高低悬殊，具有垂直变化明显、冬无严寒、夏无酷暑、干湿分明、雨热同季、干凉同步的特点。年均气温 18.3℃，年均降水量 1086.7 mm，年均蒸发量 1743.3 mm，年均日照时数 2131.6 h，无霜期 355 d。土壤起源于千枚岩坡积物母质上，自然植被为针叶林，农业利用为玉米、烟草、甘蔗等旱作。

漫湾系典型景观

土系特征与变幅 诊断层：淡薄表层、黏化层，雏形层。诊断特性：氧化还原特征、热性土壤温度状况、半干润土壤水分状况。漫湾系土体厚度在 1 m 以上，土壤发育相对较强。整个剖面土壤质地以粉壤土为主，但在 56～86 cm 深度质地稍黏，为粉质黏壤土，黏粒含量达上层土壤的 1.2 倍，并在结构面上见黏粒胶膜，为黏化层。土壤结构以团块状为主，中等发育，表层可见团粒状结构，土体内见角状的千枚岩岩屑，结构体内偶见铁质斑纹，在结构体表面常见铁锰结核。土壤反应呈酸性，pH 5.0～5.2。该土壤有机碳、全氮和全磷含量不高，但全钾含量较高，为 25～32 g/kg，阳离子交换量为 11～15 cmol/kg，盐基饱和度较低，为 15%～25%。

对比土系 上海子系，不同地区，相同亚类，壤质颗粒大小级别，混合型矿物类型，非酸性，颜色红（2.5YR）。

利用性能综述 漫湾系土壤深厚，耕作熟化后，耕层较厚，土壤质地偏壤，结构较好，保肥能力强，自然肥力也较高，是当地山区和半山区较好的主要旱耕地之一，利用状况也较好，可种植玉米、小麦、马铃薯、甘蔗等作物，一年两熟或两年三熟。利用中应注意磷肥的补充，在增施有机肥的同时，提倡增施磷肥，但磷肥配合施用，对促进粮食增产有较大作用，同时注意合理轮作，增加绿肥种植面积。在坡度较大的地方，可改植经济林，或退耕还林还草，开展多种经营，提高经济效益。

参比土种　灰泡土。

代表性单个土体　剖面采自云南省普洱市景东县漫湾镇漫湾村（编号 53-233），坐标 24.60789°N，100.50085°E。海拔 1209 m，当前为松树林。50 cm 深度土层年平均温度 20.3℃。野外调查时间 2015 年 10 月。

漫湾系代表性单个土体剖面

Ah：0～11 cm，浅淡黄色（2.5Y 8/3，干），橄榄棕色（2.5Y 4/3，润）；粉壤土，主要为中等发育碎块状结构，少部分为团粒状结构，疏松，根系较多，平滑清晰过渡。

AB：11～34 cm，淡黄橙色（10YR 8/3，干），浊黄棕色（10YR 5/3，润）；粉壤土，为中等发育团块状结构，稍坚实，少量根系，平滑清晰过渡。

Br1：34～56 cm，淡黄橙色（10YR 8/3，干），浊黄棕色（10YR 5/3，润）；粉壤土，为中等发育团块状结构，坚实，土体内见少量直径<10 mm 的岩石碎屑，结构体内偶见铁质斑纹，平滑清晰过渡。

Btr：56～86 cm，浊黄橙色（10YR 7/4，干），黄棕色（10YR 5/6，润）；粉质黏壤土，为中等发育团块状结构，坚实，土体内见直径 20 mm 左右的岩石碎屑，结构体内偶见铁质斑纹和铁锰结核，结构体表面见黏粒胶膜，平滑清晰过渡。

Br2：86～120 cm，亮黄棕色（10YR 7/6，干），黄棕色（10YR 5/8，润）；粉壤土，为中等—弱发育团块状结构，坚实，土体内见岩石碎屑，碎屑粒径变化较大，为 5～30 mm，结构体内见少量铁质斑纹和铁锰结核。

漫湾系代表性单个土体物理性质

土层	深度/cm	细土颗粒组成（粒径：mm)/(g/kg)			质地	容重/(g/cm^3)
		砂粒 2～0.05	粉粒 0.05～0.002	黏粒 <0.002		
Ah	0～11	147	644	209	粉壤土	1.45
AB	11～34	94	638	268	粉壤土	1.42
Br1	34～56	149	605	246	粉壤土	1.54
Btr	56～86	78	639	282	粉质黏壤土	1.59
Br2	86～120	105	678	217	粉壤土	1.49

漫湾系代表性单个土体化学性质

深度/cm	pH		有机碳(C)/(g/kg)	全氮(N)/(g/kg)	全磷(P)/(g/kg)	全钾(K)/(g/kg)	全铁(Fe)/(g/kg)	阳离子交换量/(cmol/kg)	游离铁(Fe)/(g/kg)
	H_2O	KCl							
0～11	5.2	4.1	14.4	0.94	0.30	25.8	40.7	11.9	13.5
11～34	5.1	3.9	6.9	0.83	0.37	29.2	45.5	12.7	16.2
34～56	5.0	3.9	5.1	0.53	0.39	30.6	46.1	12.7	17.6
56～86	5.0	3.9	3.3	0.68	0.33	31.9	51.0	14.3	23.0
86～120	5.2	4.0	2.5	0.55	0.30	29.8	50.1	11.9	23.2

漫湾系代表性单个土体阳离子交换性质

深度/cm	交换性 H^+/(cmol/kg)	交换性 Al(1/3Al^{3+})/(cmol/kg)	交换性 Ca(1/2Ca^{2+})/(cmol/kg)	交换性 Mg(1/2Mg^{2+})/(cmol/kg)	交换性 K/(cmol/kg)	交换性 Na/(cmol/kg)
0～11	0.00	1.35	1.48	2.02	0.19	0.14
11～34	0.04	4.62	0.65	2.13	0.21	0.13
34～56	0.10	4.46	0.35	2.15	0.13	0.14
56～86	0.14	4.15	0.25	2.93	0.14	0.14
86～120	0.10	3.30	0.35	3.03	0.10	0.16

13.4.2 上海子系（Shanghaizi Series）

土　族：壤质混合型非酸性热性-斑纹简育干润淋溶土

拟定者：黄　标，万梦雪，卢　鑫

上海子系典型景观

分布与环境条件　上海子系分布于云南省大理州海拔 1600～1800 m 的低中山山麓缓坡地段。在临沧也见有类似土壤。属中亚热带季风气候，气候温和，没有明显四季，年均气温 17.3℃，干湿季明显，年均降水量 824.4 mm，年均蒸发量 1400 mm。土壤起源于玄武岩风化物母质，自然植被为针阔叶混交林，农业利用为玉米、豆类等旱作种植。

土系特征与变幅　诊断层：淡薄表层、黏化层。诊断特性：氧化还原特征、石质接触面、半干润土壤水分状况、热性土壤温度状况。上海子系发育在玄武岩风化残积物上，土体厚度 70～120 cm，向下逐渐过渡到半风化玄武岩和新鲜玄武岩。由于母岩含铁量高，导致土壤颜色偏红，色调达 2.5YR。土壤质地主要为壤土，土壤剖面上部质地稍偏砂，粉质或砂质壤土，下部黏粒含量增加，含量达到表层土壤的 1.2 倍，为黏化层，其层内见有铁锰结核新生体，下部可见颜色斑杂的网纹层。表层土壤主要为团粒状结构和少量小的团块状结构，团块状结构发育强度自上而下先逐渐增强，接近半风化母岩，结构发育又变弱。尽管土壤全铁含量较高，但游离铁含量并不高，铁的游离度低，为 10%～20%，土壤呈中性—微碱性，pH 7.0～8.0。该土系土壤有机碳和全氮含量偏低，表层土壤仅 6.5 g/kg 和 0.66 g/kg，但土壤全磷、全钾和阳离子交换量相当高。

对比土系　漫湾系，不同地区，相同亚类，黏壤质颗粒大小级别，云母混合型矿物类型，酸性，颜色淡（2.5Y～10YR）。

利用性能综述　上海子系土壤大多质地适中，宜耕期长，土壤通透性较好，也可保肥保水，供肥略平稳。可种植玉米、小麦、旱稻、薯类、烤烟、花生等各种粮经油作物，一般一年两熟，局部一年一熟。由于土壤疏松，雨季易造成水土流失。改良利用中应把培肥和熟化土壤作为重点，采取增加有机肥和有机物料的投入量，种植绿肥、合理套种等措施。提倡农田周边种草植树，改善微生态环境，对坡度较大的耕地，改坡地为梯地，减少水土流失。

参比土种　山红大土。

代表性单个土体　剖面采自云南省大理州弥渡县弥城镇上海子（编号 53-071），坐标 25.34396°N，100.49789°E。海拔 1715 m，当前为松树林和草地。50 cm 深度土层年平均温度 19.4℃。野外调查时间 2015 年 10 月。

Ah：　0～18 cm，灰红色（2.5YR 5/2，干），灰红色（2.5YR 4/2，润）；粉质壤土，主要为中等发育团粒状结构，少部分为碎块状结构，疏松，根系较多，平滑清晰过渡。

Br：　18～38 cm，灰红色（2.5YR 5/2，干），灰红色（2.5YR 4/2，润）；砂质壤土，为弱发育团块状结构，稍坚实，少量根系，平滑清晰过渡。

Btr1：38～68 cm，灰红色（2.5YR 5/2，干），灰红色（2.5YR 4/2，润）；壤土，为中等发育团块状结构，坚实，土体结构内见直径<2 mm 的铁锰结核，平滑清晰过渡。

Btr2：68～85 cm，灰黄棕色（10YR 6/2，干），灰黄棕色（10YR 4/2，润）；壤土，为弱发育团块状结构，坚实，土体内见铁质斑纹与半风化岩石混杂在一起的似网纹状结构，同时，也见直径<2 mm 的铁锰结核，逐渐波状过渡。

Cr：　85～120 cm，半风化岩石。

上海子系代表性单个土体剖面

上海子系代表性单个土体物理性质

土层	深度/cm	细土颗粒组成（粒径：mm)/(g/kg)			质地	容重/(g/cm³)
		砂粒 2～0.05	粉粒 0.05～0.002	黏粒 <0.002		
Ah	0～18	367	519	114	粉质壤土	1.30
Br1	18～38	568	337	95	砂质壤土	1.33
Btr1	38～68	366	468	166	壤土	1.50
Btr2	68～85	480	367	153	壤土	1.67

上海子系代表性单个土体化学性质

深度/cm	pH (H_2O)	有机碳(C)/(g/kg)	全氮(N)/(g/kg)	全磷(P)/(g/kg)	全钾(K)/(g/kg)	全铁(Fe)/(g/kg)	阳离子交换量/(cmol/kg)	游离铁(Fe)/(g/kg)
0～18	7.0	6.5	0.66	1.92	38.4	56.6	28.2	10.2
18～38	7.4	6.3	0.55	1.91	38.4	55.9	22.1	11.0
38～68	7.8	6.8	0.72	1.95	40.1	54.0	27.6	9.4
68～85	8.0	2.2	0.29	2.20	24.7	55.0	36.1	5.3

13.5　腐殖-棕色钙质湿润淋溶土

13.5.1　南棒寨系（Nanbangzhai Series）

土　族：黏质伊利石型非酸性高热性-腐殖-棕色钙质湿润淋溶土

拟定者：黄　标，瞿明凯，符明明，李锦芬

南棒寨系典型景观

分布与环境条件　南棒寨系分布于云南省临沧市海拔 600 m 以下的坡地上。属典型的南亚热带季风气候，日照长、终年无霜，年均气温 22.3℃，年均积温 7920.5℃，年均降水量 1575 mm。土壤起源于石灰岩风化的残积物母质，自然植被为阔叶林，种植竹园等。

土系特征与变幅　诊断层：淡薄表层、黏化层。诊断特征：石质接触面、铁质特性、氧化还原特征、湿润土壤水分状况、高热性土壤温度状况。南棒寨系土壤发育在石灰岩岩隙间，土体厚度可以较厚，但变化较大，土壤层次分异清楚。土壤颜色呈红棕色，但偏暗，土壤质地变化较大，从粉壤土变化至黏土，然后再变化为粉质黏壤土，剖面中部土壤黏粒含量明显升高，形成黏化层，黏化层内可见黏粒胶膜。由于为林地，表层土壤有机碳积累明显，发育团粒状结构，向下发育强的团块状结构，土体内常见小的铁锰结核。土壤 pH 6.6～6.9，呈中性反应，显然受石灰岩影响。土壤剖面表层有机碳和全氮较高，全磷和全钾含量异常高，阳离子交换量也较高，为 15～20 cmol/kg。

对比土系　那平系，不同地区，相同亚类，高岭石混合型矿物类型，颜色淡（10YR）。

利用性能综述　南棒寨系自然土壤植被茂盛，耕作土壤大多为固定耕地，土壤耕性好，保水保肥，适种性广，可种植大部分粮食作物，在沟谷潮湿处可种植香蕉，属中等肥力土壤，产量较高。石灰岩地区切忌乱砍滥伐，要注意保护好自然植被，防止水土流失，一旦基岩出露很难恢复。平缓处土层深厚的土壤，应结合粮经作物生产，适当轮作适合热带、亚热带气候条件的绿肥，就地压青，培肥地力，保水改土。

参比土种　砖棕黄土。

代表性单个土体　剖面采自云南省临沧市耿马傣族佤族自治县（耿马县）孟定镇糯峨村

南捧寨（编号 53-147），坐标 23.526799°N，98.97514°E。海拔 493 m，当前为自然林。50 cm 深度土层年平均温度 24.1℃。野外调查时间 2015 年 10 月。

Ah：0～23 cm，浊红棕色（5YR 4/4，干），浊红棕色（5YR 4/4，润）；粉壤土，强发育团粒状结构，疏松，多量根系，平滑清晰过渡。

Btr1：23～38 cm，红棕色（5YR 4/8，干），红棕色（5YR 4/8，润）；黏土，强发育团块状结构，坚实，少量根系，结构体内见少量直径<2 mm 的铁锰结核，结构体表面见约 10%的黏粒-铁锰胶膜，也见腐殖质淀积胶膜，平滑渐变过渡。

Btr2：38～55 cm，红棕色（5YR 4/8，干），红棕色（5YR 4/8，润）；粉质黏壤土，强发育团块状结构，坚实，结构体内见少量直径<2 mm 的铁锰结核，结构体表面见约 10%的黏粒-铁锰胶膜，平滑清晰过渡。

Br：55～120 cm，亮红棕色（5YR 5/6，干），红棕色（5YR 4/6，润）；粉质黏壤土，强发育团块状结构，坚实，结构体内见少量直径<2 mm 的铁锰结核，底部与碳酸盐岩接触。

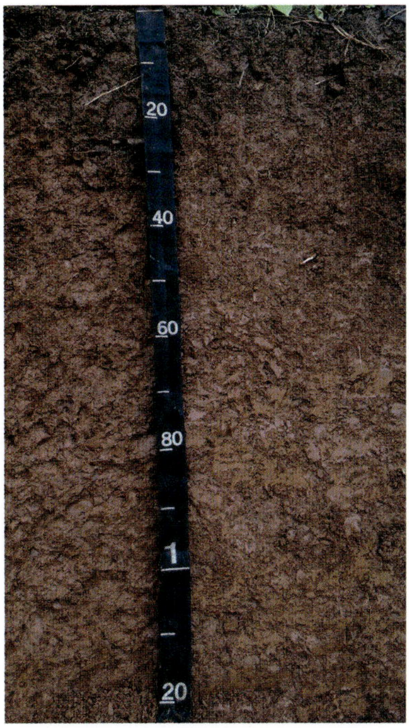

南棒寨系代表性单个土体剖面

南棒寨系代表性单个土体物理性质

土层	深度/cm	细土颗粒组成（粒径：mm）/(g/kg)			质地	容重/(g/cm^3)
		砂粒 2～0.05	粉粒 0.05～0.002	黏粒 <0.002		
Ah	0～23	135	598	267	粉壤土	1.12
Btr1	23～38	70	303	627	黏土	1.30
Btr2	38～55	24	602	374	粉质黏壤土	1.36
Br	55～120	18	663	319	粉质黏壤土	1.40

南棒寨系代表性单个土体化学性质

深度/cm	pH (H_2O)	有机碳(C)/(g/kg)	全氮(N)/(g/kg)	全磷(P)/(g/kg)	全钾(K)/(g/kg)	全铁(Fe)/(g/kg)	阳离子交换量/(cmol/kg)	游离铁(Fe)/(g/kg)
0～23	6.9	18.3	2.16	1.60	19.4	80.1	19.8	58.6
23～38	6.8	9.1	1.54	1.17	19.9	85.1	18.7	62.2
38～55	6.7	6.0	1.11	1.07	19.7	85.6	16.8	60.3
55～120	6.6	4.7	1.13	1.05	19.8	88.0	15.8	64.3

13.5.2　那平系（Naping Series）

土　族：黏质高岭石混合型非酸性热性-腐殖-棕色钙质湿润淋溶土
拟定者：黄　标，张海东，王培燕，贾萌萌

那平系典型景观

分布与环境条件　那平系分布于云南省文山州的石灰岩分布区，海拔 750～2300 m 的中山丘陵均有分布。属南亚热带季风气候。≥10℃年总积温 7227℃，年均气温 19.8℃，年均日照时数 1641 h，无霜期 338 d，年均降水量 1199.6 mm，年均蒸发量 1621 mm。土壤起源于石灰岩坡积物母质上，自然植被为针阔叶林。农业利用主要为种植玉米、土豆、山芋等。

土系特征与变幅　诊断层：淡薄表层、黏化层。诊断特性：腐殖质特性、氧化还原特征、铁质特性、碳酸盐岩岩性特征、湿润土壤水分状况、热性土壤温度状况。那平系所处区域有石灰岩露头，大部分为自然土壤，在土层较厚的村庄附近被辟为耕地，土体厚度变化较大，一般可达 1 m 以上。土壤质地较为黏重，为粉质黏土—粉质黏壤土，结构发育中等—强，表层主要为团粒状结构，其下为中等—强发育的棱块状结构，自上而下，结构发育程度增强。剖面中部结构体表面常见黏粒-铁锰胶膜，符合黏化层的诊断标准，结构体内见大小不等的铁锰斑纹和直径<6 mm 的球形铁锰结核，土体内常夹 5%～15%的岩石石砾。土壤色调较淡，为 10YR，颜色为棕色—暗棕色。土壤呈中性反应，pH 6.6～7.4。从土壤养分指标看，那平系土壤有机碳、全氮、全磷含量均较高，全钾含量处于较低水平，仅 9 g/kg 左右，土壤阳离子交换量较高，在 23～28 cmol/kg。

对比土系　牛滚塘系，相同地区，不同土纲，钙质湿润富铁土，颜色稍深（7.5YR）。南棒寨系，不同地区，相同亚类，伊利石型矿物类型，颜色深（5YR）。芒部系，不同地区，相同土类，伊利石混合型矿物类型，温性土壤温度状况。珠琳系，相同地区，不同土类，酸性湿润淋溶土，黏壤质颗粒大小级别，颜色红（5YR）。新勐系，邻近地区，不同土类，铁质湿润淋溶土，高岭石型矿物类型，高热性土壤温度状况。

利用性能综述　那平系土壤较为黏重，但土壤有机碳含量较高，因此，耕作性能受影响不大。该土壤耐旱不耐涝，降雨太多会影响作物生产。土壤肥力较高，一年一熟或两熟，应注意用养结合，保持地力。对于坡地应加强水土保持措施，改造梯地，防止水土流失。

参比土种　黄泡土。

代表性单个土体　剖面采自云南省文山州富宁县新华镇团结社区那平（编号 53-272），坐标 23.60248°N，105.61153°E。海拔 752 m，当前为休闲旱地。50 cm 深度土层年平均温度 21.7℃。野外调查时间 2015 年 4 月。

那平系代表性单个土体剖面

Ap：0～14 cm，浊黄橙色（10YR 6/4，干），棕色（10YR 4/4，润）；粉质黏土，中等发育团粒状结构，疏松，根系较多，结构体内见少量直径<2 mm 的铁锰斑纹，平滑清晰过渡。

Br：14～26 cm，浊黄棕色（10YR 5/4，干），暗棕色（10YR 3/4，润）；粉质黏土，中等发育棱块状结构，坚实，少量极细根，结构体内有 5%的铁锰斑纹和直径<2 mm 的球形铁锰结核，平滑清晰过渡。

Btr1：26～53 cm，浊黄棕色（10YR 5/4，干），暗棕色（10YR 3/4，润）；粉质黏壤土，强发育棱块状结构，坚实，结构体内有 15%的铁锰斑纹和 5%直径 2～6 mm 的球形铁锰结核，结构面见上部淋下的腐殖质胶膜，也见黏粒胶膜，土体内夹 15%的岩石石砾，平滑清晰过渡。

Btr2：53～100 cm，浊黄橙色（10YR 6/4，干），棕色（10YR 4/4，润）；黏壤土，强发育棱块状结构，坚实，结构体内有 10%的铁锰斑纹和 5%直径 2～6 mm 的球形铁锰结核，结构面见黏粒胶膜，土体内夹 15%的岩石石砾。

那平系代表性单个土体物理性质

土层	深度/cm	细土颗粒组成（粒径：mm)/(g/kg)			质地	容重/(g/cm^3)
		砂粒 2～0.05	粉粒 0.05～0.002	黏粒 <0.002		
Ap	0～14	95	490	415	粉质黏土	1.11
Br	14～26	97	443	460	粉质黏土	1.31
Btr1	26～53	184	425	390	粉质黏壤土	1.34
Btr2	53～100	228	381	391	黏壤土	1.24

那平系代表性单个土体化学性质

深度/cm	pH (H_2O)	有机碳(C)/(g/kg)	全氮(N)/(g/kg)	全磷(P)/(g/kg)	全钾(K)/(g/kg)	全铁(Fe)/(g/kg)	阳离子交换量/(cmol/kg)	游离铁(Fe)/(g/kg)
0～14	7.4	15.4	1.54	0.76	8.7	82.8	27.5	44.3
14～26	7.0	13.8	1.45	0.95	9.4	88.9	24.3	52.2
26～53	6.7	13.4	1.36	1.15	9.7	78.3	24.9	44.6
53～100	6.6	12.7	1.23	1.06	9.4	78.4	23.8	43.8

13.6 普通钙质湿润淋溶土

13.6.1 芒部系（Mangbu Series）

土　族：黏质伊利石混合型非酸性温性-普通钙质湿润淋溶土

拟定者：黄　标，张海东，王培燕，贾萌萌

芒部系典型景观

分布与环境条件　芒部系分布于云南省昭通市等地的山区缓坡地。属暖温带季风气候，年均气温 9.6℃，年均日照时数 1341 h，年均降水量 1388 mm，无霜期 285 d。土壤起源于碳酸盐岩类坡积物母质，自然植被为针阔叶林。农业利用主要为种植玉米、土豆、小麦等。

土系特征与变幅　诊断层：淡薄表层、黏化层。诊断特征：碳酸盐岩岩性特征、氧化还原特征、铁质特性、湿润土壤水分状况、温性土壤温度状况。芒部系土壤为熟化度较高的耕地土壤，土壤发育程度深，土层较厚，为 100 cm 以上。土壤质地较黏重，主要为粉质黏土，黏粒下移现象较明显，在 60 cm 以下黏粒含量明显增加，形成黏化层。表层土壤以小团块状结构为主，也见团粒状结构，向下为大块的强发育棱块状结构。土壤结构体内常见 5%～15%的铁质斑纹和直径小于 2 mm 的铁锰结核。土壤呈中性—微碱性反应，pH 7.0～7.7，剖面中段见弱的石灰反应。由于土壤熟化度高，所以土壤肥力较好，有机碳、全氮、全磷、全钾含量均较高，尤其是全钾含量，均在 37 g/kg 以上，阳离子交换量在 11～18 cmol/kg。

对比土系　那平系，不同地区，相同土类，高岭石混合型矿物类型，热性土壤温度状况。

利用性能综述　芒部系所处地区地形相对平缓，离村寨较近，人为改良利用较好，耕作历史长，土壤熟化度与肥力均较高。土体深厚，土壤质地较黏重，在一定程度上影响其耕作，但保水保肥能力强，可以种植多种作物，主要种植玉米、马铃薯、烤烟等，产量较高且稳产。在今后的利用中，应进一步合理轮作，扩大套种、间种，克服常出现的烤烟连作现象。注意养地，培肥地力，增施有机肥，种植绿肥，合理施用化肥。

参比土种　棕黄泥。

代表性单个土体　剖面采自云南省昭通市镇雄县芒部镇龙塘村（编号 53-166），坐标 27.633494°N，104.819931°E。海拔 1595 m，当前为休闲旱地。50 cm 深度土层年平均温度 12.0℃。野外调查时间 2015 年 4 月。

芒部系代表性单个土体剖面

Ap：0～22 cm，浊黄橙色（10YR 7/3，干），浊黄棕色（10YR 5/3，润）；粉质黏土，中等发育小团块状结构，弱发育团粒状结构，稍坚实，多量根系，土体内见 10%左右直径<2 mm 的铁质斑纹和少量直径<2 mm 的铁锰结核，无石灰反应，平滑清晰过渡。

Br1：22～60 cm，浊黄橙色（10YR 7/3，干），浊黄棕色（10YR 5/3，润）；粉质黏土，强发育棱块状结构，坚实，少量根系，土体内见 15%左右直径 2～6 mm 的铁质斑纹和少量直径<2 mm 的铁锰结核，并夹少量碳酸盐岩石砾，弱石灰反应，平滑渐变过渡。

Btr：60～87 cm，浊黄橙色（10YR 7/4，干），黄棕色（10YR 5/6，润）；粉质黏土，强发育棱块状结构，很坚实，少量根系，土体内见 15%左右直径 2～6 mm 的铁质斑纹和少量直径<2 mm 的铁锰结核，弱石灰反应，平滑清晰过渡。

Br2：87～120 cm，淡黄橙色（10YR 8/3，干），浊黄橙色（10YR 6/3，润）；粉质黏土，强发育棱块状结构，很坚实，少量根系，土体内见少量直径<2 mm 的铁质斑纹和少量直径<2 mm 的铁锰结核。

芒部系代表性单个土体物理性质

土层	深度/cm	细土颗粒组成 (粒径：mm)/(g/kg)			质地	容重/(g/cm³)
		砂粒 2～0.05	粉粒 0.05～0.002	黏粒 <0.002		
Ap	0～22	42	424	534	粉质黏土	1.30
Br1	22～60	70	504	426	粉质黏土	1.40
Btr	60～87	53	408	539	粉质黏土	1.38
Br2	87～120	32	475	493	粉质黏土	1.27

芒部系代表性单个土体化学性质

深度/cm	pH (H_2O)	有机碳(C)/(g/kg)	全氮(N)/(g/kg)	全磷(P)/(g/kg)	全钾(K)/(g/kg)	全铁(Fe)/(g/kg)	阳离子交换量/(cmol/kg)	游离铁(Fe)/(g/kg)
0～22	7.0	16.1	1.91	0.71	37.7	51.3	14.3	36.1
22～60	7.7	12.2	1.56	0.63	38.1	53.4	12.8	34.8
60～87	7.5	9.8	1.34	0.61	37.9	52.0	13.1	34.9
87～120	7.2	5.1	1.01	0.47	47.0	47.3	12.0	35.2

13.7　酸性黏磐湿润淋溶土

13.7.1　靖外系（Jingwai Series）

土　族：黏质高岭石型温性-酸性黏磐湿润淋溶土

拟定者：黄　标，张海东，王培燕，贾萌萌

靖外系典型景观

分布与环境条件　靖外系分布于云南省曲靖市海拔 1800～2200 m 的低中山坡麓和岩溶缓丘地段。属南温带低纬高原季风气候，主要特点是冬无严寒，夏无酷暑，年温差小，日温差大，四季不分明；冬春干旱，夏秋湿润；光照充足，积温偏低。年均气温 13.4℃，年均日照时数 2018.5 h，日照百分率 47%，年均降水量 1200 mm。土壤起源于石灰岩上覆盖的古红土母质，种植小麦、玉米、土豆等旱作。

土系特征与变幅　诊断层：淡薄表层、黏化层、黏磐层。诊断特征：氧化还原特征、铁质特性、湿润土壤水分状况、温性土壤温度状况。靖外系土壤发育程度深，土层较厚，为 150 cm 以上。土壤颜色为红棕色。除表层外，上部土壤质地较轻，为黏壤土，下部为黏土，为黏化层。表层土壤以小团块状结构为主，也见小团粒状结构，向下为强发育的棱块状结构或棱柱状结构，土壤结构面有明显黏粒胶膜。土壤结构体内常见 10%～20%小的铁质斑纹和少量铁锰结核。土壤呈酸性反应，pH 5.0 左右。该土系土壤肥力中等，有机碳、全氮、全磷、全钾含量均处于中等水平，阳离子交换量相对较高，在 15～18 cmol/kg，与土壤中含一定量的伊利石有关。

对比土系　狮子营系，同一地区，不同土类，酸性湿润淋溶土，棱块状结构，颜色更红（2.5YR）。栗柴坡系，同一地区，不同土类，酸性湿润淋溶土，棱块状结构，全铁含量高。

利用性能综述　靖外系上部土壤质地黏重，耕作会受一定影响，尤其是亚表层，结构发育很强，形成黏磐，影响作物根系生长。适种的作物较多，玉米、马铃薯、小麦、油菜、烤烟、荞子等作物均可种植，一年一熟或两熟，旱季易受干旱威胁，导致产量不稳定。某些地块，由于过度施用化肥，地力有下降趋势。可通过地膜覆盖保持土壤水分，需要用养结合，增加绿肥种植面积和有机物料投入，防止地力衰退，通过深耕增加土壤通透性，改善土壤结构。

参比土种　棕红砂土。

代表性单个土体　剖面采自云南省曲靖市宣威市西宁街道靖外村（编号 53-053），坐标 26.269486°N，103.99995°E。海拔 2075 m，当前种植玉米、蔬菜等。50 cm 深度土层年平均温度 15.6℃。野外调查时间 2015 年 4 月。

Ap：0～15 cm，红棕色（5YR 4/6，干），暗红棕色（5YR 3/6，润）；黏土，中等发育小团块状结构，弱发育团粒状结构，疏松，多量根系，土体夹 5%左右的石砾，平滑清晰过渡。

Br：15～70 cm，亮红棕色（5YR 4/8，干），红棕色（5YR 3/6，润）；粉质黏壤土，强发育棱柱状结构，很坚实，少量根系，土体内见 10%的铁质斑纹，少量直径<2 mm 的铁锰结核，结构面上发育 10%左右的黏粒胶膜，平滑清晰过渡。

Btr1：70～100 cm，橙色（5YR 6/6，干），浊红棕色（5YR 5/4，润）；粉质黏土，强发育棱柱状结构，也见强发育的棱块状结构，很坚实，土体内见 20%直径 2～6 mm 的铁质斑纹，少量直径<2 mm 的铁锰结核，结构面上发育 10%左右的黏粒胶膜，平滑清晰过渡。

靖外系代表性单个土体剖面

Btr2：100～120 cm，橙色（5YR 6/8，干），亮红棕色（5YR 5/8，润）；粉质黏土，强发育棱柱状结构，也见强发育的棱块状结构，很坚实，土体内见 20%直径<2 mm 的铁质斑纹，少量直径<2 mm 的铁锰结核，结构面上发育 10%左右的黏粒胶膜。

靖外系代表性单个土体物理性质

土层	深度/cm	细土颗粒组成（粒径：mm)/(g/kg)			质地	容重/(g/cm³)
		砂粒 2～0.05	粉粒 0.05～0.002	黏粒 <0.002		
Ap	0～15	92	339	569	黏土	1.22
Br	15～70	130	548	322	粉质黏壤土	1.54
Btr1	70～100	66	418	515	粉质黏土	1.40
Btr2	100～120	66	451	483	粉质黏土	1.42

靖外系代表性单个土体化学性质

深度 /cm	pH		有机碳(C) /(g/kg)	全氮(N) /(g/kg)	全磷(P) /(g/kg)	全钾(K) /(g/kg)	全铁(Fe) /(g/kg)	阳离子交换量 /(cmol/kg)	游离铁(Fe) /(g/kg)
	H_2O	KCl							
0～15	5.2	4.2	14.1	1.24	0.76	12.1	89.4	17.4	74.2
15～70	4.9	3.8	3.8	0.55	0.71	13.5	96.7	17.2	74.2
70～100	5.0	3.8	4.0	0.56	0.44	16.0	83.3	15.3	64.0
100～120	4.9	3.7	4.7	0.60	0.37	15.5	76.9	16.7	62.0

靖外系代表性单个土体阳离子交换性质

深度 /cm	交换性 H^+ /(cmol/kg)	交换性 Al(1/3Al^{3+}) /(cmol/kg)	交换性 Ca(1/2Ca^{2+}) /(cmol/kg)	交换性 Mg(1/2Mg^{2+}) /(cmol/kg)	交换性 K /(cmol/kg)	交换性 Na /(cmol/kg)
0～15	0.00	0.67	6.41	1.98	1.23	0.14
15～70	0.00	4.64	1.55	1.46	0.29	0.18
70～100	0.09	5.09	1.59	1.61	0.29	0.14
100～120	0.00	4.77	1.84	1.66	0.29	0.13

13.8 腐殖铝质湿润淋溶土

13.8.1 勐腊系（Mengla Series）

土 族：黏质混合型酸性高热性-腐殖铝质湿润淋溶土

拟定者：黄 标，王 宁，田 康

分布与环境条件 勐腊系分布于云南省西双版纳州低山丘陵和坝区边缘平缓的阶地地带。属南亚热带—北热带湿润季风气候，终年暖热，夏无酷暑。年均气温 22.1℃，年均相对湿度 84%，年均降水量 1486.5 mm，年均日照时数 1984.1 h。土壤起源于老冲积物母质，农业利用为种植橡胶树等。

勐腊系典型景观

土系特征与变幅 诊断层：淡薄表层、黏化层。诊断特性：铝质现象、腐殖质特性、氧化还原特征、铁质特性、湿润土壤水分状况、高热性土壤温度状况。勐腊系土体深厚，可达 1.5～2.0 m，经人工等高带状开垦植胶改土培肥园林管理而形成，剖面发育稍完整。土壤质地上壤下黏，上部为粉质黏壤土，下部为粉质黏土，土壤黏粒积聚，含量超过上层土壤的 1.2 倍，达到黏化层。土壤结构发育很强，为强发育的棱块状结构，表层见少量团粒状结构。土体内常见铁质斑纹。土壤色调较鲜艳，为 5～2.5 YR，颜色为红棕色，呈强酸—酸性反应，pH 4.4～4.6。土壤有机碳、全氮、全钾含量和阳离子交换量均较高，但全磷含量较低。

对比土系 姐岗系，不同地区，相同亚类，黏壤质颗粒大小级别，颜色淡（7.5YR）。

利用性能综述 勐腊系土壤质地、结构较好，耕作性能良好，保水保肥力强。由于开垦前大多为旱地或灌木林，经几十年的园林耕作管理，土壤肥力明显提高，土壤有机碳和全氮含量增加明显。生产上要重视增施有机肥、补施磷肥等。

参比土种 厚砖黄胶园土。

代表性单个土体 剖面采自云南省西双版纳州勐腊县勐腊镇勐腊农场（编号 53-153），坐标 21.57646°N，101.47014°E。海拔 867 m，当前为橡胶树林。50 cm 深度土层年平均温度 23.9℃。野外调查时间 2015 年 4 月。

勐腊系代表性单个土体剖面

Ap：0～18 cm，浊橙色（5YR 6/4，干），浊红棕色（5YR 4/4，润）；粉质黏壤土，中等发育棱块状结构，少量团粒状结构，稍坚实，根系较多，结构体内见少量铁质斑纹，平滑清晰过渡。

Br：18～60 cm，浊橙色（2.5YR 6/4，干），浊红棕色（2.5YR 4/4，润）；粉质黏壤土，中等发育棱块状结构，坚实，结构体内见少量铁锰斑纹，平滑渐变过渡。

Btr：60～120 cm，橙色（2.5YR 6/6，干），红棕色（2.5YR 4/6，润）；粉质黏土，强发育棱块状结构，坚实，结构体内见少量铁锰斑纹。

勐腊系代表性单个土体物理性质

土层	深度/cm	细土颗粒组成（粒径：mm)/(g/kg)			质地	容重/(g/cm^3)
		砂粒 2～0.05	粉粒 0.05～0.002	黏粒 <0.002		
Ap	0～18	141	503	356	粉质黏壤土	1.16
Br	18～60	135	498	367	粉质黏壤土	1.26
Btr	60～120	78	411	511	粉质黏土	1.24

勐腊系代表性单个土体化学性质

深度/cm	pH		有机碳(C)/(g/kg)	全氮(N)/(g/kg)	全磷(P)/(g/kg)	全钾(K)/(g/kg)	全铁(Fe)/(g/kg)	阳离子交换量/(cmol/kg)	游离铁(Fe)/(g/kg)
	H_2O	KCl							
0～18	4.4	3.6	15.9	1.47	0.20	18.9	32.4	13.3	21.9
18～60	4.4	3.6	10.3	1.14	0.30	20.8	40.7	13.5	27.1
60～120	4.6	3.6	8.9	0.93	0.15	22.3	44.1	13.6	28.6

勐腊系代表性单个土体阳离子交换性质

深度/cm	交换性 H^+/(cmol/kg)	交换性 Al(1/3Al^{3+})/(cmol/kg)	交换性 Ca(1/2Ca^{2+})/(cmol/kg)	交换性 Mg(1/2Mg^{2+})/(cmol/kg)	交换性 K/(cmol/kg)	交换性 Na/(cmol/kg)
0～18	0.28	10.09	0.37	0.40	0.26	0.14
18～60	0.21	9.85	0.24	0.33	0.16	0.14
60～120	0.018	9.15	0.33	0.38	0.14	0.14

13.8.2 姐岗系（Jiegang Series）

土 族：黏壤质硅质型酸性高热性-腐殖铝质湿润淋溶土

拟定者：黄 标，胡文友，张海东，贾萌萌

分布与环境条件 姐岗系分布于云南省南部德宏州瑞丽、芒市、畹町等地海拔 600～1100 m 的河谷地带。属南亚热带湿润性季风气候，年均气温 21.2℃，无霜期 362 d，年均降水量 1400 mm，年均日照时数 2330 h，≥10℃积温在 7000℃以上，年均蒸发量 1400～1900 mm。土壤起源于石灰岩母质，自然植被为阔叶林，种植橡胶树等旱作。

姐岗系典型景观

土系特征与变幅 诊断层：淡薄表层、黏化层。诊断特性：铝质现象、腐殖质特性、铁质特性、氧化还原特征、湿润土壤水分状况、高热性土壤温度状况。姐岗系土壤剖面上部颜色较淡，为 7.5YR，80 cm 以下变得鲜艳，达 5YR，润态颜色呈亮红棕色，土壤质地为黏壤土，120 cm 以下质地变重，黏粒明显聚集，达到黏土级别。表层土壤结构呈现团粒状结构，其下呈块状结构，强度自上而下逐渐增强，土体结构面铁质斑纹在上部偶尔出现，含量 2%，80 cm 以下发育较明显，含量 5%～10%。土壤呈酸性反应，pH 4.8～5.1。由于人为长期耕作，整个剖面土壤有机碳和全氮含量相对较高，全磷含量偏低，全钾含量和阳离子交换量处于中等水平。

对比土系 勐腊系，不同地区，相同亚类，黏质颗粒大小级别，颜色深（5～2.5YR）。

利用性能综述 姐岗系土壤结构较好，通透性强，水气协调，由于有枯枝落叶返还土壤，土壤有机碳含量较高，肥力较佳，种植橡胶树时，地表种植毛曼豆等地面覆盖物，加上橡胶树林的遮盖，水土保持良好，土层深厚。利用过程中，可与茶叶间种，幼年橡胶树园可间套粮豆菜等多种作物，既增加收入，又保土培肥，但要注意磷肥的施用。

参比土种 赤胶园土。

代表性单个土体 剖面采自云南省德宏州瑞丽市勐卯镇姐岗村（编号 53-120），坐标 24.04199°N，97.85522°E。海拔 802 m，当前为橡胶树林。50 cm 深度土层年平均温度 23.2℃。野外调查时间 2015 年 10 月。

姐岗系代表性单个土体剖面

Ah：0～30 cm，浊橙色（7.5YR 7/3，干），浊棕色（7.5YR 5/3，润）；黏壤土，强发育 1～2 cm 团粒状结构，稍坚实，大量禾本科植物根系，少量乔木根系，平滑清晰过渡。

Br：30～80 cm，浊橙色（7.5YR 7/4，干），浊棕色（7.5YR 5/4，润）；黏壤土，中等发育 1～2 cm 团粒状结构，稍坚实，中量乔木根系，结构面发育约 2%直径 2 mm 的铁质斑纹，并见有灰色胶膜，平滑清晰过渡。

Btr1：80～120 cm，橙色（7.5YR 6/6，干），亮棕色（7.5YR 5/6，润）；黏壤土，中等发育团块状结构，坚实，少量乔木根系，结构面发育约 5%直径 5 mm 的铁质斑纹，并见有灰色胶膜，平滑清晰过渡。

Btr2：120～130 cm，橙色（5YR 6/6，干），亮红棕色（5YR 5/6，润）；粉质黏土，中等发育团块状结构，坚实，结构面发育约 10%直径 5 mm 的铁质斑纹。

姐岗系代表性单个土体物理性质

土层	深度 /cm	细土颗粒组成 (粒径：mm)/(g/kg)			质地	容重 /(g/cm³)
		砂粒 2～0.05	粉粒 0.05～0.002	黏粒 <0.002		
Ah	0～30	291	398	311	黏壤土	1.28
Br	30～80	389	320	291	黏壤土	1.35
Btr1	80～120	225	391	384	黏壤土	1.35
Btr2	120～130	195	400	405	粉质黏土	1.35

姐岗系代表性单个土体化学性质

深度 /cm	pH		有机碳(C) /(g/kg)	全氮(N) /(g/kg)	全磷(P) /(g/kg)	全钾(K) /(g/kg)	全铁(Fe) /(g/kg)	阳离子交换量 /(cmol/kg)	游离铁 (Fe) /(g/kg)
	H_2O	KCl							
0～30	5.1	4.0	10.9	1.10	0.32	22.5	36.0	11.0	16.6
30～80	4.9	3.9	9.1	1.01	0.27	22.4	34.4	11.9	15.5
80～120	4.8	3.9	11.9	1.14	0.34	19.8	41.4	13.5	20.7
120～130	5.0	4.0	8.7	0.94	0.28	19.1	43.9	13.3	24.0

姐岗系代表性单个土体阳离子交换性质

深度 /cm	交换性 H^+ /(cmol/kg)	交换性 Al(1/3Al^{3+}) /(cmol/kg)	交换性 Ca(1/2Ca^{2+}) /(cmol/kg)	交换性 Mg(1/2Mg^{2+}) /(cmol/kg)	交换性 K /(cmol/kg)	交换性 Na /(cmol/kg)
0～30	0.10	3.34	1.84	1.39	0.19	0.14
30～80	0.11	5.21	0.94	0.47	0.13	0.13
80～120	0.10	5.46	1.02	0.37	0.24	0.14
120～130	0.06	4.14	1.59	0.88	0.19	0.14

13.9 黄色铝质湿润淋溶土

13.9.1 搓四寨系（Cuosizhai Series）

土 族：黏质高岭石型酸性热性-黄色铝质湿润淋溶土

拟定者：黄 标，万梦雪，戴普胜

分布与环境条件 搓四寨系分布于云南省普洱市海拔 1500～2000 m 山地的坡地上。属南亚热带夏湿冬干山地季风气候，冬无严寒，夏无酷暑，干雨季分明，由于地形变化大，立体气候明显，1500～2000 m 山丘地带相当于北亚热带，年均气温 15℃，年均日照时数 2098.0 h，年均降水量 1624.0 mm，年均蒸发量 1600 mm。土壤起源于砂页岩坡积物母质，自然植被为常绿阔叶林，农业利用为种植玉米、豆类等旱作。

搓四寨系典型景观

土系特征与变幅 诊断层：淡薄表层、黏化层。诊断特性：铁质特性、铝质特性、氧化还原特征、湿润土壤水分状况、热性土壤水分状况。搓四寨系土层厚度在 1 m 以上。土壤层次分异明显，表土润态颜色呈浊黄棕色，下部土层呈棕色、浊棕色、亮棕色。土壤质地上壤下黏，上部为黏壤土，下部为黏土，土壤结构体表面见黏粒胶膜，具有黏化层的特点。表层土壤呈团粒状或碎块状结构，其下主要为中等发育的团块状结构，土层结构体内常见铁锰结核。表层土壤有机碳和全氮养分含量较高，但磷钾养分储量很低。土壤反应自上而下，由酸性变为强酸性，pH 小于 5.0，盐基饱和度极低，小于 10%。

对比土系 老缅寨系，相同地区，不同土族，伊利石混合型矿物类型。托牛系，不同地区，相同亚类，伊利石混合型矿物类型，颜色稍浅（10YR）。

利用性能综述 搓四寨系土壤质地偏壤，易于耕作，通透性和保水保肥性较好，但如果表层受到侵蚀，底土出露，会影响耕性，土壤养分中等。除了次生林外，可以种植玉米、大豆、马铃薯、小麦等作物，大部分为一年一熟。由于氮素养分较高，合理施肥有一定增产潜力，但需要针对坡大冲刷重、耕层浅、土壤酸性缺磷等问题，采取综合措施，保持水土和培肥土壤并举，如坡改梯、深耕、种植绿肥等，适当补充氮磷钾肥，以满足作物高产的需要。坡度较大的耕地应退耕还林，植树种草，减少地表径流。

参比土种 赤黄泥末香土。

代表性单个土体 剖面采自云南省普洱市澜沧拉祜族自治县（澜沧县）勐朗镇罗八村搓四寨（编号 53-096），坐标 22.58099°N，99.85086°E。海拔 1575 m，当前为松树次生林地，50 cm 深度土层年平均温度 17.2℃。野外调查时间 2015 年 4 月。

搓四寨系代表性单个土体剖面

Oh：–5～0 cm，枯枝落叶层。

Ah：0～20 cm，浊黄橙色（10YR 7/3，干），浊黄棕色（10YR 4/3，润）；黏壤土，主要为中等发育的团粒状结构，也见碎块状结构，疏松，根系较多，平滑清晰过渡。

Br：20～56 cm，浊橙色（7.5YR 7/3，干），棕色（7.5YR 4/3，润）；黏壤土，为中等发育碎块状结构，稍坚实，少量根系，结构体表面见腐殖质胶膜，平滑渐变过渡。

Btr1：56～115 cm，浊橙色（7.5YR 7/4，干），浊棕色（7.5YR 5/4，润）；黏土，为中等发育块状结构，坚实，少量乔木根系，结构体表面见黏粒胶膜，结构体内偶见细小铁锰结核，平滑渐变过渡。

Btr2：115～130 cm，橙色（7.5YR 7/6，干），亮棕色（7.5R 5/6，润）；黏土，为中等发育块状结构，坚实，结构体表面见黏粒胶膜，结构体内偶见细小铁锰结核。

搓四寨系代表性单个土体物理性质

土层	深度/cm	细土颗粒组成（粒径：mm)/(g/kg)			质地	容重/(g/cm³)
		砂粒 2～0.05	粉粒 0.05～0.002	黏粒 <0.002		
Ah	0～20	347	315	337	黏壤土	1.33
Br	20～56	279	326	395	黏壤土	1.39
Btr1	56～115	265	308	426	黏土	1.57
Btr2	115～130	263	301	435	黏土	1.67

搓四寨系代表性单个土体化学性质

深度/cm	pH		有机碳(C)/(g/kg)	全氮(N)/(g/kg)	全磷(P)/(g/kg)	全钾(K)/(g/kg)	全铁(Fe)/(g/kg)	阳离子交换量/(cmol/kg)	游离铁(Fe)/(g/kg)
	H_2O	KCl							
0～20	4.5	3.7	17.2	1.07	0.30	9.5	23.2	12.5	12.8
20～56	4.4	3.7	13.5	1.05	0.29	11.8	31.0	16.2	17.1
56～115	4.6	3.7	5.2	0.62	0.26	13.3	32.3	11.8	17.2
115～130	4.6	3.7	3.1	0.51	0.24	16.6	39.8	12.2	19.6

搓四寨系代表性单个土体阳离子交换性质

深度 /cm	交换性 H^+ /(cmol/kg)	交换性 Al(1/3Al^{3+}) /(cmol/kg)	交换性 Ca(1/2Ca^{2+}) /(cmol/kg)	交换性 Mg(1/2Mg^{2+}) /(cmol/kg)	交换性 K /(cmol/kg)	交换性 Na /(cmol/kg)
0～20	0.27	7.26	0.26	0.24	0.32	0.11
20～56	0.13	11.11	0.24	0.20	0.32	0.11
56～115	0.09	7.61	0.32	0.26	0.14	0.11
115～130	0.07	8.16	0.24	0.24	0.14	0.11

13.9.2　托牛系（Tuoniu Series）

土　族：黏质伊利石混合型酸性热性-黄色铝质湿润淋溶土
拟定者：黄　标，万梦雪，戴普胜

托牛系典型景观

分布与环境条件　托牛系分布于云南省文山、玉溪、红河等地州，区域地势起伏较大，海拔1200～1400 m。属亚热带山地季风气候，立体气候明显，每年11月至次年4月为干季，5～10月为雨季。年均气温15.3℃，无霜期340 d，年均降水量1454 mm。土壤起源于砂页岩坡积物母质上，自然植被为针阔叶混交林，农业利用为种植茶、玉米、豆类等旱作。

土系特征与变幅　诊断层：淡薄表层、雏形层、黏化层。诊断特性：氧化还原特征、铁质特性、铝质特性、湿润土壤水分状况、热性土壤温度状况。托牛系土层深厚，多开辟为梯地，土壤色调偏淡，为10YR，土壤质地整体偏黏，为黏土和粉质黏土，结构发育中等，表层由于耕作发育团粒状结构，其下主要为团块状结构，土体内见不同粒径大小的砂岩岩石碎屑，下部含量稍高，粒径变大，55 cm以下的土体内见直径<1 mm的铁锰结核。土壤有机碳及氮磷钾养分储量相对较高。该土系土壤B层均显酸性，pH小于5.5，导致盐基饱和度极低，仅2%～5%。

对比土系　老缅寨系，不同地区，相同土族，颜色稍深（10～7.5YR）。搓四寨系，不同地区，相同亚类，高岭石型矿物类型，颜色稍深（10～7.5YR）。

利用性能综述　托牛系土壤质地虽偏黏，但表土结构较好，疏松易耕，通透性强，适宜多种作物生长，一年一熟或两熟，主产玉米、薯类、小麦、油菜等，部分地块辟为茶园。利用过程中，应重视坡改梯，由于降雨量大，梯地易于毁损，也应注意梯地的维护保养，防治水土流失。

参比土种　黄红泥。

代表性单个土体　剖面采自云南省红河州绿春县戈奎乡托牛村（编号53-149），坐标23.04055°N，102.54981°E。海拔1225 m，当前为梯地上的茶园，50 cm深度土层年平均温度17.7℃。野外调查时间2015年4月。

Ap：0～30 cm，浊黄橙色（10YR 7/3，干），浊黄棕色（10YR 4/3，润）；黏土，主要为中等发育团粒状结构，少部分为碎块状结构，疏松，根系较多，平滑清晰过渡。

Bw：30～55 cm，亮黄棕色（10YR 6/6，干），棕色（10YR 4/6，润）；粉质黏土，为中等发育团块状结构，稍坚实，少量根系，平滑清晰过渡。

Btr：55～80 cm，浊黄橙色（10YR 7/4，干），黄棕色（10YR 5/6，润）；黏土，为中等发育团块状结构，坚实，土体内见少量直径<10 mm 的岩石碎屑，结构体内见少量铁锰结核，结构体表面见胶膜，平滑渐变过渡。

Br：80～120 cm，亮黄棕色（10YR 7/6，干），黄棕色（10YR 5/6，润）；粉质黏土，为中等发育团块状结构，坚实，土体内见岩石碎屑，碎屑粒径变化较大，为 5～30 mm，结构体内见少量铁锰结核。

托牛系代表性单个土体剖面

托牛系代表性单个土体物理性质

土层	深度 /cm	细土颗粒组成 (粒径：mm)/(g/kg) 砂粒 2～0.05	粉粒 0.05～0.002	黏粒 <0.002	质地	容重 /(g/cm^3)
Ap	0～30	179	371	450	黏土	1.23
Bw	30～55	141	451	408	粉质黏土	1.29
Btr	55～80	133	395	472	黏土	1.28
Br	80～120	178	404	418	粉质黏土	1.29

托牛系代表性单个土体化学性质

深度 /cm	pH H_2O	pH KCl	有机碳(C) /(g/kg)	全氮(N) /(g/kg)	全磷(P) /(g/kg)	全钾(K) /(g/kg)	全铁(Fe) /(g/kg)	阳离子交换量 /(cmol/kg)	游离铁(Fe) /(g/kg)
0～30	5.4	4.6	17.0	1.57	0.48	23.7	52.3	15.7	34.4
30～55	4.6	3.6	10.2	1.23	0.47	24.0	54.4	14.6	37.3
55～80	4.6	3.7	7.4	1.10	0.52	24.2	53.2	12.6	36.2
80～120	4.7	3.8	6.4	0.99	0.44	23.6	53.1	11.4	36.1

托牛系代表性单个土体阳离子交换性质

深度 /cm	交换性 H^+ /(cmol/kg)	交换性 Al(1/3Al^{3+}) /(cmol/kg)	交换性 Ca(1/2Ca^{2+}) /(cmol/kg)	交换性 Mg(1/2Mg^{2+}) /(cmol/kg)	交换性 K /(cmol/kg)	交换性 Na /(cmol/kg)
0～30	0.09	0.11	3.94	1.08	0.83	0.16
30～55	0.30	7.30	0.35	0.22	0.45	0.14
55～80	0.27	5.56	0.27	0.14	0.22	0.14
80～120	0.21	4.66	0.28	0.13	0.13	0.14

13.9.3　老缅寨系（Laomianzhai Series）

土　族：黏质伊利石混合型酸性热性-黄色铝质湿润淋溶土

拟定者：黄　标，万梦雪，戴普胜

老缅寨系典型景观

分布与环境条件　老缅寨系分布于云南省普洱市海拔 1700 m 以上山地的坡地上。属南亚热带夏湿冬干山地季风气候，冬无严寒，夏无酷暑，干雨季分明，由于地形变化大，立体气候明显，1700～2000 m 山丘地带相当于北亚热带，年均气温 15℃，年均日照时数 2098.0 h，年均降水量 1624.0 mm，年均蒸发量 1600 mm。土壤起源于花岗岩、花岗斑岩等酸性母岩坡积、残积物母质，自然植被为针阔叶林，种植玉米、马铃薯、旱稻等。

土系特征与变幅　诊断层：淡薄表层、黏化层。诊断特性：铁质特性、铝质特性、氧化还原特征、湿润土壤水分状况、热性土壤温度状况。老缅寨系土层厚度在 1 m 以上。土壤层次分异明显，整体颜色较淡，干态明度 7，润态明度 5。土壤质地主要为黏壤土，下部土壤黏粒含量较高，具有黏化层的特点。表层土壤呈团粒状或碎块状结构，其下主要为弱—中等发育的团块状结构，土层结构体内常见铁质斑纹，土体内岩石碎屑较多，含量 5%～8%。表层土壤有机碳和全氮养分含量较高，但磷钾养分储量很低。土壤反应呈酸性，pH 小于 5.0，盐基饱和度极低，小于 10%。

对比土系　搓四寨系，相同地区，不同土族，高岭石型矿物类型。托牛系，不同地区，相同土族，颜色稍淡（10YR）。佛房系，相同地区，不同土纲，雏形土纲，黏壤质颗粒大小级别，颜色红（7.5～5YR）。

利用性能综述　老缅寨系土壤较为疏松，耕作性能较好，但保水保肥性能较弱，有时土壤中石砾较多，会影响耕作，同时在雨季易引起水土流失。因此，利用时建议环山开台地，等高种植，既保水保肥，又保持水土。

参比土种　麻灰泡土。

代表性单个土体　剖面采自云南省普洱市澜沧县竹塘乡东主村老缅寨（编号 53-178），坐标 22.63992°N，99.8559°E。海拔 1682 m，当前种植旱稻，50 cm 深度土层年平均温度 17.2℃。野外调查时间 2015 年 4 月。

Ap：0～20 cm，浊黄橙色（10YR 7/2，干），灰黄棕色（10YR 5/2，润）；黏土，主要为中等发育的团粒状结构，也见碎块状结构，疏松，根系较多，土体内散布约 5%的原岩碎块，见草木炭侵入体，平滑清晰过渡。

ABr：20～35 cm，浊橙色（7.5YR 7/3，干），浊棕色（7.5YR 5/3，润）；黏壤土，为中等发育碎块状结构，稍坚实，少量根系，土体内常见石英颗粒，并散布约 5%的原岩碎块，见草木炭侵入体，结构体内见铁质斑纹，平滑渐变过渡。

Btr1：35～55 cm，浊橙色（7.5YR 7/4，干），亮棕色（7.5YR 5/6，润）；黏壤土，为中等发育团块状结构，稍坚实，土体内常见石英颗粒，散布约 5%的原岩碎块，结构体内见铁质斑纹，平滑渐变过渡。

Btr2：55～120 cm，橙色（7.5YR 7/6，干），橙色（7.5YR 6/6，润）；黏壤土，为中等发育块状结构，坚实，土体内常见石英颗粒，散布约 8%的原岩碎块，结构体内见铁质斑纹，见较大动物穴。

老缅寨系代表性单个土体剖面

老缅寨系代表性单个土体物理性质

土层	深度/cm	石砾(>2 mm，体积分数)/%	细土颗粒组成 (粒径：mm)/(g/kg) 砂粒 2～0.05	粉粒 0.05～0.002	黏粒 <0.002	质地	容重/(g/cm^3)
Ap	0～20	5	228	362	410	黏土	1.36
ABr	20～35	5	352	344	304	黏壤土	1.54
Btr1	35～55	5	277	317	406	黏壤土	1.62
Btr2	55～120	8	322	293	386	黏壤土	1.77

老缅寨系代表性单个土体化学性质

深度/cm	pH H_2O	pH KCl	有机碳(C)/(g/kg)	全氮(N)/(g/kg)	全磷(P)/(g/kg)	全钾(K)/(g/kg)	全铁(Fe)/(g/kg)	阳离子交换量/(cmol/kg)	游离铁(Fe)/(g/kg)
0～20	4.6	3.7	18.7	1.51	0.34	12.3	15.8	11.2	8.1
20～35	4.7	3.7	8.8	0.80	0.27	15.2	20.3	10.4	9.6
35～55	4.8	3.7	5.5	0.64	0.26	16.3	21.4	10.8	11.2
55～120	4.5	3.7	2.9	0.45	0.18	16.0	21.1	9.7	10.3

老缅寨系代表性单个土体阳离子交换性质

深度/cm	交换性氢 H^+/(cmol/kg)	交换性 Al(1/3Al^{3+})/(cmol/kg)	交换性 Ca(1/2Ca^{2+})/(cmol/kg)	交换性 Mg(1/2Mg^{2+})/(cmol/kg)	交换性 K/(cmol/kg)	交换性 Na/(cmol/kg)
0～20	0.16	3.46	0.85	0.57	0.56	0.14
20～35	0.16	5.87	0.18	0.17	0.32	0.13
35～55	0.16	8.78	0.23	0.14	0.32	0.14
55～120	0.11	7.16	0.28	0.14	0.18	0.14

13.10　铝质酸性湿润淋溶土

13.10.1　狮子营系（Shiziying Series）

土　族：黏质高岭石型温性-铝质酸性湿润淋溶土

拟定者：黄　标，张海东，王培燕，贾萌萌

狮子营系典型景观

分布与环境条件　狮子营系分布于云南省曲靖、昭通两市海拔 1800～2200 m 的高原缓丘中部较平缓地段。属南温带低纬高原季风气候，主要特点是冬无严寒，夏无酷暑，年温差小，日温差大，四季不分明；冬春干旱，夏秋湿润；光照充足，积温偏低。年均气温 13.4℃，年均日照时数 2018.5 h，日照百分率 47%，年均降水量 1200 mm。土壤起源于玄武岩风化坡积物母质，种植小麦、玉米等旱作。

土系特征与变幅　诊断层：黏化层。诊断特征：铝质特性、氧化还原特征、铁质特性、湿润土壤水分状况、温性土壤温度状况。狮子营系土壤发育程度深，土层较厚，为 100 cm 以上。土壤颜色较鲜艳，为红棕色。土壤质地较黏重，主要为黏土，由于受侵蚀作用，剖面上部土壤黏粒含量较高，土壤结构面有明显胶膜，黏化层已出露地表。表层土壤以小团块状结构为主，也见小团粒状结构，向下为强发育的棱块状结构。亚表层的土壤结构体内常见少量小的铁锰斑纹，夹 8%～15%的石砾。土壤呈酸性反应，pH 4.6～5.0。该土系土壤肥力中等，有机碳、全氮、全磷、全钾含量均处于中等水平，阳离子交换量相对较高，在 18～22 cmol/kg，与土壤中含一定量的伊利石有关，交换性盐基中交换性钙含量也较高。

对比土系　旧堡系，相同地区，不同土纲，富铁土纲，半干润土壤水分状况。靖外系，同一地区，不同土类，棱柱状结构，颜色稍淡（5YR）。

利用性能综述　狮子营系土壤土体厚，黏性重，耕作质量较差，宜耕期较短，在灌溉条件较差的地块易受干旱威胁。宜种各种作物，如玉米、烤烟、薯类、豆类、小麦等，一般一年可两熟，玉米/烤烟-小麦/绿肥轮作，特别适合种植烤烟，品质好。还适种苹果、桃、梨等果树。利用中要注意合理利用，掺砂改土，增加有机物料投入，发展绿肥，注意深耕，有条件的地区可加强水利投入，建设配套渠系，可充分发挥生产潜力。

参比土种　红土。

代表性单个土体　剖面采自云南省曲靖市宣威市西泽乡西泽村狮子营（编号 53-052），坐标 26.23545°N，103.84964°E。海拔 1853 m，当前种植小麦。50 cm 深度土层年平均温度 15.6℃。野外调查时间 2015 年 4 月。

Btp：0～22 cm，浊橙色（2.5YR 6/4，干），浊红棕色（2.5YR 5/4，润）；黏土，中等发育小团块状结构，弱发育团粒状结构，疏松，多量根系，土体夹 10%左右的石砾，平滑清晰过渡。

Btr1：22～42 cm，浊橙色（2.5YR 6/4，干），浊红棕色（2.5YR 4/4，润）；黏土，强发育棱块状结构，坚实，少量根系，土体内见少量直径<2 mm 的铁锰结核，并夹 8%左右的石砾，结构面见黏粒胶膜分布，平滑渐变过渡。

Btr2：42～62 cm，浊橙色（2.5YR 6/4，干），浊红棕色（2.5YR 4/4，润）；黏土，强发育棱块状结构，坚实，土体内见少量直径<2 mm 的铁锰斑纹，并夹 12%左右的石砾，结构面见黏粒胶膜分布，平滑渐变过渡。

Br：62～120 cm，浊橙色（2.5YR 6/4，干），浊红棕色（2.5YR 5/4，润）；粉质黏壤土，中等发育棱块状结构，坚实，土体内夹 15%左右的石砾。

狮子营系代表性单个土体剖面

狮子营系代表性单个土体物理性质

土层	深度/cm	石砾(>2 mm，体积分数)/%	细土颗粒组成(粒径：mm)/(g/kg) 砂粒 2～0.05	粉粒 0.05～0.002	黏粒 <0.002	质地	容重/(g/cm^3)
Btp	0～22	10	159	313	528	黏土	1.13
Btr1	22～42	8	188	223	590	黏土	1.22
Btr2	42～62	12	195	209	597	黏土	1.29
Br	62～120	15	26	594	380	粉质黏壤土	1.36

狮子营系代表性单个土体化学性质

深度/cm	pH H_2O	pH KCl	有机碳(C)/(g/kg)	全氮(N)/(g/kg)	全磷(P)/(g/kg)	全钾(K)/(g/kg)	全铁(Fe)/(g/kg)	阳离子交换量/(cmol/kg)	游离铁(Fe)/(g/kg)
0～22	5.0	3.9	21.6	1.77	0.66	17.4	89.7	19.8	64.9
22～42	4.8	3.7	14.2	1.22	0.52	16.1	81.8	18.0	62.0
42～62	4.7	3.7	8.8	0.74	0.47	15.8	85.2	19.3	66.6
62～120	4.6	3.6	3.7	0.45	0.47	20.0	101.7	21.4	81.4

狮子营系代表性单个土体阳离子交换性质

深度 /cm	交换性 H^+ /(cmol/kg)	交换性 Al(1/3Al^{3+}) /(cmol/kg)	交换性 Ca(1/2Ca^{2+}) /(cmol/kg)	交换性 Mg(1/2Mg^{2+}) /(cmol/kg)	交换性 K /(cmol/kg)	交换性 Na /(cmol/kg)
0～22	0.16	3.42	8.78	1.29	0.40	0.14
22～42	0.16	4.93	5.71	0.69	0.26	0.14
42～62	0	6.87	4.14	0.66	0.19	0.22
62～120	0	11.28	3.20	0.43	0.21	0.11

13.11 红色酸性湿润淋溶土

13.11.1 张贵寨系（Zhangguizhai Series）

土 族：黏质高岭石型热性-红色酸性湿润淋溶土

拟定者：黄 标，万梦雪，戴普胜

分布与环境条件 张贵寨系分布于云南省普洱市海拔 1500 m 的碳酸盐岩山地或岩溶丘陵盆地的边缘。属南亚热带夏湿冬干山地季风气候，冬无严寒，夏无酷暑，旱雨季分明，由于地形变化大，立体气候明显，海拔较高的山丘地带相当于北亚热带，年均气温 15℃，年均日照时数 2098.0 h，年均降水量 1624.0 mm，年均蒸发量 1600 mm。土壤起源于石灰岩坡积物母质，自然植被为针阔叶林，农业利用为种植玉米、豆类等旱作。

张贵寨系典型景观

土系特征与变幅 诊断层：淡薄表层、黏化层。诊断特性：铁质特性、氧化还原特征、湿润土壤水分状况、热性土壤温度状况。张贵寨系土层厚度在 1 m 以上。色泽深暗，润态颜色呈极暗红棕色—红棕色。土壤质地整体黏重，下部土壤黏粒含量较高，结构体表面有黏粒-铁锰胶膜，具有黏化层的特点。表层土壤呈团粒状或碎块状结构，其下主要为中等—强发育的团块状结构，土层结构体内常见大量直径 5～20 mm 的铁锰结核，含量可达 5%～10%。全剖面土壤有机碳和全氮、全磷养分含量均较高，含量范围分别为 13～26 g/kg、1.6～2.4 g/kg 和 0.7～1.0 g/kg，自上而下逐渐减少，钾养分储量处于中等水平。土壤反应表层呈中性，下部为酸性，pH 5.4～6.6，盐基饱和度为 25%～35%。

对比土系 多依树系，同一地区，相同土族，全铁和游离铁含量高。龙街系，不同地区，相同土族，全铁和游离铁含量高。迤佐河系，不同地区，相同亚类，温性土壤温度状况。

利用性能综述 张贵寨系土壤质地黏重，通透性差，宜耕期短，但保水保肥性能强，肥效持久，适宜种植陆稻、玉米、薯类、豆类等，由于冬春干旱，无法灌溉，多为一年一熟。利用过程中，应注意扩大豆科作物比例，实行粮豆、粮肥轮作，合理施肥，用养结合，培肥土壤。坡地土壤要注意水土保持，防止水土流失。

参比土种 赤红胶土。

代表性单个土体　剖面采自云南省普洱市澜沧县勐朗镇大平掌村张贵寨（编号 53-119），坐标 22.61995°N，99.80832°E。海拔 1610 m，当前为玉米地，50 cm 深度土层年平均温度 17.2℃。野外调查时间 2015 年 4 月。

张贵寨系代表性单个土体剖面

Ap：0～12 cm，浊红棕色（5YR 5/4，干），暗红棕色（5YR 3/4，润）；黏土，主要为中等发育的团粒状结构，也见碎块状结构，疏松，根系较多，结构体内见直径 5～20 mm 的铁锰结核，占土体的 5%左右，平滑清晰过渡。

ABr：12～43 cm，浊红棕色（5YR 4/4，干），极暗红棕色（5YR 2/4，润）；粉质黏土，中等发育的团块状结构，坚实，少量根系，结构体内见直径 5～20 mm 的铁锰结核，占土体的 5%左右，平滑清晰过渡。

Btr1：43～60 cm，亮红棕色（5YR 5/6，干），红棕色（5YR 4/6，润）；黏土，强发育的团块状结构，坚实，结构面见黏粒胶膜，结构体内见直径 5～20 mm 的铁锰结核，占土体的 5%左右，平滑清晰过渡。

Btr2：60～120 cm，红棕色（5YR 4/6，干），暗红棕色（5YR 3/4，润）；粉质黏土，强发育的团块状结构，坚实，结构面见黏粒胶膜，结构体内见直径 5～20 mm 的铁锰结核，占土体的 10%左右。

张贵寨系代表性单个土体物理性质

土层	深度/cm	细土颗粒组成 (粒径：mm)/(g/kg)			质地	容重/(g/cm^3)
		砂粒 2～0.05	粉粒 0.05～0.002	黏粒 <0.002		
Ap	0～12	121	380	499	黏土	1.04
ABr	12～43	94	488	418	粉质黏土	1.27
Btr1	43～60	78	398	525	黏土	1.21
Btr2	60～120	66	424	511	粉质黏土	1.22

张贵寨系代表性单个土体化学性质

深度/cm	pH		有机碳(C)/(g/kg)	全氮(N)/(g/kg)	全磷(P)/(g/kg)	全钾(K)/(g/kg)	全铁(Fe)/(g/kg)	阳离子交换量/(cmol/kg)	游离铁(Fe)/(g/kg)
	H_2O	KCl							
0～12	6.6	5.4	25.7	2.40	1.00	12.5	75.5	18.3	55.7
12～43	5.4	4.6	24.0	2.23	0.92	12.0	80.2	18.5	40.0
43～60	5.4	4.7	15.5	1.80	0.77	12.1	82.5	14.4	42.9
60～120	5.4	4.7	13.9	1.66	0.80	13.0	81.4	14.4	58.9

13.11.2 多依树系（Duoyishu Series）

土 族：黏质高岭石型热性-红色酸性湿润淋溶土

拟定者：黄 标，卢升高，韦杨嫣，陆申一

分布与环境条件 多依树系分布于云南省普洱市海拔 800～1500 m 的中低山地。属南亚热带半湿润山地季风气候，四季冷暖不太分明，干湿季明显，年均气温 17.8℃，年均降水量 1353.7 mm，≥10℃积温 6302℃，无霜期 300 d。土壤起源于泥质岩类母质，自然植被为松林、灌木，农业利用为种植玉米等旱作。

多依树系典型景观

土系特征与变幅 诊断层：淡薄表层、黏化层。诊断特征：石质接触面、铁质特性、氧化还原特征、湿润土壤水分状况、热性土壤温度状况。多依树系土体厚 80～100 cm，土壤层次分异已不太清楚，土壤颜色鲜艳呈红棕色，土壤质地通体为黏土，黏粒含量达 500 g/kg 以上，B 层土体内见明显黏粒胶膜，形成黏化层。由于长期耕作，表层土壤以发育团粒状结构为主，也见小团块状结构，向下发育中等团块状结构，至黏化层则发育中等程度的团块状结构，80 cm 以下则与泥质岩类母岩接触，结构体内常见少量细小的铁锰结核，土壤剖面下部夹有半风化的泥质岩砾石，含量 15%。土壤 pH 5.0～5.8，呈酸性—弱酸性反应。土壤剖面表层有机碳和全氮含量较高，全磷含量处于中等水平，但全钾含量异常低，而阳离子交换量较高，在 22～25 cmol/kg，盐基饱和度大于 50%。

对比土系 栗柴坡系，不同地区，相同亚类，温性土壤温度状况，铁游离度低（20%～60%）。龙街系，不同地区，相同土族，阳离子交换量较低，土体厚度厚。张贵寨系，同一地区，相同土族，全铁和游离铁含量低，明度高，剖面中铁锰结核多。

利用性能综述 多依树系土壤黏粒含量高，质地黏重，结构稍差，耕作和通透性均较差，但保水保肥性能好，适种作物较多，多为一年两熟。除粮食作物外，一些地方还种植咖啡，长势与结实良好。应继续培肥，发展冬季绿肥，增加豆类作物比例，提倡秸秆还田，不断提高地力。

参比土种 赤红土。

代表性单个土体　剖面采自云南省普洱市墨江县联珠镇班茅村多依树（编号 53-115），坐标 23.421°N，101.6254°E。海拔 1425 m，当前为玉米收获后。50 cm 深度土层年平均温度 19.8℃。野外调查时间 2015 年 4 月。

多依树系代表性单个土体剖面

Ap：0～20 cm，亮红棕色（5YR 5/6，干），暗红棕色（5YR 3/6，润）；粉质黏土，以中等发育团粒状结构为主，局部发育小团块状结构，疏松，多量根系，平滑清晰过渡。

Br：20～56 cm，亮红棕色（5YR 5/6，干），暗红棕色（5YR 3/6，润）；黏土，中等发育团块状结构，稍坚实，少量根系，结构体内见少量直径<2 mm 的铁锰结核，平滑清晰过渡。

Btr：56～80 cm，橙色（5YR 6/6，干），红棕色（5YR 4/6，润）；黏土，中等发育团块状结构，坚实，结构体内见少量直径<2 mm 的铁锰结核，结构体表面见约 10%的黏粒胶膜，土体内夹 15%的砂页岩石砾。

多依树系代表性单个土体物理性质

土层	深度 /cm	细土颗粒组成 (粒径：mm)/(g/kg)			质地	容重 /(g/cm³)
		砂粒 2～0.05	粉粒 0.05～0.002	黏粒 <0.002		
Ap	0～20	62	421	517	粉质黏土	1.21
Br	20～56	61	373	566	黏土	1.32
Btr	56～80	84	368	548	黏土	1.36

多依树系代表性单个土体化学性质

深度 /cm	pH		有机碳(C) /(g/kg)	全氮(N) /(g/kg)	全磷(P) /(g/kg)	全钾(K) /(g/kg)	全铁(Fe) /(g/kg)	阳离子交换量 /(cmol/kg)	游离铁(Fe) /(g/kg)
	H_2O	KCl							
0～20	5.8	4.9	14.8	1.42	1.51	3.1	117.7	25.4	76.2
20～56	5.2	4.4	6.4	0.66	0.73	2.8	133.0	22.4	79.8
56～80	5.0	4.0	3.6	0.48	0.72	11.5	127.5	22.7	91.5

13.11.3　龙街系（Longjie Series）

土　族：黏质高岭石型热性-红色酸性湿润淋溶土

拟定者：黄　标，张海东，田　康，贾萌萌

龙街系典型景观

分布与环境条件　龙街系分布于云南省昆明、曲靖等地海拔 1700～2100 m 高原面的盆缘浅丘或低中山地势平坦地段。属典型的温带、暖温带和北亚热带混合型季风气候，夏无酷暑，冬无严寒，四季如春，年均气温 14℃，无霜期 232 d，年均降水量 1000～1400 mm。土壤起源于高原面保存较为深厚的古冲积物母质，旱作农田，种植玉米、蔬菜。

土系特征与变幅　诊断层：淡薄表层、黏化层。诊断特性：铁质特性、氧化还原特征、湿润土壤水分状况、热性土壤温度状况。龙街系土体深厚，厚度可达 1.5 m 以上，剖面层次分异明显。土壤颜色较鲜艳，色调 5YR，为红棕色。土壤质地通体为黏土，表层出现团粒状结构，其下为中—强发育的团块状和棱块状结构，自上而下，结构发育程度增强。剖面中部结构体表面常见黏粒-铁锰胶膜，结构体内见铁锰斑纹和不同直径大小的球形铁锰结核。土壤呈酸性—强酸性反应，pH 4.3～4.9。该土系表层土壤有机碳、全氮含量较高，全磷含量也较高，可达 1 g/kg 以上，全钾含量处于很低水平，低于 10 g/kg，土壤阳离子交换量为 14～18 cmol/kg，盐基饱和度为 30%～50%。

对比土系　栗柴坡系，相同亚类，不同海拔区，温性土壤温度状况，铁游离度低（20%～60%）。多依树系，不同地区，相同土族，阳离子交换量较高，土体厚度薄，1 m 范围内有石质接触面。张贵寨系，不同地区，相同土族，全铁和游离铁含量低，剖面中铁锰结核多。

利用性能综述　龙街系土体深厚，坡度平缓，邻近村庄，一般灌溉条件较好，由于耕作管理精细，土壤熟化度高，团粒结构发育，易于耕作，适耕期长，有较强的蓄水保肥能力。可以种植各种作物，复种指数高，产量稳定，属上等肥力旱地，目前，大片种植蔬菜和花卉，经济效益较高。由于连年种植高产作物，地力消耗大，用养矛盾大，种植蔬菜过程中，肥料施用量大，出现酸化和养分非均衡化现象。应注意用养结合，适时轮作休耕，防止地力衰退和环境质量下降。

参比土种　厚油红土。

代表性单个土体　剖面采自云南省昆明市嵩明县嵩阳街道龙街社区北（编号 53-062），坐标 25.33809°N，103.08066°E。海拔 1904 m，当前种植蔬菜。50 cm 深度土层年平均温度 16.2℃。野外调查时间 2014 年 11 月。

龙街系代表性单个土体剖面

Ap：0～25 cm，浊红棕色（5YR 5/4，干），暗红棕色（5YR 3/4，润）；黏土，中等发育团粒状结构，疏松，根系较多，结构体内含少量直径<2 mm 的铁锰结核，平滑渐变过渡。

Br1：25～35 cm，浊红棕色（5YR 5/4，干），暗红棕色（5YR 3/4，润）；黏土，中等发育团块状结构，坚实，少量极细根，结构体内见直径<2 mm 的球形铁锰结核，平滑清晰过渡。

Btr：35～60 cm，亮红棕色（5YR 5/6，干），暗红棕色（5YR 3/6，润）；黏土，中等发育棱块状结构，坚实，结构体内见少量铁锰斑纹和直径<1 mm 的球形铁锰结核，结构体表面常见黏粒胶膜，平滑清晰过渡。

Br2：60～120 cm，橙色（5YR 6/8，干），暗红棕色（5YR 3/6，润）；黏土，中等发育棱块状结构，坚实，结构体内见少量铁锰斑纹和直径<1 mm 的球形铁锰结核。

龙街系代表性单个土体物理性质

土层	深度 /cm	细土颗粒组成 (粒径：mm)/(g/kg)			质地	容重 /(g/cm³)
		砂粒 2～0.05	粉粒 0.05～0.002	黏粒 <0.002		
Ap	0～25	218	274	508	黏土	1.09
Br1	25～35	210	277	513	黏土	1.26
Btr	35～60	191	287	522	黏土	1.19
Br2	60～120	165	294	542	黏土	1.39

龙街系代表性单个土体化学性质

深度 /cm	pH		有机碳(C) /(g/kg)	全氮(N) /(g/kg)	全磷(P) /(g/kg)	全钾(K) /(g/kg)	全铁(Fe) /(g/kg)	阳离子交换量 /(cmol/kg)	游离铁 (Fe) /(g/kg)
	H_2O	KCl							
0～25	4.4	3.6	16.1	1.43	1.35	9.6	94.8	15.0	63.5
25～35	4.7	4.3	13.2	1.22	1.61	8.6	104.5	16.0	75.5
35～60	4.9	4.3	10.9	1.11	1.67	7.9	104.4	14.4	74.4
60～120	4.3	3.8	9.6	1.10	1.91	7.6	108.3	17.2	76.4

龙街系代表性单个土体阳离子交换性质

深度 /cm	交换性 H^+ /(cmol/kg)	交换性 Al(1/3Al^{3+}) /(cmol/kg)	交换性 Ca(1/2Ca^{2+}) /(cmol/kg)	交换性 Mg(1/2Mg^{2+}) /(cmol/kg)	交换性 K /(cmol/kg)	交换性 Na /(cmol/kg)
0～25	0.82	2.65	3.22	0.78	0.30	0.14
25～35	0.18	0.00	6.82	1.27	0.24	0.14
35～60	0.27	0.11	5.02	1.19	0.16	0.14
60～120	0.44	3.39	2.93	1.36	0.18	0.16

13.11.4 迤佐河系（Yizuohe Series）

土　族：黏质高岭石型温性-红色酸性湿润淋溶土

拟定者：黄　标，张海东，田　康，贾萌萌

迤佐河系典型景观

分布与环境条件　迤佐河系分布于云南省曲靖市东部富源、宣威两县市境内的浅切割中山山麓平缓地段，海拔 1800～2000 m。属亚热带季风性湿润气候，年均气温 13.6℃，年均降水量 1600 mm，年均日照时数 1350 h，相对湿度 58%，无霜期 100～250 d。土壤起源于玄武岩坡积物母质上，自然植被为灌木和针阔叶林，农业利用为旱作，种植玉米、小麦、烤烟、豆类、油菜等。

土系特征与变幅　诊断层：淡薄表层、黏化层。诊断特性：铁质特性、氧化还原特征、石质接触面、湿润土壤水分状况、温性土壤温度状况。迤佐河系土壤土体厚度一般为 1 m，下部与玄武岩半风化岩石接触，土壤颜色较鲜艳，为暗红棕色，底部则显示为棕色。土壤质地通体为黏土，地表至 70 cm 内黏粒含量可达 600 g/kg 以上，结构体内见少量铁锰斑纹，土体结构面见黏粒胶膜，为黏化层。表层土壤主要呈团粒状结构，也有少量小团块状结构，亚表层主要呈棱块状结构，结构发育较强。该土系土壤呈酸性—强酸性反应，pH 4.1～4.6。上部土层土壤有机碳、全氮、全磷含量均处于较高水平，但全钾含量水平较低。

对比土系　张贵寨系、多依树系、龙街系，不同地区，相同亚类，热性土壤温度状况。大松树系，相同地区，不同土类，铁质湿润淋溶土，伊利石型矿物类型，颜色淡（7.5YR）。

利用性能综述　迤佐河系自然土壤质地黏重，耕作受一定影响，但经长期耕作和淋洗，表层土壤质地变壤，团粒结构发育强，所以耕作性能有所改善。土壤有较强的保水保肥能力，可抗一定时期的干旱。该土壤宜种性广，复种指数高，一年两熟或两年五熟，作物产量稳定。为适应高产需要，应坚持用养结合，逐年加深耕层，合理安排绿肥、豆科、油菜等养地作物种植比例，不断提高土壤熟化程度。

参比土种　黄油红土。

代表性单个土体　剖面采自云南省曲靖市富源县富村镇德胜村迤佐河（编号 53-093），坐标 25.41805°N，104.43757°E。海拔 1952 m，当前为自然植被。50 cm 深度土层年平均温度 15.8℃。野外调查时间 2014 年 11 月。

Ah：0～20 cm，亮红棕色（5YR 5/6，干），暗红棕色（5YR 3/6，润）；黏土，团粒状结构或小团块状结构，疏松，根系较多，土体内见少量直径<2 mm 的铁锰斑纹，平滑清晰过渡。

Btr：20～70 cm，亮红棕色（5YR 5/6，干），暗红棕色（5YR 3/6，润）；黏土，强发育棱块状结构，坚实，少量根系，土体内见 10%直径 2～6 mm 的铁锰斑纹和少量直径<2 mm 的铁锰结核，结构面见 10%的黏粒胶膜，平滑清晰过渡。

C： 70～120 cm，浊橙色（7.5YR 6/4，干），棕色（7.5YR 4/4，润）；黏土，坚实，土体内见 5%直径 2～6 mm 的铁锰斑纹，夹 20%左右的岩石石砾。

迤佐河系代表性单个土体剖面

迤佐河系代表性单个土体物理性质

土层	深度/cm	石砾(>2 mm，体积分数)/%	细土颗粒组成（粒径：mm)/(g/kg) 砂粒 2～0.05	粉粒 0.05～0.002	黏粒 <0.002	质地	容重/(g/cm³)
Ah	0～20	10	91	274	635	黏土	1.04
Btr	20～70	10	80	320	600	黏土	1.23
C	70～120	20	146	364	490	黏土	1.38

迤佐河系代表性单个土体化学性质

深度/cm	pH H₂O	pH KCl	有机碳(C)/(g/kg)	全氮(N)/(g/kg)	全磷(P)/(g/kg)	全钾(K)/(g/kg)	全铁(Fe)/(g/kg)	阳离子交换量/(cmol/kg)	游离铁(Fe)/(g/kg)
0～20	4.1	3.5	33.6	3.08	0.78	11.7	94.2	21.8	75.0
20～70	4.6	3.7	30.8	2.28	1.27	12.9	90.5	21.8	72.0
70～120	4.4	3.7	5.2	1.66	1.38	16.8	78.1	23.1	44.9

迤佐河系代表性单个土体阳离子交换性质

深度/cm	交换性 H^+/(cmol/kg)	交换性 Al($1/3Al^{3+}$)/(cmol/kg)	交换性 Ca($1/2Ca^{2+}$)/(cmol/kg)	交换性 Mg($1/2Mg^{2+}$)/(cmol/kg)	交换性 K/(cmol/kg)	交换性 Na/(cmol/kg)
0～20	0.62	8.96	2.72	0.84	0.29	0.16
20～70	0.95	6.08	4.04	1.34	0.13	0.14
70～120	0.46	13.96	1.39	0.77	0.14	0.14

13.11.5　栗柴坡系（Lichaipo Series）

土　族：黏质高岭石型温性-红色酸性湿润淋溶土

拟定者：黄　标，田　康，王　宁

栗柴坡系典型景观

分布与环境条件　栗柴坡系分布于云南省曲靖市、昆明市海拔 1700～2200 m 的高原面和低中山山麓平缓地带岩溶丘原地段。属亚热带高原季风气候，由于海拔较高，气温有所降低，年均气温 13.2℃，年均降水量 1090 mm，年均日照时数 2018.5 h，日照百分率 47%。土壤起源于岩溶丘原之上的古红土母质，自然植被为针阔叶林，种植玉米、土豆等作物。

土系特征与变幅　诊断层：淡薄表层、黏化层。诊断特性：铁质特性、氧化还原特征、湿润土壤水分状况、温性土壤温度状况。栗柴坡系土壤土体深厚，层次发育明显。土壤颜色较鲜艳，为暗红棕色—红棕色。土壤质地通体为黏土，50 cm 以下黏粒含量可达 600 g/kg 以上，高于表层土壤 1.2 倍，且结构体表面见黏粒胶膜，为黏化层。表层土壤主要呈团粒状结构，亚表层土壤自上而下，由小的团块状结构过渡至棱块状结构，结构发育逐渐增强，结构体内见铁锰斑纹及细小的铁锰结核，土体内常夹岩石石砾。该土系土壤表层受有机碳积聚影响，呈中性，下部均呈酸性反应，pH 4.7～5.1。仅表层土壤有机碳和全氮含量较高，其余土层很低，全磷含量处于较高水平，但全钾含量很低，低于 8.5 g/kg，土壤阳离子交换量相对较高，而盐基饱和度很低，在 10%左右。

对比土系　靖外系，同一地区，不同土类，黏磐湿润淋溶土，棱柱状结构，全铁含量相对较低。多依树系，不同地区，相同亚类，热性土壤温度状况，铁游离度高（60%～70%）。龙街系，相同亚类，不同海拔区，热性土壤温度状况，铁游离度高（>70%）。

利用性能综述　栗柴坡系土壤质地偏黏，耕作性能稍差，但保蓄水肥能力强，尽管自然土壤养分缺乏，但由于靠近村寨，耕作精细，耕作后，土壤养分含量较为丰富。适合种植各种作物，土壤利用率和复种指数都比较高。近年来，由于连年种植单一作物，如烤烟、马铃薯等，出现连作问题，土壤地力有所下降，需要合理利用土地，增施有机肥和种植绿肥，维持和增强地力。

参比土种　棕油红土。

代表性单个土体　剖面采自云南省曲靖市宣威市格宜镇龙山村栗柴坡（编号 53-057），坐标 26.29866°N，104.327377°E。海拔 2169 m，当前为马尾松林，紧邻农田，种植马铃薯，50 cm 深度土层年平均温度 15.5℃。野外调查时间 2015 年 4 月。

栗柴坡系代表性单个土体剖面

Ah：0～10 cm，浊红棕色（5YR4/4，干），暗红棕色（5YR3/4，润）；黏土，团粒状结构，疏松，根系较多，平滑清晰过渡。

Br1：10～50 cm，橙色（5YR 6/6，干），红棕色（5YR 4/6，润）；黏土，中等发育团块状结构，稍坚实，少量根系，土体内见 3%直径 2～6 mm 的铁锰斑纹和少量直径<2 mm 铁锰结核，平滑清晰过渡。

Btr：50～100 cm，橙色（5YR 6/6，干），红棕色（5YR 4/6，润）；黏土，强发育棱块状结构，坚实，结构体表面见黏粒胶膜，土体内见 5%直径 2～6 mm 的铁锰斑纹和少量直径<2 mm 铁锰结核，夹 15%左右的岩石石砾，平滑清晰过渡。

Br2：100～130 cm，亮红棕色（5YR 5/6，干），暗红棕色（5YR 3/6，润）；黏土，强发育棱块状结构，坚实，土体内见 10%直径 2～6 mm 的铁锰斑纹和少量直径<2 mm 铁锰结核。

栗柴坡系代表性单个土体物理性质

土层	深度 /cm	细土颗粒组成 (粒径：mm)/(g/kg)			质地	容重 /(g/cm³)
		砂粒 2～0.05	粉粒 0.05～0.002	黏粒 <0.002		
Ah	0～10	184	334	481	黏土	1.02
Br1	10～50	112	342	546	黏土	1.12
Btr	50～100	48	325	627	黏土	1.24
Br2	100～130	115	336	549	黏土	1.32

栗柴坡系代表性单个土体化学性质

深度 /cm	pH		有机碳(C) /(g/kg)	全氮(N) /(g/kg)	全磷(P) /(g/kg)	全钾(K) /(g/kg)	全铁(Fe) /(g/kg)	阳离子交换量 /(cmol/kg)	游离铁(Fe) /(g/kg)
	H_2O	KCl							
0～10	7.2	6.2	56.7	2.60	1.36	5.4	113.4	21.0	47.7
10～50	4.7	3.8	4.1	0.40	1.19	5.1	169.5	18.6	33.7
50～100	4.7	3.8	3.8	0.40	1.15	8.4	161.0	19.4	34.6
100～130	5.1	3.9	6.6	0.35	1.08	7.3	148.1	20.4	96.1

13.11.6　珠琳系（Zhulin Series）

土　族：黏壤质硅质型热性-红色酸性湿润淋溶土

拟定者：黄　标，王　宁，田　康

珠琳系典型景观

分布与环境条件　珠琳系分布于云南省文山、红河等州海拔 1200～2000 m 的石灰岩中山山原及丘陵区。属中亚热带高原季风气候，年均气温 16.4℃，年均日照时数 1875.7 h，无霜期 305 d，年均降水量 1038 mm。土壤起源于石灰岩母质，自然植被为人工桉树林，农业利用为玉米、土豆等作物种植。

土系特征与变幅　诊断层：淡薄表层、黏化层。诊断特性：氧化还原特征、铁质特性、湿润土壤水分状况、热性土壤温度状况。珠琳系由岩溶地貌石灰岩露头之间的残坡积物母质发育而来，附近有较多石灰岩露头，大部分为自然土壤，少量辟为耕地，但耕作较为粗放。土体厚度一般可达 1 m 以上。土壤质地通体为黏壤土，黏粒含量自上而下逐渐增加，至下部黏粒含量可达上层土壤的 1.2 倍以上，并在结构体表面见黏粒胶膜，成为黏化层，结构发育中等—强，表层出现小团块状结构，其下为强发育的棱块状结构，自上而下，结构发育程度增强。剖面中部结构体表面见铁锰胶膜，整个剖面 B 层土壤结构体内常见直径<1 mm 的球形铁锰结核。颜色以红棕色为主，色调为 5YR，彩度较高，土层在 6 以上。从土壤养分指标看，珠琳系土壤有机碳、全氮含量均不高，表层土壤有机碳含量约为 14 g/kg，全磷含量较高，达 0.59 g/kg 以上，全钾含量处于极低水平，在 4.8～6.5 g/kg，土壤阳离子交换量偏低。B 层黏粒矿物分析表明，主要由石英（85%）和少量伊利石（10%）组成。

对比土系　新和系，不同地区，相同亚类，硅质混合型矿物类型，全磷含量低，全钾含量高。那平系，相同地区，不同土类，钙质湿润淋溶土，黏质颗粒大小级别，颜色淡（10YR）。

利用性能综述　珠琳系土壤质地疏松，易耕作，肥力中等。尽管分布地区旱季较为干旱，但土壤保水保肥性能较好。此外，陡坡地易冲刷，导致水土流失。由于光热条件较好，适种性较广，包括玉米、小麦、豆类、烤烟、花生、辣椒等粮经作物，一年一熟或两年三熟。若能解决水利问题，生产潜力还是很大的。此外，需要注意合理轮作及间套作，坡地应砌石垒埂建台地，减少冲刷。

参比土种　红泡土。

代表性单个土体　剖面采自云南省文山州广南县珠琳镇（编号 53-268），坐标 23.9863°N，104.66776°E。海拔 1405 m，当前为桉树林。50 cm 深度土层年平均温度 18.1℃。野外调查时间 2015 年 4 月。

Ah：0～20 cm，橙色（5YR 6/6，干），红棕色（5YR 4/6，润）；黏壤土，中等发育小团块状结构，稍坚实，根系较多，结构体内见铁锰斑纹，平滑清晰过渡。

Br：20～80 cm，橙色（5YR 6/6，干），红棕色（5YR 4/6，润）；黏壤土，强发育棱块状结构或弱的棱柱状结构，坚实，少量极细根，结构体内见 10%的铁锰斑纹和少量直径<1 mm 的球形铁锰结核，结构面有铁锰胶膜，见少量母岩碎块，平滑清晰过渡。

Btr：80～120 cm，橙色（5YR 6/8，干），亮红棕色（5YR 5/8，润）；粉质黏壤土，强发育棱块状结构，坚实，结构体内见直径<1 mm 的球形铁锰结核，结构面有黏粒胶膜，见少量母岩碎块。

珠琳系代表性单个土体剖面

珠琳系代表性单个土体物理性质

土层	深度/cm	细土颗粒组成（粒径：mm)/(g/kg) 砂粒 2～0.05	粉粒 0.05～0.002	黏粒 <0.002	质地	容重/(g/cm^3)
Ah	0～20	252	462	287	黏壤土	1.31
Br	20～80	216	465	319	黏壤土	1.50
Btr	80～120	142	489	369	粉质黏壤土	1.50

珠琳系代表性单个土体化学性质

深度/cm	pH H_2O	pH KCl	有机碳(C)/(g/kg)	全氮(N)/(g/kg)	全磷(P)/(g/kg)	全钾(K)/(g/kg)	全铁(Fe)/(g/kg)	阳离子交换量/(cmol/kg)	游离铁(Fe)/(g/kg)
0～20	5.1	4.2	13.5	1.29	0.59	4.9	36.8	13.2	34.6
20～80	4.9	3.8	5.2	0.49	0.44	4.8	34.2	10.3	28.0
80～120	4.8	3.8	3.4	0.43	0.43	6.3	43.4	11.8	38.7

13.11.7　新和系（Xinhe Series）

土　族：黏壤质硅质混合型热性-红色酸性湿润淋溶土

拟定者：黄　标，瞿明凯，符明明，李锦芬

新和系典型景观

分布与环境条件　新和系分布于云南省临沧市 800～1500 m 的缓坡山地。属南亚热带季风气候，年均气温 18.8℃，年均降水量 946.2 mm。土壤起源于石英砂岩、石英岩等石英质岩类风化物母质，自然植被为阔叶林，种植玉米、小麦、油菜等旱作。

土系特征与变幅　诊断层：淡薄表层、黏化层。诊断特征：铁质特性、氧化还原特征、湿润土壤水分状况、热性土壤温度状况。新和系土体较厚，一般在 120 cm 以上，土壤颜色为鲜艳的红棕色。土壤质地通体为黏壤土，但剖面下部黏粒含量明显增加，高于表层土壤的 1.2 倍以上，结构体表面见黏粒胶膜，为黏化层。表层土壤以小团粒状结构为主，下部则为中等—强发育的团块状结构，土壤结构体内见少量铁质斑纹，下部则出现在结构体表面。土壤 pH 4.6～5.5，通体显示酸性反应。土壤表层土壤有机碳、全氮、全钾含量处于中等水平，全磷含量较低，仅 0.3 g/kg 左右，阳离子交换量偏低，为 8 cmol/kg 左右，盐基饱和度为 10%～35%。

对比土系　珠琳系，不同地区，相同亚类，硅质型矿物类型，全磷含量高，全钾含量低。小新寨系，相同地区，不同土纲，雏形土，半干润土壤水分状况，硅质型矿物类型。

利用性能综述　新和系土壤质地比较适中，耕作性能及通透性良好，但保水保肥性能稍差，土壤基础肥力也较低，适宜种植粮豆、薯类等作物，一年可种植两熟，但因缺少灌溉，复种受限制，应修筑台地，增施有机肥和扩种绿肥等，以提高地力。坡度较大的地块可发展茶、果、咖啡等经济林木。

参比土种　赤砂泥土。

代表性单个土体　剖面采自云南省临沧市耿马县勐永镇新和村（编号 53-185），坐标 24.013204°N，99.83263°E。海拔 1071 m，当前种植玉米。50 cm 深度土层年平均温度 20.8℃。野外调查时间 2015 年 10 月。

Ah：0～18 cm，浊橙色（5YR 6/4，干），浊红棕色（5Y R4/4，润）；黏壤土，中等发育小团粒状结构，疏松，多量根系，平滑清晰过渡。

Br1：18～28 cm，橙色（5YR 6/6，干），亮红棕色（5YR 5/6，润）；黏壤土，中等发育团块状结构，稍坚实，少量根系，结构体内见少量细小的铁锰斑纹，平滑渐变过渡。

Br2：28～42 cm，橙色（5YR 6/6，干），亮红棕色（5YR 5/6，润）；黏壤土，强发育团块状结构，坚实，结构体内见少量细小的铁锰斑纹，平滑清晰过渡。

Btr：42～110 cm，橙色（5YR 6/6，干），亮红棕色（5YR 5/8，润）；黏壤土，强发育团块状结构，坚实，结构面上见黏粒胶膜和 5%的铁锰斑纹。

新和系代表性单个土体剖面

新和系代表性单个土体物理性质

土层	深度 /cm	细土颗粒组成 (粒径：mm)/(g/kg)			质地	容重 /(g/cm^3)
		砂粒 2～0.05	粉粒 0.05～0.002	黏粒 <0.002		
Ah	0～18	392	327	281	黏壤土	1.53
Br1	18～28	382	300	318	黏壤土	1.54
Br2	28～42	322	369	309	黏壤土	1.50
Btr	42～110	312	326	362	黏壤土	1.45

新和系代表性单个土体化学性质

深度 /cm	pH		有机碳(C) /(g/kg)	全氮(N) /(g/kg)	全磷(P) /(g/kg)	全钾(K) /(g/kg)	全铁(Fe) /(g/kg)	阳离子交换量 /(cmol/kg)	游离铁(Fe) /(g/kg)
	H_2O	KCl							
0～18	5.5	4.1	13.2	1.31	0.33	17.4	27.8	9.0	17.7
18～28	5.1	3.9	7.1	0.84	0.29	19.0	29.3	7.6	17.5
28～42	4.9	3.8	4.8	0.61	0.33	18.7	29.5	8.0	18.8
42～110	4.6	3.7	3.2	0.46	0.29	21.8	34.3	8.7	22.6

13.12　斑纹铁质湿润淋溶土

13.12.1　大松树系（Dasongshu Series）

土　族：黏质伊利石型非酸性温性-斑纹铁质湿润淋溶土

拟定者：黄　标，卢升高，韦杨嫣，龚翰林

大松树系典型景观

分布与环境条件　大松树系分布于云南省曲靖市海拔 1600～2000 m 的中低山山地，气候较为湿润，属典型的温带高原季风气候，四季不明，干湿分明，年均气温 13.4℃，年均降水量 890 mm。土壤起源于杂色泥岩、泥质页岩等残坡积物母质上，自然植被为松林、灌木，农业利用为种植玉米等旱作。

土系特征与变幅　诊断层：淡薄表层、黏化层。诊断特征：准石质接触面、铁质特性、氧化还原特征、湿润土壤水分状况、温性土壤温度状况。大松树系土体较薄，一般为 50～80 cm，底部与杂色泥页岩接触。土壤颜色取决于原岩颜色，一般为棕色，底部出露紫红色页岩，其颜色为红棕色。土壤质地从粉质黏壤土至粉质黏土，其中，40～70 cm 范围，黏粒含量明显高，达 500 g/kg 以上，达表层土壤的 1.2 倍以上，为黏化层。由于耕作精细，熟化程度高，表层土壤以团粒状结构为主，下部则以发育中等的团块状结构为主，土壤结构体内见少量铁锰斑纹。土壤 pH 变化较大，在 5.4～7.5，呈酸性—中性反应。表层土壤有机碳、全氮、全磷含量处于中等水平，全钾含量异常高，达到 40 g/kg 以上，阳离子交换量中等，为 10～15 cmol/kg。

对比土系　迤佐河系，相同地区，不同土类，酸性湿润淋溶土，高岭石型矿物类型，颜色红（5YR）。

利用性能综述　大松树系土壤自然植被覆盖较好，是云南省重要的水源林地土壤资源之一，质地疏松，耕性较好，下部又有一层黏化层，所以保水保肥能力较强，自然肥力较高。相对其他地区，气温稍偏低，多为一年一熟或两年三熟，以种植玉米、小麦、马铃薯为主，产量不高。因此，在增施有机肥的同时，应注意磷肥的施用。同时，注意合理轮作，在坡度较大的地方，应改植经济林木，或退耕还林还牧。

参比土种　灰泡土。

代表性单个土体　剖面采自云南省曲靖市会泽县上村乡大松树村（编号 53-184），坐标 26.12442°N，103.57751°E。海拔 1852 m，当前为玉米地，50 cm 深度土层年平均温度 15.6℃。野外调查时间 2015 年 4 月。

Ap：0～15 cm，浊橙色（7.5YR 6/4，干），浊棕色（7.5YR 5/4，润）；黏壤土，中等发育团粒状结构，疏松，多量根系，结构体内见少量细小的铁锰斑纹，平滑清晰过渡。

Br：15～40 cm，橙色（7.5YR 6/6，干），亮棕色（7.5YR 5/6，润）；粉质黏壤土，中等发育团块状结构，疏松，少量根系，结构体内见少量细小的铁锰斑纹，平滑清晰过渡。

Btr：40～70 cm，亮棕色（7.5YR 5/6，干），棕色（7.5YR 4/6，润）；粉质黏土，强发育团块状结构，坚实，结构体内见约 5%的铁锰斑纹，平滑突变过渡。

C：70～100 cm，浊红棕色（2.5YR 5/4，干），浊红棕色（2.5YR 4/4，润）；粉质黏壤土，为紫红色页岩原岩。

大松树系代表性单个土体剖面

大松树系代表性单个土体物理性质

土层	深度/cm	细土颗粒组成（粒径：mm)/(g/kg)			质地	容重/(g/cm^3)
		砂粒 2～0.05	粉粒 0.05～0.002	黏粒 <0.002		
Ap	0～15	203	429	368	黏壤土	1.25
Br	15～40	152	521	328	粉质黏壤土	1.33
Btr	40～70	80	407	513	粉质黏土	1.37
C	70～100	144	512	344	粉质黏壤土	1.56

大松树系代表性单个土体化学性质

深度/cm	pH		有机碳(C)/(g/kg)	全氮(N)/(g/kg)	全磷(P)/(g/kg)	全钾(K)/(g/kg)	全铁(Fe)/(g/kg)	阳离子交换量/(cmol/kg)	游离铁(Fe)/(g/kg)
	H_2O	KCl							
0～15	7.5	6.1	11.7	1.27	1.15	42.9	62.1	14.2	53.0
15～40	6.0	5.0	7.0	0.95	1.18	42.6	68.2	13.1	55.8
40～70	5.4	4.7	5.7	0.81	1.11	39.8	65.6	13.2	51.4
70～100	5.5	4.7	2.0	0.43	0.65	45.3	62.7	9.9	44.3

13.13　腐殖铁质湿润淋溶土

13.13.1　永定系（Yongding Series）

土　族：黏质高岭石型非酸性热性-腐殖铁质湿润淋溶土

拟定者：黄　标，瞿明凯，王培燕，宗玉统

永定系典型景观

分布与环境条件　永定系分布于云南省昆明、楚雄等地州海拔 1700～2100 m 的高原湖盆边缘浅丘及中山山前台地平缓地段。属典型的低纬度亚热带高原山地季风气候，年均气温 15.8℃，无霜期 245 d，年均日照时数 2287 h，年均降水量 964 mm，年均蒸发量 1189 mm。土壤起源于覆盖在碳酸盐岩类上的古红土母质，自然植被为灌木林，农田为旱作，种植土豆、蔬菜等。

土系特征与变幅　诊断层：淡薄表层、黏化层。诊断特性：腐殖质特性、铁质特性、氧化还原特征、湿润土壤水分状况、热性土壤温度状况。永定系土层深厚，在 150 cm 以上，土壤颜色鲜艳，为红棕色（5YR）。整个剖面质地很黏，均为黏土，45 cm 以下发育黏化层，黏粒含量达 500 g/kg 以上。表层土壤呈团粒状结构，也见小块状结构，其余土层土壤结构以棱块状为主，自上而下，发育越来越强。该土系土壤还有一个鲜明的特点，即土壤全铁和游离铁含量很高，分别达 120 g/kg 和 70 g/kg 以上，土壤中常见铁锰结核和腐殖质胶膜。土壤有机碳、全氮、全磷含量较高，全钾含量中等，受冬春干旱和含钙地下水影响，复钙过程加强，导致土壤都呈中性反应，pH 6.5～6.9，土壤阳离子交换量较高，为 17～24 cmol/kg。

对比土系　龙街系，相同地区，不同土类，酸性湿润淋溶土，酸性。新勐系，不同地区，相同亚类，高热性，颜色淡（10YR），全铁和游离铁含量低。四哨系，不同地区，相同亚类，伊利石型矿物类型，全铁和游离铁含量低。

利用性能综述　永定系土壤质地较为黏重，易板结，耕性差，适耕期短，通透性不良，但可种植的作物类型较多，可一年一熟、两熟或两年三熟。由于该土系土壤区域植被较差，坡地水土流失较重，导致作物产量不稳定。因此，应注意土壤保护和培肥，山、水、地综合治理，在农田附近植树造林，涵养水源，防止水土流失。提倡秸秆还田，一方面提高土壤有机碳，另一方面改善土壤结构，增强土壤蓄水保肥能力。

参比土种 棕红土。

代表性单个土体 剖面采自云南省昆明市富民县永定街道永一村（编号 53-253），坐标 25.22607°N，102.51208°E。海拔 1684 m，当前为灌木林。50 cm 深度土层年平均温度 17.9℃。野外调查时间 2014 年 11 月。

Ah： 0～12 cm，亮红棕色（5YR 5/6，干），暗红棕色（5YR 3/6，润）；黏土，中等发育团粒状结构，少量小团块状结构，疏松，根系分布较多，偶夹岩石碎屑，平滑清晰过渡。

Br1：12～26 cm，红棕色（5YR 4/6，干），暗红棕色（5YR 3/6，润）；黏土，中等发育棱块状结构，坚实，少量根系，结构体内出现少量直径<2 mm 的铁锰结核，结构体表面见腐殖质胶膜，偶夹岩石碎屑，平滑清晰过渡。

Br2：26～45 cm，红棕色（5YR 4/8，干），红棕色（5YR 4/8，润）；黏土，强发育棱块状结构，坚实，结构体内出现少量直径<2 mm 的铁锰结核，结构体表面见腐殖质胶膜，夹岩石碎屑，含量约 10%，平滑清晰过渡。

Btr1：45～68 cm，红棕色（5YR 4/8，干），红棕色（5YR 4/8，润）；黏土，强发育棱块状结构，坚实，结构体内出现少量直径<2 mm 的铁锰结核，夹岩石碎屑，含量约 10%，平滑清晰过渡。

永定系代表性单个土体剖面

Btr2：68～120 cm，红棕色（5YR 4/8，干），红棕色（5YR 4/8，润）；黏土，强发育棱块状结构，坚实，结构体内出现少量直径<2 mm 的铁锰结核，夹岩石碎屑，含量约 10%。

永定系代表性单个土体物理性质

土层	深度/cm	石砾(>2 mm，体积分数)/%	细土颗粒组成 (粒径：mm)/(g/kg)			质地	容重/(g/cm³)
			砂粒 2～0.05	粉粒 0.05～0.002	黏粒 <0.002		
Ah	0～12	5	269	298	433	黏土	1.19
Br1	12～26	5	227	331	442	黏土	1.25
Br2	26～45	10	280	315	405	黏土	1.24
Btr1	45～68	10	155	341	505	黏土	1.29
Btr2	68～120	10	77	357	566	黏土	1.37

永定系代表性单个土体化学性质

深度/cm	pH (H_2O)	有机碳(C)/(g/kg)	全氮(N)/(g/kg)	全磷(P)/(g/kg)	全钾(K)/(g/kg)	全铁(Fe)/(g/kg)	阳离子交换量/(cmol/kg)	游离铁(Fe)/(g/kg)
0～12	6.9	19.4	1.61	1.24	14.1	126.1	21.9	76.8
12～26	6.7	15.7	1.40	1.22	13.1	127.3	22.1	73.8
26～45	6.5	16.0	1.33	1.04	10.9	128.3	23.7	83.2
45～68	6.5	9.1	0.86	0.97	8.7	135.6	20.5	93.2
68～120	6.5	5.4	0.49	0.98	9.1	137.4	17.7	90.9

13.13.2　新勐系（Xinmeng Series）

土　族：黏质高岭石型非酸性高热性-腐殖铁质湿润淋溶土

拟定者：黄　标，张海东，王培燕，贾萌萌

分布与环境条件　新勐系分布于云南省红河州海拔 800 m 以下的低山丘陵区缓坡中下部。属南亚热带季风气候，气候湿热，年均气温 22.6℃，终年无霜，年均降水量 1629 mm。土壤起源于砂页岩、千枚岩等泥质岩类坡积物母质，种植橡胶树、香蕉等。

新勐系典型景观

土系特征与变幅　诊断层：淡薄表层、黏化层。诊断特性：腐殖质特性、氧化还原特征、铁质特性、湿润土壤水分状况、高热性土壤温度状况。新勐系土体厚度一般可达 1 m 以上，剖面发育完整。土壤质地上壤下黏，从粉质黏壤土至粉质黏土，结构发育中等，表层主要为团粒状结构，其下为中等发育的棱块状结构，自上而下，结构发育程度增强。剖面下部结构体表面常见黏粒-铁锰胶膜，符合黏化层的诊断标准，结构体内见大小不等的铁锰斑纹和直径 6～20 mm 的球形铁锰结核，土体内常夹 5%～15%的岩石石砾。土壤色调较淡，为 10YR，颜色为棕色—浊黄棕色。土壤呈微酸性反应，pH 5.8～6.1。从土壤养分指标看，土壤有机碳、全氮、全磷含量均较高，全钾含量处于中等水平，为 10～15 g/kg，土壤阳离子交换量较高，为 22～25 cmol/kg，盐基饱和度为 70%～100%。

对比土系　那平系，邻近地区，不同土类，钙质湿润淋溶土，高岭石混合型矿物类型，热性土壤温度状况。永定系，不同地区，相同亚类，热性，颜色红（5YR），全铁和游离铁含量高。

利用性能综述　新勐系土体深厚，土壤质地适中，耕作性能较好，保水保肥能力强，加之所处位置水热条件好，适宜种植多种热带作物，以橡胶树为主，也见种植香蕉、茶叶等，也可在橡胶树或香蕉林下种植砂仁、茶叶等，多层次利用光、热、水资源，增加收益。要注意培肥地力，增加土壤有机物投入，防止地力退化。

参比土种　砖黄泥胶园土。

代表性单个土体　剖面采自云南省红河州金平苗族瑶族傣族自治县（金平县）勐拉镇新勐村（编号 53-143），坐标 22.64616°N，103.13535°E。海拔 339 m，当前种植香蕉。50 cm 深度土层年平均温度 24.4℃。野外调查时间 2015 年 4 月。

新勐系代表性单个土体剖面

Ap：0～10 cm，浊黄橙色（10YR 6/4，干），棕色（10YR 4/4，润）；粉质黏壤土，中等发育团粒状结构，疏松，根系较多，结构体内见少量直径<2 mm 的铁锰斑纹，平滑清晰过渡。

Br1：10～45 cm，浊黄橙色（10YR 6/4，干），棕色（10YR 4/4，润）；粉质黏壤土，中等发育棱块状结构，坚实，少量极细根，结构体内有 5%的铁锰斑纹和少量直径<2 mm 的球形铁锰结核，土体内夹 5%的岩石石砾，平滑清晰过渡。

Btr：45～80 cm，浊黄橙色（10YR 6/3，干），浊黄棕色（10YR 4/3，润）；粉质黏土，中等发育棱块状结构，坚实，结构体内有 10%的铁锰斑纹和直径 6～20 mm 的球形铁锰结核，结构面见上部淋下的腐殖质胶膜，也见黏粒-铁锰氧化物胶膜，土体内夹 15%的岩石石砾，平滑渐变过渡。

Br2：80～120 cm，浊黄橙色（10YR 6/3，干），浊黄棕色（10YR 4/3，润）；粉质黏土，中等发育棱块状结构，坚实，结构体内有 20%的铁锰斑纹和 10%直径 6～20 mm 的球形铁锰结核，也见黏粒-铁锰氧化物胶膜，土体内夹 15%的岩石石砾。

新勐系代表性单个土体物理性质

土层	深度 /cm	石砾 (>2 mm，体积分数)/%	细土颗粒组成 (粒径：mm)/(g/kg)			质地	容重 /(g/cm^3)
			砂粒 2～0.05	粉粒 0.05～0.002	黏粒 <0.002		
Ap	0～10	—	97	510	393	粉质黏壤土	1.14
Br1	10～45	5	139	498	363	粉质黏壤土	1.26
Btr	45～80	15	68	483	449	粉质黏土	1.32
Br2	80～120	15	189	401	410	粉质黏土	1.32

新勐系代表性单个土体化学性质

深度 /cm	pH		有机碳(C) /(g/kg)	全氮(N) /(g/kg)	全磷(P) /(g/kg)	全钾(K) /(g/kg)	全铁(Fe) /(g/kg)	阳离子交换量 /(cmol/kg)	游离铁(Fe) /(g/kg)
	H_2O	KCl							
0～10	6.0	5.2	16.1	1.54	0.92	15.0	73.2	22.6	37.5
10～45	6.1	5.2	13.0	1.30	0.83	14.3	76.7	22.7	40.6
45～80	5.8	5.1	12.8	1.27	0.85	12.8	81.7	22.8	44.8
80～120	5.8	5.2	13.5	1.23	0.88	10.3	85.9	24.3	44.1

13.13.3 四哨系（Sishao Series）

土 族：黏质伊利石型非酸性温性-腐殖铁质湿润淋溶土

拟定者：黄 标，万梦雪，卢 鑫

分布与环境条件 四哨系分布于云南省寻甸县海拔较高的山区。区域地势起伏较大，海拔在 2500 m 以上。属低纬高原季风气候，冬春两季受平直西风环流控制，大陆季风气候明显，干旱少雨；夏秋季主要受太平洋西南或印度洋东南暖湿气流控制，海洋季风突出，多雨，凉爽潮湿，年均气温 14.5℃，无霜期 229 d，年均日照时数 2119 h，年均降水量 1045 mm。土壤起源于片岩、千枚岩风化物母质上，旱作或针阔叶混交林。

四哨系典型景观

土系特征与变幅 诊断层：淡薄表层、雏形层、黏化层。诊断特性：腐殖质特性、铁质特性、湿润土壤水分状况、温性土壤温度状况。四哨系发育于片岩、千枚岩风化物母质，土层较厚，所以剖面发育程度较好，颜色呈棕色。土壤质地整体为黏壤土，在 40～70 cm 处较黏，达黏土，并见少量黏粒胶膜，为黏化层。表层土壤主要为碎块状结构，也见片状结构，之下主要为团块状结构，发育程度自上而下，由弱到强。土壤养分储量均较丰富，阳离子交换量也较高。土壤反应自上而下，呈酸性—微酸性变化。

对比土系 永定系，不同地区，相同亚类，高岭石型矿物类型，全铁和游离铁含量高。九河系，不同地区，相同土纲，半干润土壤水分状况，高岭石型矿物类型。肖家台系，不同地区，相同土纲，半干润土壤水分状况。

利用性能综述 四哨系土层深厚，质地也较适中，有机碳丰富，所以宜耕性好，自然肥力高，保水保肥能力强。但由于所处海拔高，气候冷凉湿润，只适宜种植耐寒能力较强的作物，如马铃薯、燕麦等，一年一熟，产量也不高。利用时注意增施磷肥，补施硼肥。可试种高山药材，增加经济效益。

参比土种 灰汤泥。

代表性单个土体 剖面采自云南省寻甸县鸡街镇四哨村(编号 53-205)，坐标 25.67772°N，102.85929°E。海拔 2533 m，当前为针阔叶混交林。50 cm 深度土层年平均温度 12.8℃。野外调查时间 2014 年 11 月。

四哨系代表性单个土体剖面

Ah：0～20 cm，浊棕色（7.5YR 6/3，干），暗棕色（7.5YR 3/3，润）；黏壤土，碎块状结构或弱发育片状结构，疏松，较多须根，偶见岩石碎屑，平滑清晰过渡。

Bw1：20～40 cm，浊棕色（7.5YR 6/3，干），暗棕色（7.5YR 3/3，润）；黏壤土，中等发育团块状结构，稍坚实，少量粗根，偶见岩石碎屑，平滑渐变过渡。

Bt：40～70 cm，浊棕色（7.5YR 5/4，干），暗棕色（7.5YR 3/4，润）；粉质黏土，强发育团块状结构，坚实，少量粗根，偶见岩石碎屑，结构体外见少量黏粒胶膜，平滑渐变过渡。

Bw2：70～100 cm，浊棕色（7.5YR 6/3，干），棕色（7.5YR 4/3，润）；黏壤土，强发育团块状结构，坚实，少量粗根，少量岩石碎屑，约 5%，平滑清晰过渡。

C：100～120 cm，浊棕色（7.5YR 6/4，干），棕色（7.5YR 4/4，润）；黏壤土，强发育团块状结构，坚实，岩石碎屑明显增多，达 5%～10%。

四哨系代表性单个土体物理性质

土层	深度/cm	石砾(>2 mm，体积分数)/%	细土颗粒组成 (粒径：mm)/(g/kg)			质地	容重/(g/cm^3)
			砂粒 2～0.05	粉粒 0.05～0.002	黏粒 <0.002		
Ah	0～20	—	251	386	363	黏壤土	1.05
Bw1	20～40	—	244	399	356	黏壤土	1.18
Bt	40～70	—	152	403	445	粉质黏土	1.23
Bw2	70～100	5	211	418	371	黏壤土	1.24
C	100～120	10	269	427	304	黏壤土	1.38

四哨系代表性单个土体化学性质

深度/cm	pH		有机碳(C)/(g/kg)	全氮(N)/(g/kg)	全磷(P)/(g/kg)	全钾(K)/(g/kg)	全铁(Fe)/(g/kg)	阳离子交换量/(cmol/kg)	游离氧化铁(Fe)/(g/kg)
	H_2O	KCl							
0～20	5.1	4.0	22.2	1.75	1.17	25.2	34.6	18.5	21.9
20～40	4.9	3.9	18.7	1.58	1.14	22.7	38.5	17.3	20.8
40～70	5.4	4.1	13.2	1.12	0.61	21.8	42.8	20.2	26.0
70～100	5.8	4.4	12.4	0.95	0.49	23.3	39.1	17.8	23.8
100～120	5.9	4.2	5.4	0.57	0.33	26.6	34.6	13.7	20.7

第 14 章　雏　形　土

14.1　石灰淡色潮湿雏形土

14.1.1　马房系（Mafang Series）

土　族：黏质伊利石型温性-石灰淡色潮湿雏形土

拟定者：黄　标，万梦雪，戴普胜

分布与环境条件　马房系分布于云南省曲靖市宣威市盆地低洼河流沿线的一级阶地上，区域地势平坦，海拔 1950 m。属低纬度高原季风气候，年温差小，日温差大，冬春干旱，夏秋湿润，光照充足。年均气温 13.4℃，年均日照时数 2018.5 h，无霜期 329 d，年均降水量 725.7～1204.7 mm，年均蒸发量 2300 mm。土壤起源于河流冲积物母质，种植玉米、园林作物等。

马房系典型景观

土系特征与变幅　诊断层：淡薄表层、雏形层。诊断特性：铁质特性、氧化还原特征、石灰性、潮湿土壤水分状况、温性土壤温度状况。马房系是由河流冲积物经耕种而成的耕地土壤。成土时间较短，受母质影响较大，其母质质地很黏，所以，剖面通体均为黏土—粉质黏壤土，50 cm 以下黏粒含量稍低，为粉质黏壤土。表层由于耕作出现团粒状结构或小的碎块状结构，其下为强发育的棱块状结构，还可见母质的原始沉积层理，50 cm 以下发育极强的棱柱状结构，见与垂直方向平行的裂隙。土体内常见少量锈纹锈斑。受母质影响，土体全铁和游离铁含量异常高，导致颜色呈鲜艳的红棕色，彩度很高。全剖面均见石灰反应，强度自地表向下逐渐变强。受耕作影响，表层土壤有机碳和全氮含量较高，全磷储量较高，达 1.5 g/kg，但钾的储量较低，仅为 10 g/kg。

对比土系　大右所系，相同亚类，不同土族，黏壤质颗粒大小级别，热性土壤温度状况。建塘系，不同地区，相同土类，普通淡色潮湿雏形土，非酸性，黏壤质颗粒大小级别，冷性土壤温度状况。

利用性能综述　马房系土体深厚，但质地偏黏，耕作性能较差，导致耕层较薄，但该土壤距离水源近，灌溉有保证，且保水保肥性能好。适宜种植各类作物，多熟制利用。部分地块连年种植，地力有下降趋势，同时，地块靠近河岸低平地，雨季易涝，所以，未来利用中，应注意地力保育，增施有机肥，合理安排绿肥和豆类等养地作物。注意修建沟渠，防洪排涝，避免渍涝危害。

参比土种　油砂土。

代表性单个土体　剖面采自云南省曲靖市宣威市虹桥街道马房村（编号 53-284），坐标 26.159°N，104.10184°E。海拔 1963 m，当前种植园林作物桂花树等，50 cm 深度土层年平均温度 15.6℃。野外调查时间 2015 年 4 月。

马房系代表性单个土体剖面

Ap：0～12 cm，亮红棕色（5YR 5/6，干），暗红棕色（5YR 3/6，润）；黏土，中等发育团粒状和碎块状结构，疏松，根系较多，中等石灰反应，平滑清晰过渡。

Br1：12～40 cm，亮红棕色（5YR 5/6，干），暗红棕色（5YR 3/6，润）；黏土，中等发育棱块状结构，坚实，少量根系，结构体内见少量锈纹锈斑，中等石灰反应，平滑清晰过渡。

Br2：40～53 cm，浊橙色（5YR 6/4，干），浊红棕色（5YR 5/4，润）；黏土，强发育棱块状结构，很坚实，结构体内见少量锈纹锈斑，强石灰反应，平滑突变过渡。

Cr：53～120 cm，浊橙色（5YR 6/4，干），浊红棕色（5YR 5/4，润）；粉质黏壤土，呈强棱柱状，隐约见原始沉积层理，很坚实，见少量较粗的根系，结构体内见少量锈纹锈斑，强石灰反应。

马房系代表性单个土体物理性质

土层	深度 /cm	细土颗粒组成 (粒径：mm)/(g/kg)			质地	容重 /(g/cm^3)
		砂粒 2～0.05	粉粒 0.05～0.002	黏粒 <0.002		
Ap	0～12	86	317	597	黏土	0.88
Br1	12～40	185	399	417	黏土	1.36
Br2	40～53	155	371	474	黏土	1.26
Cr	53～120	59	576	365	粉质黏壤土	1.32

马房系代表性单个土体化学性质

深度 /cm	pH (H_2O)	有机碳(C) /(g/kg)	全氮(N) /(g/kg)	全磷(P) /(g/kg)	全钾(K) /(g/kg)	全铁(Fe) /(g/kg)	阳离子交换量 /(cmol/kg)	游离铁(Fe) /(g/kg)	碳酸钙 ($CaCO_3$) /(g/kg)
0～12	7.3	11.6	1.11	1.50	8.9	102.5	15.2	85.8	84
12～40	7.4	5.3	0.48	0.95	8.6	93.7	13.4	67.0	79
40～53	7.4	6.1	0.49	1.17	9.7	95.3	14.9	71.1	73
53～120	7.6	5.0	0.49	0.60	13.5	80.8	18.7	70.8	73

14.1.2　大右所系（Dayousuo Series）

土　族：黏壤质硅质混合型热性-石灰淡色潮湿雏形土

拟定者：黄　标，张海东，田　康，贾萌萌

大右所系典型景观

分布与环境条件　大右所系分布于云南省曲靖市盆缘浅丘中上部、冲积或湖成阶地上。属低纬度高原季风气候，全年气候温和，降水充沛，干湿季分明。年均气温 16.3～18.6℃，年均日照时数 2098 h，无霜期 255 d，年均降水量 1002 mm，每年 5～10 月降水量占全年降水的 89%。土壤起源于脱水红化的古冲积物母质，农业利用为旱作种植，种植玉米、油菜、蔬菜等。

土系特征与变幅　诊断层：淡薄表层、雏形层。诊断特性：铁质特性、氧化还原特征、石灰性、潮湿土壤水分状况、热性土壤温度状况。大右所系土壤土体较薄，下部与卵石层接触，土壤颜色较鲜艳，为红棕色。土壤质地通体为黏壤土，黏粒含量自上而下有逐渐增加的趋势。表层土壤主要呈小棱块状结构，也见团粒状结构，亚表层主要呈棱块状结构，结构发育较强，土体内见铁锰斑纹，含量变化 1%～20%，亚表层常见少量铁锰结核，剖面下部见 10%～15%的卵石石砾。该土系土壤呈微碱性反应，pH 8.0 左右，各土层出现程度不等的石灰反应。土壤有机碳、全氮、全磷、全钾含量均处于中等水平。

对比土系　马房系，相同亚类，不同土族，黏质颗粒大小级别，温性土壤温度状况。建塘系，不同地区，相同土类，普通淡色潮湿雏形土，非酸性，冷性土壤温度状况。

利用性能综述　大右所系土壤质地偏壤，耕作性能较好，适耕期较长，但保水蓄肥能力较弱，易受干旱威胁。适宜种植玉米、马铃薯、烤烟、油菜等作物，多数一年一熟，少数一年两熟或两年三熟，属于中肥力旱地。有机碳贫乏的土壤常被钙离子胶结，使得物理性能变差，难以耕作。要注意用养结合，主要应设法提高土壤有机碳含量，增加土壤熟化程度。

参比土种　厚红砂土。

代表性单个土体　剖面采自云南省曲靖市沾益区盘江镇大右所村（编号 53-259），坐标 25.77075°N，103.86932°E。海拔 1959 m，当前种植绿肥。50 cm 深度土层年平均温度 18.4℃。野外调查时间 2014 年 11 月。

Ap：0～15 cm，浊红棕色（5YR 5/4，干），浊红棕色（5YR 4/4，润）；黏壤土，小棱块状结构或团粒状结构，疏松，根系较多，土体内见少量直径<2 mm 的铁锰斑纹，轻度石灰反应，平滑清晰过渡。

Br：15～40 cm，亮红棕色（5YR 5/6，干），红棕色（5YR 4/6，润）；黏壤土，强发育棱块状结构，坚实，少量根系，土体内见 10%直径 2～6 mm 的铁锰斑纹和少量直径<2 mm 的铁锰结核，强石灰反应，平滑清晰过渡。

Cr：40～70 cm，亮红棕色（5YR 5/8，干），红棕色（5YR 4/8，润）；黏壤土，强发育棱块状结构，坚实，土体内见 20%直径 5～15 mm 的铁锰斑纹和少量直径<2 mm 的铁锰结核和碳酸钙结核，夹 15%左右的卵石石砾，中度石灰反应。

大右所系代表性单个土体剖面

大右所系代表性单个土体物理性质

土层	深度 /cm	细土颗粒组成（粒径：mm)/(g/kg)			质地	容重 /(g/cm^3)
		砂粒 2～0.05	粉粒 0.05～0.002	黏粒 <0.002		
Ap	0～15	401	303	296	黏壤土	1.44
Br	15～40	379	302	319	黏壤土	1.57
Cr	40～70	331	298	371	黏壤土	1.53

大右所系代表性单个土体化学性质

深度 /cm	pH (H_2O)	有机碳(C) /(g/kg)	全氮(N) /(g/kg)	全磷(P) /(g/kg)	全钾(K) /(g/kg)	全铁(Fe) /(g/kg)	阳离子交换量 /(cmol/kg)	游离铁 (Fe) /(g/kg)	碳酸钙 ($CaCO_3$) /(g/kg)
0～15	7.9	16.9	1.29	0.47	17.5	33.3	9.6	19.8	22
15～40	8.1	10.6	1.00	0.43	18.7	34.9	8.9	21.7	33
40～70	8.1	8.5	0.86	0.38	17.5	41.5	9.3	28.4	25

14.2　普通淡色潮湿雏形土

14.2.1　建塘系（Jiantang Series）

土　族：黏壤质硅质混合型非酸性冷性-普通淡色潮湿雏形土

拟定者：黄　标，卢升高，胡敏鹏

建塘系典型景观

分布与环境条件　建塘系分布于云南迪庆州香格里拉市海拔 3200～4000 m 的高山和山间盆地内。属低纬度温带高原气候，年均气温 5.5℃，年均降水量 649.4 mm，年均蒸发量 1347.3 mm。土壤起源于冲积物母质上，自然植被为草原。

土系特征与变幅　诊断层：淡薄表层、雏形层。诊断特性：氧化还原特征、潮湿土壤水分状况、冷性土壤温度状况。建塘系由高山盆地内的冲积物发育而成，土体厚度较大，大于 1 m。土壤颜色较淡，上部为黄棕色—灰黄色，48 cm 以下为灰色—灰橄榄色。土壤质地在上部土层为质地较重的粉质黏土，下部土层质地较轻，为粉质黏壤土和粉质壤土。表层土壤结构主要为团粒状，之下为不同发育程度的棱块状结构。土壤结构体内常见铁锰斑纹，含量为 2%～5%。土壤呈微酸性—中性反应，pH 6.1～7.2。表土层有机碳含量丰富，达 26 g/kg 以上，相应的，土壤氮、磷、钾储量均较为丰富。阳离子交换量也较高。

对比土系　大右所系，不同地区，相同土类，石灰淡色潮湿雏形土，石灰性，热性土壤温度状况。马房系，不同地区，相同土类，石灰淡色潮湿雏形土，石灰性，黏质颗粒大小级别，温性土壤温度状况。

利用性能综述　建塘系分布位置高，气候寒冷，是主要的季节性牧场，也是虫草、贝母等名贵药材的产地。仅少数地块垦殖后种植青稞、马铃薯等耐旱作物，产量不高。其主要障碍因素是积温不足。

参比土种　棕草垡土。

代表性单个土体　剖面采自云南省迪庆州香格里拉市建塘镇金龙村（编号 53-216），坐标 27.79461°N，99.69506°E。海拔 3281 m，当前为草原。50 cm 深度土层年平均温度 8.1℃。野外调查时间 2015 年 10 月。

Ah：0～25 cm，浊黄橙色（10YR 6/3，干），浊黄棕色（10YR 5/3，润）；粉质黏土，强发育团粒状结构，疏松，植物根系很多，平滑清晰过渡。

Br：25～48 cm，灰黄色（2.5Y 7/2，干），暗灰黄色（2.5Y 4/2，润）；粉质黏土，弱发育棱块状结构，稍疏松，少量植物根系，结构体内见 2%左右直径<2 mm 的铁锰斑纹，平滑清晰过渡。

Bg1：48～75 cm，灰白色（5Y 8/1，干），灰色（5Y 6/1，润）；粉质黏壤土，强发育棱块状结构，坚实，结构体内见 5%左右直径<2～6 mm 的铁锰斑纹，平滑清晰过渡。

Bg2：75～100 cm，淡灰色（5Y 7/2，干），灰橄榄色（5Y 5/2，润）；粉质壤土，强发育棱块状结构，坚实，结构体内见 5%左右直径<2～6 mm 的铁锰斑纹。

建塘系代表性单个土体剖面

建塘系代表性单个土体物理性质

土层	深度/cm	细土颗粒组成 (粒径：mm)/(g/kg)			质地	容重/(g/cm^3)
		砂粒 2～0.05	粉粒 0.05～0.002	黏粒 <0.002		
Ah	0～25	68	511	421	粉质黏土	1.27
Br	25～48	26	550	424	粉质黏土	1.34
Bg1	48～75	88	573	339	粉质黏壤土	1.52
Bg2	75～100	237	557	206	粉质壤土	1.55

建塘系代表性单个土体化学性质

深度/cm	pH (H_2O)	有机碳(C)/(g/kg)	全氮(N)/(g/kg)	全磷(P)/(g/kg)	全钾(K)/(g/kg)	全铁(Fe)/(g/kg)	阳离子交换量/(cmol/kg)	游离铁(Fe)/(g/kg)
0～25	6.1	26.6	2.87	0.85	20.0	42.5	17.0	18.2
25～48	6.5	8.1	1.22	0.50	23.7	38.9	13.6	12.2
48～75	7.2	4.2	0.77	0.65	21.7	47.7	11.3	17.4
75～100	7.1	2.5	0.60	0.82	21.4	53.1	6.8	24.8

14.3　石质铁质干润雏形土

14.3.1　自新系（Zixin Series）

土　族：粗骨黏质伊利石型非酸性热性-石质铁质干润雏形土
拟定者：黄　标，卢升高，胡敏鹏

自新系典型景观

分布与环境条件　自新系零星分布于云南大理和楚雄州的云龙、巍山、祥云、宾川、永平、南涧、南华等地。属大陆性亚热带高原季风气候，年均气温 16.1℃，年均降水量 781.4 mm，年均相对湿度 68%，年均日照时数 2088.3 h，年均蒸发量 1828.4 mm，年均无霜期 258 d。土壤起源于紫红色砂页岩母质，自然植被为松树林，农业利用为种植玉米、小麦、豆类等。

土系特征与变幅　诊断层：淡薄表层、雏形层。诊断特性：铁质特性、石质接触面、半干润土壤水分状况、热性土壤温度状况。自新系成土过程较弱，剖面仅表层有微弱风化，之下为含半风化原岩较多的母质过渡层和母岩层。土壤颜色鲜艳，为红棕色—红色。表层土壤质地稍偏壤，为粉质黏壤土，母质层则为粉质黏土。结构发育弱，表层呈粒状结构，过渡层为弱的团块状结构。土体中原岩石砾较多，大于 10%。土壤受母岩影响呈微酸性，pH 5.6～5.7。表层土壤有机碳、全氮、全磷含量较高，整个剖面土壤全钾含量均较高，阳离子交换量不高，为 12～16 cmol/kg，盐基饱和度为 45%。

对比土系　路美邑系，不同地区，相同亚类，黏质颗粒大小级别。

利用性能综述　自新系土壤质地较为适中，耕作性能较好，但土层浅薄，阳离子交换量低，保肥性较差，尽管表层养分相对较充足，但还需补充相应养分，且要采取多次少量的原则施肥。可种植玉米、薯类、豆类、辣椒等，经人工捡石，不断培肥，可提高地力，种植蔬菜、西瓜等作物，可获得较显著的经济效益。

参比土种　浅紫砂土。

代表性单个土体　剖面采自云南省大理州云龙县关坪乡三家自然村（编号 53-250），坐标 25.83305°N，99.52439°E。海拔 2100 m，当前为玉米地。50 cm 深度土层年平均温度 18.2℃。野外调查时间 2015 年 10 月。

Ap：0～28 cm，浊橙色（2.5YR 6/3，干），浊红棕色（2.5YR 4/3，润）；粉质黏壤土，粒状结构，疏松，多植物须根，10%左右原岩石砾，平滑清晰过渡。

BC：28～50 cm，红棕色（10R 5/4，干），暗红色（10R 3/4，润）；粉质黏土，弱发育团块状结构，坚实，土体含 30%原岩石砾，平滑清晰过渡。

C：50～100 cm，红棕色（10R 5/4，干），暗红色（10R 3/4，润）；粉质黏土，原岩块状结构，坚实，大部分为半风化的原岩石砾，达 80%以上。

自新系代表性单个土体剖面

自新系代表性单个土体物理性质

土层	深度/cm	石砾(>2 mm，体积分数)/%	细土颗粒组成（粒径：mm)/(g/kg)			质地	容重/(g/cm³)
			砂粒 2～0.05	粉粒 0.05～0.002	黏粒 <0.002		
Ap	0～28	10	100	518	382	粉质黏壤土	1.47
BC	28～50	30	96	441	464	粉质黏土	1.59
C	50～100	80	182	404	414	粉质黏土	1.50

自新系代表性单个土体化学性质

深度/cm	pH		有机碳(C)/(g/kg)	全氮(N)/(g/kg)	全磷(P)/(g/kg)	全钾(K)/(g/kg)	全铁(Fe)/(g/kg)	阳离子交换量/(cmol/kg)	游离铁(Fe)/(g/kg)
	H_2O	KCl							
0～28	5.7	4.3	15.2	1.45	0.65	20.7	30.4	12.2	18.0
28～50	5.6	4.3	4.9	1.14	0.61	34.7	54.4	15.2	31.6
50～100	5.7	4.0	2.7	0.95	0.49	34.0	49.5	13.1	31.6

14.3.2　路美邑系（Lumeiyi Series）

土　族：黏质伊利石型非酸性热性-石质铁质干润雏形土

拟定者：黄　标，卢升高，吴呈锋

路美邑系典型景观

分布与环境条件　路美邑系分布于云南省昆明市石林县。区域地势起伏较大，海拔 1700～1950 m。属低纬高原山地季风气候，年均气温 16.3℃，年均降水量 939.5 mm，年均日照时数 2096.8 h，年均蒸发量 1765 mm。土壤起源于紫色砂页岩风化物母质上，种植玉米、蔬菜、葡萄等旱作。

土系特征与变幅　诊断层：淡薄表层、雏形层。诊断特征：石质接触面、铁质特性、半干润土壤水分状况、热性土壤温度状况。该土系由富含碳酸钙的紫色砂页岩风化发育，后经耕作熟化而成。土壤表层质地相对较轻，为粉质壤土，向下质地趋于黏重，为黏壤土和黏土，系继承母岩的质地。耕作层由于耕作熟化，呈现团粒状结构，较疏松，至剖面下部发育块状结构，由弱到强。由于表层的淋溶作用，耕作层已无石灰反应，自上而下，石灰反应越趋强烈。该土壤耕作层有机碳、全氮、全磷、全钾含量和阳离子交换量均较高，养分状况较佳。

对比土系　自新系，不同地区，相同亚类，粗骨黏质颗粒大小级别。

利用性能综述　该土系分布区气候干热，光热资源丰富，但地形有起伏，植被覆盖地容易发生水土流失，利用上要注意保持水土，因地制宜种植喜钙喜光植物，发展特色农业，建立名特优农产品基地。

参比土种　钙紫泥。

代表性单个土体　剖面采自云南省昆明市石林县鹿阜街道路美邑村（编号 53-254），坐标 24.8039°N，103.2728°E。海拔 1682 m，当前为旱地，种植玉米等。50 cm 深度土层年平均温度 18.4℃。野外调查时间 2014 年 11 月。

Ap：0～15 cm，浊红棕色（2.5YR 5/3，干），浊红棕色（2.5YR 4/3，润），粉质壤土，发育团粒状结构，疏松，有较多根系，无石灰反应，平滑清晰过渡。

Bw：15～40 cm，浊橙色（2.5YR 6/3，干），浊红棕色（2.5YR 5/3，润），粉质黏壤土，发育弱的块状结构，稍坚实，中等石灰反应，平滑清晰过渡。

C：40～80 cm，浊橙色（2.5YR 6/4，干），浊红棕色（2.5YR 5/4，润），粉质黏土，紫色砂页岩，坚实，强石灰反应。

路美邑系代表性单个土体剖面

路美邑系代表性单个土体物理性质

土层	深度/cm	石砾(>2 mm，体积分数)/%	细土颗粒组成（粒径：mm)/(g/kg) 砂粒 2～0.05	粉粒 0.05～0.002	黏粒 <0.002	质地	容重/(g/cm³)
Ap	0～15	—	109	686	204	粉质壤土	1.21
Bw	15～40	—	96	578	326	粉质黏壤土	1.28
C	40～80	20	42	521	436	粉质黏土	1.58

路美邑系代表性单个土体化学性质

深度/cm	pH (H_2O)	有机碳(C)/(g/kg)	全氮(N)/(g/kg)	全磷(P)/(g/kg)	全钾(K)/(g/kg)	全铁(Fe)/(g/kg)	阳离子交换量/(cmol/kg)	游离铁(Fe)/(g/kg)
0～15	7.8	14.9	1.43	0.97	24.5	36.1	22.4	9.3
15～40	8.1	9.8	1.03	0.90	22.9	35.7	20.8	8.7
40～80	8.3	1.7	0.33	0.81	22.3	28.4	17.2	4.7

14.4 酸性铁质干润雏形土

14.4.1 拥政系（Yongzheng Series）

土　族：黏质伊利石型热性-酸性铁质干润雏形土

拟定者：黄　标，万梦雪，卢　鑫

拥政系典型景观

分布与环境条件　拥政系分布于云南省大理州、普洱市等地的山区坡地上，区域地势起伏较大，海拔 1000～2500 m。属亚热带高原季风气候，受地形和高大山脉走向影响，立体气候和区域气候变异明显。据南涧县气象站气象观测资料记载，南涧县年均气温 19.3℃，年均日照时数 2459 h，年均降水量 755.5 mm，年均蒸发量 3045 mm。土壤起源于紫红色砂页岩坡积物母质，自然植被为阔叶林，农业利用为玉米等旱作种植。

土系特征与变幅　诊断层：淡薄表层、雏形层。诊断特性：铁质特性、半干润土壤水分状况、热性土壤温度状况。拥政系土层深厚，多开辟为梯地，土壤色调主要为 5YR，质地整体偏黏，为粉质黏土，结构发育较弱，表层由于耕作发育团粒状结构，其下主要为弱的团块状结构，75 cm 以下结构变强，为中等发育团块状结构。土体内见不同粒径大小的紫色砂岩岩石碎屑。土壤有机碳含量较低，但磷钾养分较丰富，由于建造梯地翻耕扰动，表土至 75 cm 范围有机碳和养分分布异常。该土系土壤 B 层均显酸性，pH 大部分小于 5.5，盐基饱和度均小于 50%，在 11%～46%。

对比土系　迤那系，不同地区，相同亚类，黏粒含量较低。

利用性能综述　拥政系土壤质地偏黏，但结构较为疏松，易于耕作，属于中下等肥力旱耕地，多为一年一熟，宜种性较窄，主要种植玉米、小麦、马铃薯等作物。利用过程中，应注意培肥地力，增施有机肥，间套种绿肥，合理使用磷钾肥。对于坡耕地，应注意水土保持，或退耕，发展茶叶等经济林木。

参比土种　紫灰泡土。

代表性单个土体　剖面采自云南省大理州南涧县宝华镇拥政村（编号 53-191），坐标 24.85909°N，100.47559°E。海拔 1886 m，当前种植玉米。50 cm 深度土层年平均温度 18.5℃。野外调查时间 2015 年 10 月。

拥政系代表性单个土体剖面

Ap：0～20 cm，浊橙色（7.5YR 7/3，干），棕色（7.5YR 4/3，润）；粉质黏土，主要为中等发育团粒状结构，少部分为碎块状结构，极疏松，根系较多，平滑清晰过渡。

Bw1：20～50 cm，浊橙色（5YR 6/3，干），浊红棕色（5YR 4/4，润）；粉质黏土，主要为弱发育团块状结构，疏松，少量根系，平滑清晰过渡。

Bw2：50～75 cm，浊橙色（5YR 6/4，干），浊红棕色（5YR 4/4，润）；粉质黏土，主要为弱发育团块状结构，疏松，平滑清晰过渡。

Bw3：75～120 cm，浊橙色（5YR 7/3，干），浊红棕色（5YR 4/4，润）；粉质黏土，主要为中等发育团块状结构，稍坚实，见紫色砂岩岩屑。

拥政系代表性单个土体物理性质

土层	深度/cm	细土颗粒组成（粒径：mm）/(g/kg)			质地	容重/(g/cm³)
		砂粒 2～0.05	粉粒 0.05～0.002	黏粒 <0.002		
Ap	0～20	56	449	496	粉质黏土	1.19
Bw1	20～50	56	478	466	粉质黏土	1.31
Bw2	50～75	75	492	433	粉质黏土	1.23
Bw3	75～120	59	456	485	粉质黏土	1.29

拥政系代表性单个土体化学性质

深度/cm	pH		有机碳(C)/(g/kg)	全氮(N)/(g/kg)	全磷(P)/(g/kg)	全钾(K)/(g/kg)	全铁(Fe)/(g/kg)	阳离子交换量/(cmol/kg)	游离铁(Fe)/(g/kg)
	H_2O	KCl							
0～20	5.0	4.0	7.0	1.11	0.45	23.9	50.3	11.4	31.6
20～50	5.4	4.2	9.9	1.55	0.60	19.5	48.1	13.2	28.5
50～75	5.7	4.6	16.8	1.99	0.78	18.8	45.2	14.3	29.5
75～120	4.9	3.9	4.8	0.93	0.41	21.1	48.1	9.5	32.1

14.4.2 迤那系（Yina Series）

土　族：黏质混合型温性-酸性铁质干润雏形土

拟定者：黄　标，王　宁，田　康

迤那系典型景观

分布与环境条件　迤那系分布于云南省曲靖、昭通市等地紫色砂页岩分布区，一般在水肥条件较好的村寨附近。属北纬高原大陆季风气候，冬季气温较低，夏季气候凉爽，干湿两季分明。无霜期 220 d，年均气温 11.6℃，全年≥10 ℃的活动积温 3217 ℃，年均日照时数 1902.02 h，年均降水量 735 mm。土壤起源于紫色砂页岩残积物母质，农业利用为种植玉米、土豆、苹果等作物。

土系特征与变幅　诊断层：淡薄表层、雏形层。诊断特性：铁质特性、准石质接触面、半干润土壤水分状况、温性土壤温度状况。迤那系成土过程稍强，有微弱淀积 B 层出现，土层厚度为 68 cm，以下为半风化原岩。整个剖面土壤质地均为黏壤土。表层土壤呈团粒状结构，B 层为中等发育的小团块状结构，土体中含 5%～10%的原岩石砾。土壤受母岩影响，全剖面均呈酸性反应，pH 4.9～5.1。表层土壤有机碳和全氮含量较高，分别达 12.9 g/kg 和 1.14 g/kg，整个剖面全磷和全钾含量相对较高。

对比土系　拥政系，不同地区，相同亚类，黏粒含量较高。

利用性能综述　迤那系所处地区地形平缓，土层相对深厚，质地适中，表层发育团粒状结构，爽水透气，耐涝抗旱，保肥力强，是一类中高肥力土壤。在昭通地区这类土系面积较大，种植历史悠久，群众较为重视培肥地力，生产力较高。今后应继续注意养地，合理轮作，增加养地作物的种植。

参比土种　红紫油砂土。

代表性单个土体　剖面采自云南省昭通市昭阳区苏家院镇迤那村（编号 53-240），坐标 27.32289°N，103.533296°E。海拔 2047 m，当前为玉米、土豆间作地。50 cm 深度土层年平均温度 13.9℃。野外调查时间 2015 年 4 月。

Ah：0～10 cm，浊红棕色（2.5YR 5/3，干），灰红色（2.5YR 4/2，润）；黏壤土，主要呈中等发育的团粒状结构，疏松，根系多，平滑清晰过渡。

Bw1：10～30 cm，浊红棕色（2.5YR 5/4，干），暗红棕色（2.5YR 3/3，润）；黏壤土，主要呈中等发育的小团块状结构，疏松，根系稍多，夹 5%左右的原岩石砾，平滑渐变过渡。

Bw2：30～68 cm，浊红棕色（2.5YR 5/4，干），暗红棕色（2.5YR 3/3，润）；黏壤土，主要呈中等发育的小团块状结构，疏松，根系稍多，夹 10%左右的原岩石砾，平滑渐变过渡。

C：68～130 cm，浊红棕色（2.5YR 5/4，干），暗红棕色（2.5YR 3/3，润）；黏壤土，坚实，为紫红色砂页岩原岩，轻微风化。

迤那系代表性单个土体剖面

迤那系代表性单个土体物理性质

土层	深度 /cm	石砾 (>2 mm，体积分数)/%	细土颗粒组成（粒径：mm)/(g/kg) 砂粒 2～0.05	粉粒 0.05～0.002	黏粒 <0.002	质地	容重 /(g/cm^3)
Ah	0～10	—	366	296	338	黏壤土	1.10
Bw1	10～30	5	336	267	397	黏壤土	1.20
Bw2	30～68	10	333	314	353	黏壤土	1.23
C	68～130	80	343	305	352	黏壤土	1.28

迤那系代表性单个土体化学性质

深度 /cm	pH H_2O	pH KCl	有机碳(C) /(g/kg)	全氮(N) /(g/kg)	全磷(P) /(g/kg)	全钾(K) /(g/kg)	全铁(Fe) /(g/kg)	阳离子交换量 /(cmol/kg)	游离铁(Fe) /(g/kg)
0～10	5.1	4.6	12.9	1.14	0.83	19.0	95.9	17.1	71.1
10～30	4.9	3.9	8.5	0.82	0.80	19.0	98.6	16.8	74.4
30～68	5.0	4.0	6.2	0.57	0.54	16.3	96.0	15.6	75.3
68～130	4.9	3.9	2.1	0.30	0.65	20.1	90.7	17.5	70.2

14.4.3　小新寨系（Xiaoxinzhai Series）

土　族：黏壤质硅质型酸性热性-酸性铁质干润雏形土

拟定者：黄　标，万梦雪，卢　鑫

小新寨系典型景观

分布与环境条件　小新寨系分布于云南省临沧市双江县等地的中低山谷坡地上。区域地势起伏较大，海拔 1000 m 以下。属南亚热带暖湿季风气候，年均气温 20.4℃左右，年均降水量 1000～1200 mm，年均蒸发量 2300 mm。土壤起源于砂页岩母质，自然植被为稀疏灌丛，农业利用为玉米等旱作。

土系特征与变幅　诊断层：淡薄表层、雏形层。诊断特性：铁质特性、氧化还原特征、热性土壤温度状况，半干润土壤水分状况。小新寨系由砂页岩等泥质岩类的坡积物和残积物经人为耕作而形成。土层较为深厚，土壤颜色较为鲜艳，主要为红棕色（润态），结构主要为壤土，上部为黏壤土。表层土壤熟化程度不高，主要呈碎块状结构，少量团粒状结构，下部土层土壤结构发育较强，呈强发育的团块状结构，结构体内常见少量的铁锰结核，粒径一般小于 2 mm，土壤中常见砂岩石砾，含量不高。土壤反应为酸性，pH 5.0～5.5。该类土壤有机碳和氮磷养分含量极低，钾含量中等。黏粒矿物分析结果表明，由 80%的石英、10%水云母、10%高岭石组成，其阳离子交换量很低，盐基饱和度为 30%～60%。

对比土系　放马坪系，不同地区，不同土纲，黏质颗粒大小级别，全铁、游离铁含量高。新和系，相同地区，不同土纲，淋溶土，湿润土壤水分状况，硅质混合型矿物类型。

利用性能综述　小新寨系为坡耕地，耕作层熟化程度不高，下部土壤较坚实，通透性不好，在雨季容易形成地表径流，导致水土流失，而在旱季容易缺水。土壤有机碳、全氮、全磷等含量均很低。利用过程中，可通过修筑台地来保持水土，通过施用有机肥或秸秆还田等提高土壤有机碳含量，不断熟化土壤，注意补充磷钾养分，以提高作物产量，保持稳产。

参比土种　干砖红泥。

代表性单个土体　剖面采自云南省临沧市双江县勐勐镇忙乐村小新寨（编号 53-083），坐标 23.416°N，99.76546°E。海拔 969 m，当前种植玉米。50 cm 深度土层年平均温度 22.3℃。野外调查时间 2015 年 10 月。

Ap：0～30 cm，橙色（5YR 6/6，干），红棕色（5YR 4/6，润）；黏壤土，主要为中等发育碎块状结构，少部分为团粒状结构，疏松，根系较多，平滑清晰过渡。

Br1：30～50 cm，橙色（5YR 6/6，干），红棕色（5YR 4/6，润）；砂质黏壤土，为强发育团块状结构，坚实，少量根系，见少量砂岩石砾，结构体内见细小的铁锰结核，平滑清晰过渡。

Br2：50～70 cm，亮红棕色（5YR 5/8，干），红棕色（5YR 4/8，润）；黏壤土，为强发育团块状结构，坚实，见少量砂岩石砾，结构体内见细小的铁锰结核，平滑清晰过渡。

Br3：70～90 cm，亮红棕色（5YR 5/8，干），红棕色（5YR 4/8，润）；壤土，为强发育团块状结构，坚实，见少量砂岩石砾，结构体内见细小的铁锰结核，平滑清晰过渡。

Br4：90～120 cm，亮红棕色（5YR 5/8，干），红棕色（5YR 4/8，润）；壤土，为强发育团块状结构，坚实，见少量砂岩石砾，结构体内见细小的铁锰结核。

小新寨系代表性单个土体剖面

小新寨系代表性单个土体物理性质

土层	深度 /cm	细土颗粒组成（粒径：mm)/(g/kg) 砂粒 2～0.05	粉粒 0.05～0.002	黏粒 <0.002	质地	容重 /(g/cm^3)
Ap	0～30	382	332	286	黏壤土	1.45
Br1	30～50	458	284	258	砂质黏壤土	1.47
Br2	50～70	421	292	286	黏壤土	1.33
Br3	70～90	399	336	265	壤土	1.59
Br4	90～120	368	370	263	壤土	1.61

小新寨系代表性单个土体化学性质

深度 /cm	pH H$_2$O	pH KCl	有机碳(C) /(g/kg)	全氮(N) /(g/kg)	全磷(P) /(g/kg)	全钾(K) /(g/kg)	全铁(Fe) /(g/kg)	阳离子交换量 /(cmol/kg)	游离铁(Fe) /(g/kg)
0～30	5.5	4.2	5.0	0.69	0.18	19.5	35.5	8.3	29.8
30～50	5.1	3.9	6.9	0.67	0.22	18.1	24.1	7.9	17.5
50～70	5.2	3.9	3.6	0.48	0.18	17.2	27.9	7.3	21.0
70～90	5.0	3.9	2.7	0.40	0.18	17.0	28.8	8.2	21.9
90～120	5.1	3.9	3.5	0.50	0.16	17.0	30.1	9.2	23.7

14.5　普通铁质干润雏形土

14.5.1　划船寨系（Huachuanzhai Series）

土　族：粗骨黏质伊利石型非酸性高热性-普通铁质干润雏形土

拟定者：黄　标，张海东，田　康，贾萌萌

划船寨系典型景观

分布与环境条件　划船寨系分布于云南省玉溪市元江河谷海拔 600 m 以下的丘陵地区。属低纬高原季风气候，冬半年（即干季 11～4 月）受印度北部大陆干暖气流和北方南下干冷气流影响，空气干燥温暖，降水量少，蒸发快，日照充足；夏半年（即雨季 5～10 月）受印度洋西南暖湿气流和太平洋东南暖湿气流的影响，空气湿度大，降水量多，多阴寡照，形成冬暖夏热，冬春干旱，夏秋多雨的气候特点。年均气温 12～24℃，干热河谷内年均气温 22～24℃，年均降水量 770～2400 mm。土壤起源于石灰岩坡积物母质，自然植被为阔叶林，农业利用为水果种植，种植橡胶树、杧果等。

土系特征与变幅　诊断层：淡薄表层、雏形层。诊断特性：铁质特性、氧化还原特征、半干润土壤水分状况、高热性土壤温度状况。划船寨系土壤土体厚度为 50～100 m，剖面发育不太明显，土壤颜色鲜艳，多为红棕色。质地通体为黏壤土。表层土壤呈团粒状结构，其下呈小的团块状结构，结构发育较弱，土体下部见少量铁锰斑纹，土体中夹很多石砾，含量为 20%～60%。土壤呈微碱性反应，pH 7.9。表层土壤有机碳、全氮、全磷含量较高，全钾含量也处于较高水平。

对比土系　右所系，相同地区，不同亚纲，湿润雏形土，石灰性，粗骨壤质颗粒大小级别，热性土壤温度状况，湿润土壤水分状况。增明系，不同地区，相同亚类，黏质颗粒大小级别，伊利石混合型矿物类型，热性土壤温度状况，颜色红（2.5YR），全铁和游离铁含量高。沙沟哨系，不同地区，相同亚类，黏质颗粒大小级别，伊利石混合型矿物类型，热性土壤温度状况。象鼻岭系，相同地区，不同亚类，黏质颗粒大小级别，高岭石型矿物类型，无铁质特性。

利用性能综述　划船寨系土壤由于石砾含量较高，会影响耕作，保水保肥能力较差，属低产类型土壤，由于光热条件好，可种植各种作物，包括甘蔗和各种热带水果、咖啡、胡椒等经济作物。利用过程中，应多途径兴修水利，解决灌溉问题，逐步改坡地为梯地，控制水土流失，设法增加土壤有机碳，不断熟化土壤，提高土壤的综合生产能力。

参比土种　棕燥红土。

代表性单个土体　剖面采自云南省玉溪市元江哈尼族彝族傣族自治县（元江县）红河街道划船寨村（编号 53-050），坐标 23.60112°N，102.01619°E。海拔 438 m，当前为自然植被。50 cm 深度土层年平均温度 23.4℃。野外调查时间 2014 年 11 月。

Ah：0～14 cm，浊红棕色（5YR 5/4，干），暗红棕色（5YR 3/4，润）；黏壤土，团粒状结构，疏松，根系较多，土体内夹 30%左右的石砾，石砾有一定磨圆度，弱石灰反应，平滑清晰过渡。

Br1：14～40 cm，浊红棕色（5YR 5/4，干），暗红棕色（5YR 3/3，润）；黏壤土，弱发育团块状结构，坚实，少量根系，土体内夹大量石砾，含量达 60%，石砾直径变化较大，见少量铁锰斑纹，弱石灰反应，平滑清晰过渡。

Br2：40～120 cm，红棕色（5YR 4/6，干），暗红棕色（5YR 3/6，润）；黏壤土，中等发育团块状结构，坚实，土体内夹 20%左右的石砾，见多量铁锰斑纹。

划船寨系代表性单个土体剖面

划船寨系代表性单个土体物理性质

土层	深度/cm	石砾(>2 mm，体积分数)/%	细土颗粒组成（粒径：mm)/(g/kg)			质地	容重/(g/cm³)
			砂粒 2～0.05	粉粒 0.05～0.002	黏粒 <0.002		
Ah	0～14	30	218	467	315	黏壤土	1.17
Br1	14～40	60	234	397	369	黏壤土	1.25
Br2	40～120	20	306	319	375	黏壤土	1.34

划船寨系代表性单个土体化学性质

深度/cm	pH (H_2O)	有机碳(C)/(g/kg)	全氮(N)/(g/kg)	全磷(P)/(g/kg)	全钾(K)/(g/kg)	全铁(Fe)/(g/kg)	阳离子交换量/(cmol/kg)	游离铁(Fe)/(g/kg)
0～14	7.9	27.1	2.43	3.10	20.2	41.4	15.7	28.4
14～40	7.9	12.2	1.36	1.11	22.7	51.1	15.5	36.3
40～120	7.9	5.6	0.91	0.37	25.4	54.2	10.9	38.6

14.5.2 沙沟哨系（Shagoushao Series）

土　族：黏质伊利石混合型非酸性热性-普通铁质干润雏形土

拟定者：黄　标，宋玉统，肖　晴，韦杨嫣

沙沟哨系典型景观

分布与环境条件　沙沟哨系分布于云南省大理州海拔 1500～1900 m 的深切河谷边坡中部缓坡地段。属中亚热带低纬高原季风气候，降雨少，气温高，日照充足，空气干燥。年均气温 17℃，≥10℃年积温 5954℃，无霜期 289 d，年均日照时数 2719.4 h，年均降水量 650 mm，年均蒸发量 2719.4 mm。土壤起源于基性结晶岩残积物母质，为大面积梯田或坡地，农业利用为旱作，种植玉米、小麦、柑橘等。

土系特征与变幅　诊断层：淡薄表层、雏形层。诊断特征：铁质特性、氧化还原特征、半干润土壤水分状况、热性土壤温度状况。沙沟哨系土体厚度较大，大多在 1 m 以上，土壤颜色以暗红、红棕为主。土壤质地为黏壤土和黏土，某些层段砂粒含量很高，可达 500 g/kg，表层土壤团粒状结构较明显，向下土壤结构以团块状为主，但发育程度较弱。土体内岩石砾石含量较高，一般大于 5%，土壤结构体内常见铁质斑纹。受母质和高温少雨气候影响，土壤中 Ca^{2+}含量较高或有上移，使土壤显中性或弱碱性反应，pH 7.0～8.0。表层土壤肥力较低，有机碳、全氮、全磷含量均较低，而全钾含量较高，为 17～27 g/kg，阳离子交换量也较高。土壤黏粒中含 35%伊利石，30%高岭石。

对比土系　增明系，不同地区，相同土族，颜色深（2.5YR），全铁和游离铁含量高。划船寨系，不同地区，相同亚类，粗骨黏质颗粒大小级别，伊利石型矿物类型，高热性土壤温度状况。

利用性能综述　沙沟哨系尽管质地偏重，但砾石含量较高，耕性相对较好，然而，其保水保肥能力较差，降低了抗旱能力，若无灌溉保证，易受旱，一般一年一熟，除平缓土层较厚的地块种植玉米外，其余多种植薯类、高粱、杂豆等，现在有部分地块种植柑橘。改良利用中，应以培肥熟化土壤为重点，注意改善农田生态环境，涵养水源。因此，要广辟有机肥源，大力发展绿肥，改坡地为梯地，减少水土流失。

参比土种　砂红大土。

代表性单个土体　剖面采自云南省大理州宾川县宾居镇龙口村沙沟哨（编号 53-073），

坐标 25.71851°N，100.45169°E。海拔 1741 m，当前为玉米地。50 cm 深度土层年平均温度 20.1℃。野外调查时间 2015 年 10 月。

Ap：0～40 cm，亮红棕色（5YR 5/6，干），暗红棕色（5YR 3/6，润）；黏壤土，强发育团粒状结构，疏松，多量根系，平滑清晰过渡。

Br1：40～70 cm，红棕色（5YR 4/8，干），红棕色（5YR 4/8，润）；粉质黏壤土，弱发育团块状结构，稍坚实，土体内夹 10%左右的岩石碎屑，结构体内见铁质斑纹，平滑清晰过渡。

Br2：70～105 cm，红棕色（5YR 4/8，干），红棕色（5YR 4/8，润）；粉质黏土，中等发育团块状结构，坚实，土体内夹 10%左右的岩石碎屑，结构体内见铁质斑纹，平滑清晰过渡。

Br3：105～120 cm，亮红棕色（5YR 5/6，干），暗红棕色（5YR 3/6，润）；砂质黏壤土，弱发育团块状结构，坚实，土体内夹 20%左右的岩石碎屑，结构体内见铁质斑纹，平滑清晰过渡。

沙沟哨系代表性单个土体剖面

Br4：120～130 cm，红棕色（5YR 4/8，干），红棕色（5YR 4/8，润）；粉质黏土，强发育团块状结构，坚实，土体内夹 5%左右的岩石碎屑，结构体内见铁质斑纹。

沙沟哨系代表性单个土体物理性质

土层	深度/cm	石砾(>2 mm，体积分数)/%	细土颗粒组成（粒径：mm)/(g/kg)			质地	容重/(g/cm^3)
			砂粒 2～0.05	粉粒 0.05～0.002	黏粒 <0.002		
Ap	0～40	—	376	277	347	黏壤土	1.30
Br1	40～70	10	139	577	284	粉质黏壤土	1.44
Br2	70～105	10	171	402	427	粉质黏土	1.37
Br3	105～120	20	503	195	302	砂质黏壤土	1.57
Br4	120～130	5	58	416	526	粉质黏土	1.48

沙沟哨系代表性单个土体化学性质

深度/cm	pH(H_2O)	有机碳(C)/(g/kg)	全氮(N)/(g/kg)	全磷(P)/(g/kg)	全钾(K)/(g/kg)	全铁(Fe)/(g/kg)	阳离子交换量/(cmol/kg)	游离铁(Fe)/(g/kg)
0～40	7.3	11.4	1.24	0.29	24.6	54.3	15.0	31.4
40～70	7.0	4.9	0.79	0.19	26.9	64.0	20.9	37.0
70～105	7.3	3.5	0.65	0.17	25.9	60.9	20.3	35.1
105～120	7.9	3.1	0.52	0.30	17.6	65.9	23.2	32.6
120～130	7.9	3.0	0.61	0.18	19.3	66.3	20.2	39.1

14.5.3　增明系（Zengming Series）

土　族：黏质伊利石混合型非酸性热性-普通铁质干润雏形土

拟定者：黄　标，宗玉统，肖　晴，韦杨嫣

增明系典型景观

分布与环境条件　增明系分布于云南省丽江市海拔 1300～1750 m 的金沙江深切河谷两岸。属低纬度高原季风气候，土系分布区是典型的金沙江干热河谷气候，年均气温 18℃，年均日照时数 2719.4 h，无霜期 294 d 以上，年均降水量 593.4 mm，年均蒸发量 1624 mm。土壤起源于玄武岩坡积物母质，农业利用为旱作，种植玉米、小麦等作物。

土系特征与变幅　诊断层：淡薄表层、雏形层。诊断特征：铁质特性、半干润土壤水分状况、热性土壤温度状况。增明系是玄武岩坡积物母质经过耕作形成的旱耕土，土体厚度 80～120 cm，颜色呈红棕色，色调达 2.5YR。土壤质地黏重，主要为黏土。表层土壤以团粒状结构为主，土体中含有较多母岩碎屑，致使土壤结构发育较弱，为中等或弱发育强度的团块状结构。由于深切河谷蒸发量大的气候致盐基离子上移和母质中盐基离子含量较高的影响，土壤呈中性—弱碱性，pH 7.0～7.2。表层土壤肥力相对较好，有机碳、全氮、全磷、全钾含量均处中上水平，阳离子交换量为 13～15 cmol/kg。

对比土系　沙沟哨系，不同地区，相同土族，颜色稍浅（5YR），全铁和游离铁含量低。划船寨系，不同地区，相同亚类，粗骨黏质颗粒大小级别，伊利石型矿物类型，高热性土壤温度状况，颜色淡（5YR），全铁和游离铁含量低。

利用性能综述　增明系耕作利用时间较短，加之管理粗放，所以，土壤熟化度低，耕层易板结，影响通透性。尽管地处干热河谷，热量丰富，但缺水严重，种植适宜性较窄，一般一年一熟，如能解决灌溉问题，可一年两熟。因此，利用过程中首先应解决灌溉问题，并改坡地为梯地，在周边种草植树，以涵养水分和保持水土，同时，注意多施有机肥，种植绿肥，不断培肥熟化土壤。

参比土种　石子大土。

代表性单个土体　剖面采自云南省丽江市古城区金安镇增明村（编号 53-074），坐标 26.80025°N，100.42619°E。海拔 1541 m，当前为玉米地。50 cm 深度土层年平均温度 20.0℃。野外调查时间 2015 年 10 月。

Ap：　0～20 cm，亮红棕色（2.5YR 5/6，干），红棕色（2.5YR 4/6，润）；黏土，中等发育团粒状结构，极疏松，多量根系，夹约 5%的玄武岩碎屑，平滑清晰过渡。

Bw1：20～40 cm，亮红棕色（2.5YR 5/8，干），红棕色（2.5YR 4/8，润）；黏土，中等发育团块状结构，疏松，少量根系，夹约 5%的玄武岩碎屑，平滑渐变过渡。

Bw2：40～70 cm，红棕色（2.5YR 4/8，干），红棕色（2.5YR 4/8，润）；黏土，弱发育团块状结构，疏松，夹约 5%的玄武岩碎屑，平滑渐变过渡。

Bw3：70～120 cm，红棕色（2.5YR 4/8，干），红棕色（2.5YR 4/8，润）；黏土，弱发育团块状结构，疏松，夹约 15%的玄武岩碎屑。

增明系代表性单个土体剖面

增明系代表性单个土体物理性质

土层	深度 /cm	石砾 (>2 mm，体积分数)/%	细土颗粒组成（粒径：mm)/(g/kg)			质地	容重 /(g/cm³)
			砂粒 2～0.05	粉粒 0.05～0.002	黏粒 <0.002		
Ap	0～20	5	195	250	555	黏土	1.20
Bw1	20～40	5	100	258	641	黏土	1.38
Bw2	40～70	5	91	311	598	黏土	1.37
Bw3	70～120	15	58	392	550	黏土	1.35

增明系代表性单个土体化学性质

深度 /cm	pH (H_2O)	有机碳(C) /(g/kg)	全氮(N) /(g/kg)	全磷(P) /(g/kg)	全钾(K) /(g/kg)	全铁(Fe) /(g/kg)	阳离子交换量 /(cmol/kg)	游离铁(Fe) /(g/kg)
0～20	7.1	15.4	1.89	1.15	16.7	97.0	14.1	64.3
20～40	7.1	6.9	1.28	0.97	16.5	101.3	13.4	70.3
40～70	7.0	6.9	1.24	0.93	16.2	100.4	13.8	73.8
70～120	7.2	3.7	1.01	0.83	16.6	102.7	15.0	73.0

14.5.4　章斐系（Zhangfei Series）

土　族：黏质伊利石混合型非酸性热性-普通铁质干润雏形土

拟定者：黄　标，宗玉统，肖　晴，韦杨嫣

章斐系典型景观

分布与环境条件　章斐系分布于云南省丽江市一些盆地边缘海拔 1400～2200 m 的丘陵地中山缓坡、台地地段，属北亚热带山地季风气候。总的气候特点是冬春干旱，夏秋多雨，年际温度变化小，光照充足，与章斐系土壤分布区海拔类似的程海湖（海拔 1500 m），年均气温 19.1℃，≥10℃积温 6400℃，年均日照时数 2700 h，年均降水量 699.3 mm，年均蒸发量 2169 mm。土壤起源于粉砂岩、泥页岩互层的风化物母质。自然植被为灌丛、荒草地，农业利用为种植玉米、小麦、旱稻、豆类等。

土系特征与变幅　诊断层：淡薄表层、雏形层。诊断特征：铁质特性、半干润土壤水分状况、热性土壤温度状况。章斐系受母质母岩影响，颜色较杂，不同的母岩风化物呈现不同的颜色，色调 5YR～10YR。土壤质地黏重，主要为粉质黏土和黏土。表层土壤以小团块状结构为主，也见团粒状结构，向下中等—强发育的团块状结构，土壤结构体内均见铁质斑纹分布。土壤主要呈中性，表层略显酸性，pH 变化不大，为 6.4～7.4。表层土壤肥力相对较好，有机碳、全氮、全磷、全钾含量均处中上水平，阳离子交换量为 12～18 cmol/kg。

对比土系　班法系，不同地区，相同亚类，黏壤质颗粒大小级别，高热性土壤温度状况。

利用性能综述　章斐系耕层土壤稍黏，耕作性能稍好。耕层土壤偏黏，其保水保肥性能良好，然而，由于区域降水不均，仍受季节性干旱威胁，土壤潜在肥力较高，供肥平稳，作物长势一般较好，可种植玉米、陆稻、豆类等作物，一年一熟或两熟，一些地区种植茶叶，产量较高。章斐系有相当一部分地块处在 10°～20°坡地上，土壤侵蚀较重，较偏远的地块，更为粗放，耕层浅熟化程度低。利用中，应注意培肥地力，修建梯地，合理安排豆科、绿肥等养地作物轮作，用养结合，培肥土壤，以满足作物高产的需要。

参比土种　小黄红土。

代表性单个土体　剖面采自云南省丽江市永胜县三川镇章斐村（编号 53-104），坐标

26.7863°N，100.62846°E。海拔 1597 m，当前为玉米地。50 cm 深度土层年平均温度 20.5℃。野外调查时间 2015 年 10 月。

Ap：0～18 cm，浊棕色（7.5YR 5/4，干），棕色（7.5YR 4/4，润）；粉质黏土，中等发育小团块状结构，弱发育团粒状结构，疏松，多量根系，结构体内见约 10%的铁质斑纹，平滑突变过渡。

Br1：18～30 cm，亮红棕色（5YR 5/8，干），红棕色（5YR 4/8，润）；黏土，强发育团块状结构，坚实，少量根系，结构体内见约 20%的铁质斑纹，平滑突变过渡。

Br2：30～62 cm，浊橙色（7.5YR 6/4，干），浊棕色（7.5YR 5/4，润）；黏土，中等发育团块状结构，坚实，结构体内见约 5%的铁质斑纹，土系内夹少量石英砂岩碎屑，平滑突变过渡。

Br3：62～92 cm，亮棕色（7.5YR 5/6，干），棕色（7.5YR 4/6，润）；粉质黏土，中等发育团块状结构，坚实，结构体内见约 15%的铁质斑纹，平滑突变过渡。

章斐系代表性单个土体剖面

Cr：92～120 cm，浊黄橙色（10YR 7/3，干），浊黄棕色（10YR 5/3，润）；粉质黏土，中等发育团块状结构，坚实，结构体内见约 5%的铁质斑纹。

章斐系代表性单个土体物理性质

土层	深度/cm	细土颗粒组成 (粒径：mm)/(g/kg)			质地	容重/(g/cm³)
		砂粒 2～0.05	粉粒 0.05～0.002	黏粒 <0.002		
Ap	0～18	107	403	490	粉质黏土	1.45
Br1	18～30	97	369	534	黏土	1.56
Br2	30～62	71	388	540	黏土	1.56
Br3	62～92	168	407	425	粉质黏土	1.50
Cr	92～120	77	494	428	粉质黏土	1.52

章斐系代表性单个土体化学性质

深度/cm	pH (H_2O)	有机碳(C)/(g/kg)	全氮(N)/(g/kg)	全磷(P)/(g/kg)	全钾(K)/(g/kg)	全铁(Fe)/(g/kg)	阳离子交换量/(cmol/kg)	游离铁(Fe)/(g/kg)
0～18	6.4	11.9	1.57	0.61	27.1	51.2	17.8	32.8
18～30	7.0	4.1	0.73	0.57	25.4	59.7	16.7	42.5
30～62	7.4	8.0	1.19	0.50	28.2	51.5	16.5	32.9
62～92	7.0	5.0	0.87	0.42	27.2	50.5	12.4	34.1
92～120	6.7	5.9	0.93	0.29	23.8	45.2	14.6	32.2

14.5.5　贺科系（Heke Series）

土　族：黏壤质云母混合型非酸性热性-普通铁质干润雏形土

拟定者：黄　标，万梦雪，卢　鑫

贺科系典型景观

分布与环境条件　贺科系分布于云南省临沧市沧源和双江县等地的中低山谷坡地上，海拔在 1000 m 以下。属南亚热带暖湿季风气候，年均气温 20.4℃，年均降水量 1000～1200 mm，年均蒸发量 2300 mm。土壤起源于片岩、千枚岩坡积物母质，自然植被为稀疏灌丛，农业利用为玉米等旱作。

土系特征与变幅　诊断层：淡薄表层，雏形层。诊断特性：腐殖质特性、铁质特性、氧化还原特征、半干润土壤水分状况、热性土壤温度状况。贺科系由千枚岩、片岩等变质岩类的坡积物和残积物经人为耕作而形成。土层较为深厚，土壤颜色主要呈棕色（润态），质地主要为壤土，局部达黏壤土。表层土壤熟化程度不高，主要呈碎块状结构，少量团粒状结构，下部土层土壤结构发育较强，呈强发育的团块状结构，结构体内见少量的铁质斑纹，一般直径<2 mm，土壤中常见原岩石砾，尤其在剖面下部较多，达 15%。土壤反应为弱酸性，pH 5.6～6.0。该类土壤有机碳和氮磷钾养分水平中等。

对比土系　新坪系，不同地区，相同亚类，粗骨壤质颗粒大小级别，硅质混合型矿物类型。

利用性能综述　贺科系土壤多为坡耕旱地，耕作粗放，施肥少，多为一年一熟，可种植陆稻、玉米、甘蔗等。该土壤坡地多，雨季下层半风化母质容易崩塌。利用中的主要障碍是缺水灌溉，未来应逐步修筑台地，等高种植，增施有机肥，利用种植绿肥等措施来改土培肥，坡度较大的地区，要封山育林，防治水土流失。

参比土种　砖黄泥。

代表性单个土体　剖面采自云南省临沧市沧源县岩帅镇贺科村（编号 53-156），坐标 23.383889°N，99.694167°E。海拔 930 m，当前种植玉米。50 cm 深度土层年平均温度 22.3℃。野外调查时间 2015 年 10 月。

贺科系代表性单个土体剖面

Ap：0～20 cm，浊黄橙色（10YR 6/4，干），棕色（10YR 4/4，润）；壤土，主要为中等发育碎块状结构，少部分为团粒状结构，疏松，根系较多，平滑清晰过渡。

Br1：20～45 cm，浊黄橙色（10YR 6/4，干），棕色（10YR 4/4，润）；壤土，为强发育团块状结构，坚实，少量根系，见少量千枚岩石砾，结构体内见铁质斑纹，裂隙填充有自表层落下的含腐殖质土体，平滑清晰过渡。

Br2：45～53 cm，浊黄橙色（10YR 6/3，干），浊黄棕色（10YR 4/3，润）；黏壤土，为强发育团块状结构，坚实，土体内见少量直径<10 mm 的岩石碎屑，结构体内见少量铁质斑纹，裂隙填充有上层落下的含腐殖质土体，平滑渐变过渡。

Br3：53～120 cm，浊橙色（7.5YR 6/4，干），棕色（7.5YR 4/4，润）；壤土，为强发育团块状结构，坚实，土体内见 15% 直径 20～75 mm 的岩石碎屑，结构体内见少量铁质斑纹。

贺科系代表性单个土体物理性质

土层	深度 /cm	石砾 (>2 mm，体积分数)/%	细土颗粒组成 (粒径：mm)/(g/kg)			质地	容重 /(g/cm³)
			砂粒 2～0.05	粉粒 0.05～0.002	黏粒 <0.002		
Ap	0～20	—	358	380	261	壤土	1.57
Br1	20～45	—	332	393	275	壤土	1.60
Br2	45～53	5	300	410	291	黏壤土	1.67
Br3	53～120	15	344	385	271	壤土	1.72

贺科系代表性单个土体化学性质

深度 /cm	pH		有机碳(C) /(g/kg)	全氮(N) /(g/kg)	全磷(P) /(g/kg)	全钾(K) /(g/kg)	全铁(Fe) /(g/kg)	阳离子交换量 /(cmol/kg)	游离铁(Fe) /(g/kg)
	H_2O	KCl							
0～20	6.0	4.9	13.7	1.30	0.63	23.6	58.0	13.9	31.3
20～45	5.7	4.7	14.0	1.14	0.50	23.0	57.8	13.2	32.8
45～53	5.6	4.7	12.1	1.08	0.48	25.2	56.7	13.3	32.5
53～120	6.0	4.8	8.6	0.77	0.36	26.2	51.1	12.7	29.7

14.5.6　班法系（Banfa Series）

土　族：黏壤质硅质混合型非酸性高热性-普通铁质干润雏形土

拟定者：黄　标，卢升高，宗玉统

班法系典型景观

分布与环境条件　班法系分布于云南省楚雄州元谋县。区域地势起伏较大，海拔1100～1350 m。属南亚热带干热季风气候，年均气温 21.9℃，年均日照时数 2670.4 h，日照百分率 60%，年均降水量 613.8 mm，年均蒸发量为降水量的 6.4 倍。土壤起源于白垩系—侏罗系紫色砂页岩互层风化物母质，旱作或阔叶混交林。

土系特征与变幅　诊断层：淡薄表层、雏形层。诊断特性：石质接触面、铁质特性、半干润土壤水分状况、高热性土壤温度状况。班法系由紫色砂页岩互层风化物母质发育而来，经过垦殖耕作熟化成为旱耕地。分布区地势相对较为平缓，土体深厚，达 120 cm。可能受母质影响，土壤质地变化较大，有砂质壤土、粉质壤土、粉质黏壤土等。土壤结构以块状为主，自上而下，发育越来越强。该土系土壤肥力极低，表层有机碳含量 3.3 g/kg，全氮、全磷、全钾含量和阳离子交换量也较低，但是下部母岩阳离子交换量较高。

对比土系　章斐系，不同地区，相同亚类，黏质颗粒大小级别，热性土壤温度状况。跨马系和瓦玻璃系，相同地区，类似母质，不同土纲，新成土土纲，粗骨黏质颗粒大小级别，石灰性，热性土壤温度状况。

利用性能综述　班法系土壤多分布于金沙江、南盘江水系及其支流海拔较低的地段，生境干热，植被覆盖度低，人工更新或天然恢复植被均较难，容易造成水土流失。所以，利用过程中，保持水土非常重要，可利用丰富的光热资源，发展经济林木或果木，并根据不同海拔的自然条件，综合治理和利用，在利用过程中，改善生态环境。

参比土种　紫泥。

代表性单个土体　剖面采自云南省楚雄州元谋县老城乡挨小村班法自然村（编号 53-245），坐标 25.6481°N，101.901°E。海拔 1299 m，成土母质为白垩系马头山组紫红色砂页岩互层风化物。当前为旱地，种植玉米等。50 cm 深度土层年平均温度 23.7℃。野外调查时间 2014 年 11 月。

Ap：0～20 cm，浊红棕色（2.5YR 5/4，干），浊红棕色（2.5YR 4/4，润）；砂质壤土，弱发育碎块状结构，稍坚实，有较多须根，无石灰反应，平滑清晰过渡。

Bw1：20～55 cm，浊红棕色（2.5YR 5/4，干），浊红棕色（2.5YR 4/4，润）；黏壤土，中等发育碎块状结构，坚实，有少量须根，无石灰反应，平滑渐变过渡。

Bw2：55～82 cm，浊橙色（2.5YR 6/3，干），浊红棕色（2.5YR 5/3，润）；粉质黏壤土，中等发育块状结构，坚实，见10%左右的岩石碎屑，无石灰反应，平滑渐变过渡。

Bw3：82～120 cm，浊橙色（2.5YR 6/4，干），浊红棕色（2.5YR 5/4，润）；粉质壤土，中等发育块状结构，坚实，无石灰反应，平滑渐变过渡。

R：120～140 cm，紫色砂页岩。

班法系代表性单个土体剖面

班法系代表性单个土体物理性质

土层	深度/cm	石砾(>2 mm，体积分数)/%	细土颗粒组成 (粒径：mm)/(g/kg)			质地	容重/(g/cm³)
			砂粒 2～0.05	粉粒 0.05～0.002	黏粒 <0.002		
Ap	0～20	—	662	167	171	砂质壤土	1.25
Bw1	20～55	—	285	378	337	黏壤土	1.37
Bw2	55～82	10	20	704	276	粉质黏壤土	1.55
Bw3	82～120	—	209	550	241	粉质壤土	1.46
R	120～140	—	0	683	317	粉质黏壤土	1.52

班法系代表性单个土体化学性质

深度/cm	pH (H_2O)	有机碳(C)/(g/kg)	全氮(N)/(g/kg)	全磷(P)/(g/kg)	全钾(K)/(g/kg)	全铁(Fe)/(g/kg)	阳离子交换量/(cmol/kg)	游离铁(Fe)/(g/kg)
0～20	7.3	3.3	0.39	0.12	12.8	17.6	6.8	6.9
20～55	8.1	2.4	0.35	0.24	15.5	25.9	9.7	9.9
55～82	7.8	2.7	0.48	0.21	21.9	37.7	21.8	16.6
82～120	8.2	1.1	0.24	0.16	18.7	25.3	11.7	11.1
120～140	7.9	2.4	0.43	0.17	24.0	35.54	25.5	15.2

14.5.7 新坪系（Xinping Series）

土　族：粗骨壤质硅质混合型非酸性热性-普通铁质干润雏形土

拟定者：黄　标，宗玉统，肖　晴，韦杨嫣

新坪系典型景观

分布与环境条件　新坪系分布于云南省大理州金沙江、黑惠江河谷边坡中上部海拔 1500～1700 m 的稍缓地段。属中亚热带冬干夏湿低纬高原季风气候，光热充足，热量丰富，干旱少雨，立体气候明显。年均气温 17.9℃，年霜期 100～120 d，年均日照时数 2719.4 h，年均降水量 559.4 mm。土壤起源于石英砂岩母质，自然植被为荒草地，农业利用为旱作，种植玉米、土豆、豆类、小麦等作物。

土系特征与变幅　诊断层：淡薄表层、雏形层。诊断特征：石质接触面、铁质特性、半干润土壤水分状况、热性土壤温度状况。新坪系土体厚薄不一，在 50～100 cm，土壤中夹有大量石英砂岩砾石，含量为 20%～50%。土壤质地较轻，主要为砂质黏壤土。表层土壤以团粒状结构为主，也见小团块状结构，向下发育弱的团块状结构，60 cm 以下发育中等程度的团块状结构。土壤 pH 变化不大，在 7.0 左右。表层土壤肥力较低，有机碳、全氮、全磷含量均很低，而全钾含量较高，为 28～33 g/kg，阳离子交换量极低，仅 5～7 cmol/kg。

对比土系　贺科系，不同地区，相同亚类，黏壤质颗粒大小级别，云母混合型矿物类型。上关系，同一地区，不同亚纲，黏壤质颗粒大小级别，混合型矿物类型，湿润土壤水分状况，A 层有机碳含量高。

利用性能综述　新坪系土壤分布区热量丰富，但降雨少，灌溉条件差，作物多一年一熟，土壤砂性重，虽耕作性能较好，但漏水漏肥严重，耕作较粗放，所以熟化程度不高。因此，作物长势较差，宜种作物较少，一般以玉米、马铃薯、杂豆等为主，有灌溉条件的地方可种植小麦、萝卜等作物。改良利用中应针对干旱缺水、熟化度低的问题，以改善生态环境、涵养水源和培肥地力为重点，如采取植树种草、增加有机物料投入、>25°坡地退耕还林等措施。

参比土种　山红砂土。

代表性单个土体　剖面采自云南省大理州宾川县金牛镇新坪村（编号 53-084），坐标 25.7618°N，100.57779°E。海拔 1475 m，当前为荒草地。50 cm 深度土层年平均温度 19.9℃。野外调查时间 2015 年 10 月。

Ah：0～30 cm，浊黄橙色（10YR 6/4，干），棕色（10YR 4/4，润）；砂质黏壤土，中等发育团粒状结构，弱发育小团块状结构，疏松，多量根系，砾石含量占体积的50%，波状清晰过渡。

Bw1：30～60 cm，浊棕色（7.5YR 6/3，干），棕色（7.5YR 4/3，润）；砂质黏壤土，弱发育团块状结构，疏松，少量根系，砾石含量占体积的 30%，平滑清晰过渡。

Bw2：60～90 cm，浊橙色（7.5YR 6/4，干），棕色（7.5YR 4/4，润）；砂质黏壤土，中等发育团块状结构，坚实，砾石含量占体积的 20%，波状清晰过渡。

R：　90 cm 以下，石英砂岩。

新坪系代表性单个土体剖面

新坪系代表性单个土体物理性质

土层	深度/cm	石砾(>2 mm，体积分数)/%	细土颗粒组成 (粒径：mm)/(g/kg)			质地	容重/(g/cm^3)
			砂粒 2～0.05	粉粒 0.05～0.002	黏粒 <0.002		
Ah	0～30	50	601	195	204	砂质黏壤土	1.68
Bw1	30～60	30	606	174	219	砂质黏壤土	1.77
Bw2	60～90	20	547	206	247	砂质黏壤土	1.63

新坪系代表性单个土体化学性质

深度/cm	pH (H_2O)	有机碳(C)/(g/kg)	全氮(N)/(g/kg)	全磷(P)/(g/kg)	全钾(K)/(g/kg)	全铁(Fe)/(g/kg)	阳离子交换量/(cmol/kg)	游离铁(Fe)/(g/kg)
0～30	6.7	5.8	0.77	0.30	33.0	28.2	6.2	13.0
30～60	6.8	4.8	0.57	0.26	28.7	24.8	5.7	10.4
60～90	6.7	5.2	0.75	0.28	30.2	26.0	6.3	13.0

14.6　普通简育干润雏形土

14.6.1　象鼻岭系（Xiangbiling Series）

土　族：黏质高岭石型非酸性温性-普通简育干润雏形土
拟定者：黄　标，万梦雪，卢　鑫

象鼻岭系典型景观

分布与环境条件　象鼻岭系分布于云南省玉溪市易门县铜厂乡西北部的高山区。区域地势起伏较大，海拔 1500～2200 m。属中亚热带高原季风气候，受地形地貌的影响，立体气候明显，具有亚热带到温带的气候类型。年均气温 16.3℃，年均日照时数 1706 h，年均降水量 856.9 mm，年均蒸发量 1578.2 mm。土壤起源于采矿挖掘堆积物母质上，大部分为天然杂木林，偶见玉米、黄豆等作物种植。

土系特征与变幅　诊断层：暗沃表层、雏形层。诊断特性：半干润土壤水分状况、温性土壤温度状况。该土系在铜矿采矿尾砂堆积物上发育起来，土壤层次较为凌乱。土壤质地整体偏黏，但变化较大，可由黏壤土—黏土，90 cm 以下为原始土壤，土壤质地为壤土。由于发育时间较早，土壤已发育一些结构，主要呈弱—中等发育的块状结构，土壤铜含量较高，达 320～580 mg/kg。土壤有机碳、全氮、全磷含量较高，但全钾含量很低，60 cm 深度以上低于 9 g/kg。

对比土系　划船寨系，相同地区，不同亚类，粗骨黏质颗粒大小级别，伊利石型矿物类型，铁质特性。

利用性能综述　象鼻岭系土壤质地偏黏，耕作性能较差，但保水保肥能力较强。由于分布于坡中，且植被恢复较差，土壤易被侵蚀。所以，利用上，应修建台地，注意水土保持。可适当发展经济林果业，但要注意铜中毒现象。

参比土种　矿毒田。

代表性单个土体　剖面采自云南省易门县铜厂乡象鼻岭村（编号 53-016），坐标 24.74734°N，101.98155°E。海拔 2050 m，当前为杂木林。50 cm 深度土层年平均温度 15.8℃。野外调查时间 2014 年 11 月。

Ah： 0～13 cm，红棕色（5YR 4/6，干），暗红棕色（5YR 3/4，润）；黏壤土，碎块状结构，疏松，有较多根系，偶见岩石碎屑，平滑清晰过渡。

AB： 13～46 cm，红棕色（5YR 4/6，干），暗红棕色（5YR 3/4，润）；黏土，中等发育团块状结构，坚实，少量粗根，偶见岩石碎屑，平滑清晰过渡。

Bw1：46～90 cm，暗红棕色（5YR 3/4，干），极暗红棕色（5YR 2/4，润）；黏土，中等发育团块状结构，坚实，见 5%的岩石碎屑，平滑突变过渡。

Bw2：90～115 cm，亮红棕色（5YR 5/6，干），浊红棕色（5YR 4/4，润）；壤土，中等发育团块状结构，坚实，见 5%的岩石碎屑，碎屑较粗大。

象鼻岭系代表性单个土体剖面

象鼻岭系代表性单个土体物理性质

土层	深度 /cm	细土颗粒组成（粒径：mm)/(g/kg)			质地	容重 /(g/cm^3)
		砂粒 2～0.05	粉粒 0.05～0.002	黏粒 <0.002		
Ah	0～13	248	429	323	黏壤土	1.30
AB	13～46	105	377	519	黏土	1.20
Bw1	46～90	155	352	493	黏土	1.37
Bw2	90～115	503	285	212	壤土	1.37

象鼻岭系代表性单个土体化学性质

深度 /cm	pH (H_2O)	有机碳(C) /(g/kg)	全氮(N) /(g/kg)	全磷(P) /(g/kg)	全钾(K) /(g/kg)	全铁(Fe) /(g/kg)	阳离子交换量 /(cmol/kg)	游离铁(Fe) /(g/kg)
0～13	7.3	19.9	1.68	1.13	8.3	80.5	12.2	7.1
13～46	6.6	10.6	1.06	1.11	3.8	90.7	13.3	8.2
46～90	6.6	23.7	1.41	0.78	5.7	80.0	20.0	7.9
90～115	7.1	3.1	0.32	0.44	25.6	68.5	12.9	7.3

14.7　酸性冷凉湿润雏形土

14.7.1　尾木尼系（Weimuni Series）

土　族：黏质高岭石型-酸性冷凉湿润雏形土

拟定者：黄　标，卢升高，胡敏鹏

尾木尼系典型景观

分布与环境条件　尾木尼系分布于云南省迪庆州 3200～3600 m 的高山上部。属低纬度温带高原气候，年均气温 4.9℃，年均降水量 1152 mm，年均蒸发量 1347.3 mm。土壤起源于砂页岩坡积物母质，自然植被为松树林。

土系特征与变幅　诊断层：淡薄表层、雏形层。诊断特性：铁质特性、氧化还原特征、湿润土壤水分状况、冷性土壤温度状况。尾木尼系土层较厚，在 120 cm 以上，颜色呈黄棕色—棕色—暗棕色。土壤质地以粉质黏壤土为主，结构体内可见铁锰斑纹。表层土壤主要为强发育的团粒状结构，之下主要为团块状结构，发育程度弱。土壤均呈酸性反应，pH 5.1～5.5。由于处于针叶林下，表层土壤有机碳和全氮积累明显，有机碳含量可达 36 g/kg 以上，全磷和全钾养分储量处于中等水平，阳离子交换量处于较低水平，尤其在亚表层，仅 9～12 cmol/kg，盐基严重不饱和，仅 10%～16%。

对比土系　香树箐系，不同地区，相同亚类，伊利石型矿物类型，颜色红（5YR）。吉沙林场系，相同地区，不同土纲，灰土土纲，混合型矿物类型，有机碳含量高。尼西系，相同地区，不同土纲，淋溶土纲，黏壤质颗粒大小级别，非酸性，颜色红（5YR）。

利用性能综述　尾木尼系土体厚度中等，农耕地很少，主要种植青稞等耐旱作物，一年一熟，产量很低。自然植被为云杉、落叶松、高山栎、桦木等针叶林和针阔叶混交林，除可提供优质木材外，还起着涵养水源和调节气候的重要作用。应注意保护森林及其土壤资源，一旦被破坏，很难恢复。

参比土种　黑汤泥。

代表性单个土体　剖面采自云南省迪庆州香格里拉市虎跳峡镇红旗村尾木尼（编号 53-235），坐标 27.42078°N，99.84846°E。海拔 3233 m，当前为松树林。50 cm 深度土层年平均温度 7.6℃。野外调查时间 2015 年 10 月。

Ah：0～10 cm，浊黄棕色（10YR 5/3，干），暗棕色（10YR 3/3，润）；粉质黏壤土，强发育团粒状结构，疏松，较多须根和细根，平滑清晰过渡。

Bw1：10～38 cm，浊黄橙色（10YR 7/3，干），浊黄棕色（10YR 4/3，润）；粉质黏壤土，弱发育团块状结构，稍坚实，平滑清晰过渡。

Bw2：38～75 cm，浊黄橙色（10YR 7/4，干），浊黄棕色（10YR 5/4，润）；粉质黏壤土，弱发育团块状结构，稍坚实，土体内夹 10%左右的砂岩石砾，平滑清晰过渡。

C：75～120 cm，橙色（7.5YR 6/6，干），棕色（7.5YR 4/6，润）；粉质黏土，半风化的砂页岩母质，坚实，与上覆土层不同母质，裂隙面见铁锰斑纹，土体内夹 15%左右的砂岩石砾。

尾木尼系代表性单个土体剖面

尾木尼系代表性单个土体物理性质

土层	深度/cm	石砾(>2 mm，体积分数)/%	细土颗粒组成 (粒径：mm)/(g/kg)			质地	容重/(g/cm³)
			砂粒 2～0.05	粉粒 0.05～0.002	黏粒 <0.002		
Ah	0～10	—	100	526	375	粉质黏壤土	0.77
Bw1	10～38	—	90	527	382	粉质黏壤土	0.93
Bw2	38～75	10	125	476	399	粉质黏壤土	1.27
C	75～120	15	104	413	483	粉质黏土	1.39

尾木尼系代表性单个土体化学性质

深度/cm	pH		有机碳(C)/(g/kg)	全氮(N)/(g/kg)	全磷(P)/(g/kg)	全钾(K)/(g/kg)	全铁(Fe)/(g/kg)	阳离子交换量/(cmol/kg)	游离铁(Fe)/(g/kg)
	H_2O	KCl							
0～10	5.4	4.4	36.2	2.67	0.79	15.0	47.8	20.4	29.7
10～38	5.2	4.2	12.5	1.31	0.69	18.0	51.0	11.7	31.0
38～75	5.5	4.3	4.8	0.72	0.56	18.5	48.7	10.0	29.9
75～120	5.1	4.0	1.6	0.37	0.64	15.9	92.7	9.4	56.5

14.7.2　香树箐系（Xiangshuqing Series）

土　族：黏质伊利石型-酸性冷凉湿润雏形土

拟定者：黄　标，瞿明凯，符明明，李锦芬

香树箐系典型景观

分布与环境条件　香树箐系分布于云南省丽江市3100～3600 m的高山地区。属亚热带高原季风气候，年均气温6.0℃，年均降水量900 mm，≥10℃年积温1500℃，无霜期167 d。土壤起源于紫红色砂页岩残积物母质，自然植被为针叶林、冷杉林、杜鹃、草地等，无农业利用。

土系特征与变幅　诊断层：暗瘠表层、雏形层。诊断特性：铁质特性、湿润土壤水分状况、冷性土壤温度状况。香树箐系发育在高山地区，全为非耕地土壤，土体厚度一般在80～100 cm，土体下部夹紫色砂岩石砾较多。表土有机碳丰富，导致其色变暗，为黑棕色，下部颜色受母岩影响，为红棕色。剖面通体为粉质黏壤土—黏壤土，质地分异不明显。表层有机碳积累致土壤呈强发育团粒状结构，下部则发育中等的团块状结构。下部夹杂的紫色砂岩粒径变化较大，呈角状。土壤呈酸性反应，pH 4.8～5.1。该土系土壤全氮、全磷、全钾储量均较高，但除表层土壤（21.0 cmol/kg）外，阳离子交换量不高，处于较低水平，为10～11 cmol/kg。

对比土系　尾木尼系，不同地区，相同亚类，高岭石型矿物类型，颜色淡（10YR）。尼西系，相同土壤温度和水分状况，不同土纲，淋溶土纲，黏壤质颗粒大小级别，非酸性。龙箐沟系，不同地区，相同亚纲，伊利石混合型矿物类型，热性土壤温度状况。甲子系，相同地区，不同土类，伊利石混合型矿物类型，温性土壤温度状况，全铁和游离铁含量高，颜色偏淡（7.5YR）。

利用性能综述　香树箐系土壤厚度中等，自然肥力较高，结构疏松，其上森林茂盛，单位面积木材蓄积量高，同时，也是一些野生中药材的重要产地。由于该土系土壤分布在高山上部，可涵养水源，防止水土流失。未来应加以严格保护，合理发挥其经济和生态效益。

参比土种　紫黑汤土。

代表性单个土体　剖面采自云南省丽江市玉龙县九河乡河源村香树箐（编号 53-228），

在老君山景区内，坐标 26.658889°N，99.786297°E。海拔 3357 m，当前为草地。50 cm 深度土层年平均温度 8.6℃。野外调查时间 2015 年 10 月。

Ah：0～25 cm，灰棕色（5YR 5/2，干），黑棕色（5YR 2/2，润）；粉质黏壤土，强发育团粒状结构，疏松，根系较多，夹少量石砾，平滑清晰过渡。

Bw：25～47 cm，浊红棕色（5YR 5/4，干），暗红棕色（5YR 3/4，润）；粉质黏壤土，中等发育团块状结构，稍坚实，少量根系，土体夹少量石砾，平滑清晰过渡。

BC：47～100 cm，浊橙色（5YR 6/4，干），浊红棕色（5YR 4/4，润）；黏壤土，中等发育团块状结构，坚实，土体中夹紫色砂岩石砾，含量达 20%，基本无磨圆，粒径变化较大，为 1～15 cm。

香树箐系代表性单个土体剖面

香树箐系代表性单个土体物理性质

土层	深度 /cm	石砾 (>2 mm，体积分数)/%	细土颗粒组成 (粒径：mm)/(g/kg)			质地	容重 /(g/cm³)
			砂粒 2～0.05	粉粒 0.05～0.002	黏粒 <0.002		
Ah	0～25	—	199	462	338	粉质黏壤土	0.95
Bw	25～47	—	186	438	377	粉质黏壤土	1.34
BC	47～100	20	282	371	346	黏壤土	1.35

香树箐系代表性单个土体化学性质

深度 /cm	pH		有机碳(C) /(g/kg)	全氮(N) /(g/kg)	全磷(P) /(g/kg)	全钾(K) /(g/kg)	全铁(Fe) /(g/kg)	阳离子交换量 /(cmol/kg)	游离铁(Fe) /(g/kg)
	H_2O	KCl							
0～25	4.8	3.7	36.2	3.19	1.26	17.5	21.7	21.0	12.9
25～47	4.8	3.9	7.7	1.25	0.74	25.7	33.1	10.8	16.4
47～100	5.1	4.0	6.5	1.11	1.10	24.6	34.3	10.3	15.0

香树箐系代表性单个土体阳离子交换性质

深度 /cm	交换性 H^+ /(cmol/kg)	交换性 Al(1/3Al^{3+}) /(cmol/kg)	交换性 Ca(1/2Ca^{2+}) /(cmol/kg)	交换性 Mg(1/2Mg^{2+}) /(cmol/kg)	交换性 K /(cmol/kg)	交换性 Na /(cmol/kg)
0～25	0.38	4.24	2.76	0.92	0.48	0.14
25～47	0.02	3.91	0.43	0.27	0.21	0.13
47～100	0.02	3.13	0.46	0.25	0.19	0.14

14.8　棕色钙质湿润雏形土

14.8.1　右所系（Yousuo Series）

土　族：粗骨壤质云母混合型热性-棕色钙质湿润雏形土

拟定者：黄　标，瞿明凯，王培燕，李　想

右所系典型景观

分布与环境条件　右所系分布于云南省玉溪市 1500～2200 m 的岩溶缓丘中上部与溶蚀中低山地段。属中亚热带高原季风型气候，光照充足，冬暖夏凉，积温多，干湿分明，雨热同季，年均气温 11.9～17.5℃，无霜期 274 d，年均降水量 900～1200 mm，相对湿度 76%，年均日照时数 2172.3 h。土壤起源于石灰岩、钙质砂页岩母质上，人工林。

土系特征与变幅　诊断层：淡薄表层、雏形层。诊断特性：石灰性、氧化还原特征、铁质特性、碳酸盐岩岩性特征、湿润土壤水分状况、热性土壤温度状况。右所系土体厚度一般为 50～100 cm，剖面发育弱，层次分异不太明显。土体以暗棕色—浊棕色为主，色调为 7.5YR。土壤质地变化较大，为粉质壤土和粉质黏壤土，剖面下部黏粒含量较高，也见铁锰斑纹。表层土壤结构以团粒状为主，向下以团块状为主，发育程度中等。土体中含原岩石砾较多，含量为 10%～30%。表层有机碳含量较高，下部则较低。全磷含量异常高，达 12～30 g/kg，全钾含量也相对较高。

对比土系　划船寨系，相同地区，不同亚纲，干润雏形土，非酸性，粗骨黏质颗粒大小级别，高热性土壤温度状况。

利用性能综述　右所系土壤土层不厚，土壤熟化度低，土壤中石砾较多，不耐旱，属于低肥力土壤，适宜种植的作物不多，主要种植玉米、马铃薯、烤烟等。应以养为主，养用结合，扩种绿肥，不断提升地力。

参比土种　棕瘦红土。

代表性单个土体　剖面采自云南省玉溪市澄江县右所镇大坡头村（编号 53-058），坐标 24.64241°N，102.94734°E。海拔 1847 m，当前为人工桉树林。50 cm 深度土层年平均温度 17.6℃。野外调查时间 2014 年 11 月。

Ah： 0～13 cm，浊棕色（7.5YR 5/3，干），暗棕色（7.5YR 3/3，润）；粉质黏壤土，团粒状结构，疏松，大量须根，少量原岩石砾，轻度石灰反应，平滑清晰过渡。

Br1：13～42 cm，浊棕色（7.5YR 5/4，干），暗棕色（7.5YR 3/4，润）；粉质壤土，团块状结构，稍坚实，少量须根，结构体内见少量铁锰斑纹，原岩石砾含量增加，达20%，中等石灰反应，平滑清晰过渡。

Br2：42～65 cm，浊橙色（7.5YR 7/4，干），浊棕色（7.5YR 5/4，润）；粉质黏壤土，团块状结构，坚实，原岩石砾含量达30%，结构体内见少量铁锰斑纹，强石灰反应。

C： 65～120 cm，钙质砂页岩砾石。

右所系代表性单个土体剖面

右所系代表性单个土体物理性质

土层	深度 /cm	石砾 (>2 mm，体积分数)/%	细土颗粒组成 (粒径：mm)/(g/kg)			质地	容重 /(g/cm^3)
			砂粒 2～0.05	粉粒 0.05～0.002	黏粒 <0.002		
Ah	0～13	10	179	476	345	粉质黏壤土	0.99
Br1	13～42	20	205	589	206	粉质壤土	1.33
Br2	42～65	30	145	511	344	粉质黏壤土	1.34

右所系代表性单个土体化学性质

深度 /cm	pH (H_2O)	有机碳(C) /(g/kg)	全氮(N) /(g/kg)	全磷(P) /(g/kg)	全钾(K) /(g/kg)	全铁(Fe) /(g/kg)	阳离子交换量 /(cmol/kg)	游离铁 (Fe) /(g/kg)	碳酸钙 ($CaCO_3$) /(g/kg)
0～13	7.7	29.8	2.50	18.63	19.4	37.7	19.0	29.5	134
13～42	7.8	5.7	0.81	29.84	21.8	43.4	18.2	34.8	50
42～65	7.9	5.5	0.67	12.20	11.5	21.7	9.5	16.9	424

14.9　腐殖铝质湿润雏形土

14.9.1　龙箐沟系（Longqinggou Series）

土　族：黏质伊利石混合型酸性热性-腐殖铝质湿润雏形土

拟定者：黄　标，万梦雪，戴普胜

龙箐沟系典型景观

分布与环境条件　龙箐沟系分布于云南省普洱市江城、墨江、景谷、镇沅等县海拔 1500 m 的山地的坡地上。区域地势起伏较大，海拔 1200～1600 m。属亚热带季风气候，区域年均气温 18.1℃，年均有霜日 2～3 d，年均日照时数 1886 h，年均降水量 1800～2300 mm，年均蒸发量 1478 mm。土壤起源于紫红色砂页岩坡积物母质上，自然植被为阔叶林，农业利用为种植竹子、茶树、香蕉等旱作。

土系特征与变幅　诊断层：淡薄表层、雏形层。诊断特性：腐殖质特性、铁质特性、铝质特性、湿润土壤水分状况、热性土壤温度状况。龙箐沟系土层深厚，由于修筑梯地，在原表土上覆盖了 35 cm 厚的覆土。土体常见岩石碎块，直径可达 10 cm 以上。土壤色调继承了母岩的特征，偏红，色调为 5YR。土壤质地整体偏壤，为粉质壤黏土或粉质黏土，土壤剖面上部结构发育较弱，主要发育碎块状结构，原表层呈团粒状结构，其下主要为中等发育的团块状结构，B 层土壤结构体面上见有腐殖质胶膜。土壤有机碳及氮钾养分储量相对较高，但磷素储量相对较低。该土系土壤 B 层均显强酸性，pH 小于 4.5，盐基饱和度极低，小于 10%。

对比土系　帮沙系，不同地区，相同亚类，黏壤质颗粒大小级别，高热性土壤温度状况，颜色淡（10YR）。香树箐系，不同地区，相同亚纲，伊利石型矿物类型，冷性土壤温度状况。

利用性能综述　龙箐沟系多为坡耕地，由于种植茶叶，有机肥投入量较大，导致土壤有机碳含量较高，土壤质地较为适中，耕作性能较好，保水保肥性能中等，有较广的适种性，可种植粮豆、甘蔗、花生、小麦、油菜，也可种植经济林果，如甘蔗、香蕉、柑橘、茶叶、咖啡等。利用过程中，应有计划地修筑台地，既防止水土流失，又可在旱季保持水分，扩大绿肥、豆类等作物比例，培肥地力。对于过酸土壤，要注意调节酸度。

参比土种 紫赤红土。

代表性单个土体 剖面采自云南省普洱市江城县嘉禾乡联合村龙箐沟（编号 53-131），坐标 22.6978°N，101.90491°E。海拔 1518 m，当前为茶园，50 cm 深度土层年平均温度 18.4℃。野外调查时间 2015 年 4 月。

Ap： 0～20 cm，浊橙色（5YR 6/4，干），浊红棕色（5YR 4/4，润）；粉质黏壤土，主要为中等发育碎块状结构，疏松，根系较多，平滑清晰过渡。

Bw： 20～35 cm，浊橙色（5YR 6/3，干），浊红棕色（5YR 4/3，润）；粉质黏土，为中等发育碎块状结构，稍坚实，少量根系，见直径 5～10 cm 的岩石碎屑，结构体表面见腐殖质灰色胶膜，平滑突变过渡。

2Ap： 35～53 cm，灰棕色（5YR 6/2，干），灰棕色（5YR 4/2，润）；粉质黏壤土，为中等发育团粒状结构，疏松，少量根系，结构体表面见腐殖质灰色胶膜，平滑突变过渡。

2Bw1：53～95 cm，浊橙色（5YR 6/4，干），浊红棕色（5YR 4/4，润）；粉质黏壤土，为中等发育团块状结构，稍坚实，见直径 5～10 cm 的岩石碎屑，结构体表面见腐殖质灰色胶膜，平滑清晰过渡。

龙箐沟系代表性单个土体剖面

2Bw2：95～120 cm，浊橙色（5YR 7/4，干），亮红棕色（5YR 5/6，润）；粉质黏壤土，为中等发育团块状结构，稍坚实，见直径 5～10 cm 的岩石碎屑。

龙箐沟系代表性单个土体物理性质

土层	深度 /cm	细土颗粒组成（粒径：mm)/(g/kg)			质地	容重 /(g/cm^3)
		砂粒 2～0.05	粉粒 0.05～0.002	黏粒 <0.002		
Ap	0～20	111	520	369	粉质黏壤土	1.25
Bw	20～35	91	425	484	粉质黏土	1.15
2Ap	35～53	101	566	332	粉质黏壤土	0.98
2Bw1	53～95	110	559	331	粉质黏壤土	1.18
2Bw2	95～120	98	530	372	粉质黏壤土	1.41

龙箐沟系代表性单个土体化学性质

深度/cm	pH		有机碳(C)/(g/kg)	全氮(N)/(g/kg)	全磷(P)/(g/kg)	全钾(K)/(g/kg)	全铁(Fe)/(g/kg)	阳离子交换量/(cmol/kg)	游离铁(Fe)/(g/kg)
	H_2O	KCl							
0～20	4.3	3.6	21.8	1.95	0.41	16.5	45.2	15.8	27.6
20～35	4.2	3.6	22.8	2.06	0.43	15.8	43.4	16.1	28.3
35～53	4.0	3.5	34.1	2.47	0.54	15.2	40.2	21.0	26.6
53～95	4.4	3.7	16.2	1.68	0.38	15.7	41.2	13.7	27.7
95～120	4.3	3.7	8.4	1.07	0.28	17.8	46.6	11.2	31.3

龙箐沟系代表性单个土体阳离子交换性质

深度/cm	交换性 H^+/(cmol/kg)	交换性 Al(1/3Al^{3+})/(cmol/kg)	交换性 Ca(1/2Ca^{2+})/(cmol/kg)	交换性 Mg(1/2Mg^{2+})/(cmol/kg)	交换性 K/(cmol/kg)	交换性 Na/(cmol/kg)
0～20	0.35	7.46	0.95	0.35	0.19	0.22
20～35	0.13	8.70	0.46	0.23	0.13	0.14
35～53	0.46	10.11	0.40	0.19	0.13	0.14
53～95	0.11	7.72	0.43	0.19	0.14	0.14
95～120	0.09	6.68	0.28	0.18	0.08	0.14

14.9.2 帮沙系（Bangsha Series）

土 族：黏壤质硅质型酸性高热性-腐殖铝质湿润雏形土

拟定者：黄 标，万梦雪，戴普胜

帮沙系典型景观

分布与环境条件 帮沙系分布于云南省西双版纳州、红河州河谷海拔 800 m 以下的缓坡地段。属北热带和南亚热带湿润季风气候，长夏无冬，干湿季分明，兼有大陆性气候和海洋性气候的特点，日温差大，年温差小，静风少寒，基本无霜。年均气温 18.6～21.9℃，年均降水量 1200～1700 mm，年均日照时数 1800～2300 h。土壤起源于砂页岩坡积物母质，自然植被为常绿阔叶林，农业利用为种植橡胶树等旱作。

土系特征与变幅 诊断层：淡薄表层、雏形层。诊断特性：氧化还原特征、腐殖质特性、铁质特性、铝质特性、湿润土壤水分状况、高热性土壤温度状况。帮沙系土层深厚，由于种植橡胶树，每年有大量凋落物归还土壤，并向下侵染达 1 m，土壤有机碳含量很高。土壤质地整体偏壤，为砂质黏壤土—壤土—黏壤土，土壤剖面的表土，发育较强的团粒状结构，其下主要为中等发育的团块状结构，土壤结构体面上见有腐殖质胶膜，120 cm 以下土壤结构发育较强，B 层下部土层结构体内均见有铁锰斑纹，尤其在 120 cm 以下，出现大量铁锰斑纹。尽管土壤有机碳含量较高，但磷钾养分储量均很低。土壤均显酸性—强酸性，pH 小于 5.0，盐基饱和度极低，小于 10%。

对比土系 龙箐沟系，不同地区，相同亚类，黏质颗粒大小级别，热性土壤温度状况，颜色红（5YR）。甲子系，不同地区，相同土类，黏质颗粒大小级别，温性土壤温度状况。

利用性能综述 帮沙系土层深厚，结构适中，水、肥、气、热比较协调，正常管理情况下，橡胶产量较高。除橡胶树外，该土系土壤还适合种植龙脑香、依兰、香草兰等名贵香料，也可种植望天树、石梓等优质木材，还可种植腰果、榴梿、木菠萝等热带果树。利用时，应注意补充磷钾等养分。

参比土种 砖黄泥砂土。

代表性单个土体 剖面采自云南省西双版纳州景洪市基诺族乡巴来村帮沙（编号 53-138），坐标 21.91791°N，101.07939°E。海拔 781 m，当前为橡胶树林，50 cm 深度土层年平均温度 23.3℃。野外调查时间 2015 年 4 月。

帮沙系代表性单个土体剖面

Ap：0～34 cm，灰黄棕色（10YR 5/2，干），黑棕色（10YR 3/2，润）；砂质黏壤土，主要为强发育的团粒状结构，疏松，根系较多，平滑清晰过渡。

Bw：34～60 cm，浊黄棕色（10YR 5/3，干），暗棕色（10YR 3/3，润）；壤土，为弱发育团块状结构，疏松，中量根系，结构体表面见腐殖质灰色胶膜，平滑渐变过渡。

Br1：60～94 cm，浊黄橙色（10YR 6/4，干），浊黄棕色（10YR 5/4，润）；壤土，为中等发育团块状结构，稍坚实，少量根系，结构体表面见腐殖质灰色胶膜，结构体内见铁锰斑纹，平滑渐变过渡。

Br2：94～120 cm，浊黄橙色（10YR 7/4，干），黄棕色（10YR 5/6，润）；黏壤土，为中等发育团块状结构，坚实，极少量根系，结构体内见铁锰斑纹，波状清晰过渡。

Br3：120～140 cm，橙白色（10YR 8/2，干），灰黄棕色（10YR 6/2，润）；黏壤土，为强发育团块状结构，坚实，结构体内见大量铁锰斑纹和结核，占视域面积 20%左右。

帮沙系代表性单个土体物理性质

土层	深度/cm	细土颗粒组成 (粒径：mm)/(g/kg)			质地	容重/(g/cm^3)
		砂粒 2～0.05	粉粒 0.05～0.002	黏粒 <0.002		
Ap	0～34	475	270	255	砂质黏壤土	1.28
Bw	34～60	433	327	240	壤土	1.33
Br1	60～94	464	274	262	壤土	1.54
Br2	94～120	416	315	269	黏壤土	1.54
Br3	120～140	367	359	274	黏壤土	1.51

帮沙系代表性单个土体化学性质

深度/cm	pH		有机碳(C)/(g/kg)	全氮(N)/(g/kg)	全磷(P)/(g/kg)	全钾(K)/(g/kg)	全铁(Fe)/(g/kg)	阳离子交换量/(cmol/kg)	游离铁(Fe)/(g/kg)
	H_2O	KCl							
0～34	4.8	3.7	18.0	1.32	0.13	5.4	12.6	10.8	7.7
34～60	4.5	3.7	10.0	0.77	0.16	6.0	14.6	10.0	8.7
60～94	4.6	3.7	6.2	0.63	0.13	9.1	15.2	9.2	10.1
94～120	4.4	3.6	4.5	0.55	0.14	7.7	20.3	8.2	14.1
120～140	4.4	3.7	4.1	0.59	0.13	8.9	31.6	9.6	22.2

帮沙系代表性单个土体阳离子交换性质

深度 /cm	交换性 H^+ /(cmol/kg)	交换性 Al(1/3Al^{3+}) /(cmol/kg)	交换性 Ca(1/2Ca^{2+}) /(cmol/kg)	交换性 Mg(1/2Mg^{2+}) /(cmol/kg)	交换性 K /(cmol/kg)	交换性 Na /(cmol/kg)
0～34	0.20	8.64	0.35	0.16	0.08	0.13
34～60	0.04	7.68	0.23	0.11	0.03	0.11
60～94	0.11	5.85	0.23	0.14	0.03	0.11
94～120	0.07	5.48	0.57	0.24	0.06	0.22
120～140	0.28	5.45	0.15	0.13	0.08	0.14

14.9.3　轿子山系（Jiaozishan Series）

土　族：黏壤质云母混合型酸性温性-腐殖铝质湿润雏形土

拟定者：黄　标，万梦雪，卢　鑫

轿子山系典型景观

分布与环境条件　轿子山系分布于云南省禄劝县轿子山风景区内。区域地势起伏很大，海拔2500～4100 m。属亚热带季风气候，但随着海拔的升高，呈现立体气候特点，气温下降至温带气候，年均气温4～10℃，年均降水量1000 mm以上。土壤起源于砂岩、砂页岩风化坡积物母质上，针叶林。

土系特征与变幅　诊断层：淡薄表层、雏形层。诊断特性：铝质现象、均腐殖质特性、石质接触面、铁质特性、湿润土壤水分状况、温性土壤温度状况。轿子山系土壤质地较轻，主要为粉质黏壤土，土壤发育程度相对较低，主要呈弱发育的团块状结构，通体夹有半风化的母岩碎块。由于气候冷湿，有机碳的积累大于分解，且向下移动，所以土壤有机碳在整个剖面含量均较高，80 cm以上土壤有机碳含量都在30 g/kg以上，土壤全氮、全磷、全钾含量也较高。土壤呈酸性—强酸性，pH 4.3～4.7。

对比土系　羊岔街系，不同地区，相同亚类，砂质颗粒大小级别，硅质混合型矿物类型，热性土壤温度状况。

利用性能综述　该土系土壤质地较轻，自然肥力高，林木生长好，木材蓄积量高，是高山地区宝贵的土壤资源之一，但气候较冷，林木自然更新较慢，砍伐后，易被矮生灌刺丛取代，影响林木产量，要合理采伐，注意保护，列为当地自然生态保护点，妥善加以保护。

参比土种　黑灰泥。

代表性单个土体　剖面采自云南省昆明市禄劝县轿子山（编号53-224），坐标26.03963°N，102.82485°E。海拔2943 m，当前为高山松针叶林。50 cm深度土层年平均温度10.3℃。野外调查时间2014年11月。

Ah: 0～10 cm，浊棕色（7.5YR 5/4，干），暗棕色（7.5YR3/3，润）；粉质黏壤土，弱碎块状结构，疏松，较多粗根，夹岩石碎块，平滑渐变过渡。

AB: 10～20 cm，浊棕色（7.5YR 5/4，干），暗棕色（7.5YR 3/3，润）；粉质黏壤土，弱块状结构，疏松，较多粗根，夹岩石碎块，裂隙中见自上部落下的含腐殖质土体，平滑渐变过渡。

Bw1：20～46 cm，浊棕色（7.5YR 5/4，干），暗棕色（7.5YR 3/3，润）；粉质黏壤土，弱块状结构，疏松，较少粗根，夹大的岩石碎块，裂隙中见自上部落下的含腐殖质土体，平滑渐变过渡。

Bw2：46～73 cm，浊棕色（7.5YR 5/4，干），暗棕色（7.5YR 3/3，润）；粉质黏壤土，弱块状结构，疏松，较少粗根，夹小的岩石碎块，平滑清晰过渡。

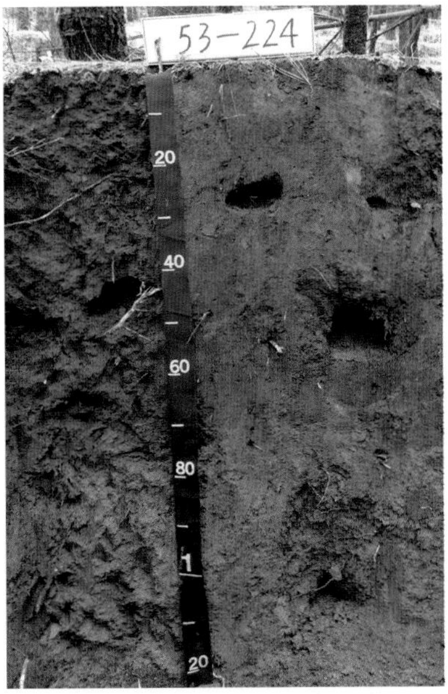

轿子山系代表性单个土体剖面

C: 73～120 cm，浊橙色（7.5YR 6/4，干），棕色（7.5YR 4/4，润）；粉质黏壤土，中等发育块状结构，稍坚实，偶见粗根，夹大的岩石碎块，波状突变过渡。

轿子山系代表性单个土体物理性质

土层	深度/cm	石砾(>2 mm，体积分数)/%	细土颗粒组成（粒径：mm）/(g/kg)			质地	容重/(g/cm³)
			砂粒 2～0.05	粉粒 0.05～0.002	黏粒 <0.002		
Ah	0～10	5	199	488	313	粉质黏壤土	0.94
AB	10～20	5	144	514	342	粉质黏壤土	0.85
Bw1	20～46	15	170	475	354	粉质黏壤土	0.87
Bw2	46～73	5	162	506	332	粉质黏壤土	0.89
C	73～120	15	148	528	324	粉质黏壤土	0.84

轿子山系代表性单个土体化学性质

深度/cm	pH		有机碳(C)/(g/kg)	全氮(N)/(g/kg)	全磷(P)/(g/kg)	全钾(K)/(g/kg)	全铁(Fe)/(g/kg)	阳离子交换量/(cmol/kg)	游离铁(Fe)/(g/kg)
	H_2O	KCl							
0～10	4.7	4.0	36.5	2.97	1.16	17.8	51.0	21.1	32.4
10～20	4.6	4.0	31.5	2.79	1.16	14.6	53.5	18.6	33.7
20～46	4.5	4.0	31.9	2.71	1.19	12.9	52.5	20.0	32.3
46～73	4.3	4.0	32.9	2.72	1.22	13.2	55.5	22.1	36.0
73～120	4.6	4.0	17.8	1.63	1.09	14.7	52.4	16.9	31.2

轿子山系代表性单个土体阳离子交换性质

深度 /cm	交换性 H^+ /(cmol/kg)	交换性 Al(1/3Al^{3+}) /(cmol/kg)	交换性 Ca(1/2Ca^{2+}) /(cmol/kg)	交换性 Mg(1/2Mg^{2+}) /(cmol/kg)	交换性 K /(cmol/kg)	交换性 Na /(cmol/kg)
0～10	0.15	5.22	0.53	0.39	0.42	0.11
10～20	0.07	5.75	0.25	0.25	0.14	0.13
20～46	0.16	6.86	0.19	0.21	0.13	0.14
46～73	0.15	6.52	0.16	0.19	0.13	0.13
73～120	0.15	5.36	0.16	0.19	0.08	0.13

14.9.4　羊岔街系（Yangchajie Series）

土　族：砂质硅质混合型酸性热性-腐质铝质湿润雏形土

拟定者：黄　标，瞿明凯，王培燕，李　想

分布与环境条件　羊岔街系分布于云南省玉溪市元江县海拔 2000 m 以上的山区平缓地段。属低纬高原季风气候，年均气温 15℃，年均降水量 1500～2200 mm，相对湿度 55%，年均日照时数 2020 h。土壤起源于花岗岩残积物母质，阔叶林，农业利用为种植蔬菜。

羊岔街系典型景观

土系特征与变幅　诊断层：暗瘠表层、雏形层。诊断特性：石质接触面、腐殖质特性、铝质特性、湿润土壤水分状况、热性土壤温度状况。羊岔街系是花岗岩等粗粒结晶岩类的风化残积物发育的土壤，在地形较好的地段，人为利用形成耕作土壤。土体较深厚，在 1 m 左右，层次发育较明显。土壤质地较轻，为壤土—砂质壤土，结构以团粒状结构为主。由于所处山区降雨量大，植被繁茂，土壤中有机碳积累强烈，表层土壤有机碳含量高达 63.7 g/kg，土壤颜色偏暗，明度、彩度低。土壤呈强酸性反应，pH 4.4～4.7，盐基饱和度很低，为 5%～30%。养分储量方面，土壤全氮和全钾含量很高，全磷含量相对较低。

对比土系　轿子山系，不同地区，相同亚类，黏壤质颗粒大小级别，云母混合型矿物类型，温性土壤温度状况。

利用性能综述　羊岔街系土壤土体较深厚，质地轻，适宜耕作，保水保肥能力较强，有一定抗逆能力，属于中等肥力土壤。由于降雨量大，云雾大，光照不足，作物产量会受一定影响。由于土壤疏松，易于流失，所以一定要保护好植被，防止水土流失。针对土壤的强酸性，应注意使用碱性肥料，降低酸化趋势。

参比土种　麻砂泥土。

代表性单个土体　剖面采自云南省玉溪市元江县羊岔街乡（编号 53-089），坐标 23.66051°N，101.76373°E。海拔 2134 m，当前种植萝卜。50 cm 深度土层年平均温度 17.2℃。野外调查时间 2014 年 11 月。

羊岔街系代表性单个土体剖面

Ap：0～40 cm，灰黄棕色（10YR 5/2，干），黑棕色（10YR 2/2，润）；壤土，团粒状结构，疏松，大量根系，偶见花岗岩石砾，平滑清晰过渡。

Bw：40～63 cm，灰黄棕色（10YR 6/2，干），黑棕色（10YR 3/2，润）；砂质壤土，团粒状结构，疏松，偶见花岗岩石砾，平滑清晰过渡。

BC：63～110 cm，橙白色（10YR 8/1，干），灰黄棕色（10YR 5/2，润）；砂质壤土，团粒状结构，疏松，可见较大的花岗岩石砾，直径 20 cm 以上。

羊岔街系代表性单个土体物理性质

土层	深度/cm	石砾(>2 mm，体积分数)/%	细土颗粒组成 (粒径：mm)/(g/kg)			质地	容重/(g/cm^3)
			砂粒 2～0.05	粉粒 0.05～0.002	黏粒 <0.002		
Ap	0～40	—	396	414	190	壤土	0.79
Bw	40～63	—	552	271	177	砂质壤土	1.03
BC	63～110	20	567	271	162	砂质壤土	1.09

羊岔街系代表性单个土体化学性质

深度/cm	pH		有机碳(C)/(g/kg)	全氮(N)/(g/kg)	全磷(P)/(g/kg)	全钾(K)/(g/kg)	全铁(Fe)/(g/kg)	阳离子交换量/(cmol/kg)	游离铁(Fe)/(g/kg)
	H_2O	KCl							
0～40	4.7	3.9	63.7	4.46	0.45	71.9	15.9	18.6	1.8
40～63	4.5	3.9	39.0	3.02	0.37	32.1	18.2	17.6	4.9
63～110	4.4	4.0	21.3	1.87	0.29	34.1	19.0	16.0	5.7

羊岔街系代表性单个土体交换性阳离子性质

深度/cm	交换性 H^+/(cmol/kg)	交换性 Al(1/3Al^{3+})/(cmol/kg)	交换性 Ca(1/2Ca^{2+})/(cmol/kg)	交换性 Mg(1/2Mg^{2+})/(cmol/kg)	交换性 K/(cmol/kg)	交换性 Na/(cmol/kg)
0～40	2.83	1.30	4.16	0.71	0.32	0.14
40～63	0.41	5.16	1.56	0.40	0.26	0.14
63～110	0.18	4.54	0.48	0.19	0.22	0.11

14.10 黄色铝质湿润雏形土

14.10.1 甲子系（Jiazi Series）

土 族：黏质伊利石混合型酸性温性-黄色铝质湿润雏形土

拟定者：黄 标，胡文友，张海东，贾萌萌

分布与环境条件 甲子系分布于云南省丽江市玉龙县玉龙雪山周边海拔 3200～3800 m 的高山地区。属低纬暖温带高原山地季风气候，年均气温 8.7℃，年均降水量 1140 mm。土壤起源于砂页岩等冰水沉积物母质，自然植被为冷杉、杜鹃等。

甲子系典型景观

土系特征与变幅 诊断层：淡薄表层、雏形层。诊断特征：铝质特性、氧化还原特征、铁质特性、湿润土壤水分状况、温性土壤温度状况。甲子系土壤层次分异较明显，65 cm 以上为棕色—暗棕色，以下为橙色。通体质地均为黏土，65 cm 以下黏粒含量明显增加，达极黏质。土壤结构以小团块状为主，表层土壤出现团粒状结构。土层结构体内常见铁锰斑纹，下部土体内常见岩石碎屑。土壤反应为强酸性—酸性，pH 4.5～5.0，盐基饱和度极低，小于 10%。50 cm 以上土壤有机碳、全氮和全磷养分含量较高，钾养分储量中等。

对比土系 香树箐系，相同地区，不同土类，伊利石型矿物类型，冷性土壤温度状况，全铁和游离铁含量低，颜色偏红（5YR）。帮沙系，不同地区，相同土类，黏壤质颗粒大小级别，高热性土壤温度状况。上关系，不同地区，相同亚纲，黏壤质颗粒大小级别，非酸性，热性土壤温度状况。

利用性能综述 甲子系是高山土壤中自然肥力较高的土壤，林木生长繁茂，材质优良，蓄积量高，又是重要的水源涵养林和自然生态林，林下还生长有各种野生中药材。利用过程中，应注意加强保护，严禁乱砍滥伐。

参比土种 棕黑汤土。

代表性单个土体 剖面采自云南省丽江市玉龙县大具乡甲子村（编号 53-219），坐标 27.10964°N，100.27398°E。海拔 3197 m，当前为冷杉林。50 cm 深度土层年平均温度 11.2℃。野外调查时间 2015 年 10 月。

甲子系代表性单个土体剖面

Ah：0～12 cm，浊橙色（7.5YR 6/4，干），棕色（7.5YR 4/4，润）；黏土，主要为中等发育的团粒状结构，也见碎块状结构，疏松，根系较多，平滑清晰过渡。

Br1：12～23 cm，浊棕色（7.5YR 5/4，干），棕色（7.5YR 4/4，润）；黏土，为中等发育小团块状结构，稍坚实，少量根系，结构体表面见腐殖质灰色胶膜，结构体内见少量铁锰斑纹和铁锰结核，平滑渐变过渡。

Br2：23～50 cm，亮棕色（7.5YR 5/6，干），暗棕色（7.5YR 3/4，润）；黏土，为中等发育小团块状结构，坚实，结构体表面见腐殖质灰色胶膜，结构体内见少量铁锰斑纹和铁锰结核，平滑渐变过渡。

Br3：50～65 cm，橙色（7.5YR 6/6，干），亮棕色（7.5YR 5/6，润）；黏土，为中等发育小团块状结构，坚实，结构体内见少量铁锰斑纹，原岩碎屑明显增加，达 15%，平滑渐变过渡。

Br4：65～120 cm，橙色（7.5YR 7/6，干），橙色（7.5YR 6/6，润）；黏土，为中等发育小团块状结构，坚实，结构体表面见少量铁锰斑纹，夹大量原岩碎屑，达 30%。

甲子系代表性单个土体物理性质

土层	深度/cm	石砾(>2 mm，体积分数)/%	细土颗粒组成 (粒径：mm)/(g/kg)			质地	容重/(g/cm^3)
			砂粒 2～0.05	粉粒 0.05～0.002	黏粒 <0.002		
Ah	0～12	—	131	345	524	黏土	1.22
Br1	12～23	—	105	372	523	黏土	1.44
Br2	23～50	—	96	329	575	黏土	1.43
Br3	50～65	15	51	362	587	黏土	1.42
Br4	65～120	30	27	322	652	黏土	1.59

甲子系代表性单个土体化学性质

深度/cm	pH		有机碳(C)/(g/kg)	全氮(N)/(g/kg)	全磷(P)/(g/kg)	全钾(K)/(g/kg)	全铁(Fe)/(g/kg)	阳离子交换量/(cmol/kg)	游离铁(Fe)/(g/kg)
	H_2O	KCl							
0～12	4.7	3.6	17.6	1.11	0.84	17.3	84.5	19.3	56.8
12～23	4.5	3.6	14.0	1.18	0.98	15.1	90.6	18.9	56.0
23～50	4.6	3.9	13.5	1.14	0.97	15.7	92.1	17.5	56.0
50～65	4.8	3.9	4.3	0.73	1.14	23.4	85.2	16.6	58.4
65～120	5.0	3.7	1.7	0.42	1.43	34.5	74.5	16.7	55.1

甲子系代表性单个土体阳离子交换性质

深度 /cm	交换性 H^+ /(cmol/kg)	交换性 Al(1/3Al^{3+}) /(cmol/kg)	交换性 Ca(1/2Ca^{2+}) /(cmol/kg)	交换性 Mg(1/2Mg^{2+}) /(cmol/kg)	交换性 K /(cmol/kg)	交换性 Na /(cmol/kg)
0～12	0.38	9.33	1.68	0.48	0.27	0.14
12～23	0.27	13.05	0.37	0.27	0.32	0.14
23～50	0.15	9.37	0.60	0.33	0.30	0.27
50～65	0.17	10.26	0.59	0.29	0.24	0.14
65～120	0.21	6.35	3.41	1.07	0.32	0.18

14.11 普通铝质湿润雏形土

14.11.1 佛房系（Fufang Series）

土　族：黏壤质硅质型酸性热性-普通铝质湿润雏形土

拟定者：黄　标，万梦雪，戴普胜

佛房系典型景观

分布与环境条件 佛房系分布于云南省普洱市临沧、普洱、德宏等地海拔 900～1400 m 的低山坡地上。属南亚热带夏湿冬干山地季风气候，冬无严寒，夏无酷暑，干雨季分明，700～1400 m 的大部分坝子河谷低丘地带为南亚热带，年均气温 19.2℃，年均日照时数 2098.0 h，年均降水量 1624.0 mm，年均蒸发量 1600 mm。土壤起源于红色砂岩母质，自然植被为针阔叶林，农业利用为种植茶树等旱作。

土系特征与变幅 诊断层：淡薄表层、雏形层。诊断特性：石质接触面、铁质特性、铝质特性、湿润土壤水分状况、热性土壤温度状况。佛房系由红色砂岩残积物母质经耕作发育而成，土层约 1 m。土壤质地整体偏壤，均为黏壤土，土壤剖面的表土由于耕作发育较强的团粒状结构，色调变灰棕色（7.5YR），其下主要为中等发育的团块状结构，颜色继承母质颜色，呈亮红棕色（5YR），彩度很高，土体裂隙内见表层土壤的充填物，在 1 m 与半风化母岩接触。表层土壤有机碳、氮磷养分含量较高，但钾养分储量很低。土壤反应自上而下，由强酸性变为酸性，pH 小于 5.0，盐基饱和度极低，小于 10%。

对比土系 老缅寨系，相同地区，不同土纲，淋溶土纲，黏质颗粒大小级别，颜色淡（10～7.5YR）。

利用性能综述 佛房系土壤质地疏松，透水透气，耕性好，加之环境气温高，水热条件优越，宜耕期长。适宜多种南亚热带甘蔗、草果等经济作物生长，粮食作物以陆稻、玉米为主，但该土系保水保肥性能较差，钾素缺乏，经济作物需要注意补充。此外，根据适宜多种植物生长的特点，应注意轮作，用养结合，改善土壤养分条件。由于土层相对较薄，应注意保持水土。

参比土种 赤砂泥胶园土。

代表性单个土体 剖面采自云南省普洱市澜沧县勐朗镇佛房社区情人桥（编号 53-129），坐标 22.54446°N，99.93537°E。海拔 1073 m，当前为茶园，50 cm 深度土层年平均温度 21.2℃。野外调查时间 2015 年 4 月。

Ap：0～34 cm，淡棕灰色（7.5YR 7/2，干），灰棕色（7.5YR 4/2，润）；黏壤土，主要为强发育的团粒状结构，疏松，根系较多，土体内见草木炭侵入体，平滑突变过渡。

Bw1：34～60 cm，橙色（5YR 7/6，干），亮红棕色（5YR 5/8，润）；黏壤土，为中等发育团块状结构，坚实，土体裂隙内见表层土壤的充填物，平滑渐变过渡。

Bw2：60～77 cm，橙色（5YR 7/6，干），亮红棕色（5YR 5/8，润）；黏壤土，为中等发育团块状结构，坚实，平滑渐变过渡。

BC：77～130 cm，橙色（5YR 7/8，干），亮红棕色（5YR 5/8，润）；黏壤土，为中等发育团块状结构，坚实，20%风化母岩，平滑渐变过渡。

R：130 cm 以下，浅淡橙色（5YR 8/4，干），橙色（5YR 6/8，润）；半风化红色砂岩。

佛房系代表性单个土体剖面

佛房系代表性单个土体物理性质

土层	深度 /cm	石砾 (>2 mm，体积分数)/%	细土颗粒组成（粒径：mm)/(g/kg) 砂粒 2～0.05	粉粒 0.05～0.002	黏粒 <0.002	质地	容重 /(g/cm³)
Ap	0～34	—	439	278	283	黏壤土	1.35
Bw1	34～60	—	362	283	354	黏壤土	1.49
Bw2	60～77	—	346	277	377	黏壤土	1.54
BC	77～130	20	353	305	342	黏壤土	1.61

佛房系代表性单个土体化学性质

深度 /cm	pH H_2O	pH KCl	有机碳(C) /(g/kg)	全氮(N) /(g/kg)	全磷(P) /(g/kg)	全钾(K) /(g/kg)	全铁(Fe) /(g/kg)	阳离子交换量 /(cmol/kg)	游离铁(Fe) /(g/kg)
0～34	4.3	3.4	15.7	1.22	1.14	7.6	20.3	14.0	8.6
34～60	4.3	3.4	7.3	0.74	0.70	8.5	30.6	13.2	17.0
60～77	4.6	3.4	4.8	0.50	0.48	8.2	37.6	13.7	19.8
77～130	4.5	3.2	2.3	0.29	0.25	10.3	33.5	14.5	17.7

佛房系代表性单个土体阳离子交换性质

深度 /cm	交换性 H^+ /(cmol/kg)	交换性 Al(1/3Al^{3+}) /(cmol/kg)	交换性 Ca(1/2Ca^{2+}) /(cmol/kg)	交换性 Mg(1/2Mg^{2+}) /(cmol/kg)	交换性 K /(cmol/kg)	交换性 Na /(cmol/kg)
0～34	0.37	10.60	0.42	0.20	0.21	0.11
34～60	0.30	8.99	0.37	0.21	0.19	0.14
60～77	0.27	8.77	1.37	0.51	0.13	0.22
77～130	0.43	12.35	1.12	0.66	0.10	0.22

14.12　红色铁质湿润雏形土

14.12.1　豆沙系（Dousha Series）

土　族：黏质高岭石型非酸性热性-红色铁质湿润雏形土

拟定者：黄　标，万梦雪，戴普胜

豆沙系典型景观

分布与环境条件　豆沙系分布于云南省昭通市金沙江及其支流沿岸的山坡地。区域地势起伏较大，而土壤分布区在海拔 450～650 m。属中亚热带与温带共存的季风立体气候，夏季炎热，冬季偏暖，雨量充沛，气候湿润，干雨季分明，云雾多、日照少。年均气温 17℃，无霜期 328 d，年均日照时数 966 h，年均降水量 1226.2 mm，年均蒸发量 1083.5 mm。土壤起源于砂岩坡积物母质，自然植被为针阔叶混交林，农业利用为种植茶叶、竹子等旱作。

土系特征与变幅　诊断层：淡薄表层、雏形层。诊断特性：铁质特性、湿润土壤水分状况、热性土壤温度状况。豆沙系多发育在坡地上，是在砂岩残坡积物母质上发育，同时，表层又不断堆积而成，土体夹杂不同粒径大小的砂岩碎石。整个剖面细土质地均为黏土，粉粒含量较高，可达到 350～460 g/kg，为粉质黏土。由于表层堆积的坡积物发育时间短，其结构主要为碎块状结构，下部则主要为发育较强的棱块状结构。土壤全铁和游离铁含量高，具有铁质特性。土壤反应为中性，pH 7 左右。从土壤的肥力特征看，该土系土壤有机碳、全氮、全磷、全钾储量均较为丰富，阳离子交换量也较高。

对比土系　大法召系，不同地区，相同亚类，酸性，温性土壤温度状况。落岩山系，不同地区，颜色相近，不同土纲，富铁土，高岭石混合型矿物类型，温性土壤温度状况。雷家寨系，不同地区，相同亚类，壤质颗粒大小级别，热性土壤温度状况。

利用性能综述　豆沙系土体夹杂砂岩碎石较多，影响耕作，多为坡地，宜种范围较窄，农业利用以竹园和茶园为主，也有玉米、杂豆轮作，一年一熟，产量较低。所以，缓坡处应坡改梯，防止水土流失，提高保水保肥能力。增施有机肥、增种绿肥，以培肥土壤，增加产量。对于陡坡地，应以保护为主，退耕还林。

参比土种　粗砂黄土。

代表性单个土体　剖面采自云南省昭通市盐津县豆沙镇石门村（编号 53-176），坐标 28.03172°N，104.13264°E。海拔 503 m，当前为竹园，50 cm 深度土层年平均温度 18.8℃。野外调查时间 2015 年 4 月。

豆沙系代表性单个土体剖面

Ah1：　0～30 cm，浊红棕色（5YR 5/3，干），暗红棕色（5YR 3/3，润）；黏土，中等发育碎块状结构，疏松，根系较多，见 10%左右的砂岩碎屑，平滑渐变过渡。

Ah2：　30～50 cm，浊红棕色（5YR 5/3，干），暗红棕色（5YR 3/3，润）；粉质黏土，中等发育碎块状结构，稍坚实，根系较多，见 10%左右的砂岩碎屑，平滑清晰过渡。

2Ah：　50～90 cm，浊红棕色（5YR 5/3，干），暗红棕色（5YR 3/3，润）；黏土，中等发育碎块状结构，稍坚实，少量根系，见 15%左右的砂岩碎屑，波状清晰过渡。

2Bw1：90～105 cm，灰棕色（5YR 5/2，干），暗红棕色（5YR 3/2，润）；粉质黏土，强发育棱块状结构，坚实，少量根系，见 5%左右的砂岩碎屑，平滑清晰过渡。

2Bw2：105～120 cm，浊红棕色（5YR 5/3，干），暗红棕色（5YR 3/3，润）；粉质黏土，强发育棱块状结构，坚实，见 15%左右的砂岩碎屑。

豆沙系代表性单个土体物理性质

土层	深度/cm	石砾(>2 mm，体积分数)/%	细土颗粒组成 (粒径：mm)/(g/kg)			质地	容重/(g/cm^3)
			砂粒 2～0.05	粉粒 0.05～0.002	黏粒 <0.002		
Ah1	0～30	10	106	364	530	黏土	1.30
Ah2	30～50	10	101	404	495	粉质黏土	1.26
2Ah	50～90	15	116	371	513	黏土	1.17
2Bw1	90～105	5	75	401	524	粉质黏土	1.22
2Bw2	105～120	15	92	458	450	粉质黏土	1.31

豆沙系代表性单个土体化学性质

深度/cm	pH(H_2O)	有机碳(C)/(g/kg)	全氮(N)/(g/kg)	全磷(P)/(g/kg)	全钾(K)/(g/kg)	全铁(Fe)/(g/kg)	阳离子交换量/(cmol/kg)	游离铁(Fe)/(g/kg)
0～30	7.0	8.5	0.92	0.61	25.6	71.0	22.3	40.5
30～50	7.0	10.7	1.11	0.70	25.0	71.9	22.9	40.1
50～90	6.9	19.4	1.83	0.78	21.2	67.9	24.4	37.4
90～105	6.6	14.0	1.36	0.57	23.4	62.4	21.3	38.8
105～120	6.6	8.2	0.90	0.50	27.0	64.4	19.5	39.8

14.12.2 大法召系（Dafazhao Series）

土　族：黏质高岭石型酸性温性-红色铁质湿润雏形土

拟定者：黄　标，万梦雪，卢　鑫

大法召系典型景观

分布与环境条件　大法召系分布于云南省曲靖市师宗县三叠系和侏罗系紫色砂页岩分布区，区域地势起伏较大，属丘陵区，一般分布于村寨附近，海拔2100 m。属亚热带—温带季风气候，冬春季受大陆季风的影响，晴天偏多，光照充足，气候温和干燥；夏秋季受海洋季风的影响，阴雨偏多，光照差，气候温凉潮湿。年均气温 12.0℃，年均日照时数 1735.7 h，年均降水量 1204.6 mm，年均蒸发量 1700 mm，无霜期 273 d。土壤起源于紫色页岩风化物母质，旱作或针阔叶混交林。

土系特征与变幅　诊断层：淡薄表层、雏形层。诊断特性：铁质特性、湿润土壤水分状况、温性土壤温度状况。该土系土层相对较厚，但发育时间较短，结构发育较弱。受紫色页岩母质影响，土壤质地较黏，整个剖面土层均为黏土。表层受耕作影响，发育弱的团粒状结构或小块状结构，其余土层均为弱发育的小块状结构。依然是受母质影响，土壤全铁和游离铁含量高。整个土壤反应呈酸性，pH 均小于 5.5。表层土壤有机碳、全氮、全磷含量均较高，但全钾含量非常低，阳离子交换量较高，达 17～23 cmol/kg，但盐基饱和度不高，仅 40%。

对比土系　豆沙系，不同地区，相同亚类，非酸性，热性土壤温度状况。上格系，同一地区，不同土族，伊利石混合型矿物类型。

利用性能综述　大法召系土体较厚，质地黏重，由于处于坡地，保水保肥能力弱，耐旱抗蚀能力差。但适种性广，可种植玉米、烤烟、薯类、小麦、蔬菜、豆类等，可一年两熟。利用过程中，应针对耐旱抗蚀能力差的特点，逐步改坡地为梯地，增施有机肥，种植绿肥，合理轮、间、套种，用地与养地结合，不断熟化土壤，提高地力。有条件的地方可适当发展林果业。

参比土种　红羊肝土。

代表性单个土体　剖面采自云南省师宗县雄壁镇法召村大法召自然村（编号 53-182），

坐标 24.95079°N，103.94293°E。海拔 2184 m，当前为旱地，种植土豆、萝卜等蔬菜。50 cm 深度土层年平均温度 14.3℃。野外调查时间 2014 年 11 月。

大法召系代表性单个土体剖面

Ap：0～40 cm，浊红棕色（2.5YR 4/3，干），暗红棕色（2.5YR 3/3，润）；黏土，弱发育团粒状和碎块状结构，极疏松，根系较多，见少量紫色砂页岩碎屑，平滑清晰过渡。

Bw：40～88 cm，浊红棕色（2.5YR 4/4，干），暗红棕色（2.5YR 3/4，润）；黏土，弱发育碎块状结构，疏松，少量根系，见少量紫色砂页岩碎屑，平滑渐变过渡。

BC：88～120 cm，浊红棕色（2.5YR 5/3，干），浊红棕色（2.5YR 4/3，润）；黏土，弱发育碎块状结构，稍坚实，常见紫色砂页岩碎屑。

大法召系代表性单个土体物理性质

土层	深度 /cm	细土颗粒组成 (粒径：mm)/(g/kg)			质地	容重 /(g/cm³)
		砂粒 2～0.05	粉粒 0.05～0.002	黏粒 <0.002		
Ap	0～40	197	303	500	黏土	1.22
Bw	40～88	102	393	505	黏土	1.36
BC	88～120	236	297	467	黏土	1.48

大法召系代表性单个土体化学性质

深度 /cm	pH		有机碳(C) /(g/kg)	全氮(N) /(g/kg)	全磷(P) /(g/kg)	全钾(K) /(g/kg)	全铁(Fe) /(g/kg)	阳离子交换量 /(cmol/kg)	游离铁(Fe) /(g/kg)
	H_2O	KCl							
0～40	5.1	4.0	14.0	1.04	1.05	4.8	103.5	21.5	52.8
40～88	5.5	4.6	6.1	0.53	0.52	4.5	136.7	17.2	52.1
88～120	5.3	4.2	3.1	0.40	0.62	3.0	110.6	22.2	53.5

14.12.3　小箐系（Xiaoqing Series）

土　族：粗骨黏质高岭石混合型酸性热性-红色铁质湿润雏形土

拟定者：黄　标，胡文友，张海东，贾萌萌

小箐系典型景观

分布与环境条件　小箐系集中分布于云南省保山市盆地边缘地形稍起伏、土壤发育较弱的地段。属西南季风区亚热带高原气候，加之低纬度、高海拔和海拔差异较大的复杂地形，形成"一山分四季，十里不同天"的立体气候，年均气温 15.5℃，年均无霜期 290 d 以上，年均降水量 1536 mm，冬春雨量较少，夏秋雨量较多，年均蒸发量 1480 mm。土壤起源于花岗岩母质上，自然植被为针叶林、灌丛、草地等，人为利用主要为种植桉树等。

土系特征与变幅　诊断层：淡薄表层、雏形层。诊断特征：石质接触面、铁质特性、氧化还原特征、湿润土壤水分状况、热性土壤温度状况。该土系由花岗岩风化而成。由于含游离铁较高，颜色较红且鲜艳，彩度在 6 以上。土壤表层质地相对较轻，为粉质黏壤土，向下质地趋于黏重，为粉质黏土。表层土壤由于有机碳积聚，呈现团粒状结构，较疏松，表层之下砾石增多，发育碎块状结构，其内见少量铁锰斑纹和铁锰结核。至底层，砾石含量更高，逐渐过渡至母质。该土壤耕作层有机碳、全氮、全磷含量均较高，整个剖面全钾和阳离子交换量偏高，养分状况较佳，但物理性状欠佳，砾石含量偏高。

对比土系　麻栗系，不同地区，相同土类，普通铁质湿润雏形土，壤质颗粒大小级别。

利用性能综述　小箐系的石砾含量高，保水保肥性能较差，不耐旱，农业利用上多为一年一熟。一般该土系土壤上，植被破坏严重，水土流失较强，因此，陡坡耕地要逐渐退耕还林，封山育林，坡耕地尽量少耕，或修筑台地，减少水土流失，可采用粮豆、粮肥轮作，用养结合，增强保肥供肥能力。

参比土种　石子赤红土。

代表性单个土体　剖面采自云南省保山市隆阳区永昌街道红庙社区小箐村（编号 53-275），坐标 25.14934°N，99.16317°E。海拔 1768 m，当前为桉树林。50 cm 深度土层年平均温度 17.1℃。野外调查时间 2015 年 10 月。

小箐系代表性单个土体剖面

Ah：0～20 cm，橙色（5YR 6/6，干），亮红棕色（5YR 5/8，润）；粉质黏壤土，发育团粒状结构，疏松，有较多根系，夹少量母岩碎屑，约 5%，平滑清晰过渡。

Br：20～60 cm，亮红棕色（5YR 5/8，干），红棕色（5YR 4/8，润）；粉质黏土，发育碎块状结构，坚实，少量根系，夹大量母岩碎屑，达40%，土体结构面上见少量铁锰斑纹和球形黑色铁锰结核，平滑清晰过渡。

C：60～120 cm，亮红棕色（5YR 5/8，干），红棕色（5YR 4/8，润）；粉质黏土，发育粒块状结构，坚实，夹大量母岩碎屑，达 70%。

小箐系代表性单个土体物理性质

土层	深度/cm	石砾(>2 mm，体积分数)/%	细土颗粒组成 (粒径：mm)/(g/kg)			质地	容重/(g/cm^3)
			砂粒 2～0.05	粉粒 0.05～0.002	黏粒 <0.002		
Ah	0～20	5	88	513	399	粉质黏壤土	1.31
Br	20～60	40	63	490	447	粉质黏土	1.36
C	60～120	70	51	503	447	粉质黏土	1.48

小箐系代表性单个土体化学性质

深度/cm	pH		有机碳(C)/(g/kg)	全氮(N)/(g/kg)	全磷(P)/(g/kg)	全钾(K)/(g/kg)	全铁(Fe)/(g/kg)	阳离子交换量/(cmol/kg)	游离铁(Fe)/(g/kg)
	H_2O	KCl							
0～20	6.2	4.9	22.0	1.93	0.52	29.4	64.1	15.9	42.6
20～60	4.8	3.8	6.0	0.93	0.42	29.3	74.8	14.5	58.6
60～120	4.7	3.8	3.0	0.55	0.39	29.3	81.4	13.7	61.6

小箐系代表性单个土体阳离子交换性质

深度/cm	交换性 H^+/(cmol/kg)	交换性 Al(1/3Al^{3+})/(cmol/kg)	交换性 Ca(1/2Ca^{2+})/(cmol/kg)	交换性 Mg(1/2Mg^{2+})/(cmol/kg)	交换性 K/(cmol/kg)	交换性 Na/(cmol/kg)
20～60	0.11	4.06	1.53	0.82	0.26	0.14
60～120	0.21	4.24	1.14	0.58	0.22	0.14

14.12.4 大具系（Daju Series）

土 族：黏质伊利石混合型非酸性温性-红色铁质湿润雏形土

拟定者：黄 标，胡文友，张海东，贾萌萌

分布与环境条件 大具系分布于云南省丽江市玉龙县周边海拔 3100～3600 m 的高山上部。属低纬暖温带高原山地季风气候，年均气温 8.7℃，年均降水量 1140 mm。土壤起源于紫红色砂页岩母质，自然植被为冷杉、杜鹃等。

大具系典型景观

土系特征与变幅 诊断层：淡薄表层、雏形层。诊断特征：氧化还原特征、铁质特性，湿润土壤水分状况、温性土壤温度状况。大具系土壤由于受紫红色砂页岩母质影响，颜色异常鲜艳，色调在 2.5YR～10R，为暗红棕色和灰红色。通体土壤质地主要为黏土，土壤层次分异较明显。土壤结构以团块状为主，表层土壤出现团粒状结构。38 cm 以下土层结构体内常见铁锰斑纹，土体内常见紫色砂页岩碎屑，自上而下含量逐渐增加。土壤反应为酸性—中性，表层土壤 pH 5.6，B-C 层土壤 pH 5.4～6.9，且 pH 自上而下逐渐增加，阳离子交换量较高，且呈现自上而下逐渐增加的规律。表层和亚表层土壤有机碳、全氮、全磷、全钾养分含量均较高。

对比土系 老龙田系，不同地区，颜色相近，剖面构型类似，不同土纲，富铁土，伊利石型矿物类型，酸性，热性土壤温度状况。上格系，不同地区，相同亚类，酸性。金顶系，相邻地区，剖面构型类似，不同土纲，富铁土，黏壤质颗粒大小级别，全铁和游离铁含量低，颜色稍淡（2.5YR）。

利用性能综述 大具系土壤土体厚度较大，自然肥力高，单位面积木材蓄积量大，同时也是野生中药材的重要产地。由于本土系分布于高山上部，对涵养水源、保持水土、保证农牧业生产具有重要经济和生态意义，应以保护为主，利用为辅。

参比土种 紫黑汤土。

代表性单个土体 剖面采自云南省丽江市玉龙县大具乡玉龙雪山（编号 53-232），坐标 27.1167°N，100.28452°E。海拔 3206 m，当前为冷杉林。50 cm 深度土层年平均温度 11.2℃。野外调查时间 2015 年 10 月。

大具系代表性单个土体剖面

Ah：0～20 cm，灰红色（7.5R 4/2，干），暗红棕色（7.5R 3/2，润）；黏土，主要为强发育的团粒状结构，疏松，根系较多，夹少量原岩碎屑，平滑清晰过渡。

Bt：20～38 cm，灰红色（10R 5/2，干），暗红棕色（10R 3/2，润）；黏土，为中等发育小团块状结构，稍坚实，少量根系，夹较多原岩碎屑（10%），平滑渐变过渡。

Br1：38～58 cm，浊红棕色（2.5YR 5/3，干），暗红棕色（2.5YR 3/3，润）；黏土，为中等发育小团块状结构，坚实，结构体内见少量铁锰斑纹，夹较多原岩碎屑（10%），平滑渐变过渡。

C1：58～80 cm，灰红色（7.5R 5/2，干），灰红色（7.5R 4/2，润）；黏壤土，为中等发育小团块状结构，坚实，结构体内见少量铁锰斑纹，夹较多原岩碎屑（15%），平滑渐变过渡。

C2：80～120 cm，红灰色（7.5R 6/1，干），红灰色（7.5R 5/1，润）；黏土，为中等发育小团块状结构，坚实，结构体内见少量铁锰斑纹，夹较多原岩碎屑（20%），平滑渐变过渡。

大具系代表性单个土体物理性质

土层	深度/cm	石砾(>2 mm，体积分数)/%	细土颗粒组成（粒径：mm)/(g/kg)			质地	容重/(g/cm^3)
			砂粒 2～0.05	粉粒 0.05～0.002	黏粒 <0.002		
Ah	0～20	5	118	374	508	黏土	1.11
Bt	20～38	10	36	349	615	黏土	1.23
Br1	38～58	10	91	395	514	黏土	1.31
C1	58～80	15	369	300	331	黏壤土	1.51
C2	80～120	20	282	293	425	黏土	1.52

大具系代表性单个土体化学性质

深度/cm	pH		有机碳(C)/(g/kg)	全氮(N)/(g/kg)	全磷(P)/(g/kg)	全钾(K)/(g/kg)	全铁(Fe)/(g/kg)	阳离子交换量/(cmol/kg)	游离铁(Fe)/(g/kg)
	H_2O	KCl							
0～20	5.6	4.4	31.5	1.95	0.76	22.3	146.3	23.4	30.4
20～38	5.4	4.1	14.7	0.93	0.49	17.7	150.3	21.4	40.4
38～58	5.5	4.1	7.8	0.75	0.58	15.3	128.2	27.7	36.4
58～80	5.9	4.3	2.6	0.29	0.93	21.4	126.4	26.0	20.3
80～120	6.9	4.9	2.4	0.27	1.09	26.6	120.7	31.9	25.5

14.12.5 上格系（Shangge Series）

土 族：黏质伊利石混合型酸性温性-红色铁质湿润雏形土

拟定者：黄 标，宗玉统，肖 晴，陆申一

上格系典型景观

分布与环境条件 上格系分布于云南省曲靖市宣威市的缓坡丘陵和坝子边缘。区域地势有一定起伏，多数地段具有较齐的山峰线和较平缓的山顶面，海拔在 1900～2300 m。属低纬高原季风气候，夏秋和冬春分别受海洋性和大陆性气团影响，形成北亚热带、南温带、中温带多种气候带并存的情况，年均气温 13.4℃，以宣威城为中心的坝区，年均降水量 975.2 mm，年均日照时数 2018.5 h。土壤起源于紫色砂页岩母质上，自然植被为林地。

土系特征与变幅 诊断层：淡薄表层、雏形层。诊断特性：铁质特性、准石质接触面、温性土壤温度状况、湿润土壤水分状况。上格系是由紫色砂页岩风化物发育的非耕地土壤。已出现雏育层，发育块状结构，表层为碎块状结构，其余则为中—强发育块状结构。土壤颜色很红，达 10R。土壤质地很黏，为黏土和粉质黏土。土壤全铁和游离铁含量较高，在 100 g/kg 和 70 g/kg 以上，呈酸性反应，pH 4.9～5.4。由于为非耕种地，土壤表层有机碳积累明显，磷素和钾素全量也较丰富，且有较高的阳离子交换量。

对比土系 大具系，不同地区，相同亚类，非酸性。老龙田系，不同地区，颜色相近，剖面构型类似，不同土纲，富铁土，伊利石型矿物类型，热性土壤温度状况。金顶系，不同地区，颜色相近，剖面构型类似，不同土纲，富铁土，黏壤质颗粒大小级别，非酸性。大法召系，同一地区，不同土族，高岭石型矿物类型。

利用性能综述 上格系植被多为次生中-幼林、灌木草山，是较好的林、牧业用地，适宜种植云南松、滇油杉等用材林。由于土壤偏黏，水分不易下渗，容易产生地表径流，加剧土壤侵蚀，所以，利用中可利用稀灌草坡植树造林，保持水土，也可利用坝缘缓丘种植水果，总之，该土系开发利用应注意经济效益与生态效益统筹兼顾，按小流域统一规划，综合治理。

参比土种 红紫泥。

代表性单个土体 剖面采自云南省曲靖市宣威市龙潭镇上格村（编号 53-239），坐标 26.384792°N，103.962478°E。海拔 2100 m，当前为林地，50 cm 深度土层年平均温度 14.8℃。野外调查时间 2015 年 4 月。

上格系代表性单个土体剖面

Ah：0～18 cm，灰红色（10R 4/2，干），暗红棕色（10R 3/2，润）；黏土，主要呈中等发育的碎块状结构，稍坚实，根系多，平滑模糊过渡。

Bw1：18～70 cm，红棕色（10R 4/3，干），暗红棕色（10R 3/3，润）；粉质黏土，主要呈中等发育的块状结构，坚实，少量根系，平滑模糊过渡。

Bw2：70～100 cm，红棕色（10R 4/3，干），暗红棕色（10R 3/3，润）；黏土，强发育的块状结构，坚实。

上格系代表性单个土体物理性质

土层	深度/cm	细土颗粒组成 (粒径：mm)/(g/kg)			质地	容重/(g/cm^3)
		砂粒 2～0.05	粉粒 0.05～0.002	黏粒 <0.002		
Ah	0～18	120	290	589	黏土	1.13
Bw1	18～70	140	406	454	粉质黏土	1.34
Bw2	70～100	280	216	504	黏土	1.29

上格系代表性单个土体化学性质

深度/cm	pH		有机碳(C)/(g/kg)	全氮(N)/(g/kg)	全磷(P)/(g/kg)	全钾(K)/(g/kg)	全铁(Fe)/(g/kg)	阳离子交换量/(cmol/kg)	游离铁(Fe)/(g/kg)
	H_2O	KCl							
0～18	4.9	4.0	17.5	1.45	0.68	22.1	103.2	21.3	75.0
18～70	5.1	4.0	5.1	0.55	0.41	19.0	105.8	18.3	74.7
70～100	5.4	4.5	4.1	0.48	0.41	15.1	106.0	20.2	75.9

14.12.6 沟埂系（Gougeng Series）

土 族：黏壤质硅质型酸性热性-红色铁质湿润雏形土

拟定者：黄 标，万梦雪，卢 鑫

分布与环境条件 沟埂系分布于云南省玉溪市华宁县城郊附近，在坝区的低丘上，海拔 1600 m 左右。属中亚热带半湿润高原季风气候，年均气温 16℃，年均地面温度 17.8～20.1℃，无霜期 260 d；年均日照时数 2100～2165 h，年均降水量 916 mm，年均蒸发量 1034.7 mm。土壤起源于砂页岩母质上，阔叶林或种植蔬菜等旱作。

沟埂系典型景观

土系特征与变幅 诊断层：淡薄表层、雏形层。诊断特性：氧化还原特征、铁质特性、湿润土壤水分状况、热性土壤温度状况。沟埂系由砂页岩母质发育而成，土层较为深厚，大于 120 cm。由于土壤游离铁含量和铁的游离度高（60%～70%），所以，颜色偏红，达 5YR，彩度较高。土壤质地整体为黏壤土，砂粒含量相对较高。土壤结构仅在表层土壤中呈现小碎块状外，其余均为棱块状结构，发育较强。在土体中常见小的铁锰结核，直径小于 1 mm。剖面下部见 5%的半风化砂岩碎块。表层土壤有机碳、全氮、全磷储量较大，但全钾相对较低，阳离子交换量也相对偏低。土壤黏粒矿物定量测定表明，黏粒部分，50%为高岭石，其余为石英，这是黏粒阳离子交换量偏低的主要原因，盐基饱和度为 50%。

对比土系 三家寨系，颜色接近，形态相似，不同土纲，铁铝土，黏质，非酸性，有机碳含量高。大湾系，不同地区，颜色接近，形态相似，不同土纲，富铁土，黏质颗粒大小级别，砾石含量高。

利用性能综述 沟埂系土壤质地虽偏黏，但砂粒含量较高，表层土壤疏松易耕，通透性较好，有较强保水能力，供肥能力也较强。适合种植各种作物，如玉米、陆稻、薯类、豆类、小麦、油菜、烤烟、蔬菜等。土壤属于中下肥力土壤，利用时，应注意改坡地为梯地，配以一定的深耕和有机碳投入措施，增产潜力很大。

参比土种 黄红泥。

代表性单个土体 剖面采自云南省玉溪市华宁县宁州街道王马社区沟埂（编号 53-094），坐标 24.16361°N，102.92287°E。海拔 1636 m，当前为水稻田。50 cm 深度土层年平均温度 15.6℃。野外调查时间 2014 年 11 月。

沟埂系代表性单个土体剖面

Ap：0～17 cm，浊橙色（5YR 6/4，干），浊红棕色（5YR 5/4，润）；黏壤土，碎块状结构或弱团粒状结构，疏松，较多须根，偶见岩石碎屑，平滑清晰过渡。

Br1：17～30 cm，橙色（5YR 6/6，干），亮红棕色（5YR 5/6，润）；砂质黏壤土，中等发育棱块状结构，坚实，少量粗根，偶见岩石碎屑，土体常见直径<1 mm 的铁锰结核，平滑渐变过渡。

Br2：30～75 cm，橙色（5YR 6/8，干），红棕色（5YR 4/8，润）；砂质黏壤土，强发育棱块状结构，坚实，偶见岩石碎屑，土体常见直径<1 mm 的铁锰结核，平滑渐变过渡。

Br3：75～120 cm，橙色（5YR 6/8，干），红棕色（5YR 4/8，润）；黏壤土，强发育棱块状结构，坚实，5%半风化岩石碎屑，土体常见直径<1 mm 的铁锰结核。

沟埂系代表性单个土体物理性质

土层	深度/cm	细土颗粒组成 (粒径：mm)/(g/kg) 砂粒 2～0.05	粉粒 0.05～0.002	黏粒 <0.002	质地	容重/(g/cm^3)
Ap	0～17	413	288	299	黏壤土	1.34
Br1	17～30	472	240	288	砂质黏壤土	1.44
Br2	30～75	467	232	301	砂质黏壤土	1.51
Br3	75～120	444	236	320	黏壤土	1.42

沟埂系代表性单个土体化学性质

深度/cm	pH H_2O	pH KCl	有机碳(C)/(g/kg)	全氮(N)/(g/kg)	全磷(P)/(g/kg)	全钾(K)/(g/kg)	全铁(Fe)/(g/kg)	阳离子交换量/(cmol/kg)	游离铁(Fe)/(g/kg)
0～17	6.9	6.5	19.0	1.70	1.32	11.9	48.2	11.4	29.9
17～30	5.2	4.1	11.5	1.31	1.24	13.4	55.6	11.2	37.2
30～75	5.3	4.3	8.5	0.88	0.75	11.0	56.7	10.3	40.2
75～120	4.8	3.8	11.2	0.89	0.58	9.9	51.8	8.3	31.9

14.12.7　雷家寨系（Leijiazhai Series）

土　族：壤质长石混合型酸性热性-红色铁质湿润雏形土

拟定者：黄　标，胡文友，张海东，贾萌萌

分布与环境条件　雷家寨系分布于云南省保山市中山中上部缓坡地段，海拔 1800～2000 m。气候兼具低纬、季风和山原气候特征，形成四季温差小、干湿季分明，垂直变异突出的亚热带山原季风气候，年均气温 14.9℃，年均降水量 2400 mm。土壤起源于花岗岩母质，自然植被为针阔叶林，种植玉米、小麦等旱作。

雷家寨系典型景观

土系特征与变幅　诊断层：淡薄表层、雏形土。诊断特性：铁质特性、氧化还原特征、湿润土壤水分状况、热性土壤温度状况。雷家寨系发育在花岗岩母质上，其质地较轻，为砂壤土，表层土壤由于耕作，呈强发育的团粒状结构，其下则发育弱的团块状结构，土体结构面可见铁质斑纹，含量约 2%，同时夹有较多的石英砂粒。土壤呈酸性反应，pH 4.9～6.0。耕作也使表层土壤有机碳、全氮、全磷含量明显增加，处于较高水平，分别为 16.6 g/kg、1.4 g/kg、0.49 g/kg，全钾含量也处于较高水平，为 23～38 g/kg，但阳离子交换量极低，主要是由于土壤中黏粒含量较低，且黏粒矿物以高岭石、长石为主。

对比土系　豆沙系，不同地区，相同亚类，黏质颗粒大小级别，热性土壤温度状况。落岩山系，不同地区，颜色相近，剖面构型相似，不同土纲，富铁土，黏质颗粒大小级别，温性土壤温度状况，非酸性。

利用性能综述　雷家寨系土壤质地偏轻，砂粒含量较高，耕作较容易，且耕作层较深，适宜作物生长，相对其他地区，土壤温度较低，尽管耕作层有机碳和全氮养分较为丰富，但养分转化慢，作物生长缓慢，因而宜种性窄，条件较差的地方，只一年一熟，海拔较低的局部较平缓地块可一年两熟。另一个问题是，土壤保水保肥能力较弱，容易受干旱威胁，土壤偏酸，容易导致土壤缺磷。利用上宜采取以养为主、养用结合的措施，不断培肥地力，重施热性有机肥，配合种植绿肥，选用早熟耐寒品种。对坡度大、土层薄的地块，宜退耕还林，发展林牧业，一方面保持水土，另一方面提高土壤利用的经济效益。

参比土种　砂质棕红土。

代表性单个土体　剖面采自云南省保山市龙陵县镇安镇雷家寨（编号 53-188），坐标

24.66423°N，98.80427°E。海拔 1811 m，当前种植玉米。50 cm 深度土层年平均温度 17.1℃。野外调查时间 2015 年 10 月。

雷家寨系代表性单个土体剖面

Ap：0～40 cm，浊橙色（5YR 7/4，干），浊红棕色（5YR 5/4，润）；砂壤土，强发育 1～2 mm 团粒状结构，疏松，大量禾本科植物根系，平滑突变过渡。

Br1：40～80 cm，浅淡橙色（5YR 8/4，干），橙色（5YR 6/6，润）；砂壤土，弱发育小团块状结构，稍坚实，结构面发育约 2%直径 2 mm 的铁质斑纹，夹较多石英砂粒，平滑清晰过渡。

Br2：80～120 cm，浅淡橙色（5YR 8/4，干），亮红棕色（5YR 5/8，润）；砂壤土，弱发育小团块状结构，稍坚实，结构面发育约 2%直径 2 mm 的铁质斑纹，夹较多石英砂粒，平滑渐变过渡。

C：120～140 cm，浅淡橙色（5YR 8/4，干），橙色（5YR 6/6，润）；砂壤土，弱发育小团块状结构，稍坚实，夹较多石英砂粒。

雷家寨系代表性单个土体物理性质

土层	深度/cm	细土颗粒组成 (粒径：mm)/(g/kg)			质地	容重/(g/cm^3)
		砂粒 2～0.05	粉粒 0.05～0.002	黏粒 <0.002		
Ap	0～40	519	313	168	砂壤土	1.20
Br1	40～80	537	299	164	砂壤土	1.43
Br2	80～120	577	233	189	砂壤土	1.62
C	120～140	750	142	108	砂壤土	1.77

雷家寨系代表性单个土体化学性质

深度/cm	pH		有机碳(C)/(g/kg)	全氮(N)/(g/kg)	全磷(P)/(g/kg)	全钾(K)/(g/kg)	全铁(Fe)/(g/kg)	阳离子交换量/(cmol/kg)	游离铁(Fe)/(g/kg)
	H_2O	KCl							
0～40	6.0	5.3	16.6	1.42	0.49	23.6	25.6	9.2	10.3
40～80	4.9	4.2	5.7	0.82	0.38	24.5	26.3	7.2	10.4
80～120	5.5	4.4	2.6	0.23	0.16	29.9	29.0	7.6	9.9
120～140	5.4	4.3	0.7	0.20	0.12	37.4	22.2	5.5	6.0

14.13　暗沃铁质湿润雏形土

14.13.1　新善系（Xinshan Series）

土　族：黏质高岭石混合型非酸性温性-暗沃铁质湿润雏形土

拟定者：黄　标，胡文友，张海东，贾萌萌

分布与环境条件　新善系分布于云南省丽江市玉龙县盆地边缘低山缓坡区，海拔 2500～3100 m。属低纬度高原季风气候，年均气温 8.9℃，年均降水量 935.8 mm。土壤起源于玄武岩等基性岩类坡积物母质，自然植被为针叶林、灌丛、草地等。

新善系典型景观

土系特征与变幅　诊断层：暗沃表层、雏形层。诊断特性：均腐殖质特性、氧化还原特征、铁质特性、石质接触面、湿润土壤水分状况、温性土壤温度状况。新善系是由玄武岩或辉绿岩风化残积物母质发育而成的非耕地土壤，颜色较深，呈棕色、极暗棕色。土壤质地偏黏，主要为黏壤土，表层土壤主要呈团粒状结构，剖面中部常见约 10%玄武岩碎屑，见少量铁锰斑纹。60 cm 之下岩石碎屑明显增加，达 50%以上。土壤反应为微酸性—中性，pH 6.5～6.6。土壤剖面 60 cm 以上的有机碳含量很高，表层约 60 g/kg，向下含量逐渐减少至约 12 g/kg。土壤全氮和全磷含量也较高，但全钾含量较低。由于有机碳含量较高，所以土壤阳离子交换量也较高，达到 25～36 cmol/kg。

对比土系　上关系，不同地区，相同亚类，黏壤质颗粒大小级别，热性土壤温度状况。玉湖系，相同地区，不同土纲，均腐土纲，伊利石型矿物类型。起凤系，相同地区，不同土类，简育湿润雏形土土类，伊利石混合型矿物类型。

利用性能综述　新善系结构良好，有机碳和氮磷等养分丰富，但所处位置海拔高，气温低，主要以针叶林和灌丛为主，农业利用上，适种作物不多，以种马铃薯、荞子、燕麦等耐寒作物为主，一年一熟。利用过程中，应注意平衡施肥，保持地力。

参比土种　灰汤大土。

代表性单个土体　剖面采自云南省丽江市玉龙县白沙镇新善村（编号 53-260），坐标 26.97655°N，100.20505°E。海拔 2525 m，当前为灌丛。50 cm 深度土层年平均温度 11.4℃。野外调查时间 2015 年 10 月。

新善系代表性单个土体剖面

Ah：0～15 cm，棕色（7.5YR 4/3，干），极暗棕色（7.5YR 2/3，润）；黏壤土，强发育 1～2 mm 团粒状结构，疏松，大量禾本科植物根系和乔木根系，平滑清晰过渡。

AB：15～30 cm，棕色（7.5YR 4/4，干），暗棕色（7.5YR 3/3，润）；黏壤土，强发育 1～2 mm 团粒状结构，疏松，见少量草本科植物根系和乔木根系，土体内含约 5%的母岩碎屑，平滑清晰过渡。

Br1：30～43 cm，暗棕色（7.5YR 3/4，干），极暗棕色（7.5YR 2/3，润）；黏土，中等发育 3～4 cm 团块状结构，坚实，见少量乔木根系，土体内含约 10%的母岩碎屑，平滑清晰过渡。

Br2：43～60 cm，棕色（7.5YR 4/4，干），暗棕色（7.5YR 3/4，润）；黏壤土，中等发育 3～4 cm 团块状结构，坚实，见少量乔木根系，土体内含约 10%的母岩碎屑，并见少量铁锰斑纹，波状清晰过渡。

Cr：60～120 cm，亮棕色（7.5YR 5/6，干），棕色（7.5YR 4/6，润）；黏土，中等发育 3～4 cm 团块状结构，坚实，见少量乔木根系，土体内含约 50%的母岩碎屑，常见铁锰斑纹。

新善系代表性单个土体物理性质

土层	深度 /cm	石砾 (>2 mm，体积分数)/%	细土颗粒组成 (粒径：mm)/(g/kg)			质地	容重 /(g/cm^3)
			砂粒 2～0.05	粉粒 0.05～0.002	黏粒 <0.002		
Ah	0～15	—	385	291	324	黏壤土	1.02
AB	15～30	5	295	306	399	黏壤土	1.14
Br1	30～43	10	173	395	432	黏土	1.14
Br2	43～60	10	361	290	349	黏壤土	1.25
Cr	60～120	50	186	372	442	黏土	1.43

新善系代表性单个土体化学性质

深度 /cm	pH		有机碳(C) /(g/kg)	全氮(N) /(g/kg)	全磷(P) /(g/kg)	全钾(K) /(g/kg)	全铁(Fe) /(g/kg)	阳离子交换量 /(cmol/kg)	游离铁(Fe) /(g/kg)
	H_2O	KCl							
0～15	6.5	5.6	59.5	4.61	1.70	10.9	101.0	25.2	51.5
15～30	6.5	5.1	25.1	2.15	1.64	11.2	119.5	32.8	56.7
30～43	6.5	5.2	23.9	1.77	1.38	10.4	116.8	35.0	59.7
43～60	6.5	4.9	11.7	1.02	1.25	10.7	129.8	33.2	59.7
60～100	6.6	4.9	3.9	0.35	1.30	9.7	135.3	35.4	56.5

14.13.2 上关系（Shangguan Series）

土 族：黏壤质混合型非酸性热性-暗沃铁质湿润雏形土

拟定者：黄 标，瞿明凯，符明明，李锦芬

分布与环境条件 上关系分布于云南省大理州大理市大理盆地边缘的洪积扇上。属北亚热带高原季风气候类型，年均气温 14.9℃，年均日照时数 2227.5 h，年均降水量 1051.1 mm，无霜期 228 d，具有年温差小，四季不明显的气候特点。土壤起源于洪冲积物母质，为大片农田，种植玉米、蔬菜等。

上关系典型景观

土系特征与变幅 诊断层：暗沃表层、雏形层。诊断特性：铁质特性、湿润土壤水分状况、热性土壤温度状况。上关系为耕地土壤，耕作历史较长，熟化程度较高，土体厚度一般在 100 cm 以上，土体中夹少量各种岩石石砾，粒径变化不大，呈角状。土壤颜色为棕色，表土有机碳含量较高，导致其颜色变暗，彩度低，下部土壤则彩度较高。剖面土壤质地变化较大，从粉质黏土至黏壤土，再至壤土。表层有机碳积累致土壤呈强发育团粒状结构，下部则发育中等的团块状结构。土壤呈中性反应，pH 7.0～7.3。该土系土壤全氮、全磷储量均较高，但全钾含量处于较低水平，阳离子交换量较高，为 27～31cmol/kg。黏粒矿物分析结果表明，黏粒中矿物种类较多，包括石英（12%）、伊利石（14%）、高岭石（26%）、正长石（5%）、绿泥石（28%）、钠长石（13%）等。

对比土系 新善系，不同地区，相同亚类，黏质颗粒大小级别，温性土壤温度状况。甲子系，不同地区，相同亚纲，黏质颗粒大小级别，酸性，温性土壤温度状况。新坪系，同一地区，不同亚纲，粗骨壤质颗粒大小级别，硅质混合型矿物类型，半干润土壤水分状况，A 层有机碳含量低。

利用性能综述 上关系分布于洪积扇的中下部，土体较厚，质地较为适中，易耕作，土壤熟化度高，保水保肥性较好，属于肥力较好的耕地。可种植各种作物，如粮、烟、油及蔬菜类作物，一年两熟或两年五熟。部分地块连年高强度种植，有地力下降趋势，应加强地力保育，用养结合。在靠近河岸的低平地，雨季易涝，应修筑沟渠，防洪排涝。

参比土种 油砂土。

代表性单个土体 剖面采自云南省大理州大理市上关镇马厂村（编号 53-263），坐标

25.966631°N，100.126769°E。海拔 1965 m，当前种植玉米和蔬菜。50 cm 深度土层年平均温度 17.1℃。野外调查时间 2015 年 10 月。

上关系代表性单个土体剖面

Ap：0～38 cm，浊棕色（7.5YR 5/3，干），棕色（7.5YR 3/3，润）；粉质黏土，强发育团粒状结构，疏松，根系较多，夹少量石砾，平滑清晰过渡。

Bw1：38～63 cm，橙色（7.5YR 6/6，干），棕色（7.5YR 4/6，润）；黏壤土，中等发育团块状结构，稍坚实，少量根系，土体夹 10%石砾，平滑清晰过渡。

Bw2：63～87 cm，亮棕色（7.5YR 5/6，干），棕色（7.5YR 4/6，润）；黏壤土，中等发育团块状结构，坚实，土体中石砾含量 5%，平滑清晰过渡。

C：87～120 cm，亮棕色（7.5YR 5/6，干），棕色（7.5YR 4/6，润）；壤土，中等发育团块状结构，坚实，土体中石砾含量 5%。

上关系代表性单个土体物理性质

土层	深度 /cm	石砾 (>2 mm，体积分数)/%	细土颗粒组成 (粒径：mm)/(g/kg)			质地	容重 /(g/cm^3)
			砂粒 2～0.05	粉粒 0.05～0.002	黏粒 <0.002		
Ap	0～38	—	82	488	431	粉质黏土	1.24
Bw1	38～63	10	384	328	287	黏壤土	1.49
Bw2	63～87	5	208	421	371	黏壤土	1.53
C	87～120	5	404	350	246	壤土	1.50

上关系代表性单个土体化学性质

深度 /cm	pH (H_2O)	有机碳(C) /(g/kg)	全氮(N) /(g/kg)	全磷(P) /(g/kg)	全钾(K) /(g/kg)	全铁(Fe) /(g/kg)	阳离子交换量 /(cmol/kg)	游离铁(Fe) /(g/kg)
0～38	7.1	12.8	1.36	1.36	12.6	108.6	30.1	36.5
38～63	7.3	2.8	0.29	1.07	10.0	114.1	27.9	39.6
63～87	7.2	2.4	0.24	1.05	10.5	118.6	28.1	40.0
87～120	7.1	2.7	0.22	1.02	10.3	121.1	27.4	46.4

14.14　普通铁质湿润雏形土

14.14.1　高坎系（Gaokan Series）

土　族：黏质高岭石型非酸性热性-普通铁质湿润雏形土

拟定者：黄　标，卢升高，韦杨嫣，龚朝林

高坎系典型景观

分布与环境条件　高坎系分布于云南省昭通市北部金沙江流域支流河谷的山坡地上。属中亚热带与温带共存的季风立体气候，夏季炎热，冬季偏暖，雨量充沛，气候湿润，干雨季分明，云雾多、日照少。年均气温 17℃，无霜期 320 d，年均日照时数 966 h，≥10℃积温 5370℃，年均降水量 1229.4 mm，年均蒸发量 1083.5 mm。土壤起源于砂页岩坡积物母质上，自然植被为松林、灌木，农业利用为种植玉米等旱作。

土系特征与变幅　诊断层：淡薄表层、雏形层。诊断特性：铁质特性、湿润土壤水分状况、热性土壤温度状况。高坎系多发育在坡地上，是在砂页岩残坡积物母质上发育而成，土体厚度一般为 50 cm 左右，有时可超过 100 cm。土壤颜色较淡，为黄棕色，色调 10YR。整个剖面细土质地为黏土—黏壤土，较黏重。表层土壤受耕作影响，主要呈碎块状结构，部分呈团粒状结构，下部则发育较强，发育较强的棱块状或棱柱状结构。土壤全铁和游离铁含量高，具有铁质特性。土壤 pH 变化较大，在 5.3～7.5，呈酸性—微碱性反应，上部为碱性，下部酸性。从土壤的肥力特征看，该土系土壤有机碳、全氮、全磷、全钾储量均不高，阳离子交换量也不高。

对比土系　苦竹湾系，相同地区，不同土族，黏壤质颗粒大小级别，石灰性。

利用性能综述　高坎系土壤质地黏重，耕作性能不是太好，土壤基础肥力较低，由于耕作管理较为粗放，抗逆能力较差，作物产量不高。应该加强农田基本建设，控制水土流失，增加有机物质投入，扩大豆类、绿肥种植面积，用地养地结合，增强土壤蓄水供肥能力。

参比土种　砂黄土。

代表性单个土体　剖面采自云南省昭通市盐津县庙坝镇高坎村（编号 53-168），坐标 27.888417°N，104.43635°E。海拔 551 m，当前为玉米地，50 cm 深度土层年平均温度 19.1℃。野外调查时间 2015 年 4 月。

高坎系代表性单个土体剖面

Ap：0～17 cm，浊黄橙色（10YR 7/3，干），浊黄棕色（10YR 5/4，润）；黏土，中等发育碎块状结构，局部为团粒状结构，疏松，根系较多，平滑清晰过渡。

Br1：17～65 cm，浊黄橙色（10YR 7/4，干），黄棕色（10YR 5/6，润）；黏土，强发育棱块状结构，中等发育棱柱状结构，坚实，少量根系，结构体内见少量铁锰斑纹，平滑渐变过渡。

Br2：65～100 cm，浊黄橙色（10YR 7/4，干），黄棕色（10YR 5/6，润）；黏壤土，强发育棱块状和棱柱状结构，坚实，结构体内见少量铁锰斑纹，见 10%左右的磨圆较好的砂岩碎屑。

高坎系代表性单个土体物理性质

土层	深度/cm	细土颗粒组成（粒径：mm)/(g/kg)			质地	容重/(g/cm³)
		砂粒 2～0.05	粉粒 0.05～0.002	黏粒 <0.002		
Ap	0～17	159	390	451	黏土	1.25
Br1	17～65	191	387	422	黏土	1.48
Br2	65～100	180	428	392	黏壤土	1.41

高坎系代表性单个土体化学性质

深度/cm	pH (H_2O)	有机碳(C)/(g/kg)	全氮(N)/(g/kg)	全磷(P)/(g/kg)	全钾(K)/(g/kg)	全铁(Fe)/(g/kg)	阳离子交换量/(cmol/kg)	游离铁(Fe)/(g/kg)
0～17	7.4	11.7	1.28	0.45	12.8	39.8	10.1	27.5
17～65	7.5	5.9	0.73	0.39	13.0	44.6	10.4	26.7
65～100	5.3	4.5	0.71	0.35	13.6	44.0	10.2	28.1

14.14.2　班必系（Banbi Series）

土　族：黏质伊利石型酸性热性-普通铁质湿润雏形土

拟定者：黄　标，瞿明凯，符明明，李锦芬

分布与环境条件　班必系分布于云南省临沧市海拔 1300～2300 m 的低中山缓坡地段。属南亚热带湿润季风气候，年均气温 17.2℃，≥10℃积温 6299.4℃，年均降水量 1700 mm，无霜期 310～320 d。土壤起源于砂岩、石英砂岩等石英质岩类残坡积物母质，种植玉米等旱作。

班必系典型景观

土系特征与变幅　诊断层：淡薄表层、雏形层。诊断特征：铁质特性、氧化还原特征、湿润土壤水分状况、热性土壤温度状况。班必系土体厚 80～100 cm，土壤层次分异清楚，颜色呈黄棕色—棕色，土壤质地以粉质黏壤土为主，在 90 cm 以下黏粒含量明显增加。表层土壤以团粒状结构为主，向下发育中等程度的团块状结构。土壤剖面下部夹有石英砂岩砾石，含量 15%。土壤 pH 变化不大，在 5.3～5.5，呈酸性反应。土壤剖面通体有机碳、全氮、全磷、全钾含量均较高，阳离子交换量较低，为 11～13 cmol/kg，盐基不饱和，饱和度为 30%～40%。

对比土系　三猛系，不同地区，同一土族，明度高（润态 4～6）、彩度高（润态 4～6）。老勐系，不同地区，相同亚类，黏壤质颗粒大小级别，非酸性，高热性土壤温度状况。

利用性能综述　班必系土壤质地较适中，排水透气性好，耕犁省力。部分土壤质地偏砂，影响保水保肥性能，土壤养分储量高，但有效养分相对较低，加之土壤偏酸，对作物生长有一定影响。此外，土壤不耐旱，旱季易受干旱威胁。一般一年一熟或两熟。该土系土壤的改良应走生物改良和工程改良相结合的道路，兴修水利，平整土地，固坡防冲，同时，增加有机物料投入，肥料投入以碱性或生理碱性肥料为主。

参比土种　小红土。

代表性单个土体　剖面采自云南省临沧市耿马县勐撒镇班必村（编号 53-077），坐标 23.709416°N，99.588471°E。海拔 1349 m，当前种植玉米。50 cm 深度土层年平均温度 19.3℃。野外调查时间 2015 年 10 月。

班必系代表性单个土体剖面

Ap：0～20 cm，浊黄橙色（10YR 6/3，干），浊黄棕色（10YR 4/3，润）；粉质黏壤土，中等发育团粒状结构，疏松，多量根系，平滑清晰过渡。

Br1：20～50 cm，浊黄橙色（10YR 7/3，干），棕色（10YR 4/4，润）；粉质黏壤土，中等发育团块状结构，稍坚实，少量根系，结构体内见少量直径<2 mm 的铁锰斑纹，平滑清晰过渡。

Br2：50～90 cm，灰黄棕色（10YR 6/2，干），灰黄棕色（10YR 4/2，润）；粉质黏壤土，中等发育团块状结构，坚实，结构体内见少量直径<2 mm 的铁锰斑纹，平滑清晰过渡。

Br3：90～120 cm，浊黄橙色（10YR 7/3，干），棕色（10YR 4/4，润）；黏土，中等发育团块状结构，坚实，结构体内见少量直径<2 mm 的铁锰斑纹，土体内夹 15%的石英砂岩石砾。

班必系代表性单个土体物理性质

土层	深度/cm	石砾(>2 mm，体积分数)/%	细土颗粒组成 (粒径：mm)/(g/kg)			质地	容重/(g/cm^3)
			砂粒 2～0.05	粉粒 0.05～0.002	黏粒 <0.002		
Ap	0～20	—	155	479	366	粉质黏壤土	1.14
Br1	20～50	—	110	510	380	粉质黏壤土	1.30
Br2	50～90	—	140	494	367	粉质黏壤土	1.29
Br3	90～120	15	176	377	447	黏土	1.26

班必系代表性单个土体化学性质

深度/cm	pH		有机碳(C)/(g/kg)	全氮(N)/(g/kg)	全磷(P)/(g/kg)	全钾(K)/(g/kg)	全铁(Fe)/(g/kg)	阳离子交换量/(cmol/kg)	游离铁(Fe)/(g/kg)
	H_2O	KCl							
0～20	5.4	4.2	21.3	1.89	0.49	24.3	42.3	11.1	27.8
20～50	5.3	4.1	14.4	1.53	0.44	27.8	46.1	11.5	31.1
50～90	5.3	4.2	14.2	1.42	0.44	27.7	54.4	12.9	38.3
90～120	5.5	4.4	11.3	1.12	0.41	27.0	56.3	12.2	34.9

14.14.3　三猛系（Sanmeng Series）

土　族：黏质伊利石型酸性热性-普通铁质湿润雏形土
拟定者：黄　标，万梦雪，戴普胜

分布与环境条件　三猛系分布于云南省红河州海拔 1500～2100 m 的中山中上部，或中低山坡度较大的地段，区域地势起伏较大。属亚热带山地季风气候，立体气候明显，每年 11 月至次年 4 月为干季，5 月至 10 月为雨季。年均气温 17.2℃，无霜期 340 d，年均降水量 2543.5 mm。土壤起源于花岗岩坡积物母质上，自然植被为常绿阔叶林，农业利用为种植玉米、豆类等旱作。

三猛系典型景观

土系特征与变幅　诊断层：淡薄表层、雏形层。诊断特性：腐殖质特性、氧化还原特征、铁质特性、铝质现象、湿润土壤水分状况、热性土壤温度状况。三猛系土层深厚，但土体内岩石碎块较多，部分开辟为梯地，土壤色调偏淡，为 10YR，土壤质地整体偏壤，为砂质壤黏土，结构发育中等，表层发育团粒状结构，其下主要为团块状结构，土体内见不同粒径大小的砂岩岩石碎屑，下部含量稍高，粒径变大，B 层土壤结构体内均见铁/铁锰斑纹，结构体面上见有腐殖质胶膜。土壤有机碳及氮磷钾养分储量相对较高。该土系土壤 B 层均显酸性，pH 小于 5.0，盐基饱和度较低，为 20%～40%。

对比土系　班必系，不同地区，同一土族，明度低（润态 4）、彩度高（润态 2～4）。麻栗系，不同地区，相同亚类，壤质颗粒大小级别，颜色偏红（7.5～5YR）。斑鸠河系，相同地区，不同土族，粗骨黏壤质颗粒大小级别，高热性土壤温度状况。

利用性能综述　三猛系耕层浅，质地粗砂，对耕作较为有利，透气透水，但部分地块岩石碎块多，会影响耕作。土壤有机碳和养分较为充足，但土壤酸度大，会影响养分的有效供给。旱季容易受旱，因此，作物产量并不高，如果有水源灌溉，作物产量可明显提高。今后要加强基本农田建设，兴修水利。在缺灌溉水源的地方，可在耕地附近植树造林，涵养水源。另注意捡拾垒埂，修建梯地，防治水土流失。施肥时注意分次施用，以减少养分损失，陡坡冲刷重的地块，宜退耕还林还牧。

参比土种　黄红粗砂土。

代表性单个土体　剖面采自云南省红河州绿春县三猛乡巴东村（编号 53-090），坐标 22.95948°N，102.44022°E。海拔 1749 m，当前为林地，50 cm 深度土层年平均温度 19.2℃。野外调查时间 2015 年 4 月。

三猛系代表性单个土体剖面

Ap：0～10 cm，浊黄橙色（10YR 7/3，干），棕色（10YR 4/4，润）；砂质黏壤土，主要为中等发育团粒状结构，极疏松，根系较多，约 5%岩石碎屑，平滑清晰过渡。

ABr：10～40 cm，浊黄橙色（10YR 7/3，干），棕色（10YR 4/4，润）；砂质黏壤土，为中等发育团块状结构，稍坚实，少量根系，约 5%岩石碎屑，少量木炭侵入体，结构体内见铁质斑纹，结构体表面见腐殖质灰色胶膜，波状清晰过渡。

Br1：40～70 cm，黄橙色（10YR 8/6，干），亮黄棕色（10YR 6/6，润）；砂质黏壤土，为中等发育团块状结构，稍坚实，少量根系，约 10%岩石碎屑，结构体内见铁质斑纹，裂隙常见自上部落下的腐殖质土体，平滑清晰过渡。

Br2：70～100 cm，黄橙色（10YR 8/6，干），亮黄棕色（10YR 6/6，润）；砂质黏壤土，为弱发育团块状结构，稍坚实，少量根系，约 30%岩石碎屑，结构体内见铁质斑纹。

三猛系代表性单个土体物理性质

土层	深度 /cm	石砾 (>2 mm，体积分数)/%	细土颗粒组成（粒径：mm)/(g/kg)			质地	容重 /(g/cm³)
			砂粒 2～0.05	粉粒 0.05～0.002	黏粒 <0.002		
Ap	0～10	5	94	554	351	砂质黏壤土	1.07
ABr	10～40	5	81	557	362	砂质黏壤土	1.16
Br1	40～70	10	79	555	366	砂质黏壤土	1.41
Br2	70～100	30	98	534	369	砂质黏壤土	1.25

三猛系代表性单个土体化学性质

深度 /cm	pH		有机碳(C) /(g/kg)	全氮(N) /(g/kg)	全磷(P) /(g/kg)	全钾(K) /(g/kg)	全铁(Fe) /(g/kg)	阳离子交换量 /(cmol/kg)	游离铁(Fe) /(g/kg)
	H_2O	KCl							
0～10	4.5	3.6	41.0	3.77	0.92	25.6	43.3	23.0	18.1
10～40	5.0	3.8	24.3	2.31	0.67	26.1	45.0	19.2	32.4
40～70	4.7	3.4	11.7	1.46	0.45	28.6	53.5	19.4	38.0
70～100	4.7	3.6	11.4	1.40	0.50	30.5	58.0	13.5	39.2

三猛系代表性单个土体阳离子交换性质

深度 /cm	交换性 H^+ /(cmol/kg)	交换性 Al(1/3Al^{3+}) /(cmol/kg)	交换性 Ca(1/2Ca^{2+}) /(cmol/kg)	交换性 Mg(1/2Mg^{2+}) /(cmol/kg)	交换性 K /(cmol/kg)	交换性 Na /(cmol/kg)
0～10	0.16	4.31	5.14	1.51	0.48	0.14
10～40	0.30	2.28	8.60	0.54	0.11	0.13
40～70	0.62	7.83	3.25	0.25	0.13	0.13
70～100	0.89	3.65	1.98	0.25	0.13	0.13

14.14.4　老勐系（Laomeng Series）

土　族：黏壤质混合型非酸性高热性-普通铁质湿润雏形土

拟定者：黄　标，王　宁，田　康

老勐系典型景观

分布与环境条件　老勐系分布于云南省红河州金平、河口海拔1000 m以下的中低山坡麓缓坡。属南亚热带季风气候，气候湿热，年均气温22.6℃，终年无霜，年均降水量1629 mm。土壤起源于玄武岩风化残积坡积物母质，自然植被为常绿阔叶林，种植香蕉等作物。

土系特征与变幅　诊断层：淡薄表层、雏形层。诊断特性：腐殖质特性、氧化还原特征、铁质特性、湿润土壤水分状况、高热性土壤温度状况。老勐系土体厚度一般可达1 m以上，剖面发育完整。土壤质地为黏壤土和黏土，结构发育中等—强，表层主要为团粒状结构，其下为中等—强发育的棱块状结构，自上而下，结构发育程度增强。剖面下部结构体内见大小不等的铁锰斑纹，含量达到30%，土体内常夹5%～15%的岩石石砾。土壤颜色为棕色—浊黄棕色。土壤呈中性—微酸性反应，pH 5.9～7.1。土壤有机碳、全氮、全磷含量均较高，但全钾含量非常低，仅6～9 g/kg，土壤阳离子交换量较高，在22～27 cmol/kg，盐基饱和度为70%～100%。

对比土系　班必系，不同地区，相同亚类，黏质颗粒大小级别，酸性，热性土壤温度状况。苦竹湾系，不同地区，相同亚类，石灰性，热性土壤温度状况。斑鸠河系，相同地区，不同土族，粗骨黏壤质颗粒大小级别，酸性。

利用性能综述　老勐系土壤质地适中，耕性良好，土壤有机碳含量高，较为肥沃，保水保肥性能较好，加之当地光热资源丰富，适种性很广，粮食作物可一年两熟，还可种植香蕉、菠萝、番木瓜等热带水果，其利用过程中要增大投入，增施有机肥和有机物质，充分利用光、热、水、土等资源，发展经济作物。

参比土种　黄砖红大土。

代表性单个土体　剖面采自云南省红河州金平县老勐乡和平村（编号53-144），坐标22.73356°N，103.18616°E。海拔976 m，当前为香蕉林，50 cm深度土层年平均温度24.4℃。野外调查时间2015年4月。

Ah： 0～10 cm，橙色（7.5YR 7/6，干），棕色（7.5YR 4/6，润）；黏壤土，中等发育团粒状结构，疏松，根系较多，平滑清晰过渡。

Br1：10～40 cm，橙色（7.5YR 6/6，干），棕色（7.5YR 4/6，润）；黏壤土，中等发育棱块状结构，坚实，少量极细根，土体内夹 2%的岩石石砾，平滑清晰过渡。

Br2： 40～100 cm，浊黄橙色（10YR 6/4，干），棕色（10YR 4/4，润）；黏土，中等发育棱块状结构，坚实，结构体内有 10%的铁锰斑纹，土体内夹 15%的岩石石砾，平滑清晰过渡。

Br3：100～130 cm，浊黄橙色（10YR 7/4，干），浊黄棕色（10YR 5/4，润）；黏壤土，强发育棱块状结构，坚实，结构体内有 30%的铁锰斑纹，土体内夹 5%的岩石石砾，平滑清晰过渡。

老勐系代表性单个土体剖面

老勐系代表性单个土体物理性质

土层	深度 /cm	细土颗粒组成 (粒径：mm)/(g/kg)			质地	容重 /(g/cm^3)
		砂粒 2～0.05	粉粒 0.05～0.002	黏粒 <0.002		
Ah	0～10	207	402	392	黏壤土	1.05
Br1	10～40	296	319	385	黏壤土	1.14
Br2	40～100	181	368	451	黏土	1.13
Br3	100～130	221	477	302	黏壤土	1.12

老勐系代表性单个土体化学性质

深度 /cm	pH (H_2O)	有机碳(C) /(g/kg)	全氮(N) /(g/kg)	全磷(P) /(g/kg)	全钾(K) /(g/kg)	全铁(Fe) /(g/kg)	阳离子交换量 /(cmol/kg)	游离铁(Fe) /(g/kg)
0～10	7.1	11.7	1.08	0.94	7.4	93.8	22.9	54.4
10～40	6.9	8.1	0.72	0.79	8.7	87.4	26.6	33.1
40～100	6.4	14.6	1.18	0.69	6.4	97.3	23.8	54.1
100～130	5.9	11.3	1.04	0.69	8.3	93.8	25.3	53.6

14.14.5　苦竹湾系（Kuzhuwan Series）

土　族：黏壤质混合型石灰性热性-普通铁质湿润雏形土
拟定者：黄　标，卢升高，韦杨嫣，龚翰林

苦竹湾系典型景观

分布与环境条件　苦竹湾系分布于云南省昭通市北部金沙江流域支流河谷的山坡地上。属中亚热带与温带共存的季风立体气候，夏季炎热，冬季偏暖，雨量充沛，气候湿润，干雨季分明，云雾多、日照少。年均气温 17℃，无霜期 328 d，年均日照时数 966 h，年均降水量 1226.2 mm，年均蒸发量 1083.5 mm。土壤起源于玄武岩残积物母质，松林、灌木，农业利用为种植玉米等旱作。

土系特征与变幅　诊断层：淡薄表层、雏形层。诊断特征：石灰性、铁质特性、石质接触面、氧化还原特征、湿润土壤水分状况、热性土壤温度状况。苦竹湾系土体较薄，一般为 50 cm 左右，土壤颜色较淡，呈黄棕色。土壤质地通体为粉质黏壤土。由于耕作粗放，表层土壤仍以团块状为主，下部则发育较强的棱块状结构，土壤结构体内见少量铁锰结核。通体土壤中夹有半风化的原岩砾石，含量 5%～25%。土壤通体显示石灰反应，上部土壤反应稍强，达中度石灰反应，下部显示弱石灰反应，pH 7.5～7.7。土壤表层土壤有机碳、全氮、全磷含量处于中等水平，全钾含量异常高，达到 35～39 g/kg，阳离子交换量中等，为 14～16 cmol/kg。

对比土系　高坎系，相同地区，不同土族，黏质颗粒大小级别，非酸性。老勐系，不同地区，相同亚类，非酸性，高热性土壤温度状况。

利用性能综述　苦竹湾系土壤系坡耕地，远离村寨，结构发育强，耕作较难，施肥水平低，无灌溉条件，水土流失严重，土体不厚，保水保肥力差。作物宜种范围小，抗逆性差，低产不稳定，主要种植马铃薯、玉米、杂豆等，一般一年一熟。改良利用包括两个方面：一方面培肥土壤，增施有机肥和秸秆还田，不断熟化土壤，合理间套作；另一方面应将陡坡地退耕还林还牧，改种茶、桑、果等，稍缓的坡地可改坡地为梯地，加强水土保持。

参比土种　黄砂泥土。

代表性单个土体　剖面采自云南省昭通市彝良县牛街镇牛街社区苦竹湾（编号 53-163），坐标 27.86395°N，104.477467°E。海拔 708 m，当前为玉米地，50 cm 深度土层年平均温度 19.1℃。野外调查时间 2015 年 4 月。

Ap：0～15 cm，浊黄橙色（10YR 7/3，干），浊黄棕色（10YR 5/4，润）；粉质黏壤土，中等发育小团块状结构，稍坚实，多量根系，夹 5%的半风化岩石石砾，结构体内见少量细小的铁锰结核，中度石灰反应，平滑渐变过渡。

Br1：15～50 cm，浊黄橙色（10YR 7/3，干），浊黄棕色（10YR 5/4，润）；粉质黏壤土，强发育棱块状结构，坚实，少量根系，结构体内见少量细小的铁锰结核，夹 10%的半风化岩石石砾，中度石灰反应，平滑渐变过渡。

Br2：50～80 cm，浊黄橙色（10YR 7/4，干），黄棕色（10YR 5/6，润）；粉质黏壤土，强发育棱块状结构，坚实，结构体内见少量细小的铁锰结核，夹约 25%的岩石石砾，弱石灰反应。

苦竹湾系代表性单个土体剖面

苦竹湾系代表性单个土体物理性质

土层	深度/cm	石砾(>2 mm，体积分数)/%	细土颗粒组成 (粒径：mm)/(g/kg)			质地	容重/(g/cm^3)
			砂粒 2～0.05	粉粒 0.05～0.002	黏粒 <0.002		
Ap	0～15	5	127	501	372	粉质黏壤土	1.22
Br1	15～50	10	150	553	297	粉质黏壤土	1.33
Br2	50～80	25	143	523	334	粉质黏壤土	1.38

苦竹湾系代表性单个土体化学性质

深度/cm	pH (H_2O)	有机碳(C)/(g/kg)	全氮(N)/(g/kg)	全磷(P)/(g/kg)	全钾(K)/(g/kg)	全铁(Fe)/(g/kg)	阳离子交换量/(cmol/kg)	游离铁(Fe)/(g/kg)	碳酸钙($CaCO_3$)/(g/kg)
0～15	7.5	13.7	1.54	0.72	38.1	45.0	15.6	26.0	63
15～50	7.7	7.1	0.84	0.41	38.6	50.7	14.2	32.8	54
50～80	7.6	5.2	0.67	0.42	35.8	51.3	14.1	31.7	63

14.14.6　斑鸠河系（Banjiuhe Series）

土　族：粗骨黏壤质混合型酸性高热性-普通铁质湿润雏形土

拟定者：黄　标，张海东，王培燕，贾萌萌

斑鸠河系典型景观

分布与环境条件　斑鸠河系分布于云南省红河、普洱、文山等州市中低山河谷坡下部坡度较陡的地段。属热带季风雨林温热型气候，年均气温 23.5℃，年均日照时数 1716 h，年均降水量 1319 mm。土壤起源于千枚岩、砂页岩坡积物母质，灌木，农业利用主要为种植香蕉。

土系特征与变幅　诊断层：淡薄表层、雏形层。诊断特性：铝质特性、铁质特性、氧化还原特征、湿润土壤水分状况、高热性土壤温度状况。由于所处地区坡度较陡，斑鸠河系土体厚度变化较大，剖面发育稍完整。土壤质地通体为黏壤土，但土壤黏粒含量自上而下有增加趋势，35～75 cm 范围内土壤黏粒有积聚。结构发育不强，中等—弱发育，表层主要为团粒状结构，其下为中等—弱发育的团块状结构。土体内夹岩石石砾较多，5%～40%不等，自上而下石砾含量越来越高。土壤色调较淡，为 10YR，颜色为棕色—黄棕色。土壤呈微酸性反应，pH 4.7～5.0。土壤有机碳、全氮、全磷、全钾含量均较高，土壤阳离子交换量较低，在 11～17 cmol/kg，盐基饱和度为 10%～40%。

对比土系　三猛系，相同地区，不同土族，黏质颗粒大小级别，热性土壤温度状况。老勐系，相同地区，不同土族，黏壤质颗粒大小级别，非酸性。

利用性能综述　斑鸠河系土壤质地较轻，壤黏适中，通透性较好，土壤养分也较丰富，加之所处环境水热条件优越，在坡度较缓的地段可开辟梯地种植橡胶树，也可种植热带水果。需要注意的是要重视水土保持，开发利用过程中一定要有配套的水土保持措施。

参比土种　砖黄泥土。

代表性单个土体　剖面采自云南省红河州河口县老范寨乡斑鸠河村（编号 53-146），坐标 22.83797°N，103.87203°E。海拔 232 m，当前为灌木。50 cm 深度土层年平均温度 25.3℃。野外调查时间 2015 年 4 月。

Ah：　0～15 cm，浊黄棕色（10YR 5/3，干），暗棕色（10YR 3/3，润）；粉质黏壤土，中等发育团粒状结构，疏松，根系较多，土体内夹 5%的岩石石砾，平滑清晰过渡。

Bw1：15～35 cm，浊黄橙色（10YR 6/3，干），浊黄棕色（10YR 4/3，润）；粉质黏壤土，中等发育小团块状结构，疏松，少量极细根，土体内夹 15%的岩石石砾，平滑清晰过渡。

Br：　35～75 cm，亮黄棕色（10YR 6/6，干），棕色（10YR 4/6，润）；粉质黏壤土，中等发育团块状结构，稍坚实，结构体内见少量铁锰斑纹，土体内夹 30%的岩石石砾，平滑清晰过渡。

Bw2：75～120 cm，亮黄棕色（10YR 6/6，干），棕色（10YR 4/6，润）；粉质黏壤土，弱发育团块状结构，稍坚实，土体内夹 40%的岩石石砾。

斑鸠河系代表性单个土体剖面

斑鸠河系代表性单个土体物理性质

土层	深度/cm	石砾(>2 mm，体积分数)/%	细土颗粒组成（粒径：mm)/(g/kg) 砂粒 2～0.05	粉粒 0.05～0.002	黏粒 <0.002	质地	容重/(g/cm^3)
Ah	0～15	5	143	557	300	粉质黏壤土	1.12
Bw1	15～35	15	69	619	311	粉质黏壤土	1.16
Br	35～75	30	80	551	369	粉质黏壤土	1.26
Bw2	75～120	40	99	555	346	粉质黏壤土	1.26

斑鸠河系代表性单个土体化学性质

深度/cm	pH H_2O	pH KCl	有机碳(C)/(g/kg)	全氮(N)/(g/kg)	全磷(P)/(g/kg)	全钾(K)/(g/kg)	全铁(Fe)/(g/kg)	阳离子交换量/(cmol/kg)	游离铁(Fe)/(g/kg)
0～15	5.0	4.1	30.6	2.74	0.81	21.0	39.8	16.7	30.1
15～35	4.9	3.9	21.3	2.06	0.75	21.0	41.2	14.9	30.9
35～75	4.7	3.8	10.8	1.39	0.62	22.9	49.1	12.8	37.4
75～120	4.8	3.9	10.8	1.45	0.66	23.0	52.1	11.8	38.3

斑鸠河系代表性单个土体阳离子交换性质

深度/cm	交换性 H^+/(cmol/kg)	交换性 Al(1/3Al^{3+})/(cmol/kg)	交换性 Ca(1/2Ca^{2+})/(cmol/kg)	交换性 Mg(1/2Mg^{2+})/(cmol/kg)	交换性 K/(cmol/kg)	交换性 Na/(cmol/kg)
0～15	0.12	1.19	3.38	1.83	0.64	0.14
15～35	0.20	2.15	2.06	1.03	0.19	0.14
35～75	0.27	3.14	0.79	0.45	0.18	0.14
75～120	0.14	6.22	0.84	0.48	0.19	0.14

14.14.7　昔汉系（Xihan Series）

土　族：壤质云母混合型非酸性热性-普通铁质湿润雏形土

拟定者：黄　标，瞿明凯，符明明，李锦芬

昔汉系典型景观

分布与环境条件　昔汉系分布于云南省临沧市的山地，海拔最高 3098 m，最低 1039 m。属低纬高原亚热带季风气候，年均气温 19.5℃，年均降水量 1367.2 mm，年均日照时数 2226.0 h。土壤起源于砂页岩坡积物母质，自然植被为阔叶林，人为利用为耕地，种植粮食、经济、水果等作物。

土系特征与变幅　诊断层：淡薄表层、雏形层。诊断特征：腐殖质特性、铁质特性、氧化还原特征、湿润土壤水分状况、热性土壤温度状况。昔汉系土体厚 80～100 cm，土壤层次分异已不太清楚，土壤颜色在 70 cm 以上较暗，呈棕色—暗棕色，下部则为亮棕色。土壤质地通体为壤土，但黏粒含量自上而下有增加的趋势。由于长期耕作，表层土壤以团粒状结构为主，向下发育弱至中等程度的团块状结构。上部土体结构面常见腐殖质胶膜，通体土壤中夹有半风化的石英质岩石石砾，含量 5%～15%。土壤 pH 4.9～5.6，呈酸性—弱酸性反应。土壤剖面表层至 70 cm 深处有机碳、全氮、全磷、全钾含量均很高，阳离子交换量中等，为 9～16 cmol/kg，盐基饱和度 20%～55%。

对比土系　忙峨系，同一地区，不同土族，硅质混合型矿物类型，有机碳和全钾含量较低。鲁甸系，不同地区，相同亚类，粗骨壤质颗粒大小级别，混合型矿物类型，温性土壤温度状况。

利用性能综述　昔汉系土壤质地偏砂，宜耕性好，但保水保肥能力较差。可种植各种粮食和经济作物。加之所处地区气温较高，可种植一些热带、亚热带水果。由于土壤较疏松，易引起水土流失，所以改良利用过程中，应加强农田基本建设，坡地改梯地，扩大粮豆、粮肥种植面积，施肥宜少量多次，用养结合，增强土壤蓄水供肥能力。

参比土种　砂黄土。

代表性单个土体　剖面采自云南省临沧市云县爱华镇昔汉村（编号 53-160），坐标 24.23454°N，100.03876°E。海拔 1289 m，当前为香蕉林。50 cm 深度土层年平均温度 20.3℃。野外调查时间 2015 年 10 月。

Ap： 0～20 cm，浊橙色（7.5YR 7/3，干），棕色（7.5YR 4/3，润）；粉质壤土，中等发育团粒状结构，疏松，多量根系，夹 5%的石英质岩石石砾，平滑渐变过渡。

Bw1：20～40 cm，浊橙色（7.5YR 7/3，干），棕色（7.5YR 4/3，润）；壤土，中等发育团块状结构，疏松，少量根系，结构体表面有 10%左右的腐殖质胶膜，夹 10%的石英质岩石石砾，平滑渐变过渡。

Bw2：40～70 cm，浊棕色（7.5YR 6/3，干），暗棕色（7.5YR 3/3，润）；壤土，中等发育团块状结构，稍坚实，结构体表面有 10%左右的腐殖质胶膜，夹 10%的石英质岩石石砾，波状清晰过渡。

Br： 70～120 cm，橙色（7.5YR 7/6，干），亮棕色（7.5YR 5/6，润）；壤土，中等发育团块状结构，稍坚实，结构体内见 5%左右 2～6 mm 的铁锰斑纹，夹 15%的石英质岩石石砾。

昔汉系代表性单个土体剖面

昔汉系代表性单个土体物理性质

土层	深度/cm	石砾(>2 mm，体积分数)/%	细土颗粒组成 (粒径：mm)/(g/kg) 砂粒 2～0.05	粉粒 0.05～0.002	黏粒 <0.002	质地	容重/(g/cm^3)
Ap	0～20	5	283	515	202	粉质壤土	1.16
Bw1	20～40	10	337	458	204	壤土	1.20
Bw2	40～70	10	358	449	193	壤土	1.22
Br	70～120	15	473	287	240	壤土	1.46

昔汉系代表性单个土体化学性质

深度/cm	pH (H_2O)	有机碳(C)/(g/kg)	全氮(N)/(g/kg)	全磷(P)/(g/kg)	全钾(K)/(g/kg)	全铁(Fe)/(g/kg)	阳离子交换量/(cmol/kg)	游离铁(Fe)/(g/kg)
0～20	5.3	21.3	2.19	1.15	44.9	56.6	15.2	31.2
20～40	4.9	15.8	1.91	1.02	44.8	57.7	14.9	32.5
40～70	5.2	14.5	1.79	0.99	45.6	57.6	15.0	32.4
70～120	5.6	3.3	0.99	2.29	44.5	118.3	9.8	65.2

14.14.8 忙峨系（Mang'e Series）

土　族：壤质硅质混合型非酸性热性-普通铁质湿润雏形土

拟定者：黄　标，瞿明凯，符明明，李锦芬

忙峨系典型景观

分布与环境条件　忙峨系分布于云南省临沧市的缓坡山地，平均海拔 1030 m。属低纬高原亚热带季风气候，年均气温 18～20℃，年均降水量 1100～1200 mm。土壤起源于泥质岩残坡积物母质，自然植被为阔叶林。

土系特征与变幅　诊断层：淡薄表层、雏形层。诊断特性：铁质特性、热性土壤温度状况、湿润土壤水分状况。忙峨系多发育在坡地上，是在砂页岩等泥质岩类残坡积物母质上发育而成，土体厚度一般在 100 cm 左右，但土壤发育不强。土壤颜色偏暗，为暗棕色或暗红棕色，色调 7.5～5YR，下部土壤偏红。整个剖面细土质地为壤土—砂质黏壤土，偏壤。表层土壤主要呈团粒状结构，发育较好，下部则发育中等的团块状结构。土壤全铁和游离铁含量高，具有铁质特性，在表下层的土壤结构体内见少量铁锰斑纹。土壤 pH 变化不大，在 5.3～5.9，呈酸性—微酸性反应，表层土壤偏酸，下部则为微酸性。从土壤肥力特征看，该土系土壤有机碳、全氮、全磷、全钾储量均较高，但阳离子交换量不高，盐基饱和度为 50%～60%。

对比土系　昔汉系，同一地区，不同土族，云母混合型矿物类型，有机碳和全钾含量较高。鲁甸系，不同地区，相同亚类，粗骨壤质颗粒大小级别，混合型矿物类型，温性土壤温度状况。

利用性能综述　忙峨系地形相对平缓，土体深厚，质地疏松，耕作性能较好，所以耕地熟化度较高，保水保肥性能中等，肥力处于中上等，由于植被好，抗旱能力强，气温高，适合多种作物生长。应注意用地养地结合，坡度稍大的地块，注意水土保持。

参比土种　黄泥。

代表性单个土体　剖面采自云南省临沧市云县幸福镇忙峨村（编号 53-177），坐标 24.111466°N，99.922391°E。海拔 909 m，当前为自然林。50 cm 深度土层年平均温度

21.5℃。野外调查时间 2015 年 10 月。

Ah：0～20 cm，浊棕色（7.5YR 5/4，干），暗棕色（7.5YR 3/4，润）；壤土，强发育团粒状结构，疏松，根系较多，平滑清晰过渡。

Br1：20～40 cm，棕色（7.5YR 4/6，干），暗棕色（7.5YR 3/4，润）；砂质黏壤土，中等发育团块状结构，稍坚实，少量根系，结构体内见少量细小的铁锰斑纹，平滑清晰过渡。

Br2：40～110 cm，红棕色（5YR 4/6，干），暗红棕色（5YR 3/6，润）；砂质黏壤土，中等发育团块状结构，稍坚实，结构体内见少量细小的铁锰斑纹，平滑清晰过渡。

忙峨系代表性单个土体剖面

忙峨系代表性单个土体物理性质

土层	深度 /cm	细土颗粒组成 (粒径：mm)/(g/kg)			质地	容重 /(g/cm³)
		砂粒 2～0.05	粉粒 0.05～0.002	黏粒 <0.002		
Ah	0～20	436	297	267	壤土	1.27
Br1	20～40	522	260	219	砂质黏壤土	1.30
Br2	40～110	545	235	219	砂质黏壤土	1.43

忙峨系代表性单个土体化学性质

深度 /cm	pH (H_2O)	有机碳(C) /(g/kg)	全氮(N) /(g/kg)	全磷(P) /(g/kg)	全钾(K) /(g/kg)	全铁(Fe) /(g/kg)	阳离子交换量 /(cmol/kg)	游离铁(Fe) /(g/kg)
0～20	5.3	16.1	1.62	0.55	23.1	37.9	11.7	24.5
20～40	5.7	12.2	1.30	0.58	24.1	38.3	10.7	25.2
40～110	5.9	7.3	1.08	0.51	24.7	43.0	10.1	27.8

14.14.9　麻栗系（Mali Series）

土　族：壤质硅质混合型酸性热性-普通铁质湿润雏形土

拟定者：黄　标，万梦雪，戴普胜

麻栗系典型景观

分布与环境条件　麻栗系分布于云南省普洱市澜沧县的山间河谷两侧的坡地上，海拔 800 m，但区域地形差异很大，海拔可为 800～2516 m。属南亚热带夏湿冬干山地季风气候，冬无严寒，夏无酷暑，干雨季分明，由于地形变化大，立体气候明显，海拔 1000 m 以下的河谷地带相当于南亚热带，年均气温 20℃以上，无霜期不少于 335 d，年均日照时数 2098.0 h，年均降水量 1624.0 mm，年均蒸发量 1600 mm。土壤起源于花岗岩母质，自然植被为阔叶林，种植杧果等水果。

土系特征与变幅　诊断层：淡薄表层、雏形层。诊断特性：准石质接触面、铁质特性、湿润土壤水分状况、热性土壤温度状况。麻栗系发育于半风化的花岗岩上，土层很薄，为 60～70 cm。土壤质地整体偏壤，为壤土或砂质壤土。表土层发育中等的团粒状结构，其下为弱的团块状结构，土体内铁质斑纹发育，导致颜色鲜艳，呈红棕色（5YR），彩度很高。在 70 cm 左右逐渐过渡为半风化母岩。仅表层 10 cm 的土壤有机碳和全氮含量较高，其余很低，整个剖面全磷和全钾养分储量很高。土壤反应，表土呈中性，之下均为酸性，pH5.2～5.5，盐基饱和度较高，约 90%，接近饱和。

对比土系　三猛系，不同地区，相同亚类，黏质颗粒大小级别，颜色淡（10YR）。小箐系，不同地区，相同土类，红色铁质湿润雏形土，粗骨黏质颗粒大小级别。

利用性能综述　麻栗系多为坡耕地，保水保肥性能差，不耐旱，一般只一年一熟，种植玉米、陆稻等。如果植被遭到破坏，水土流失严重，甚至出现崩岗，因此，坡耕地要逐步退耕还林或封山育林，现有耕地尽量少耕或修筑台地，减少土壤流失。今后利用方面，应根据该土系的资源条件，种植经济作物，如水果、茶叶、杧果等，也可开展多种经营，综合发展农、林、果、牧等，提高经济效益。

参比土种　石子赤红土。

代表性单个土体　剖面采自云南省普洱市澜沧县南岭乡麻栗村（编号 53-178-1），坐标

22.64194°N，100.12508°E。海拔 834 m，当前为杧果园，50 cm 深度土层年平均温度 21.9℃。野外调查时间 2015 年 4 月。

Ah：0～10 cm，浊棕色（7.5YR 6/3，干），棕色（7.5YR 4/3，润）；壤土，主要为中等发育的团粒状结构，疏松，根系较多，平滑清晰过渡。

Br：10～20 cm，浊红棕色（5YR 5/4，干），浊红棕色（5YR 4/4，润）；壤土，为弱发育团块状结构，坚实，结构体内见铁质斑纹，土体内石英砂和半风化的长石含量达 10%左右，平滑清晰过渡。

BCr：20～70 cm，亮红棕色（5YR 5/6，干），红棕色（5YR 4/6，润）；砂质壤土，为弱发育团块状结构，坚实，结构体内见铁质斑纹，20%风化母岩，平滑渐变过渡。

Cr：70～120 cm，橙色（7.5YR 6/6，干），亮棕色（7.5YR 5/6，润）；砂质壤土，为极弱发育团块状结构，坚实，结构体内见铁质斑纹，25%风化母岩。

麻栗系代表性单个土体剖面

麻栗系代表性单个土体物理性质

土层	深度/cm	石砾(>2 mm，体积分数)/%	细土颗粒组成（粒径：mm）/(g/kg)			质地	容重/(g/cm^3)
			砂粒 2～0.05	粉粒 0.05～0.002	黏粒 <0.002		
Ah	0～10	—	416	367	217	壤土	1.22
Br	10～20	10	486	339	175	壤土	1.38
BCr	20～70	20	572	267	161	砂质壤土	1.43
Cr	70～120	25	569	262	169	砂质壤土	1.45

麻栗系代表性单个土体化学性质

深度/cm	pH		有机碳(C)/(g/kg)	全氮(N)/(g/kg)	全磷(P)/(g/kg)	全钾(K)/(g/kg)	全铁(Fe)/(g/kg)	阳离子交换量/(cmol/kg)	游离铁(Fe)/(g/kg)
	H_2O	KCl							
0～10	6.3	3.1	14.2	1.32	0.54	36.0	45.6	11.3	28.4
10～20	5.4	4.3	5.1	0.68	0.50	30.0	61.9	13.7	34.9
20～70	5.2	4.1	4.0	0.55	0.50	30.7	60.4	13.6	32.2
70～120	5.5	4.3	3.5	0.46	0.37	31.3	49.0	11.2	28.8

14.14.10　鲁甸系（Ludian Series）

土　族：粗骨壤质混合型非酸性温性-普通铁质湿润雏形土

拟定者：黄　标，瞿明凯，符明明，李锦芬

鲁甸系典型景观

分布与环境条件　鲁甸系分布于云南省丽江市海拔 2500～3000 m 的中山顶部和高山中上部。属低纬度亚热带高原季风气候，年均气温 11℃，无霜期 180 d，年均降水量 900～1100 mm。土壤起源于片岩、千枚岩洪冲积物母质，自然植被为阔叶林，种植玉米、小麦、油菜等旱作。

土系特征与变幅　诊断层：淡薄表层、雏形层。诊断特性：铁质特性、氧化还原特征、湿润土壤水分状况、温性土壤温度状况。鲁甸系多发育在坡地的底部，在千枚岩、片岩等变质岩洪冲积物母质上发育而成，土体厚度一般在 100 cm 左右，但土壤发育不强，土体中岩石石砾较多。土壤颜色为棕色，下部颜色较明亮。整个剖面细土质地均为壤土。表层土壤由于大量有机碳的积累，主要呈团粒状结构，发育较好，下部则发育弱至中等的团块状结构。土壤全铁和游离铁含量高，具有铁质特性，在下层的土壤结构体内或结构面见少量铁锰斑纹。土壤 pH 变化不大，在 6.2～6.3，呈微酸性反应。从土壤肥力特征看，该土系土壤有机碳、全氮、全磷、全钾储量均较高，但阳离子交换量不高，处于中等水平，为 9～16 cmol/kg。

对比土系　昔汉系，不同地区，相同亚类，壤质颗粒大小级别，云母混合型矿物类型，热性土壤温度状况。忙峨系，不同地区，相同亚类，壤质颗粒大小级别，硅质混合型矿物类型，热性土壤温度状况。

利用性能综述　鲁甸系土壤含石砾较多，结构疏松，易于耕作，表层有机碳含量丰富，自然肥力高，但保水保肥能力弱，加之所处海拔高，气候冷凉湿润，只适宜种植耐寒力较强的作物，如马铃薯、燕麦、荞子等，一年一熟，产量低。未来可试种高山药材，增加经济效益。

参比土种　砾石砂土。

代表性单个土体　剖面采自云南省丽江市玉龙县鲁甸乡鲁甸村（编号 53-200），坐标 27.206001°N，99.488518°E。海拔 2487 m，当前种植水稻。50 cm 深度土层年平均温度 13.4℃。野外调查时间 2015 年 10 月。

鲁甸系代表性单个土体剖面

Ah：0～25 cm，浊棕色（7.5YR 6/3，干），棕色（7.5YR 4/3，润）；壤土，强发育团粒状结构，疏松，根系较多，夹10%原岩石砾，平滑清晰过渡。

Bw：25～40 cm，浊橙色（7.5YR 6/4，干），棕色（7.5YR 4/4，润）；壤土，弱发育团块状结构，疏松，少量根系，土体夹较多原岩石砾，含量达 30%，平滑清晰过渡。

Br1：40～60 cm，橙色（7.5YR 6/6，干），亮棕色（7.5YR 5/6，润）；壤土，中等发育团块状结构，稍坚实，结构体内见少量细小的铁锰斑纹，夹 20%原岩石砾，平滑清晰过渡。

Br2：60～100 cm，橙色（7.5YR 7/6，干），亮棕色（7.5YR 5/6，润）；砂质壤土，中等发育团块状结构，稍坚实，结构体面见少量铁锰斑纹。

鲁甸系代表性单个土体物理性质

土层	深度 /cm	石砾 (>2 mm，体积分数)/%	细土颗粒组成 (粒径：mm)/(g/kg)			质地	容重 /(g/cm^3)
			砂粒 2～0.05	粉粒 0.05～0.002	黏粒 <0.002		
Ah	0～25	10	309	449	242	壤土	1.05
Bw	25～40	30	383	399	218	壤土	1.20
Br1	40～60	20	355	399	246	壤土	1.34
Br2	60～100	40	546	272	182	砂质壤土	1.35

鲁甸系代表性单个土体化学性质

深度 /cm	pH		有机碳(C) /(g/kg)	全氮(N) /(g/kg)	全磷(P) /(g/kg)	全钾(K) /(g/kg)	全铁(Fe) /(g/kg)	阳离子交换量 /(cmol/kg)	游离铁(Fe) /(g/kg)
	H_2O	KCl							
0～25	6.2	5.1	49.6	3.70	1.68	20.0	54.0	9.3	23.6
25～40	6.3	4.9	16.4	1.63	1.24	20.3	63.7	15.4	27.5
40～60	6.2	4.6	6.8	0.87	1.18	19.3	64.9	14.3	29.7
60～100	6.3	4.6	6.2	0.63	1.14	22.1	65.7	13.9	30.9

14.15　斑纹简育湿润雏形土

14.15.1　起凤系（Qifeng Series）

土　族：黏质伊利石混合型非酸性温性-斑纹简育湿润雏形土

拟定者：黄　标，瞿明凯，符明明，李锦芬

起凤系典型景观

分布与环境条件　起凤系分布于云南省丽江市盆地边缘与山麓交界处的洪积扇上。属亚热带高原山地立体气候，干湿季节分明，光照充足，年均气温 12.1℃，年均日照时数 2061～2439 h，年均降水量 750 mm。土壤起源于各种岩石来源的洪冲积物母质，自然植被为灌木或针叶林，种植玉米、小麦、油菜等旱作。

土系特征与变幅　诊断层：淡薄表层、雏形层。诊断特性：铁质特性、氧化还原特征、湿润土壤水分状况、温性土壤温度状况。起凤系多发育在盆地边缘的洪积-冲积扇底部，土体厚度一般在 80 cm 左右，剖面可由不同时期的冲积-洪积物组成。土壤上部（30 cm 以上）颜色较淡，为灰黄色—橄榄棕色，下部颜色稍深，为黄棕色—暗棕色。上下两部分为不同时期的冲积物，两个时期的冲积物质地不同，上部为粉质黏壤土，下部土壤质地稍黏重，为粉质黏土—黏壤土，黏粒含量也要明显高于上部。表层土壤由于大量有机碳的积累，主要呈团粒状结构，发育较好，下部则发育弱—中等的团块状结构。土壤全铁和游离铁含量高，具有铁质特性，在下部的土壤结构体内或结构面见一定量的铁锰斑纹，土体内常夹各种岩性的石砾，下部含量较高。土壤 pH 5.9～6.3，呈微酸性反应。该土系土壤剖面通体有机碳、全氮、全磷、全钾储量均较高，但阳离子交换量不高，处于中等水平，为 13～18 cmol/kg。

对比土系　玉湖系，同一地区，不同土纲，斑纹简育湿润均腐土，近中性，有机碳含量高。新善系，相同地区，不同土类，铁质湿润雏形土土类，高岭石混合型矿物类型。

利用性能综述　起凤系发育于洪冲积扇下部，土层相对较厚，石块夹杂较少，目前，被开辟为耕地，同时，土壤积累的有机碳较丰富，自然肥力较高，但由于处于海拔较高的地区，适种作物品种不多，主要是一些耐寒的作物品种。未开垦的土壤为禾本科草类与刺灌丛占据，为当地群众放牧草场。

参比土种　洪积砂泥。

代表性单个土体　剖面采自云南省大理州洱源县凤羽镇起凤村（编号 53-201），坐标 26.025409°N，99.912682°E。海拔 2346 m，当前种植玉米。50 cm 深度土层年平均温度 14.4℃。野外调查时间 2015 年 10 月。

Ah：0～18 cm，灰黄色（2.5Y 6/2，干），暗灰黄色（2.5Y 4/2，润）；粉质黏壤土，强发育团粒状结构，疏松，根系较多，夹少量石砾，平滑清晰过渡。

Bw：18～30 cm，浊黄色（2.5Y 6/3，干），橄榄棕色（2.5Y 4/3，润）；粉质黏壤土，弱发育团块状结构，稍坚实，少量根系，土体夹少量石砾，平滑清晰过渡。

2Br1：30～40 cm，浊黄橙色（10YR 7/3，干），浊黄棕色（10YR 4/3，润）；粉质黏土，中等发育团块状结构，坚实，结构体内见大量铁锰斑纹，含量达 20%，平滑突变过渡。

2Br2：40～100 cm，浊黄棕色（10YR 5/4，干），暗棕色（10YR 3/3，润）；黏壤土，中等发育团块状结构，坚实，结构体内见少量铁锰斑纹，土体夹 15%左右石砾。

起凤系代表性单个土体剖面

起凤系代表性单个土体物理性质

土层	深度/cm	石砾(>2 mm，体积分数)/%	细土颗粒组成(粒径：mm)/(g/kg) 砂粒 2～0.05	粉粒 0.05～0.002	黏粒 <0.002	质地	容重/(g/cm^3)
Ah	0～18	—	156	563	281	粉质黏壤土	1.18
Bw	18～30	—	141	566	293	粉质黏壤土	1.25
2Br1	30～40	—	94	503	403	粉质黏土	1.26
2Br2	40～100	15	217	425	357	黏壤土	1.23

起凤系代表性单个土体化学性质

深度/cm	pH H$_2$O	pH KCl	有机碳(C)/(g/kg)	全氮(N)/(g/kg)	全磷(P)/(g/kg)	全钾(K)/(g/kg)	全铁(Fe)/(g/kg)	阳离子交换量/(cmol/kg)	游离铁(Fe)/(g/kg)
0～18	6.0	4.5	18.1	1.97	0.60	20.3	47.7	14.5	8.6
18～30	5.9	4.4	11.5	1.43	0.48	19.6	48.2	13.0	9.7
30～40	6.0	4.8	11.0	1.12	0.58	18.4	102.2	15.7	59.6
40～100	6.3	5.0	13.3	1.54	0.78	18.0	67.9	17.4	27.5

第 15 章　新　成　土

15.1　石质干润正常新成土

15.1.1　跨马系（Kuama Series）

土　族：粗骨黏质伊利石型石灰性热性-石质干润正常新成土

拟定者：黄　标，瞿明凯，王培燕，李　想

跨马系典型景观

分布与环境条件　跨马系分布于云南省楚雄、昭通、大理等地州 1400 m 以下的干热河谷坡地上。属中亚热带季风气候，年均气温 16.2℃，年均降水量 930～950 mm，无霜期 322 d，为干热河谷，充足日照的气候。土壤起源于紫色砂、页岩母质，自然植被为灌木林，农田为旱作，种植土豆、蔬菜等。

土系特征与变幅　诊断层：淡薄表层。诊断特性：铁质特性、石灰性、石质接触面、半干润土壤水分状况、热性土壤温度状况。跨马系成土过程很弱，剖面仅表层有微弱风化，之下即为半风化原岩。表层土壤质地偏黏，为粉质黏土，母质层则为黏壤土。结构发育弱，基本呈粒状结构，土体中原岩石砾较多，大于 50%。土壤受母岩影响，石灰反应强烈，全剖面均呈强石灰反应，呈碱性，pH 8.5～8.6。土壤有机碳和全氮含量很低，仅 2.3～3.2 g/kg 和 0.6～0.8 g/kg，但全磷和全钾含量相对较高。

对比土系　钱湾系，同一地区，不同土族，高岭石型矿物类型，酸性。瓦玻璃系，相同地区，不同亚类，土层厚度大于 50 cm。班法系，相同地区，类似母质，不同土纲，雏形土土纲，黏壤质颗粒大小级别，非酸性，高热性土壤温度状况。

利用性能综述　跨马系主要分布于干热河谷地区，光照条件好，尽管质地偏黏，但土壤中石砾较多，相对较好耕作，通透性强，但保水保肥性差。适宜较多作物生长，但产量低，主要障碍因素是土层薄，易受旱缺水。利用过程中，可采取果蔬、果粮间作，既可提高土壤肥力，又可产生经济效益。在陡坡地区，植被稀疏，水土流失严重，应注意发展水土保持林和薪炭林，调节气候，改善农业生态环境。

参比土种 钙质紫砂土。

代表性单个土体 剖面采自云南省楚雄州禄丰县川街镇跨马村（编号 53-247），坐标 24.89497°N，102.04716°E。海拔 1429 m，当前为灌木林。50 cm 深度土层年平均温度 18.3℃。野外调查时间 2014 年 11 月。

Ah：0～6 cm，红棕色（10R 5/4，干），暗红色（10R 3/4，润）；粉质黏土，粒状结构，稍坚实，少量须根，少量原岩石砾，强石灰反应，波状清晰过渡。

C： 6～17 cm，红棕色（10R 5/4，干），暗红色（10R 3/4，润）；黏壤土，呈砾状，坚实，土体有一半为原岩石砾，强石灰反应，波状清晰过渡。

R：17～80 cm，浊红橙色（10R 6/4，干），红棕色（10R 4/4，润）；粉质黏土，呈砾状或块状，坚实，大部分为半风化的原岩石砾，达 75%以上，强石灰反应。

跨马系代表性单个土体剖面

跨马系代表性单个土体物理性质

土层	深度/cm	石砾(>2 mm，体积分数)/%	细土颗粒组成 (粒径：mm)/(g/kg)			质地	容重/(g/cm^3)
			砂粒 2～0.05	粉粒 0.05～0.002	黏粒 <0.002		
Ah	0～6	5	49	526	425	粉质黏土	1.53
C	6～17	50	211	495	293	黏壤土	1.47
R	17～80	75	96	472	432	粉质黏土	1.53

跨马系代表性单个土体化学性质

深度/cm	pH(H_2O)	有机碳(C)/(g/kg)	全氮(N)/(g/kg)	全磷(P)/(g/kg)	全钾(K)/(g/kg)	全铁(Fe)/(g/kg)	阳离子交换量/(cmol/kg)	游离铁(Fe)/(g/kg)	碳酸钙($CaCO_3$)/(g/kg)
0～6	8.6	2.3	0.61	0.65	26.7	44.4	17.2	21.9	107
6～17	8.6	3.2	0.63	0.62	25.8	42.8	17.8	22.0	132
17～80	8.5	2.3	0.76	0.67	27.8	45.0	17.9	24.0	121

15.1.2　钱湾系（Qianwan Series）

土　族：粗骨黏质高岭石型酸性热性-石质干润正常新成土

拟定者：黄　标，万梦雪，卢　鑫

钱湾系典型景观

分布与环境条件　钱湾系分布于云南省楚雄州大姚县坝区边缘的丘陵地上。区域地势起伏相对较小，海拔 1800～1900 m。属北亚热带季风气候，具有气候温和，日照充足，干湿季明显，雨热同季，冬无严寒，夏无酷暑，年温差小，日温差大，无霜期长等气候特点。年均气温 15.6℃，年均日照时数 2526 h，无霜期 56.8 d。大姚县年均降水量 796.3 mm，年均蒸发量 2714.4 mm。土壤起源于页岩风化物母质，阔叶林，种植玉米。

土系特征与变幅　诊断层：淡薄表层。诊断特性：铁质特性、石质接触面、半干润土壤水分状况、热性土壤温度状况。钱湾系土壤发育程度很弱，土层浅薄，约 48 cm，砾石含量大于 70%，其下过渡至半风化的泥质页岩。细土质地为粉质黏土—粉质黏壤土，无明显结构发育。土壤呈酸性，pH 5.2～5.4。土壤养分储量较为丰富，细土有机碳、全氮、全磷、全钾含量均较高。

对比土系　跨马系，同一地区，不同土族，伊利石型矿物类型，石灰性。冬瓜林系，类似母质，不同地区，不同土类，湿润正常新成土，粗骨壤质颗粒大小级别，湿润土壤水分状况。

利用性能综述　钱湾系土壤土层浅薄，结构发育不良，保水保肥性差，一般为次生林，开辟农田后主要种植玉米和薯类。由于页岩母质极易风化，所以肥力尚可。利用时应注意水土保持，可修筑台地，防止水土流失。侵蚀严重的地区，应退耕还林，或发展经果林，增加经济效益。

参比土种　灰汤土。

代表性单个土体　剖面采自云南省楚雄州大姚县七街乡钱湾村（编号 53-249），坐标 25.63713°N，101.21856°E。海拔 1871 m，当前种植玉米或桉树。50 cm 深度土层年平均温度 17.7℃。野外调查时间 2014 年 11 月。

钱湾系代表性单个土体剖面

Ap：0～15 cm，浊黄橙色（10YR 7/4，干），浊黄棕色（10YR 5/4，润）；粉质黏土，弱发育粒状结构，细根较多，很疏松，平滑渐变过渡。

C1：15～38 cm，浊黄橙色（10YR 7/4，干），浊黄棕色（10YR 5/4，润）；粉质黏壤土，呈砾状，细根较多，疏松，平滑渐变过渡。

C2：38～48 cm，浊黄橙色（10YR 7/4，干），黄棕色（10YR 5/6，润）；粉质黏壤土，呈砾状，少量细根，疏松，波状清晰过渡。

R：48 cm 以下，页岩。

钱湾系代表性单个土体物理性质

土层	深度 /cm	石砾 (>2 mm，体积分数)/%	细土颗粒组成 (粒径：mm)/(g/kg)			质地	容重 /(g/cm³)
			砂粒 2～0.05	粉粒 0.05～0.002	黏粒 <0.002		
Ap	0～15	75	40	554	406	粉质黏土	1.12
C1	15～38	75	63	544	392	粉质黏壤土	1.25
C2	38～48	70	30	595	375	粉质黏壤土	1.35

钱湾系代表性单个土体化学性质

深度 /cm	pH		有机碳(C) /(g/kg)	全氮(N) /(g/kg)	全磷(P) /(g/kg)	全钾(K) /(g/kg)	全铁(Fe) /(g/kg)	阳离子交换量 /(cmol/kg)	游离铁(Fe) /(g/kg)
	H_2O	KCl							
0～15	5.3	4.2	9.9	1.15	0.47	30.3	51.0	17.2	29.6
15～38	5.4	4.3	19.0	1.84	0.47	25.3	44.6	17.8	27.0
38～48	5.2	3.9	13.5	1.47	0.41	25.3	42.9	17.5	26.4

15.2　石灰干润正常新成土

15.2.1　瓦玻璃系（Waboli Series）

土　族：粗骨黏质伊利石型热性-石灰干润正常新成土

拟定者：黄　标，张海东，田　康，贾萌萌

瓦玻璃系典型景观

分布与环境条件　瓦玻璃系分布于云南省楚雄、曲靖、大理等地州的紫色砂页岩山地。属北亚热带高原季风气候，年均气温 15℃，年均日照时数为 2355 h，≥10℃积温 4656℃，无霜期 225 d，年均降水量 927 mm，年均蒸发量 1950.6 mm。土壤起源于三叠系、侏罗系、白垩系等年代的紫红砂页岩母质，自然植被为阔叶林，农业利用为旱作种植，种植小麦等。

土系特征与变幅　诊断层：淡薄表层。诊断特性：石灰性、石质接触面、半干润土壤水分状况、热性土壤温度状况。瓦玻璃系由白垩系江底河组紫红色砂页岩残积物发育而成，成土过程微弱，土体厚度一般为 50～60 cm，有时可达 100 cm，仅发育 A 层和母质 C 层。土壤质地偏黏，为粉质黏土—黏壤土。结构发育弱，表层呈粒状结构，C 层为碎块状结构，含大量原岩石砾，大于 40%。土壤受母岩影响，颜色呈灰红色，具有石灰反应，表层具有弱石灰反应，其余土层和母岩均呈强石灰反应。土壤呈碱性，pH 8.3。土壤有机碳和全氮含量很低，有机碳含量仅 2.7～4.9 g/kg，但全磷和全钾含量相对较高。

对比土系　跨马系，相同地区，不同亚类，土层厚度小于 50 cm。班法系，相同地区，类似母质，不同土纲，雏形土土纲，黏壤质颗粒大小级别，非酸性，高热性土壤温度状况。

利用性能综述　瓦玻璃系耕作层浅薄，质地黏重，耐旱抗蚀力较差。适合种植多种作物，如玉米、烤烟、薯类、油菜、杂豆等，一年两熟。在一些坡度较陡、人少地多的地区，可发展梨、核桃、板栗等经济果木。应逐步改坡地为梯地，加深耕作层，增施有机肥和秸秆还田，种植绿肥，合理轮作，用地与养地结合，不断提高地力。

参比土种　钙紫泥。

代表性单个土体　剖面采自云南省楚雄州双柏县妥甸镇瓦玻璃村（编号 53-238），坐标

24.7166°N，101.63319°E。海拔 2044 m，当前为自然植被。50 cm 深度土层年平均温度 17.2℃。野外调查时间 2014 年 11 月。

A：0～10 cm，灰红色（7.5R 4/2，干），灰红色（7.5R 4/2，润）；粉质黏土，粒状结构，稍坚实，少量须根，少量原岩石砾，弱石灰反应，平滑清晰过渡。

C：10～100 cm，灰红色（7.5R 5/2，干），灰红色（7.5R 5/2，润）；黏壤土，小碎块状，坚实，40%原岩石砾，强石灰反应，平滑清晰过渡。

R：100～120 cm，灰红色（7.5R 5/2，干），灰红色（7.5R 5/2，润）；粉质黏土，砾状或块状，坚实，大部分为半风化的原岩石砾，达 60%以上，强石灰反应。

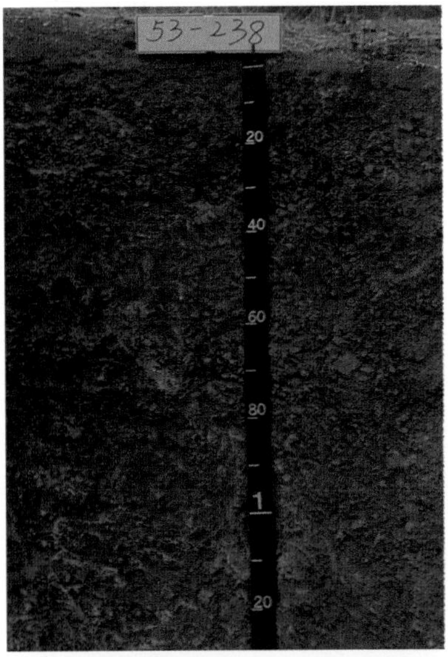

瓦玻璃系代表性单个土体剖面

瓦玻璃系代表性单个土体物理性质

土层	深度/cm	石砾(>2 mm，体积分数)/%	细土颗粒组成（粒径：mm)/(g/kg)			质地	容重/(g/cm³)
			砂粒 2～0.05	粉粒 0.05～0.002	黏粒 <0.002		
A	0～10	5	37	508	455	粉质黏土	1.50
C	10～100	40	326	345	330	黏壤土	1.39
R	100～120	60	146	424	430	粉质黏土	1.50

瓦玻璃系代表性单个土体化学性质

深度/cm	pH (H_2O)	有机碳(C)/(g/kg)	全氮(N)/(g/kg)	全磷(P)/(g/kg)	全钾(K)/(g/kg)	全铁(Fe)/(g/kg)	阳离子交换量/(cmol/kg)	游离铁(Fe)/(g/kg)	碳酸钙（$CaCO_3$）/(g/kg)
0～10	8.3	2.7	0.54	0.79	32.2	42.6	13.6	11.6	188
10～100	8.3	4.9	0.66	0.77	38.9	53.4	17.4	17.5	67
100～120	8.3	2.7	0.61	0.49	41.0	55.4	15.9	20.2	14

15.3　石质湿润正常新成土

15.3.1　东瓜林系（Donggualin Series）

土　族：粗骨壤质长石混合型酸性热性-石质湿润正常新成土

拟定者：黄　标，卢升高，韦杨嫣，陆申一

东瓜林系典型景观

分布与环境条件　东瓜林系分布于云南省玉溪市红河西侧哀牢山山地坡地的上部。属亚热带山地季风气候，四季不分明，只有干湿季之分。年均气温 15℃，无霜期 253 d，年均降水量 1530 mm。土壤起源于片岩、千枚岩残坡积物母质，为自然植被，常绿林。

土系特征与变幅　诊断层：淡薄表层。诊断特性：石质接触面、湿润土壤水分状况、热性土壤温度状况。东瓜林系由千枚岩残坡积物发育而成，成土过程微弱，结构发育弱，土体厚度一般为 50～60 cm，仅发育 A 层和母质 C 层。土壤质地偏壤，为壤土至砂质壤土。表层呈粒状结构，C 层为碎块状结构，含大量原岩石砾，达 30%～70%。土壤受母岩影响，颜色较淡，呈灰黄棕色和浊黄棕色。土壤呈酸性，pH 5.0～5.2。土壤有机碳和全氮含量不高，有机碳含量为 9～11 g/kg，但全磷和全钾含量相对较高，尤其是全钾含量，高达 35 g/kg 以上。

对比土系　钱湾系，类似母质，不同地区，不同土类，干润正常新成土，粗骨黏质颗粒大小级别，半干润土壤水分状况。

利用性能综述　东瓜林系是哀牢山地区重要的水源林地土壤资源，适合各种针阔叶林生长，由于土层薄，再加之结构松散，需要加强植被保护，防止水土流失。

参比土种　灰泡土。

代表性单个土体　剖面采自云南省玉溪市新平县戛洒镇东瓜林村（编号 53-230），坐标 24.03483°N，101.53385°E。海拔 1594 m，当前为林地，50 cm 深度土层年平均温度 17.2℃。野外调查时间 2015 年 4 月。

Ah：0～15 cm，浊黄橙色（10YR 7/2，干），灰黄棕色（10YR 5/2，润）；壤土，粒状结构，疏松，根系较多，夹 30%左右的千枚岩石砾，平滑渐变过渡。

C：15～70 cm，浊黄橙色（10YR 7/3，干），浊黄棕色（10YR 5/3，润）；砂质壤土，小碎块状，疏松，少量根系，夹 70%原岩石砾，石砾无磨圆度，分选差。

东瓜林系代表性单个土体剖面

东瓜林系代表性单个土体物理性质

土层	深度/cm	石砾(>2 mm，体积分数)/%	细土颗粒组成（粒径：mm)/(g/kg)			质地	容重/(g/cm^3)
			砂粒 2～0.05	粉粒 0.05～0.002	黏粒 <0.002		
Ah	0～15	30	295	491	214	壤土	1.26
C	15～70	70	512	294	194	砂质壤土	1.29

东瓜林系代表性单个土体化学性质

深度/cm	pH		有机碳(C)/(g/kg)	全氮(N)/(g/kg)	全磷(P)/(g/kg)	全钾(K)/(g/kg)	全铁(Fe)/(g/kg)	阳离子交换量/(cmol/kg)	游离铁(Fe)/(g/kg)
	H_2O	KCl							
0～15	5.2	4.3	11.2	1.16	0.81	35.6	37.5	13.8	9.0
15～70	5.0	4.0	9.3	0.98	0.82	36.6	36.5	12.3	9.3

参 考 文 献

保山地区土壤普查办公室. 1985. 保山地区土壤. 保山: 保山地区土壤普查办公室.

大理州土壤普查办公室. 1987. 大理州土壤. 大理: 大理州土壤普查办公室.

杜国华, 张甘霖, 龚子同, 等. 2001. 论特征土层与土系划分. 土壤, 33(1): 1-6.

冯学民, 蔡德利. 2004. 土壤温度与气温及纬度和海拔关系的研究. 土壤学报, 41(3): 489-491.

龚子同. 1989. 中国土壤分类四十年. 土壤学报, 26(3): 217-225.

龚子同, 等. 1999. 中国土壤系统分类——理论・方法・实践. 北京: 科学出版社.

龚子同, 张甘霖, 陈志诚, 等. 2007. 土壤发生与系统分类. 北京: 科学出版社.

何毓蓉. 黄成敏. 1995. 云南省元谋干热河谷的土壤系统分类. 山地研究, 13(2): 73-78.

何毓蓉, 黄成敏. 1996. 变性土滑擦面的特征与形成机制. 科学通报, 41(12): 1100-1102.

何忠俊, 王立东, 郭琳娜, 等. 2011. 三江并流区土壤发生特性与系统分类. 土壤学报, 48(1): 10-20.

红河哈尼族彝族自治州农业科技研究所. 2017. 红河州耕地土壤肥力与作物测土配方施肥技术. 昆明: 云南科技出版社.

黄成敏, 王成善, 唐亚, 等. 2006. 干润变性土及其结核的发生学特征与形成环境探讨. 土壤通报, 37(4): 630-634.

姜汉侨. 1980. 云南植被分布的特点及其地带规律性. 云南植物研究, 2(1): 24-34.

丽江地区行政公署土壤普查办公室. 1982. 丽江土壤. 丽江: 丽江地区行政公署土壤普查办公室.

刘良梧, 龚子同. 2000. 古红土的发育与演变. 海洋地质与第四纪地质, 20(3): 37-42.

马溶之, 席承藩. 1941. 紫色土分类之建议. 土壤季刊, 1(4): 62-82.

潘剑君. 2010. 土壤调查与制图. 3 版. 北京: 中国农业出版社.

曲靖地区土壤普查办公室. 1986. 曲靖地区土壤. 曲靖: 曲靖地区土壤普查办公室.

思茅地区土壤肥料工作站, 思茅地区农业科学研究所. 1993. 云南省思茅地区土种志. 昆明: 云南科技出版社.

宋达泉. 1941. 滇西荒区之土壤. 土壤季刊, 1(4): 21-31.

宋达泉. 1946. 滇西边地土壤概况. 土壤季刊, 5(2): 79-90.

吴征镒. 1987. 云南植被. 北京: 科学出版社.

谢申, 等. 1941. 云南省澄江之土壤调查报告书. 中山大学农学院土壤报告, 18-20: 1-40.

许美玲, 段旭, 杞明辉, 等. 2011. 云南省天气预报员手册. 北京: 气象出版社.

杨一光. 1991. 云南省综合自然区划. 北京: 高等教育出版社.

云南省楚雄自治州土壤普查办公室. 1986. 楚雄彝族自治州土壤. 楚雄: 云南省楚雄自治州土壤普查办公室.

云南省土壤肥料工作站, 云南省土壤普查办公室. 1996. 云南土壤. 昆明: 云南科技出版社.

云南省土壤普查办公室. 1994. 云南土种志. 昆明: 云南科技出版社.

张凤荣, 黄勤, 等. 2001. 土系分异特性的选取原则以及土系划分方法. 土壤, 33(1): 18-21.

张甘霖, 龚子同. 2012. 土壤调查实验室分析方法. 北京: 科学出版社.
张甘霖, 王秋兵, 张凤荣, 等. 2013. 中国土壤系统分类土族和土系划分标准. 土壤学报, 50 (4): 190-198.
赵维城. 1998. 论云南地貌体系. 云南地理环境研究, (S): 47-55.
中国地质科学研究院. 1973. 中华人民共和国地质图集. 北京: 中国地质图印制厂.
中国科学院地理研究所. 1959 a. 中国地貌区划. 北京: 科学出版社.
中国科学院地质研究所. 1959 b. 中国大地构造纲要. 北京: 科学出版社.
中国科学院昆明植物研究所. 2006. 云南植物志. 北京: 科学出版社.
中国科学院南京土壤研究所, 中国科学院西安光学精密机械研究所. 1989. 中国标准土壤色卡. 南京: 南京出版社.
中国科学院南京土壤研究所土壤分类课题组. 1985. 中国土壤系统分类初拟. 土壤, 17: 290-318.
中国科学院南京土壤研究所土壤分类课题组. 1987. 中国土壤系统分类(二稿). 土壤学进展, 特刊: 69-104.
中国科学院南京土壤研究所土壤分类课题组, 中国土壤系统分类课题研究协作组. 1995. 中国土壤系统分类(修订方案). 北京: 中国农业科技出版社.
中国科学院南京土壤研究所土壤系统分类课题组, 中国土壤系统分类课题研究协作组. 2001. 中国土壤系统分类检索. 3 版. 合肥: 中国科技大学出版社.
中华人民共和国地质矿产部. 1990. 云南省区域地质志. 地质专报-区域地质(第 21 号). 北京: 地质出版社.
中央地质调查所土壤室. 1947. 全国主要土系说明.
周乐福, 聂保罗. 1979. 关于云南土壤发生分类系统的商榷. 云南农业科技, 2: 28-32.
周瑞伍. 2015. 云南植被主要类型分布区预测研究. 昆明: 云南大学.
《云南农业地理》编写组. 1981. 云南农业地理. 昆明: 云南人民出版社.
Soil Survey Staff. 2014. Key to Soil Taxonomy. 12 edn. United States Department of Agriculture/ Natural Resources Conservation Service.

附录　云南省土系与土种参比表

土系	土种	土系	土种	土系	土种
阿克塘系	夹石黄红土	建塘系	棕草垈土	勐腊系	厚砖黄胶园土
巴达系	砂田	轿子山系	黑灰泥	勐烈系	紫赤末香土
坝心系	发红田	姐岗系	赤胶园土	那平系	黄泡土
白沙坡系	厚涩红土	金顶系	紫灰泡泥	南棒寨系	砖棕黄土
白竹系	泥田	金雷系	厚褐红土	尼西系	棕黑汤泥
班必系	小红土	靖外系	棕红砂土	牛滚塘系	黄泡泥
班法系	紫泥	九河系	厚灰汤土	丕且莫系	棕大红土
斑鸠河系	砖黄泥土	九乡系	瘦红泥	旗隽营系	厚红泥
帮沙系	砖黄泥砂土	旧堡系	磷砂土	起凤系	洪积砂泥
宝珠系	厚棕红土	开文系	黄鸡粪土田	前卫系	黄砂田
丙间系	厚褐红土	九龙系	暗紫砂田	钱湾系	灰汤土
丙礼系	砖黄砂土	苦竹湾系	黄砂泥土	芮家营系	青泥田
布宜系	黄红泥	跨马系	钙质紫砂土	三家寨系	厚油红土
蔡官营系	碱田	莱片系	砂姜黑泥田	三猛系	黄红粗砂土
搓四寨系	赤黄泥末香土	老龙田系	紫赤末香土	三台系	灰汤土
大法召系	红羊肝土	老勐系	黄砖红大土	散花系	泥田
大具系	紫黑汤土	老缅寨系	麻灰泡土	沙沟哨系	砂红大土
大松树系	灰泡土	乐西系	山棕红泥	上格系	红紫泥
大湾系	厚赤黄泥土	雷家寨系	砂质棕红土	上关系	油砂土
大右所系	厚红砂土	力角系	紫褐红土	上海子系	山红大土
东瓜林系	灰泡土	栗柴坡系	棕油红土	狮子营系	红土
豆沙系	粗砂黄土	龙街系	厚油红土	仕登系	青胶泥田
多依树系	赤红土	龙坪系	红泡土泥	四哨系	灰汤泥
放马坪系	厚赤红土	龙箐沟系	紫赤红土	松树湾系	厚褐红土
佛房系	赤砂泥胶园土	龙山寨系	浮泥	塔甸系	酸白泥土
高坎系	砂黄土	鲁甸系	砾石砂土	太安系	棕黄红泥
膏泽系	砂燥红土	路美邑系	钙紫泥	土戈系	砂泥田
稿吾卡系	棕干砖红泥	落岩山系	厚棕红土	托牛系	黄红泥
沟埂系	黄红泥	麻栗系	石子赤红土	妥甸系	灰紫砂泥田
关上系	小红土	马房系	油砂土	瓦玻璃系	钙紫泥
官家系	红砂泥	马站系	火山灰土	弯福系	山棕瘦红土
过街楼系	紫黄红土	曼勒系	砂燥红土	尾木尼系	黑汤泥
和曲系	鸡粪土田	曼沙吉系	砂田	文笔系	赤红末香土
贺科系	砖黄泥	漫湾系	灰泡土	文雷系	暗紫鸡粪土田
划船寨系	棕燥红土	芒部系	棕黄泥	文伟系	青砂泥田
鸡田冲系	润红泥土	芒令系	赤砂泥土	昔汉系	砂黄土
吉沙林场系	麻黑灰土	忙峨系	黄泥	下本系	黄胶泥田
甲子系	棕黑汤土	毛家营系	黄浮泥田	下高仓系	暗紫泥田

续表

土系	土种	土系	土种	土系	土种
下海章系	灰红冷浸田	新抚系	赤砂泥土	永定系	棕红土
香树箐系	紫黑汤土	新和系	赤砂泥土	右所系	棕瘦红土
象鼻岭系	矿毒田	新勐系	砖黄泥胶园土	玉湖系	棕灰汤泥
肖家台系	厚黄泥	新坪系	山红砂土	增明系	石子大土
小堡子系	厚棕红土	新善系	灰汤大土	张贵寨系	赤红胶土
小平坝系	灰砂土	徐营系	胶泥田	章斐系	小黄红土
小箐系	石子赤红土	羊岔街系	麻砂泥土	长底系	灰红砂泥田
小西系	青鸡粪土田	迤那系	红紫油砂土	珠琳系	红泡土
小新寨系	干砖红泥	迤佐河系	黄油红土	诸葛营系	窑泥土
小易堡系	暗红砂田	拥政系	紫灰泡土	自新系	浅紫砂土

索　引

(S-0013.01)
ISBN 978-7-5088-5704-6
9 787508 857046 >
定价：**368.00** 元